AF545589

*Wolfgang Behringer*

***Kulturgeschichte des Klimas***

*Wolfgang Behringer*

# *Kulturgeschichte des Klimas*

*Von der Eiszeit bis zur globalen Erwärmung*

*C.H.Beck*

Mit 44 Abbildungen

1. Auflage 2007
2., durchgesehene Auflage 2007
3., unveränderte Auflage 2008
4., durchgesehene Auflage 2009
5., aktualisierte Auflage 2010

6., durchgesehene Auflage 2022

www.chbeck.de
Gesetzt aus der Aldus und der Thesis bei Janß GmbH, Pfungstadt
Druck und Bindung: CPI – Ebner & Spiegel, Ulm
Gedruckt auf säurefreiem, alterungsbeständigem Papier
Printed in Germany
ISBN 978 3 406 79655 5

klimaneutral produziert
www.chbeck.de/nachhaltig

## *Inhalt*

Vorwort zur 6. Auflage | 7
Einleitung | 9

**Was wissen wir über das Klima** | 17
Quellen zur Klimageschichte | 19
Ursachen von Klimawandel | 27
Das Paläoklima seit Entstehung der Erde | 33

**Globale Erwärmung: Das Holozän** | 47
Kinder der Eiszeit | 49
Globale Erwärmung und Zivilisation | 59
Vom Optimum der Römerzeit zur Mittelalterlichen Warmzeit | 86

**Globale Abkühlung: Die Kleine Eiszeit** | 117
Das Konzept «Kleine Eiszeit» | 119
Veränderung der Umwelt | 123
Tanz des Todes | 142
Winter-Blues | 156

**Kulturelle Konsequenzen der Kleinen Eiszeit** | 163
Der zürnende Gott | 165
Die Sündenökonomie als Motor der Veränderung | 180
Die kühle Sonne der Vernunft | 196

**Globale Erwärmung: Die Moderne Warmzeit** | 223
Die scheinbare Abkoppelung von den Kräften der Natur | 225
Die Entdeckung der Globalen Erwärmung | 243
Reaktionen auf den Klimawandel | 254

**Umweltsünden und Treibhausklima: Ein Epilog** | 273

**Anhang** | 289
Anmerkungen | 290
Literaturauswahl | 327
Bildnachweis | 330
Register | 333

## *Vorwort zur 6. Auflage*

Bußprediger machten die Sünden der Menschen für die Klimakapriolen der *Kleinen Eiszeit* verantwortlich. Eine sofortige Veränderung ihres Verhaltens sollte den Zorn Gottes besänftigen und Besserung herbeiführen. Doch das Wetter besserte sich auch nicht mit der Verfolgung von Sündenböcken.

*Umweltsünden* werden heute die Verfehlungen genannt, die den *anthropogenen Klimawandel* herbeiführen. Doch wird eine sofortige Verhaltensänderung oder die Suche nach Sündenböcken den Klimawandel aufhalten? Die Antwort lautet: Nein.

Wie besorgte Klimaforscher heute feststellen, genügt die wissenschaftliche Analyse allein nicht zur Lösung der Probleme. Die Durchsetzbarkeit von Lösungen hängt von ihrer Vereinbarkeit mit kulturellen Vorstellungen und Zeittendenzen ab. Um dies verstehen zu können, brauchen wir außer einer reinen Klimageschichte auch eine *Kulturgeschichte des Klimas.*[1]

Gegenstand dieses Buches sind die kulturellen Reaktionen auf Klimawandel. Dazu unternehmen wir eine kleine Zeitreise in die Erdgeschichte, um der natürlichen Wandelbarkeit des Klimas auf die Spur zu kommen. In einem zweiten Schritt betrachten wir die Reaktionen von Kultur und Gesellschaft darauf.

Ein Schwerpunkt liegt dabei auf der einzigen Klimakrise, die gut aus den Quellen rekonstruierbar ist. Am Beispiel der Kleinen Eiszeit können wir sehen, welche Antworten auf diese Klimakrise gefunden wurden und wie sie mit unseren heutigen Problemen zusammenhängen. Die Kleine Eiszeit können wir als Testlauf für die *Globale Erwärmung* betrachten. Wir lernen daraus, dass bereits geringe Veränderungen des Klimas zu enormen sozialen, politischen und religiösen Erschütterungen führen.

Am Beispiel der Kleinen Eiszeit kann man beobachten, in welcher Form eine bedrohliche Klimakrise gemeistert werden konnte: indem die Verantwortlichen aufhörten, sie mit festen Glaubenssätzen zu betrachten und nach moralisch Schuldigen, Sündern oder Sündenböcken zu suchen. Die Lösungen sahen anders aus, als man zu Beginn der Krise gedacht hatte. Für uns nicht unbedeutend: Sie führten in die Welt, die wir kennen, die «moderne» Welt nach den Umwälzungen im Kommunikationswesen, in den Wissenschaften, in der agrarischen und industriellen Produktion. Die Welt ging nicht zugrunde, sondern eine flexible kulturelle Reaktion eröffnete sogar eine nachhaltige Verbesserung der Lebensbedingungen.

In der gegenwärtigen Situation treten Klimaforscher als Propheten kommender Katastrophen auf. Wir sind ihnen dankbar, dass sie auf die Globale Erwärmung hinweisen. Aber wir behalten in Erinnerung, dass sie lange vor einer Globalen Abkühlung gewarnt und zu Maßnahmen geraten haben, die uns heute absurd erscheinen. Politiker sollten sich keine Illusionen über die Präzision von Vorhersagen machen. Was heute wahr scheint, ist morgen Schnee von gestern.

Die Globale Erwärmung ist eine ernste Herausforderung. Die Weltklimakonferenzen setzen sinnvolle Standards. In der öffentlichen Diskussion könnte man sich aber einen kreativeren Umgang mit dem Klimawandel vorstellen. Dass die gegenwärtige Erwärmung nicht nur Gefahren, sondern auch Möglichkeiten birgt, wird bisher kaum gesehen. Die Kulturgeschichte des Klimas kann hier als Anregung dienen.

Die fortlaufende Serie von Klimakonferenzen des Weltklimarates (IPCC) und anderer Institutionen zeigt, dass die Herausforderung des Klimawandels, die der Anlass zum Schreiben dieses Buches war, nicht an Aktualität verloren hat. Entsprechend bleibt das Buch von Interesse. Übersetzungen liegen bislang ins Englische, Italienische, Tschechische, Ungarische, Koreanische, Chinesische und demnächst auch ins Japanische vor.

Die Besonderheit dieses Buches besteht darin, dass nicht nur die naturwissenschaftlichen Grundlagen des Klimawandels interdisziplinär erläutert, sondern auch die kulturellen Reaktionen darauf anhand der neuesten Forschungsliteratur dargestellt werden.

Für die Neuauflage wurden kleinere Fehler beseitigt und die Auswahlbibliographie auf den neuesten Stand gebracht.

*Wolfgang Behringer*

## *Einleitung*

Ausgangspunkt unserer Untersuchungen ist ein dreigeteiltes Diagramm aus dem ersten Bericht des *Intergovernmental Panel of Climate Change* (IPCC) aus dem Jahr 1990. Es zeigt sehr schön die Wandelbarkeit des Klimas in der letzten Million Jahre. Das oberste Diagramm zeigt den Temperaturverlauf während des Eiszeitalters: Die wenigen kurzen *Interglaziale,* in denen es wärmer war als heute, erscheinen als kostbare Ausnahme und suggerieren die Verletzlichkeit unserer Modernen Warmzeit. Die gestrichelte Linie repräsentiert den Mittelwert der *Normalperiode* von 1961–1990. Das mittlere Diagramm zeigt die geringeren Temperaturschwankungen während der letzten 10 000 Jahre, also nach dem Ende der letzten großen Kaltzeit. Das klimatische Optimum lag demnach vor etwa fünf- bis sechstausend Jahren, das entspricht dem 4. Jahrtausend vor Christus. Das unterste Diagramm zeigt den Temperaturverlauf der letzten 1000 Jahre. Wir sehen darauf das hochmittelalterliche Optimum in Kontrast zur *Kleinen Eiszeit* sowie nach 1900 Anzeichen einer neuen Erwärmung, die aber bis 1990 bei weitem nicht den Wert des Hochmittelalters, geschweige denn den des Temperaturmaximums des Holozäns, erreicht.

Für viele Betrachter war dieses Szenario verwirrend genug, denn nach Jahrzehnten, in denen viele von einer grundsätzlichen Stabilität des Weltklimas ausgegangen waren oder sogar angenommen hatten, dass *Gaia* – die Erdgöttin des James Lovelock – alle Störungen von selbst ausgleichen werde,[1] kam die Darstellung einer solchen Wechselhaftigkeit überraschend. Andere fühlten sich in ihren Ansichten auch bestätigt, denn in den 1960er Jahren hatte es – nach einigen kühlen Jahren – eine heftige Debatte über eine kommende globale Abkühlung gegeben. Manche Klimaforscher sahen in diesen Graphiken hingegen eine Verharmlosung ihrer jüngsten, alarmierenden Erkenntnisse. Denn bereits seit den späten 1970er Jahren stand nicht mehr Abkühlung, sondern globale Erwärmung auf ihrer Agenda: *Global Warming.* Und dieser Aspekt kam auf den Diagrammen des IPCC von 1990 ein-

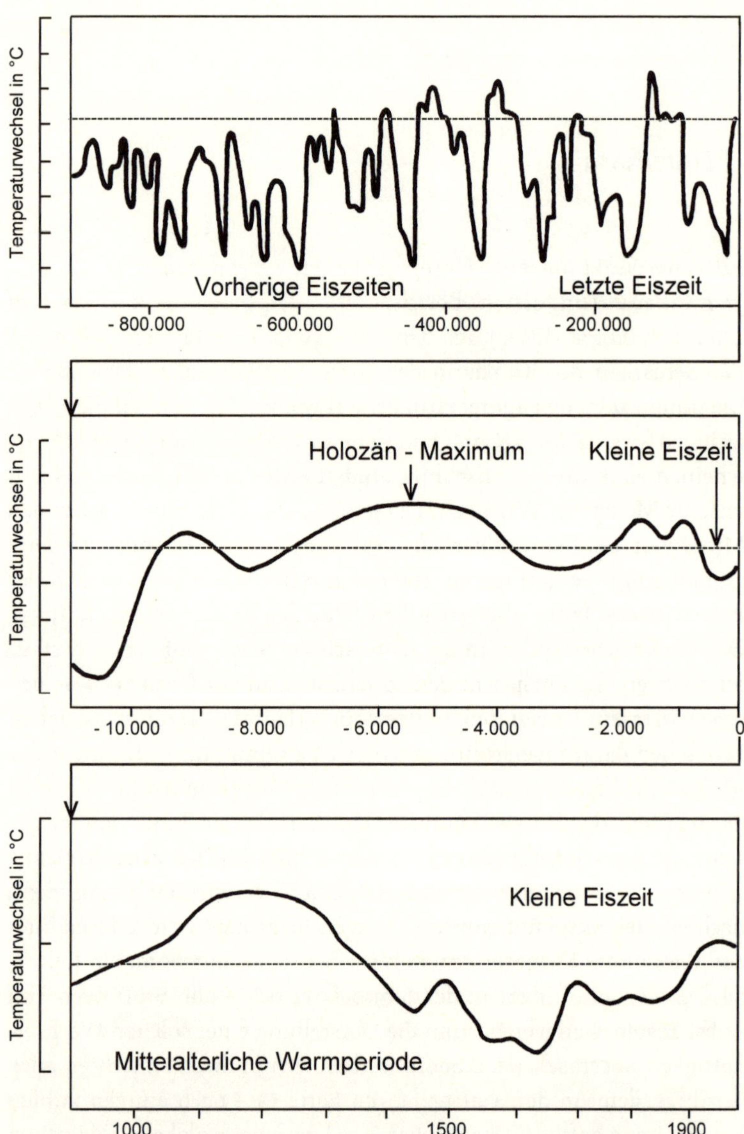


***Abb. 1*** Das Märchen vom Gleichgewicht des Klimas wurde bereits im ersten Klimareport des IPCC von 1990 widerlegt. Sowohl auf der Ebene der letzten Jahrmillion, als auch der letzten 10 000 Jahre, als auch der letzten 1000 Jahre finden wir einen ständigen Wechsel von Kalt- und Warmzeiten.

deutig zu kurz. Sie ließen eine Erwärmung nach all der Kälte geradezu als wünschenswert erscheinen, während eine wachsende Mehrheit von Klimaforschern wegen Veränderungen in der Zusammensetzung der Atmosphäre in der kommenden Erwärmung eine große Gefahr sah. Diese sorgten dafür, dass die graphische Darstellung der Klimageschichte im nächsten großen Bericht völlig anders aussah.

## *Die Bedeutung des Hockeyschlägers*

Im Juli 2005 eröffnete die Fachzeitschrift *Nature* ihr Heft mit der Meldung, der texanische Kongressabgeordnete Joe Barton (geb. 1949), Mitglied der Republikanischen Partei und Vorsitzender eines *Committee on Energy and Commerce*, fordere im Namen der Steuerzahler Rechenschaft über die Forschungen dreier Klimaspezialisten. Er verlange Auskünfte über den wissenschaftlichen Werdegang, ihre Finanzierung sowie Zugang zu ihren Daten und Computerprogrammen.[2] Bereits früher hatte Barton dieselben Wissenschaftler wegen angeblich fehlerhafter Methoden im *Wall Street Journal* gezielt angegriffen. Ihre Arbeit hatte den Abschlussbericht des *Intergovernmental Panel of Climate Change* (IPCC) aus dem Jahre 2001 beeinflusst, der die Umweltpolitik der Bush-Administration an den Pranger gestellt hatte.[3]

Die Welt der Wissenschaft sah die Freiheit der Forschung in Gefahr. Denn seit dem Ende der Präsidentschaft Bill Clintons (r. 1993–2001) war wiederholt politischer Druck auf Wissenschaftler in Bundesbehörden ausgeübt worden.[4] Wegen ihrer kompromisslosen Haltung geriet die Klimaforschung zwischen die Fronten der Parteipolitik. Der kalifornische Abgeordnete Henry Waxman von den Demokraten forderte Barton auf, seine Briefe zurückzuziehen. Die Klima-Experten erhielten Schützenhilfe von amerikanischen und internationalen Wissenschaftsinstitutionen, etwa der *National Science Foundation*, der *American Association for the Advancement of Science*, vom Präsidenten der *National Academy of Sciences* und auch von der europäischen *Geophysikalischen Union*.

Im Auge dieses politischen Hurrikans standen die Urheber der «*Hockeystick Theory*», die Klimaforscher Michael Mann (Pennsylvania State University), Raymond S. Bradley (University of Massachussetts) und Malcolm K. Hughes (University of Arizona), die 1998 eine Arbeit über die globale Erwärmung der letzten 600 Jahre vorgestellt hatten. Sie behaupteten darin, dass die 1990er Jahre im Durchschnitt wärmer gewesen seien als jedes Jahrzehnt in den vergangenen sechs Jahrhunderten, und dass diese globale Erwärmung «*anthropogen*» sei, zurückzuführen auf die von Menschen verursachten Treibhausgase.[5] Ihre Klimakurve war zunächst nicht weiter überraschend, denn der längste Teil dieses Zeitraums war durch die globale Abkühlung der *Kleinen Eiszeit* gekennzeichnet. Doch kurz vor den Millenniumsfeiern verlängerten die Klimaforscher ihre Zeitachse um weitere vier Jahrhunderte in die Vergangenheit. Damit umfasste sie das hochmittelalterliche Klima-Optimum, eine der wärmsten Zeiten der jüngeren historischen Vergangenheit. Die Klimakurve der letzten 1000 Jahre besaß die Form eines Hockeyschlägers: Über 900 Jahre habe sich wenig getan, bevor im späten 20. Jahrhundert die Temperaturkurve steil nach oben zeigt. Wir hätten es damit mit einer in der bisherigen Geschichte beispiellosen globalen Erwärmung zu tun. Symbol dieser Sichtweise wurde die Form des Hockeyschlägers.[6]

## *Klimageschichte als Politikum*

Der Streit um die Hockeyschläger-Kurve nahm seit 2001 beinahe religiöse Qualität an. Von ihren Verfechtern wurde sie zum wichtigsten Argument für die Unterzeichnung des *Kyoto-Protokolls* erhoben, mit dem sich 36 Industriestaaten vier Jahre zuvor zur Abgasreduzierung verpflichtet hatten. Zum Zeitpunkt des Streites ging es um die Ratifizierung des Protokolls, die erst im November 2004 mit Russland abgeschlossen werden konnte. Im Februar 2005 traten die Vereinbarungen zur Abgasreduzierung und zum Emissionshandel im Zeitraum 2008–2012 in Kraft. Von den Industriestaaten blieben Australien und die USA, der weltweit größte Emittent von Klimaschadstoffen, der Vereinbarung fern.[7] Das *Kyoto-Protokoll* war allerdings bereits vor Erscheinen der Hockeyschläger-Kurve beschlossen worden, vor allem aufgrund der älteren IPCC-Berichte von 1990 und seinem *update* von 1996.[8]

Der Streit hält an. Da jede Seite sich im Besitz der Wahrheit wähnt, werden die jeweiligen Gegner als bezahlte Agenten hingestellt. Die Kohle- und Ölindustrie, mit der die Bush-Administration in engen

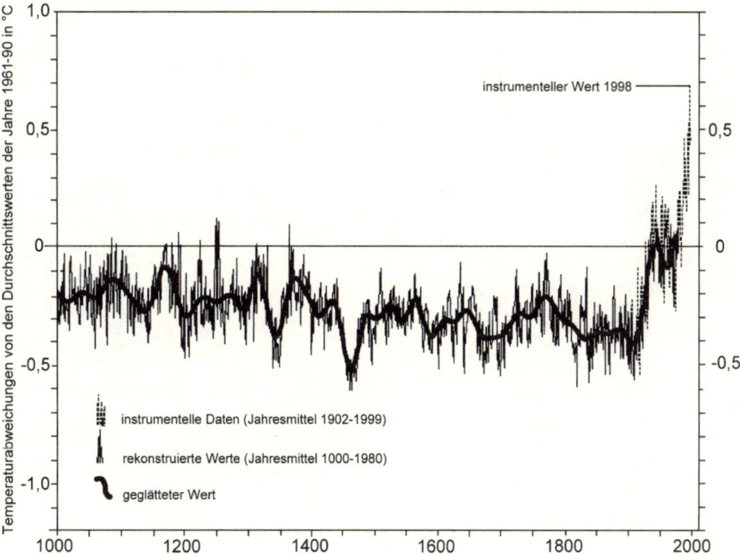


***Abb. 2*** Das Klima der letzten 1000 Jahre als Hockeyschläger: Im IPCC-Bericht von 2001 werden frühere Temperaturschwankungen eingeebnet, indem hohe aktuelle Messwerte den rekonstruierten Proxydaten aus früheren Jahrhunderten entgegen gehalten werden.

Beziehungen steht, hält wenig von einer Kosten treibenden Reduzierung von Abgasemissionen und unterstützt unternehmensfreundliche Wissenschaftler mit Forschungsaufträgen. Robert F. Kennedy, ein Enkel des großen Präsidenten, sprach von «einer kleinen Armee von der Industrie bezahlter Scharlatane».[9]

Natürlich funktioniert der Korruptionsvorwurf auch in der anderen Richtung, denn die akademischen Arbeitsgruppen besitzen ein vitales Interesse an der Alimentierung ihrer Forschungen und ihrer Forschungsinstitute. Paul Andrew Mayewski, der wissenschaftliche Leiter des bahnbrechenden Eiskernbohrprojekts *GISP2*, gibt in seiner Darstellung der Paläoklimaforschung zu, dass Klimaforscher keine unparteiischen Wissenschaftler seien, sondern persönliche Anliegen verfolgen und sie über Seilschaften und *Pressure Groups* durchsetzen. Es geht um Karrieren, um Geld und um Macht.[10]

Die Unterstellung, Klimaforscher kämen aus finanziellen Gründen zu ihren Forschungsergebnissen, dürfte jedoch kaum haltbar sein.

***Abb. 3*** Der Alarmismus mancher Klimaforscher ist Vielen nicht geheuer. Die These von der anthropogenen Erwärmung wird als Waffe im Kampf um Forschungsmittel interpretiert. Götz Wiedenroth, Zweierlei Standpunkte, zweierlei Rentabilität. Karikatur von 2005

Eher schon entspringen manche Äußerungen einer kalkulierten Übertreibung. So sagte Stephen H. Schneider (University of California, Stanford), Mitautor des IPCC-Reports von 2001 und einer der frühen Propagandisten der Globalen Erwärmung,[11] in einem Interview: «Um die öffentliche Aufmerksamkeit zu erringen, müssen wir erschreckende Szenarien entwerfen und mit vereinfachten und dramatischen Stellungnahmen in die Offensive gehen.»[12] Doch solche Auffassungen vertritt nur eine Minderheit der Klimaforscher.

Apokalyptische Szenarien sind ebenso kontraproduktiv wie die Stigmatisierung von Kritikern des Hockeysticks als «Klimaleugner».[13] Doch die Existenz des Klimas leugnet niemand. Die Frage, ob sich das Klima tatsächlich ändert, ist mittlerweile entschieden. Über die zweite Frage, ob diese Veränderung allein auf natürliche Prozesse zurückgeht oder auch durch menschliche Einflüsse bewirkt wird, also «*anthropogen*» ist, herrscht heute ebenfalls weitgehender Konsens. Zurückhaltung muss nur geübt werden, weil niemand in die Zukunft blicken und Wissenschaft kaum jemals absolute Sicherheit erzielen kann. Die Blamage mit der Vorhersage eines *Global Cooling* in den 1960er Jahren dient dabei als Warnung. Weil aber genügend Indizien und Modellrechnungen vorliegen, gelten die Tatsache einer globalen Erwärmung in der Gegenwart und anthropogene Anteile daran als «sehr wahrscheinlich».[14] Weniger eindeutig ist die Frage zu beantworten, wie hoch der anthropogene Anteil am *Global Warming* zu bemessen ist.

Die Beantwortung der Frage «anthropogen oder natürlich» ist eigentlich zweitrangig, wenn man die Erwärmung kurz- oder mittelfristig gar nicht aufhalten kann. Sie spielt allerdings bei der Diskussion einer angemessenen Reaktion auf den Klimawandel eine Rolle. Dabei zeigen Klimaforscher inzwischen größere Vorsicht im Umgang mit der Öffentlichkeit.[15] Der Glaubenskrieg um den Hockeyschläger hat vorübergehend sogar die Akzeptanz des IPCC-Berichts gemindert und «eine Krise der Glaubwürdigkeit der Klimaforschungs-Studien» ausgelöst. Allerdings ändert dies nichts am Konsens über den Klimawandel unter den Klimaforschern.[16]

## *Aufbau des Buches*

Gerade wenn man sich besonders für die letzten Jahrhunderte oder gar nur für unsere Gegenwart oder die Zukunft interessiert, ist es notwendig, in längeren Zeiträumen zu denken. In Kapitel (1) sollen Vorklärungen getroffen werden, die zum Verständnis der späteren Argumente notwendig sind. Hier geht es (a) um die Frage, woher wir unser Wissen beziehen, (b) um die Mechanismen natürlicher Klimaänderungen und (c) um die Entwicklung des Paläoklimas von der Entstehung unseres Planeten bis zum Ende der geologischen Jetztzeit.

Kapitel (2) behandelt das Klima zur Zeit des *Homo sapiens sapiens*, von der letzten großen Eiszeit bis zur Warmzeit des Hochmittelalters. Im Unterschied zum ersten ist es chronologisch aufgebaut. Zunächst haben wir es noch mit einem Abschnitt von annähernd 1 000 000 Jahren zu tun, am Ende mit Perioden von mehreren hundert Jahren.

In Kapitel (3) geht es um die Anzeichen und Auswirkungen der *Kleinen Eiszeit*. Klimahistoriker sind seit längerem der Meinung, dass dieses Klimapessimum als Modellfall dienen kann.[17] Zunächst wird deswegen versucht, die physikalischen und sozialen Dimensionen der *Kleinen Eiszeit* zu erfassen, bevor Kapitel (4) eine Auslotung ihrer kulturellen Konsequenzen in Angriff nimmt. Diese reichen von der Suche nach Sündenböcken über eine reflexive Sündendiskussion bis hin zur praktischen Anpassung und einer folgenreichen Bewältigung der Krise durch Industrialisierung, die unsere moderne Welt zum Ergebnis hatte.

Kapitel (5) beschäftigt sich mit der Globalen Erwärmung, wobei der Weg ihrer Entdeckung und die Diskussion ihrer Auswirkungen kurz nachgezeichnet werden. In einem Epilog (6) werden schließlich einige Ergebnisse zusammengefasst.

Die Belege in den Anmerkungen sind auf das Nötigste beschränkt. Die Literatur wird ohne Untertitel, Auflage und nähere Angaben zu Übersetzungen zitiert. Im Anhang werden einige wichtige Titel zur besonderen Beachtung und zum Weiterlesen hervorgehoben. Ein Register erschließt den Text.

*Was wissen wir über das Klima?*

# Quellen zur Klimageschichte

## Die Archive der Erde

Als «Archive der Erde» werden alle natürlichen Ablagerungen bezeichnet, aus denen sich mit naturwissenschaftlichen Methoden Aufschlüsse über vergangene Klimata gewinnen lassen. Ihre Erforschung hat sich seit der Entdeckung der *Radioaktivität* enorm weiterentwickelt. Die physikalische Basis liegt in der Tatsache, dass die Atomkerne vieler Elemente instabil sind. Bei ihrem Zerfall senden sie Strahlung aus. Mit Hilfe von Massenspektrometern wird das Verhältnis von Mutter- und Tochterelementen gemessen, und bei Kenntnis der spezifischen *Halbwertszeit* lassen sich Angaben zum Alter machen. Notwendig war auch die Entwicklung von Kenntnissen über die geochemischen Besonderheiten und die Schmelzpunkte von Mineralen und Gesteinen. Über die Bestimmung der Halbwertszeiten ihrer Elemente kann man das Alter von Gesteinen bis zu ihrer Erstarrung zurückdatieren. Damit erhält man gleichzeitig Aufschluss über klimatische Prozesse.[1]

Für die Klimageschichte bedeutsam wurde die *Sauerstoffisotopen-Methode*, die 1947 der amerikanische Chemie-Nobelpreisträger Harold C. Urey (1893–1981) erfand. Der Entdecker des «schweren Wassers» (Deuterium) fand heraus, dass man mit Hilfe von Isotopen des Sauerstoffatoms (Oxygenium) die Meerestemperatur vergangener Zeiten berechnen kann. Meerwasser enthält zwei ausgeprägte Typen von Sauerstoffatomen mit unterschiedlicher Neutronenzahl: O-18 und O-16. Beide werden je nach Temperatur in spezifischer Verteilung in Meeresorganismen eingelagert. Der Anteil an schweren Sauerstoff-Isotopen (O-18 enthält zehn anstelle von acht Neutronen) steigt mit zunehmender Kälte zur Zeit der Einlagerung gegenüber den Normalwerten (O-16) an.[2] Diese Methode revolutionierte zunächst die Sedimentationsanalyse und führte zur Ausweitung der Tiefseebohrtechnik mit sensationellen Ergebnissen für die Eiszeitforschung.[3]

Besondere Bedeutung besitzt die Ende der 1940er Jahre durch Willard Frank Libby (1908–1980) entwickelte *Radiokarbon-Methode,* weil sie sich zur Altersbestimmung organischer Überreste für den gesamten Zeitraum seit der Entwicklung des *Homo sapiens* eignet. Dies betrifft seine Skelettreste ebenso wie viele seiner Artefakte. In Pflanzen wird Kohlenstoff durch Photosynthese, in Tiere und Menschen durch Ernährung eingelagert. Erst mit dem Tod des Organismus kommt der Austauschprozess zum Erliegen, und der Prozess des radioaktiven Zerfalls beginnt. Diesen Zeitpunkt kann man mit Hilfe der C-14-Analyse bestimmen. Die Grenzen der Radiokarbon-Methode ergeben sich aus der Halbwertszeit des Elements C-14 (ca. 5730 +/– 40 Jahre), sie liegen etwa bei 40–50 000 Jahren.[4]

Die *Sedimentationsanalyse* liefert Aufschlüsse über das Paläoklima, indem sie Zeugnis gibt über warme oder kalte, feuchte oder trockene Vorzeitklimata, über Ablagerungen pflanzlicher oder tierischer Organismen, über vulkanische Ablagerungen, Meeres- und Seespiegel, Flussterrassen, Bodenhorizonte oder Rückstände von Gletschern. Die *Paläobotanik* und die *Paläozoologie* dienen zur Bestimmung der jeweiligen pflanzlichen und tierischen Einlagerungen, wobei die Bestimmung von Leitfossilien auf eine längere Tradition seit dem 17. Jahrhundert zurückblicken kann.[5] Die *Tiefseebohrtechnik* hat neue Möglichkeiten der Forschung erschlossen, denn das «Gedächtnis des Meeres» liefert Einsichten über die Entwicklung des Bodens, die Beschaffenheit des Wassers, die Arten des Lebens und damit über das jeweilige Klima.[6]

Eine weitere Basismethode zur Klimabestimmung ist die *Eiskernbohrtechnik* in den Polkappen und den großen Gletschern, die am Ende des 20. Jahrhunderts immer noch 10 % der gesamten Landmasse der Erde – gegenüber bis zu 30 % auf dem Höhepunkt der letzten großen Eiszeiten – bedeckten. Der dänische Geophysiker Willi Dansgaard (geb. 1922) entdeckte darin in den 1960er Jahren eine Art «Zeitmaschine»,[7] die mit relativ präziser Auflösung Auskunft über die Klimaentwicklung langer Zeiträume geben kann. Die Reichweite dieser Analysen reicht potentiell zurück bis zu den Anfängen der gegenwärtigen Eiszeit. In den Eisbohrkernen lassen sich die jährlichen Ablagerungen an einem Wechsel dunkler und heller Schichten ablesen. In diesen Ablagerungen kann nach dem Sauerstoffisotopen-Verfahren die Temperatur ermittelt werden. Zusätzlich geben fest eingeschlossene Gasbläs-

***Abb. 4*** Die Lage der wichtigsten Eiskernbohrungen auf Grönland.

chen direkte Auskünfte über die Zusammensetzung der Luft. Außerdem können organische Einschlüsse in eingelagerten Stäuben mit der Radiokarbon-Methode altersmäßig bestimmt werden. Zu den Stäuben zählt auch vulkanische Asche, die mit der *Thermoluminiszenz-Methode* näher bestimmt und zugeordnet wird. Mit der Analyse des Sulfatanteils können Erkenntnisse über vulkanische Aktivität gewonnen werden. Jahre mit besonders signifikanten Ausbrüchen dienen als «Zeigerjahre» zur zusätzlichen Eichung der Jahresringe.[8]

Die Auswertung der Eisbohrkerne ist nicht nur vielfältig, sondern reicht auch überraschend weit zurück, vor allem bei den beiden größten Eismassen der Erde, den Gletschern der Antarktis am Südpol und den Gletschern über Grönland nahe dem Nordpol. Die Analyse der durch das «*Northern Greenland Ice Core Project*» (NGRIP) erbohrten Eiskerne hat bereits in den 1960er Jahren eine überraschend detaillierte Darstellung des Klimas der letzten 125 000 Jahre erlaubt.[9] Der dreißig Kilometer entfernt davon genommene Eisbohrkern von GISP2 (*Greenland Ice Sheet Project 2*) erlaubte bereits einen Rückblick auf 200 000 Jahre.[10] Mit dem russisch-französischen Vostok-Eisbohrkern aus der Antarktis gelang eine Rückschau über 420 000 Jahre in die

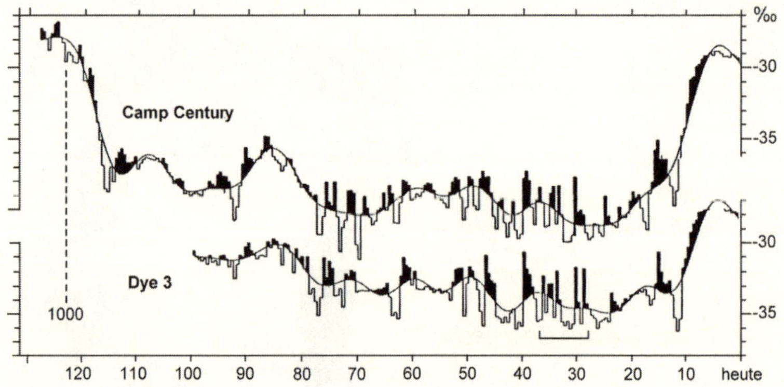


***Abb. 5*** Eine neue Darstellung der letzten großen Eiszeit, zwischen dem Eem-Interglazial und dem Holozän gelang dem dänischen Eisbohrpionier Willy Dansgaard mit Hilfe der Sauerstoffisotopenanalyse.

Vergangenheit.[11] Der bislang am weitesten zurückreichende Eisbohrkern wurde im Jahr 2004 durch das «*European Project for Ice Coring in Antarctica*» (EPICA) zutage gefördert. Das Eis in 3270 Meter Tiefe ist ca. 800 000 Jahre alt und erlaubt Aussagen über die letzten acht großen Eiszeit-Zyklen.[12] Dieses natürliche Klima-Archiv liefert Informationen über die Lebensbedingungen der Vormenschen.[13]

Für die Erfassung von Klimaschwankungen der letzten 40 000–100 000 Jahre kann man noch auf andere Methoden zurückgreifen, so z. B. die *Warvenzählung* (Auswertung geschichteter Ablagerungen in Tonsedimenten, die eine Jahreszählung erlauben), die Pollenanalyse bzw. *Palynologie* (Auswertung von Moorsedimenten zur Bestimmung der Vegetation über die eingelagerten Pflanzenpollen, Sporen etc.), die Vermessung gleichmäßig wachsender Krustenflechten (*Lichenometrie*) für die Erforschung rezenter Gletscherhochstände zur Altersbestimmungen von Endmoränen[14] und die zu Beginn des 20. Jahrhunderts in Amerika entwickelte *Dendrochronologie* (Zählung und Analyse der Jahresringe von Bäumen).

Die Nutzung der Jahresringe für die klimahistorische Forschung (*Dendroklimatologie*) bringt allerdings Unsicherheiten mit sich, die gelegentlich von ihren Anwendern unterschätzt werden: Denn einem dürftig ausgefallenen Jahresring sieht man es nicht an, ob das Wachstum durch Kälte, Dürre oder durch andere Umstände, etwa Insektenbefall, behindert war. Umgekehrt müssen breite Jahresringe, die günstige Wachstumsbedingungen für eine bestimmte Baumsorte anzeigen, nicht unbedingt allgemein gute Erntejahre bedeuten. Getreide reagiert auf Feuchtigkeit anders als Eichen oder Fichten.[15] Anders als Klimaforscher und Archäologen stehen interdisziplinär arbeitende Kulturhistoriker der Signifikanz von Baumjahresringen für die Erforschung des Klimas deswegen skeptisch gegenüber.[16]

### *Die Archive der Gesellschaft*

Unter «Archiven der Gesellschaft» verstehen wir bewusst angelegte Überlieferungen, die in öffentlichen oder privaten Archiven, Bibliotheken, Dateien etc. aufbewahrt werden. Diese Archive setzen Aufzeichnungssysteme (Bild, Zahlen, Ikonogramme, Buchstaben) und speziell die Schriftlichkeit zur Verdauerung von Erinnerung voraus. Die Archivierung wichtiger Schriftstücke, speziell Tontafeln mit Keilschrifttexten, beginnt in den alten Hochkulturen Westasiens. Wichtigste Archivträger waren in den alten Zivilisationen Staatsverwaltungen und religiöse Einrichtungen, die Urkunden, Verzeichnisse und Briefwechsel aufbewahrten oder gezielt Chroniken anlegen ließen, die – neben Inschriften an Gebäuden und Gedenksteinen – unter anderem über Klimakatastrophen berichten. In der griechisch-römischen und in der chinesischen Antike kamen private Bibliotheken hinzu.

Seit dem europäischen Mittelalter wurden in sehr vielen Städten Chroniken geführt, die unter anderem herausgehobene Witterungsereignisse für die Nachwelt festhielten. Die Erfindung des Buchdrucks führte seit dem 15. Jahrhundert zu einer Revolutionierung der Informationsspeicherung und zu einer steigenden Bedeutung des Marktes für Informationen, der Bibliotheken und der Öffentlichkeit.

Unter den historischen Aufzeichnungen ragen die *Witterungstagebücher* als spezifische Textgattung der Neuzeit hervor. Vermutlich haben antike Vorbilder die Liebe der europäischen Renaissance dafür wieder erweckt, außerdem der Aufstieg der Astronomie zu einer neuen Leitwissenschaft und speziell eine Idee des Astronomen Johannes Müller (1436–1476), genannt *Regiomontanus*. Sein astronomischer Kalender ließ neben Angaben zur errechneten Position der

Planeten für jeden einzelnen Tag eine Leerzeile für eigene Eintragungen. Da die Astrologie einen unmittelbaren Zusammenhang zwischen den Planetenkonjunktionen und der Witterung, der Ernte, der Verfügbarkeit von Wind- und Wasserkraft und anderen sublunaren Ereignissen sah, versuchte man sich in Wetter- und Konjunkturprognosen.[17] Die Leerzeile wurde von Benutzern dieser Kalender als Einladung für Notizen zur tatsächlichen Witterung aufgefasst. Durch das systematische Sammeln von Daten sollte die Voraussagegenauigkeit erhöht werden. Allerdings führte der Vergleich von Prognosen und Wirklichkeit zu ernüchternden Resultaten. Der Augustinerchorherr Kilian Leib (1471–1553) bemerkte nach mehr als fünfzehn Jahren Witterungstagebuch kritisch, dass die Prognosen der Bauernregeln und der Astrometeorologie meist falsch waren. Auch Tagebücher wie das des Zürcher Theologen Wolfgang Haller (1525–1601) aus den Jahren 1545–1576 ermöglichen genaue Einblicke in das tägliche Wettergeschehen in einer kritischen Phase der Kleinen Eiszeit.[18]

Zahlreiche Aufzeichnungen aus historischer Zeit hängen mit der Qualität der Ernte zusammen und können für die Gewinnung so genannter *Proxydaten* genutzt werden. Dazu gehört die direkte Beobachtung von Klima-Ereignissen wie etwa der erste Schneefall, die Dauer der geschlossenen Schneedecke, die Vereisung von Seen, Flüssen oder gar Meeren, frühe und späte Fröste. Hinzu kommen Daten über das Wachstum von Pflanzen: So reichen Aufzeichnungen über das Eintreten der Kirschblüte in Japan aus rituellen Gründen sehr weit zurück. Ebenso verhält es sich mit den Daten über Aussaat, Obstblüte, Obsternte, Heuernte, Getreideernte oder Weinlese. Schließlich finden sich indirekte Hinweise über die Qualität der Ernte zum Beispiel in Aufzeichnungen über die Höhe des Getreide-Zehnten, einer Feudalabgabe an die Kirche, die in direkter Korrelation zu den Erntemengen stand.[19] Wichtig sind auch die Preise für Brotgetreide, welche in den Herbstmonaten die jeweiligen Erntemengen mit hinlänglicher Genauigkeit widerspiegeln.[20] Schließlich enthalten die Quellen auch viele Bemerkungen über die Qualität der Produkte, etwa des Weines, der in sonnenarmen Jahren sauer wurde.[21]

Wer jemals mit Texten des Spätmittelalters oder der Frühen Neuzeit gearbeitet hat, wird sich daran erinnern, dass man ständig auf klimarelevante Informationen stößt. Berichte über klimatische Extremereignisse – Dürre, Überschwemmungen, lange Frostperioden etc.

– können selten anhand nur einer Quelle bewertet werden, da man nie sicher sein kann, ob es sich um lokale Besonderheiten handelt, ob der Berichterstatter übertreibt oder ob es sich gar um erfundene Meldungen mit einer allegorischen Bedeutung handelt. Deshalb haben einige Klimaforscher solche lokalen und regionalen Nachrichten in großen Datenbanken zusammengeführt, beispielsweise der Schweizer Sozialhistoriker Christian Pfister für die letzten 500 Jahre[22] oder der deutsche Geograph Rüdiger Glaser für die letzten 1000 Jahre.[23] Die Vielzahl an *Proxydaten* aus ganz Europa erlaubt nicht nur Aussagen über das jährliche Klima, sondern wenigstens monatliche und für die Zeit nach 1500 tägliche und gelegentlich sogar stündliche Rekonstruktionen weiträumiger Klimavorgänge. Aufgrund der bekannten meteorologischen Zusammenhänge lassen sich sogar nachträglich Wetterkarten erstellen. Was für Meteorologen die Wettervorhersage, ist für Klimahistoriker die «Wetternachhersage».[24] Im weiteren Sinn können auch Werke der Mythologie, der Literatur, der Kunst und der Kartographie als Klimazeugnisse herangezogen werden, allerdings – wie sich noch zeigen wird – mit einigen methodischen Schwierigkeiten.[25]

## *Die instrumentelle Erhebung von Messdaten*

Mit dem Beginn der Instrumentenmessungen hat die Errechnung von Proxydaten aus den Witterungsbeobachtungen noch lange nicht ausgedient, denn die ersten Messungen erfolgten punktuell und nach anderen Skalierungen als spätere Erhebungen. Galileo Galilei entwarf 1597 ein Instrument zur Messung der Lufttemperatur, ein *Thermometer*. Sein Schüler Evangelista Torricelli (1608–1647) erfand 1643 das *Barometer* zur Messung des Luftdrucks. Unter Großherzog Ferdinand von Medici (1610–1670) wurde in den 1650er Jahren ein erstes internationales Messnetz errichtet, dessen Daten allerdings schwer verwertbar sind. Messstationen gab es in Florenz, Bologna, Parma, Mailand, Innsbruck, Osnabrück und Paris, seit 1659 auch in London. Diese Initiativen wurden von der 1660 gegründeten *Royal Society for the Advancement of Learning* in London aufgegriffen, deren erster Sekretär Robert Hooke (1635–1703) neben Temperatur und Luftdruck auch noch Windstärke, Feuchtigkeit, Bewölkungsgrad und das Auftreten von Nebel, Regen, Hagel und Schnee dokumentieren ließ.[26] Auf seine Anregung hin sammelte der Pariser Arzt Louis Morin (1635–1715) über beinahe fünfzig Jahre hinweg dreimal täglich exakte Klimadaten. Den anspruchsvollsten Versuch zur Errichtung eines internationalen Messnetzes startete in der Frühen Neuzeit der pfälzische Kurfürst Karl Theodor (1724–1799) mit seiner *Societas Meteorologica Palatina*. Sie sammelte Messdaten zwischen Spitzbergen und Rom, La Rochelle und Moskau.[27]

Instrumentenmessungen wurden erst im Verlauf des 19. Jahrhunderts gebräuchlicher, wobei aufgrund seiner weltweiten Ausdehnung dem *Britischen Empire* eine Pionierrolle zukam. Im Zeitalter von Queen Victoria (1819–1901) wurden Daten von Europa über Indien bis Australien erhoben. Die schnelleren Kommunikationsmöglichkeiten wie die elektrische Telegraphie sowie die Verlegung des Unterseekabels von England in die USA 1866 verbesserten die weltweite Übertragung und Auswertung von Daten. Man war allerdings immer noch meilenweit entfernt von jenem weltweiten gleichmäßigen Messnetz, das wir seit dem letzten Drittel des 20. Jahrhunderts kennen und dessen Daten per Satellit zur Auswertung gesandt werden.

Außer der bodennahen Lufttemperatur in den Hauptstädten und an festen meteorologischen Stationen gibt es aus dieser Zeit erste Messdaten der Wassertemperaturen in den Ozeanen. Die Daten der Wettersatelliten liefern erst seit den 1960er Jahren ein Bild der Erde für den abendlichen Wetterbericht. Aufwändige Klimamodellberechnungen sind gar erst seit dem Ende des 20. Jahrhunderts mit einer neuen Generation von Computern möglich.

## *Ursachen von Klimawandel*

### *Die Sonne als Energiequelle*

Die in der Sonne durch Kernfusion freigesetzte und abgestrahlte Energie bildet die Grundlage für chemische, biologische und klimatische Prozesse auf der Erde. Die Strahlungsleistung der Sonne wurde in der Solarphysik lange als gleichförmig aufgefasst («*Sonnenkonstante*»), tatsächlich schwankt sie jedoch. Bereits im 17. Jahrhundert wurde mit Fernrohren der Zusammenhang von Wärmebilanz und Sonnenflecken entdeckt. Die Verminderung oder Abwesenheit von Sonnenflecken fiel meist mit Phasen der Abkühlung auf der Erde zusammen. Heute meint man unter anderem einen elfjährigen Sonnenfleckenzyklus erkennen zu können. Die Phasen verminderter Sonneneinstrahlung werden unter anderem durch Schwankungen der Erdbahnparameter verursacht.

Der jugoslawische Astronom Milutin Milankovic (1879–1958)[1] versuchte mit diesen Schwankungen den etwa gleichmäßigen Zyklus von Kaltzeiten während des Pleistozäns zu erklären. Dazu zählen die Exzentrizität der Erdbahn sowie Variationen in der Neigung der Erdachse und der Rotationsachse mit unterschiedlichen Perioden.[2] Die von Milankovic postulierten Zyklen von ca. 100 000 Jahren konnten in Tiefseebohrkernen anhand der Sauerstoffisotopenverteilung in pazifischem Plankton nachgewiesen werden. Die beteiligten Forscher sehen den Nachweis als erbracht, nachdem für die letzten 800 000 Jahre sieben derartige Zyklen annähernd an der richtigen Position entdeckt wurden.[3] Auch Erforscher von Eisbohrkernen halten die Milankovic-Zyklen für relevant für das Verständnis der Entstehung der Eiszeiten und finden sie im Eis wieder. Allerdings entsprach die Dauer der Zyklen im Eis in den letzten 100 000 Jahren nicht immer exakt den Erwartungen.[4]

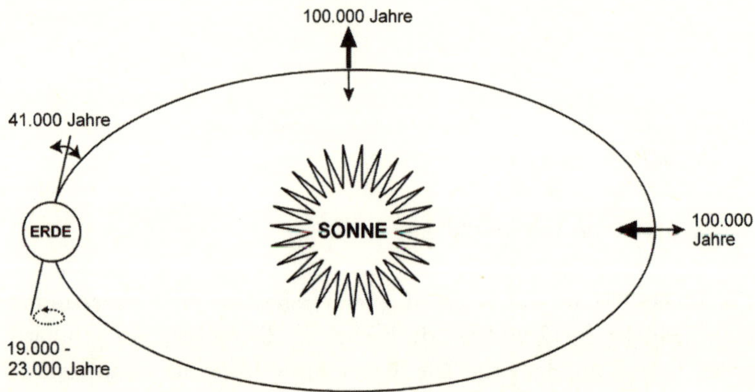


***Abb. 6*** Die zyklischen Schwankungen der Erdbahn nach Milankovic erklären die Perioditāt der Vereisungszyklen

## *Die Erdatmosphäre*

Der zweite Faktor ist die Zusammensetzung der Lufthülle um den Planeten. Sie entscheidet über die Wirkung der Sonneneinstrahlung auf der Erde. Luft besteht aus ca. 20 % Sauerstoff und beinahe 80 % Stickstoff sowie Spurengasen, darunter nur ca. 0,03 % des Treibhausgases Kohlendioxid ($CO_2$). Untersuchungen von Eisbohrkernen der russisch-französischen Vostok-Forschungsstation in der Antarktis haben für den Zeitraum der letzten 420 000 Jahre ergeben, dass der Gehalt an Spurengasen und speziell an Kohlendioxid in der Luft in direkter Relation zur Höhe der Temperaturen steht.[5] Die Verringerung des Kohlendioxidanteils korrespondiert mit Abkühlung, die Erhöhung mit Erwärmung. Einen solchen Zusammenhang wird man also auch für die Zeit davor annehmen dürfen.

Die Wirkung der Erdatmosphäre auf das Klima erfolgt strikt nach dem *Erhaltungssatz der Energie*: Die auf der Erde ankommende Sonnenstrahlung abzüglich des reflektierten Anteils ist gleich der von der Erde abgestrahlten Wärmestrahlung. Ozean und Atmosphäre verteilen die Wärme innerhalb des Klimasystems und haben Einfluss auf das regionale Klima. Die Höhe der Abstrahlung wird durch den Gehalt der Atmosphäre an absorbierenden Gasen beeinflusst. Dazu ge-

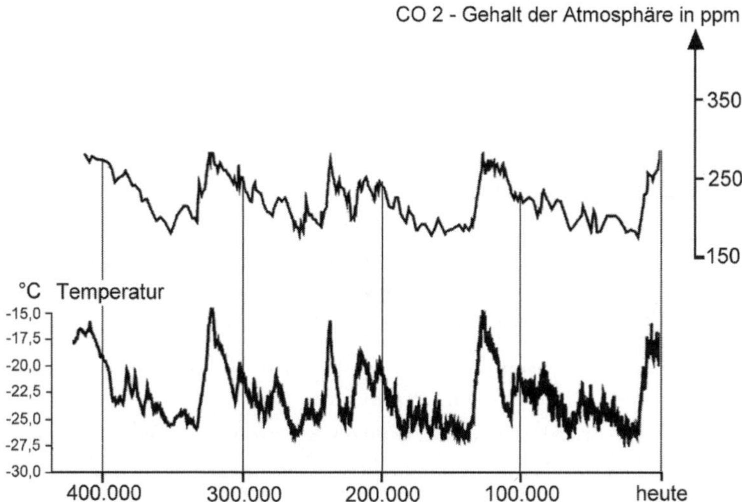


***Abb. 7*** Temperaturverlauf und Kohlendioxidgehalt der Luft nach dem Vostok-Eisbohrkern (Antarktis) in den letzten 420 000 Jahren – offenbar gibt es einen Zusammenhang, aber wie sieht die kausale Verknüpfung aus?

hören neben Wasserdampf Spurengase wie Methan ($CH_4$), Fluorchlorkohlenwasserstoff (FCKW), Distickstoffoxyd ($N_2O$) und eben Kohlendioxyd ($CO_2$). Unter den Spurengasen ist der Kohlendioxydanteil besonders variabel. Sein Anteil betrug Ende des 19. Jahrhunderts 230 ppM (parts per Million), am Ende des 20. Jahrhunderts war er auf 350 ppM angestiegen. Während erdgeschichtlicher Warmzeiten, etwa während der Kreidezeit (145–65 Millionen Jahre), in der die Dinosaurier die Erde beherrschten, hatte der $CO_2$-Anteil bereits bei mehr als 1000 ppM gelegen. Danach war er ständig gesunken, bis er in der gegenwärtigen Eiszeit auf einem Tiefpunkt anlangte.[6] Vielen Klimaforschern gilt der direkte Zusammenhang von $CO_2$-Anteilen in der Luft und globaler Durchschnittstemperatur schlichtweg als erwiesen, er ist so etwas wie ein Dogma der gegenwärtigen Klimatologie. Allerdings zeigt der Vergleich der Kurven aus dem Vostok-Eiskern, dass die Kurven von Temperatur und Kohlendioxyd nicht einfach parallel verlaufen, sondern dass man erhebliche Abweichungen in der Amplitude und auch in der zeitlichen Abfolge beobachten kann. Vorsichtige Interpreten geben daher zu bedenken, es sei «unklar, ob die veränderten Temperaturen Ursache für die veränderten $CO_2$-Konzentrationen sind oder umgekehrt – oder ob vielleicht beide von einem dritten, unbekannten Vorgang gesteuert werden».[7]

## *Die Plattentektonik*

Der dritte Faktor bei der Genese der Eiszeiten ist die Plattentektonik, die Bewegung von Teilen der Erdkruste im oberen Erdmantel. Durch die Wanderung der Urkontinente über die Erdoberfläche veränderten sich die Meeresströmungen und – wenn Kontinente kollidierten und sich Gebirge auffalteten – die Windrichtungen und die Niederschlagsverteilung. Außerdem beeinflussten diese Prozesse das Verhältnis von Land- und Wasserfläche und die Höhe des Meeresspiegels. Sobald sich Landmassen den Polen nähern und an diesen kühlsten Punkten der Erde das freie Strömen des Meerwassers behindert wird, bildet sich Eis. Die Schnee- und Eisdecke führt zum *Albedo-Effekt*, mehr Sonnenlicht wird reflektiert, was zu einer positiven Rückkopplung und damit zu einer vermehrten Abkühlung führt. Der ins All zurückgestrahlte Anteil der Sonnenstrahlung, die sogenannte *Albedo*, beträgt über Neuschnee ca. 95 %, über See dagegen weniger als 10 %. Insgesamt beträgt die *Albedo* im heutigen Klimasystem 30 %, während der Eiszeiten war sie entsprechend höher.

Nach Steven Stanley wurde jedes große Massenaussterben dadurch verursacht, dass eine größere Landmasse auf ihrer Wanderung an eine Polkappe gelangte und eine dauerhafte Eisbildung auslöste. Durch die beschriebenen Rückkopplungseffekte rutschte der Planet dann in eine lange Eiszeit, die vor allem tropische Flora und Fauna zum Erlöschen brachte, da für sie keine Abwanderung möglich war. Überdies änderten globale Vereisungen die Meereshöhen; das Meer zog sich weit vom Land zurück und veränderte die Konturen der Küstenregionen und der Kontinente.[8] Auch in jüngerer geologischer Zeit war die Kontinentaldrift noch klimawirksam. So unterbrach etwa vor 5 Millionen Jahren die Kollision von Afrika und Eurasien die äquatorialen Strömungen, und die Auffaltung der Alpen begann.[9] Das nächste plattentektonische Großereignis war vor 3,5 Millionen Jahren die Entstehung der mittelamerikanischen Landbrücke. Durch die Schließung des Durchlasses zwischen Nord- und Südamerika wurden äquatoriale Strömungen umgeleitet, und der Golfstrom entstand, der Wärme und Feuchtigkeit nach Europa transportiert.[10]

## *Vulkanismus*

Mit der Plattentektonik hängt auch die Aktivität von Vulkanen zusammen. Große Ausbrüche tragen Asche, Aerosole und Gase in große Höhen. Explosiver Vulkanismus kann auch zur plötzlichen, weltweiten Abkühlung führen, wenn Materieteilchen in großer Menge bis in die Stratosphäre und mit Höhenwinden um den Erdball getragen werden, wie 1815 nach dem verheerenden Ausbruch des Tambora in Indonesien.[11] Über die Frage, welche Faktoren bei Vulkanausbrüchen auf das Klima wirken, hat es in den vergangenen Jahrzehnten Diskussionen gegeben. Zuerst machte man die in die Stratosphäre eingebrachten Festkörper verantwortlich für die Abkühlung, weil sie wie ein Filter für Sonnenlicht wirken und bereits von den Zeitgenossen beobachtet wurden. Erst bei Höhenmessungen nach dem Ausbruch des Gunung Agung auf Bali fand man 1963 heraus, dass Gase einen ebenso wirksamen Filter bilden und Schwefelverbindungen dabei die entscheidende Rolle spielen. Die Skala des «*Volcanic Explosivity Index*» (VEI) ermöglicht den Vergleich prähistorischer mit neueren Ausbrüchen, bei denen meist die Beobachtungen von Zeitgenossen hinzukommen, wie zum Beispiel die Beschreibung des Vesuv-Ausbruchs im Jahre 79 durch Plinius den Älteren (23–79 n. Chr.).

Für die Klimawirksamkeit eines Ausbruchs über größere Entfernungen ist es notwendig, dass große Mengen an Gasen und Partikeln in die Stratosphäre gelangen. Bei den allermeisten Vulkanausbrüchen der letzten 10 000 Jahre war dies nicht der Fall, sie boten entweder nur ein interessantes Naturschauspiel, oder sie verwüsteten wie die meisten isländischen Vulkane bloß die nähere Umgebung. Simkin und Siebert haben für das *Holozän* über 5000 derartiger Ausbrüche registriert. Globale Klimawirksamkeit ist erst für «Plinianische» Eruptionen oder Explosionen ab VEI Grad 3 möglich.

Die größten «ultraplinianischen» Vulkanausbrüche während der letzten 10 000 Jahre werden mit VEI Grad 7 klassifiziert und als «kolossal» bezeichnet. Die jüngste Explosion dieser Kategorie war die des Vulkans Tambora auf den kleinen Sunda-Inseln im Jahr 1815, die

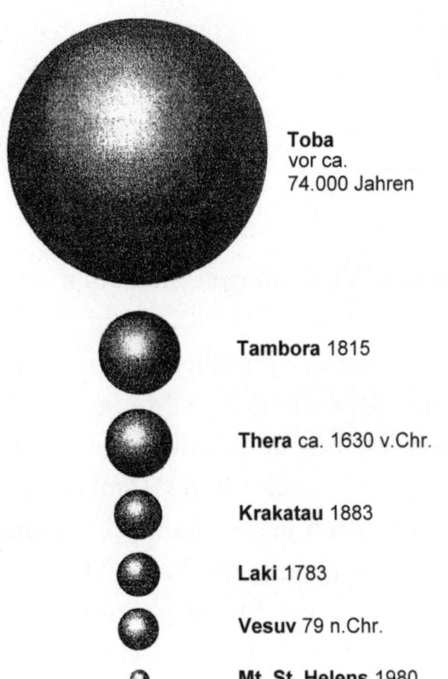


***Abb. 8*** Vulkanexplosionen können weltweite Abkühlungen verursachen.
Führte die Explosion des Toba zu einem «Vulkanischen Winter»?

weltweit mehrere Jahre der Abkühlung, der Missernten und des Hungers nach sich zog. Die Tatsache, dass es in den letzten 10 000 Jahren keine größeren Explosionen gegeben hat (VEI Grad 8 und höher), bedeutet aber nichts für die fernere Vergangenheit.[12] Die Explosion des Vulkans Toba auf Sumatra vor ca. 75 000 Jahren hat vermutlich zu einer jahrelangen Abkühlung der Erde geführt. Diese Erscheinung, die «*Vulkanischer Winter*» getauft worden ist, hat zu einem großen Aussterben beigetragen.[13]

## *Meteoriten*

In der Öffentlichkeit genießen große Meteoriten- oder Asteroideneinschläge als Ursachen von Untergangsszenarien oder Massenaussterben einige Beliebtheit. Seriöse Paläontologen teilen diese Begeisterung nicht. Theoretisch hätten Meteoriteneinschläge ähnliche Auswirkungen wie Vulkanausbrüche, und wir werden sie im Zusammenhang mit den fünf Massenaussterben des *Phanerozoikums* diskutieren.

# *Das Paläoklima seit Entstehung der Erde*

## *Warmzeiten als charakteristisches Klima der Erde*

Wir leben in einer Eiszeit. Dies dürfte angesichts der Debatte über die Globale Erwärmung viele Menschen überraschen. Deswegen ist es vor einer Behandlung des heutigen Erdklimas notwendig, sich zuerst einmal über das Klima in älteren erdgeschichtlichen Zeiten zu informieren: das *Paläoklima*. In der Geologie werden Eiszeiten dadurch definiert, dass an den Polen und in den Hochgebirgen Gletscher existieren. Derartige Vereisungen gab es in der Geschichte unseres Planeten insgesamt nur fünfmal: zweimal im *Präkambrium* und zweimal im so genannten *Erdaltertum,* der ältesten Phase des noch andauernden *Phanerozoikums,* der «Zeit des sichtbaren Lebens». Die fünfte dieser Eiszeiten ist die des *Quartär* bzw. – nach der neuesten Terminologie – des *Neogen,* also der Zeit, in der wir heute noch leben. Auch wenn es also gegenwärtig wärmer wird, wir leben immer noch in einer Eiszeit. In der Geschichte unseres Planeten ist dies ein Ausnahmezustand, denn während mehr als 95 % der Erdgeschichte gab es hier kein permanentes Eis. Statistisch gesehen sind Warmzeiten das charakteristische Klima der Erde, also Zeiten, in denen es sehr viel wärmer war als heute.

Aussagen zum Klima sind umso unsicherer, je weiter man in die Erdgeschichte zurückgeht. Nach der Astrophysik stand am Anfang der Erdentstehung vor ca. 14 Milliarden Jahren ein «Urknall», aus dem vor 11 Milliarden Jahren die Galaxis und vor 9 Milliarden Jahren die «Urwolke» unseres Sonnensystems entstanden sein soll. Vor etwas weniger als fünf Milliarden Jahren habe diese «Sonnenwolke» zu kollabieren begonnen. Damit begann die «Ausfällung» unseres Zentralgestirns und seiner Planeten. Mit der Entstehung der Erde beginnt die Geschichte des irdischen Klimas. Und diese Anfänge waren heiß, sogar höllisch heiß. Deswegen wird das erste Zeitalter unseres Planeten gelegentlich als *Hadaikum* bezeichnet, nach der griechischen Hölle, dem *Hades.*[1]

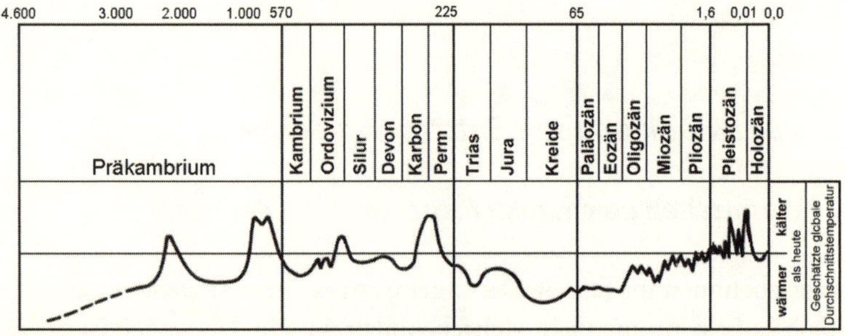


***Abb. 9*** Das Paläoklima seit Entstehung der Erde: Meist war es sehr viel wärmer als heute, aber es gab fünf Eiszeitperioden. In einer davon leben wir.

Die *Geologie* teilt die Erdgeschichte in eine hierarchisch gegliederte Abfolge von Zeitaltern ein, mit Äonen, Ären, Perioden, Epochen und Stufen.[2] Die vier *Äonen* (*Hadaikum, Archaikum, Proterozoikum, Phanerozoikum*) bekamen ihre Namen aufgrund der Bedingungen, die sie für Leben auf dem Planeten boten. In der *formativen Phase* (*Hadaikum)* existierte noch keine Atmosphäre, damit fehlten die Voraussetzungen für Leben auf der Erde. Wegen der geothermischen Aktivität bei der Bildung des Planeten waren die Temperaturen höher als jemals später in der Erdgeschichte. Sie sanken vor ca. 4 Milliarden Jahren mit Ausbildung der Erdkruste in Bodennähe unter 100 Grad Celsius. Erst jetzt konnte Wasser kondensieren, und Regen, Flüsse, Seen und Meere entstanden. Älteste Sedimente sind aus der Zeit vor 3,7 Milliarden Jahren bekannt.[3]

Im Äon des *Archaikums* (ca. 3,8–2,5 Milliarden Jahre) hat sich aufgrund von geophysikalischen Prozessen, möglicherweise von vulkanischen Exhalationen, die *Uratmosphäre* gebildet. Sie sorgte wegen ihres hohen $CO_2$-Gehalts für starke Absorption und geringe Rückstreuung des Sonnenlichts. Der Treibhauseffekt ermöglichte in diesem Äon eine günstige Temperierung, und es kam mit den *Archäobakterien* zur Entstehung des ersten Lebens. Nach der Kondensation von Wasserdampf bildeten sich Urozeane und Urkontinente. Älteste Anzeichen für einen Wasserkreislauf finden sich in 3,2 Milliarden Jahre alten Gesteinen. Mit dem Wasserdampf verschwand ein Großteil des Kohlendioxids aus der Uratmosphäre. Durch Photosynthese produzierten *Cyanobakterien* (veraltet: «Blaualgen») vor etwa 2,6 Milliarden Jahren Sauerstoff. Die kohlendioxidbasierte Atmosphäre brach zusammen, die *anaeroben* Organismen starben ab: Dies war das erste Massenaussterben der Erdgeschichte. Das Ende des Treibhauseffekts verursachte eine globale Abkühlung vor etwa 2 Milliarden Jahren im *Huronischen* bzw. *Archaischen Eiszeitalter*.[4]

Während des darauf folgenden *Proterozoikums* (ca. 2,5–0,5 Milliarden Jahre) war es für etwa eine Milliarde Jahre erneut sehr viel wärmer als in den meisten späteren Phasen der Erdgeschichte. Dies kann eine Folge des neuen atmosphärischen Treibhauseffekts gewesen sein, der durch die Lufthülle auf der Basis von Sauerstoff in Gang gekommen war. In diesem Zeitalter bilden sich älteste Pflanzen mit Zellkern, vor etwa 1,4 Milliarden Jahren Einzeller und schließlich weichkörperige Mehrzeller.[5] Aufgrund der ältesten Fossilien lässt sich das Klima kalkulieren, bevor am Ende dieses dritten Äons erneut eine sehr starke Abkühlung einsetzte, die zur kältesten Periode der Erdgeschichte führte. Als der Urkontinent *Rodinia* zerbrach, sammelten sich alle Landmassen in der Äquatorialregion. Die pflanzenlosen Felsen erhöhten die *Albedo*. Die sinkenden Temperaturen wurden durch Eisbildung an den Polen rückgekoppelt,[6] wodurch es zur kompletten Vereisung der Erde kam, die von außen wie ein Eis- oder Schneeball gewirkt haben muss («*Snowball Earth*»). Unter diesen Bedingungen kam es vor etwa 650 Millionen Jahren zum zweiten Massenaussterben der Erdgeschichte. Die Geschichte des Lebens auf der Erde wäre beinahe schon wieder zu Ende gewesen.[7]

## *Die fünf Massenaussterben des Phanerozoikums*

Die in der Literatur öfter erwähnten fünf großen Massenaussterben («*the Big Five*») der Erdgeschichte beziehen sich allein auf das *Phanerozoikum*. Dieser Äon der komplexen Lebensformen umfasst nur die restlichen ca. 10 % der Erdgeschichte bis heute. Unterteilt wird es in die «Ären» des Erdaltertums (*Paläozoikum*, beginnend vor ca. 600 Millionen Jahren),[8] des Erdmittelalters (*Mesozoikum*, Zeitalter der Saurier, beginnend vor ca. 250 Millionen Jahren)[9] und der Erdneuzeit (*Neozoikum* bzw. *Känozoikum*, das Zeitalter der Säugetiere, beginnend vor ca. 65 Millionen Jahren).[10]

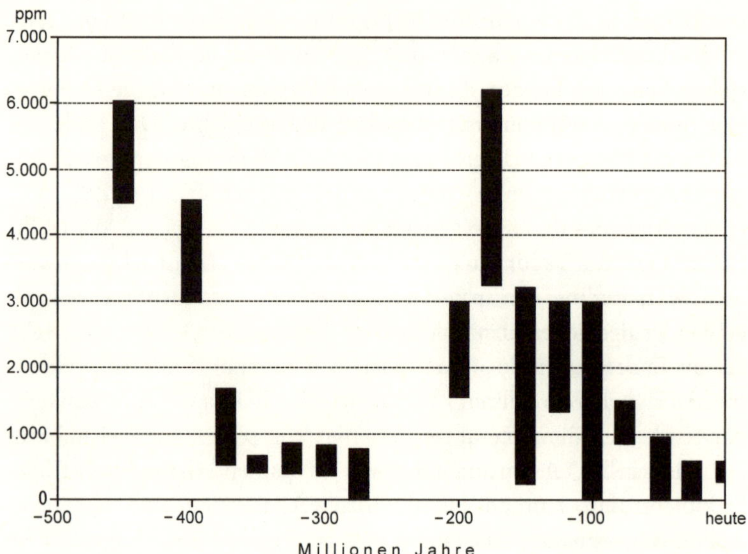


***Abb. 10*** Noch ein Schlag für das Märchen vom konstanten Klima: Die $CO_2$-Konzentrationen waren vor Beginn der globalen Erwärmung nicht konstant, sondern sie variierten in den letzten 500 Millionen Jahren auch ohne menschliche Einflüsse ganz erheblich.

Warum das Leben am Ende des *Jungproterozoischen Eiszeitalters* eine neue Chance bekam, wissen wir nicht genau. Vulkanexplosionen könnten die Erde aus ihrer eisigen Umklammerung befreit haben, indem sie große Mengen $CO_2$ in die Atmosphäre beförderten und einen neuen Treibhauseffekt auslösten. Damit wurde Leben wieder möglich. Vor ca. 570 Millionen Jahren setzte mit dem *Kambrium* (600–510 Millionen Jahre) jene Explosion der Lebensformen ein, mit der das *Phanerozoikum* begann.[11] Im *Kambrium* mit seinem Fossilreichtum (Muscheln, Schwämme, Krebse und Schnecken und schließlich erste Wirbeltiere) gibt es keinerlei Hinweise auf Eis an den Polkappen. Das Klima war weltweit sehr heiß und blieb über einen Zeitraum von annähernd 400 Millionen Jahren überwiegend wärmer als heute. Im Zeitalter des *Ordoviziums* (510–438 Millionen Jahre) vervielfachte sich die Zahl der Arten. Die vorwiegende Lebensform bestand aus Nautiloiden, den Vorfahren der Tintenfische und Kraken. Unterbrochen wurde diese Blütezeit allerdings von einer Periode der Abkühlung, dem *Jungordovizischen Eiszeitalter* vor etwa 438 Millionen Jahren, in der ein Großteil der Arten ausstarb. Ursache war aller Wahrscheinlichkeit nach, dass der Großkontinent *Gondwanaland*, bestehend aus den Landmassen des späteren Südamerika, Afrika, Arabien, Indien, Australien und Antarktika, den Südpol überquerte.

Die fünf Massenaussterben *im Phanerozoikom* werden jeweils mit globalen Abkühlungen in Zusammenhang gebracht:

(1) am Ende des *Ordoviziums* in der «*Oberordovizischen Eiszeit*»[12]

(2) am Ende des *Devon*, Folge einer globalen Abkühlung der «*Oberdevonkrise*»[13]

(3) am Ende des *Perms*, in der «*Permkatastrophe*»[14]

(4) am Ende des *Trias*[15]

(5) am Ende der *Kreidezeit*[16]

Am Ende des *Perm*-Zeitalters wuchs Gondwana mit den übrigen Landmassen zu einem Superkontinent *Pangäa* zusammen, der vom Südpol bis zum Nordpol reichte. Deswegen endete das Erdaltertum mit einer grausamen Kältephase, dem sogenannten *Permischen Eiszeitalter* vor ca. 250 Millionen Jahren. Diesem «verheerendsten Massenaussterben aller Zeiten» fielen in einem Zeitraum von 10 Millionen Jahren etwa 75–95 % aller Tierarten des marinen Lebensraumes und – im Unterschied zu der vorhergehenden Eiszeit – ein großer Teil der Landlebewesen zum Opfer.[17] Die Permkatastrophe ist daher in der Literatur auch als «*Mutter aller Naturkatastrophen*» bezeichnet worden.[18] Sie dient als Zäsur zwischen dem Erdaltertum (*Paläozoikum*) und dem Erdmittelalter (*Mesozoikum*).

Das Temperaturmaximum dürfte vor etwa 100 Millionen Jahren in der *Kreidezeit* (146–65 Millionen Jahre) erreicht worden sein. Auch der $CO_2$-Gehalt der Atmosphäre erreichte ein Maximum. Damals nahmen die Pole in etwa die heutige Lage ein. Die Eiskappen der Pole waren komplett geschmolzen, der Meeresspiegel gestiegen und die Kontinentalschelfe durch sogenannte Transgressionen überflutet. Infolge der Plattentektonik falteten sich die Alpen und die Rocky Mountains auf. In dieser Zeit bildeten sich viele Erdöl- und Erdgas-Lagerstätten. Auf dem Land erschienen erste Warmblüter, erste Säugetiere, die ersten Primaten, Urhuftiere und Vögel. Dinosaurier wanderten nordwärts bis Alaska. Am Ende des Mesozoikums kam es erneut zu einem Massenaussterben, dem die Dinosaurier zum Opfer fielen.[19]

Für das Aussterben der Dinosaurier werden alle möglichen Katastrophen verantwortlich gemacht.[20] Wegen der Dramatik der Ereignisse ist in der Öffentlichkeit die Version des Asteroiden- oder Meteoriteneinschlags beliebt, der eine Art globalen Winter verursacht habe. Solche Vorstellungen sind seit den Diskussionen um den sogenannten nuklearen Winter beliebt und direkt davon inspiriert. Die Wucht des Einschlags habe Flutwellen und Feuerstürme ausgelöst und so viel Materie in die Stratosphäre aufgewirbelt, dass auf Monate oder Jahre hinaus die Sonne verdunkelt worden sei.[21]

Allerdings konnte bisher kein schlüssiger Nachweis für die Meteoritentheorie geführt werden. Denkbar wäre ebenso eine Klimakatastrophe durch die Explosion eines Supervulkans oder eine noch unbekannte Ursache wie kosmische Strahlung oder eine Krankheit. Man muss aber gar nicht an eine exogene Katastrophe denken. Wie am Ende des Paläozoikums reicht am Ende des Mesozoikums eine Klimaänderung zur Erklärung völlig aus. In erster Linie kommen Temperaturänderungen als Ursachen in Frage, weil ihre Wirkung weltweit ist und kein Lebewesen ihrem Einfluss entrinnen kann.[22]

## *Antarktika als Schrittmacher der Abkühlung in der Erdneuzeit*

Die Erdneuzeit begann vor ca. 65 Millionen Jahren mit einer Urkatastrophe, die dramatische Veränderungen der Flora und Fauna nach sich zog. Mit dem Beginn des *Tertiär* (bzw. nach der neuen Nomenklatur des *Paläogen*) begann jenes Eiszeitalter der Erde, in dem wir uns heute noch befinden (*Känozoisches Eiszeitalter*).[23] Gegenwärtig ist der Südpol okkupiert durch *Antarktika*, eine Landmasse, die wir wegen ihrer dauernden Vergletscherung meist gar nicht als Kontinent wahrnehmen. Von ihrer früheren Position nahe dem Äquator – als Teil des Südkontinents «Gondwanaland» – ist diese Landmasse durch Kontinentaldrift in die Südpolarregion gewandert und begann sich mit dem Beginn des *Paläozän* (65–55 Millionen Jahre) mit einer Eiskappe zu überziehen. Begünstigt wurde die Abkühlung durch die Auffaltung von Hochgebirgen, die Windzirkulation und Niederschlagstätigkeit beeinflussen: Alpen, Rocky Mountains und Kordilleren wuchsen weiter, und vor ca. 45 Millionen Jahren begann nach dem Zusammenstoß Indiens mit Asien die Auffaltung des Himalaya.[24] Seit der Trennung *Antarktikas* von Australien im *Oligozän* (34–23 Millionen Jahre) wird der Südpolkontinent von einer kalten Meeresströmung umflos-

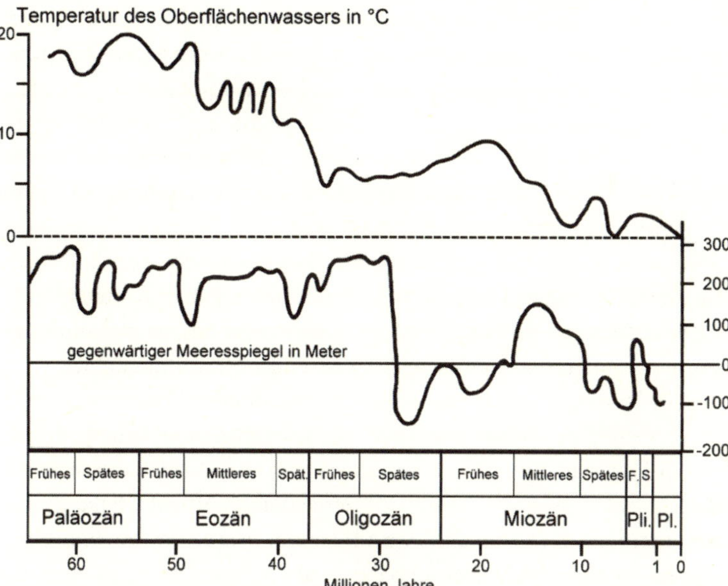


***Abb. 11*** Die Schwankungen des Meeresspiegels und der Oberflächentemperatur in den letzten 65 Millionen Jahren. Deutlich spiegelt das scharfe Absinken des Meeresspiegels die großen Eiszeiten des Oligozän, des Miozän und des Pleistozän wider.

sen, die wärmere Strömungen abblockt. Mit der Anordnung der Kontinente in ähnlichen Positionen wie heute bildeten sich auch die heute noch bekannten Meeresströmungen aus. Noch während des *Alttertiärs/Paläogens* setzte eine starke Abkühlung ein, die die mittlere Jahrestemperatur in Europa von über 20 Grad Celsius auf ca. 12 Grad senkte. Das feucht-warme Klima des Mesozoikums wich weltweit einem wechselfeuchten Klima mit stärkeren Schwankungen der Temperatur.[25]

Dramatische Formen nahm das jüngste Eiszeitalter erst während der letzten 2 Millionen Jahre an, in der Epoche des *Pleistozäns*. Aus der Sicht der Menschheitsgeschichte ist dies das Eiszeitalter im engeren Sinn, in dem nicht nur die Antarktis, sondern auch weite Teile der nördlichen Hemisphäre unter dauerndem Eis zu leiden hatten. Das Ausmaß der Vergletscherung unterlag allerdings Schwankungen. Mit Hilfe der Sauerstoffisotopen-Methode lässt sich bereits für das *Alt-*

*pleistozän* (ca. 2,4/1,8–0,78 Millionen Jahre) mit Tiefseebohrungen der klimatische Ablauf recht gut festlegen. Es wechselten sich Kalt- und Warmzeiten in längeren Zyklen ab. Insgesamt kann man mit Hilfe der «Archive der Natur» über zwanzig Kalt- und Warmzeiten ermitteln. Während der Kaltzeiten sank die Lufttemperatur im Jahresmittel um bis zu zwölf Celsiusgrade, die Oberflächentemperatur der Weltmeere um bis zu sieben Celsiusgrade. Die Schneegrenze in den Alpen sank um bis zu 1500 Meter, der Meeresspiegel wegen der Bindung des Wassers in Gletschern weltweit um bis zu 200 Meter.[26]

Diese Befunde für das *Altpleistozän* werden durch paläontologische Untersuchungen bestätigt. Anhaltende Abkühlungen waren in der Nordhemisphäre oft mit einem Absinken der Niederschlagsmengen und entsprechenden Veränderungen von Flora und Fauna verbunden. In Eurasien und Nordamerika wurden die Wälder durch Waldsteppen und Grasländer ersetzt, im Bereich der heutigen afrikanischen und amerikanischen Savannen und der asiatischen Wald- und Grassteppen weiteten sich Trockenzonen aus. Mit der Verschiebung der Vegetation kam es zu Tierwanderungen, da viele Tiere in ihrer Ernährung an bestimmte Pflanzen gebunden sind. Bei stark spezialisierten Tieren – etwa Amphibien – verkleinerte sich der Lebensraum. Andere Tiere konnten über stark wechselnde Vegetationsgrenzen hinweg existieren, oder sie profitierten wie einige Großsäuger – Elefanten, Nashörner, Pferde und Rinder – wegen der Ausdehnung der Weideflächen von der Klimaänderung. Seit dem Ende des *Altpleistozäns* lassen sich in Mitteleuropa die an extrem kalte Bedingungen angepassten Mammuts, Wollnashörner und Moschusochsen nachweisen.[27]

## *Klimawandel und menschliche Evolution*

Die Evolution der Vorfahren des Menschen wurde nach verbreiteter Ansicht durch geologische Prozesse und Klimaschwankungen beeinflusst oder sogar verursacht.[28] Eine besondere Rolle spielte bei der menschlichen Evolution die Entstehung des Ostafrikanischen Grabenbruchs, die Öffnung des *Rift Valley*. An dieser Stelle driften die tektonischen Platten auseinander. In diesem Tal bildete sich eine große ökologische Vielfalt, es herrschten klimatische Instabilität und stetiger Wandel: Diese äußere Unsicherheit war ein Motor der Evolution.

Etwa seit dem massiven Kälteeinbruch vor 10 Millionen Jahren entwickelten sich im ostafrikanischen Hochland die Vorläufer des Menschen. Der *Australopithecus Africanus* stieg aber nicht von den Bäumen, sondern war eine bodenbewohnende Spezies der Primaten. Sein Lebensraum vergrößerte sich durch den Rückgang der Wälder und die Ausdehnung der Savannen. Der aufrechte Gang verhalf zu besserem Überblick im Grasland und hielt die vorderen Extremitäten frei.[29]

Nach gegenwärtiger Forschungsmeinung war der *Australopithecus* kein «Raubaffe», da ihm für den Kampf die nötigen Krallen oder Reißzähne fehlten. Vielmehr dürfte er von Aas gelebt haben, das aufgrund der reichlich vorhandenen Megafauna anfiel. Die Nachteile gegenüber den kräftigeren Aasfressern glichen die Frühmenschen durch Schnelligkeit und Geschick aus. So verwendeten sie scharfkantige Obsidiansteine, die in den Vulkangebieten Ostafrikas leicht zu finden sind, zum Zertrennen der Beute. Bei der Erspähung und dem Transport der Beute bot der aufrechte Gang Vorteile, ebenso entwickelten sich Weitsichtigkeit und räumliches Sehen – im Unterschied etwa zum ausgeprägten Geruchssinn und Gehör der Jäger – zu einem Gattungsmerkmal des Menschen. Die weitere Ausbildung der Merkmale des Vormenschen hing mit der Lebensweise des Aasfressers zusammen: Die Fleischnahrung begünstigte das Wachstum des Gehirns. Die Konkurrenz mit kräftigeren Aasfressern erforderte ein ausdauerndes Laufvermögen. Unter den klimatischen Bedingungen Ostafrikas führte dies zum Verlust der Behaarung. Die Nacktheit und eine spezielle Kühlvorrichtung, die Ausbildung von Schweißdrüsen zum Zweck der Verdunstungskühlung, ermöglichten bei hohen Lufttemperaturen Wärmebalance bei körperlicher Höchstleistung.[30]

Die Ausbildung der Gattung «*Homo*» («Mensch») – also der Vormenschen – wird in kausalem Zusammenhang mit der Eiszeit gesehen. Die Zerstörung bisheriger Lebensräume war eine Bedrohung im darwinschen Sinne, sie setzte Aussterbewellen in der Tier- und Pflanzenwelt in Gang und führte durch Selektionsdruck zur Herausbildung neuer Arten.[31] Das Klima war wegen des im Eis gebundenen Wassers weltweit trockener, auch im ostafrikanischen Hochland, der Wiege der Menschheit. Bei den Hominiden spaltete sich nun die Entwicklung in zwei Linien: Einerseits entwickelte sich ein Zweig besonders kräftiger *Australopithecinen,* die große Mengen harter pflanzlicher Nahrung

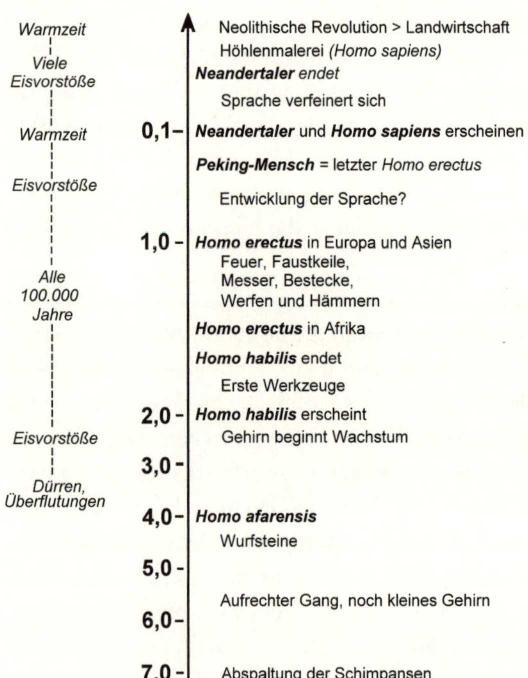


***Abb. 12*** Hominidenentwicklung, Kulturgeschichte und Klima

verwerten konnten. Auf der anderen Seite entwickelte sich der grazilere «Homo».

Was der Gattung «*Homo*» einen zusätzlichen Entwicklungsvorteil bot, war der Fleischkonsum. Das Wachstum des Gehirns ermöglichte eine Weiterentwicklung der Überlebenstechniken. *Homo habilis,* ein etwa 40 Kilogramm schwerer Primat, der sich in menschenähnlicher Weise aufrichtete und dessen Gehirn auf etwa 500–800 Kubikzentimeter angewachsen war, benutzte bereits einfache Werkzeuge aus Stein, worauf seine Bezeichnung («*habilis*») hinweist. Er war in der Lage, einfache Instrumente gezielt durch die Technik des harten direkten Schlags mit einem Hammerstein herzustellen. Der Umfang der Funde impliziert, dass eine bewusste Weitergabe von erworbenen Kenntnissen stattfand und damit erstmals eine identifizierbare «Kultur» vorliegt. Der nach der Fundstätte *Olduvai* in Tansania benannten *Oldowan-Kultur* werden die Feuernutzung und sogar die Technik des Feuermachens zugetraut. *Homo habilis* trug seine Werkzeuge über weite Strecken mit sich. Er plante für die Zukunft.[32]

## *Klimawandel und erste Globalisierung in der Altsteinzeit*

Alle diese Merkmale prägen sich noch stärker bei seinem Nachfolger aus, dem *Homo erectus*, der vor etwa 1,8 Millionen Jahren zuerst in Ostafrika auftrat. Die Hirngröße dieses Vormenschen lag bei über 1000 Kubikzentimetern, etwa 70 % des Hirnvolumens des modernen Menschen. Während die Kopfform primitiv wirkt, war der Gang des *Erectus* – wie der Name sagt – aufrecht. Mit einer Körperhöhe von 1,5–1,8 Metern muss er recht imposant gewirkt haben. Der etwa 50 Kilogramm schwere *Homo erectus* ist der erste Vertreter der Gattung Mensch, der Afrika verließ und sich über weite Teile der Welt verbreitete. Vor über einer Million Jahren erreichte er den Osten Asiens, wo er als «*Peking-Mensch*» oder als «*Java-Mensch*» – Fundalter 1,4 Millionen Jahre – seine Spuren hinterließ. Vermutlich gehört auch der kürzlich entdeckte *Homo floresiensis* zur Familie der *Erectinen*. Die Knochenfunde auf Java, Flores, Borneo und auf den Philippinen beweisen allerdings noch keine Erfindung der Schifffahrt, denn diese späteren Inseln waren wie Japan noch mit dem Festland verbunden. Die Meeresstraßen nach Madagaskar, Neuguinea und Australien konnten nicht überwunden werden. Die zu Fuß zurückgelegten Strecken – von Afrika bis Südostasien – erscheinen gewaltig, doch bei einer Fortbewegung von nur 20 Kilometern pro Generation ließ sich die Distanz von Ostafrika nach Ostasien in 20 000 Jahren bewältigen.

Wie seinem Vorläufer wird auch dieser Menschengruppe eine eigene «Kultur» zugesprochen. Die 1872 nach der Fundstätte bei *Saint-Acheul*, heute ein Vorort von Amiens, benannte Kultur des *Acheuléen* war über ganz Afrika sowie Teile Europas und Westasiens einschließlich Indiens verbreitet. Sein «Techno-Komplex» zeichnet sich durch sorgfältig gearbeitete Faustkeile, ein Universalgerät der Eiszeit zum Schlagen, Graben und Schaben, und Abschlaggeräte aus, damit verbunden die Herstellung spezialisierter Holzwerkzeuge und die Kunst des Feuermachens. Wegen dieser intensiveren Arbeitstätigkeit wird auch von *Homo ergaster* («der arbeitende Mensch») gesprochen. Manche Paläoanthropologen sehen in diesem Vormenschentyp den eigentlichen Vorfahren des modernen Menschen. In Afrika folgte die Kultur des *Acheuléen* auf *Oldowan* und setzte vor 1,5 Millionen Jahren ein. Für Europa setzen Funde vor ca. einer Million Jahre ein und

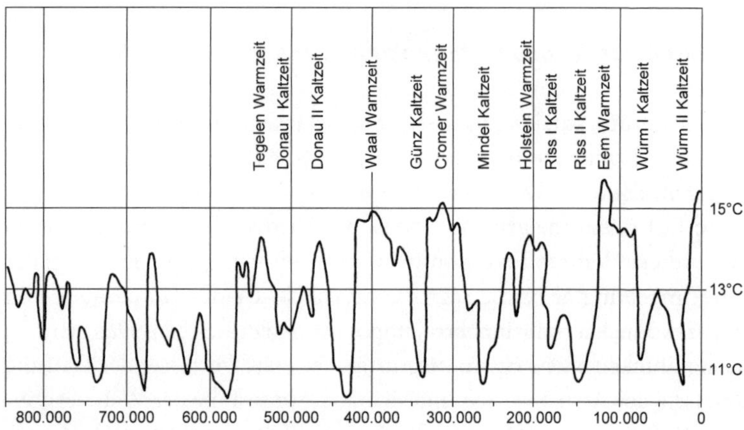


***Abb. 13*** Die Temperaturveränderungen der letzten 850 000 Jahre. Die Sedimentanalysen von Tiefseebohrkernen bestätigen die Ergebnisse der Eisbohrkernanalyse.

dauern bis vor etwa 100 000 Jahren an. Interessanterweise spaltete sich mit der Entwicklung des Faustkeils die Kultur der *Erectinen,* denn ganz Ostasien und Teile Osteuropas hielten an der Verwendung einfacherer Steinwerkzeuge fest. Die Welt zerfiel also in zwei technologisch unterschiedliche «Kulturen». Die Ursachen für diese Spaltung sind unklar. Möglicherweise entwickelte sich die Kultur des *Acheuléen* erst nach der Auswanderung der asiatischen *Erectinen.*[33]

Die Ausbreitung des Vormenschen über die Erde hängt mit dem Klimawandel zusammen, der sich in der nördlichen Hemisphäre als Eiszeit darstellte, in Afrika jedoch durch verstärkte Niederschläge. Während dieses *Pluvials* drang Wald in die Savannengebiete vor und verkleinerte den Lebensraum des *Homo erectus.* Doch gleichzeitig war das tropische Afrika nicht mehr durch einen breiten Wüstengürtel vom Rest der Welt getrennt. Die Sahel-Zone und die Sahara waren durch Regen zu fruchtbaren Gebieten geworden, die zum Weiterwandern einluden. In der Geschichte der Menschheit geschah dies mehrmals, doch zum ersten Mal war *Homo erectus* durch diese Verschiebung der Vegetationszonen begünstigt.[34]

Der dramatische Klimawandel erforderte eine hohe Anpassungsfähigkeit. Dem wiederholten Wechsel von Regenwald zu Savanne, von Feuchte zu Trockenheit, von Wärme zu Kälte konnte man durch

Auswanderung oder lokale Adaptation begegnen. Die Auswanderung wurde bei den Jägern durch die Ausbreitung bekannter Jagdtiere begünstigt – zumindest tauchen diese gemeinsam mit den ersten *Erectinen* in Europa auf. Auswanderung bedingte die Fähigkeit, mit wechselnden Klimazonen umzugehen. Dazu mussten die Menschen unter anderem die Fähigkeit entwickeln, zwischen Tier- und Pflanzennahrung zu wechseln, also zu «Allesfressern» zu werden. Außerdem mussten sie lernen, Erfahrungen von konkreten Orten der gewohnten Umgebung abzulösen und vergleichbare Orte zu finden. Diese Abstraktionsleistung brachte höhere Anforderungen an die Mitteilungsfähigkeit mit sich und führte zur Entwicklung der Denkfähigkeit.

# *Globale Erwärmung: Das Holozän*

## *Kinder der Eiszeit*

Die Entwicklung des *Homo sapiens sapiens* ereignete sich während einer Phase der Klimageschichte, an die man aus heutiger Sicht mit Schrecken denkt. Plakativ gesprochen sind wir Menschen «*Kinder der Eiszeit*».[1] Vom «modernen Menschen» sprechen wir, weil in den 1980er Jahren der Nachweis geführt werden konnte, dass die gesamte heutige Menschheit von einer Mutter abstammt, die vor etwa 150 000–200 000 Jahren in Ostafrika gelebt haben muss, der so genannten «*Eva der Mitochondrien*». Der Nachweis wurde geführt mit der menschlichen Erbsubstanz der nur über die weibliche Linie vererbbaren Mitochondrien. Diese Erbsubstanz (mtDNS) ist bekannt für ihre regelmäßigen Mutationen, die zur Altersbestimmung dienen können. Aus der Tatsache, dass die Erbsubstanz aller heute lebenden Menschen zwar in Afrika variiert, aber außerhalb Afrikas gleich ähnlich ist, wurde gefolgert, dass keine Vermischung des *Homo sapiens sapiens* mit älteren Hominiden – wie etwa dem *Homo erectus* oder dem *Neandertaler* – stattgefunden haben kann. Ansonsten müssten sich irgendwo deren Spuren in der Erbsubstanz finden lassen.

Die bewusste «Eva» war allerdings keine einsame Mutter – vielmehr dürfte es sich um eine Population von vielleicht 10 000 Menschen gehandelt haben, die im ostafrikanischen Grabenbruch Selektionsvorteile erworben hat. Dieser Menschentyp war kräftiger als frühere Hominiden, vielleicht abgesehen von dem früher aus Afrika ausgewanderten *Neandertaler*, der ebenfalls zur Gattung *Homo sapiens* gehört und sich in Europa als kräftiger Großwildjäger perfekt an die Bedingungen des Lebens in der Eiszeit angepasst hatte.

Seit einigen Jahren wird als Ursache für die Abstammung aller heutigen Menschen von einer Stamm-Mutter eine Art Urkatastrophe angeführt, der frühere Menschenarten großteils zum Opfer gefallen seien. Die Gattung *Homo sapiens sapiens* sei dadurch auf wenige tausend Exemplare reduziert worden, mit einer entsprechenden Verarmung bzw. Konzentration des Genpools auf eine Entwicklungslinie.

Geologen wie Michael R. Rampino (New York University) und Anthropologen wie Stanley H. Ambrose (University of Illinois) machen dafür eine vulkanische Super-Eruption verantwortlich: die Explosion des Vulkans Toba im Norden der Insel Sumatra (Indonesien) vor ca. 75 000 Jahren. Die Explosion beförderte solche Mengen an vulkanischer Asche und an Aerosolen in die Stratosphäre, dass die Wolken dort mehrere Jahre verblieben. Heute ist der Ausbruch weltweit in Eisbohrkernen und in Bodensedimenten nachweisbar.[2]

Der Eintrag von Asche und Aerosolen in die Stratosphäre führte zu einer raschen Abkühlung von regional bis zu 15 Grad Celsius und von weltweit ca. 5 Grad über mehrere Jahre hinweg. Der «Vulkanische Winter» beeinträchtigte das pflanzliche Wachstum und damit die Ernährungskette zu Lande und in den Weltmeeren. Die tropische Vegetation muss weitgehend zerstört worden sein, der Wald in temperierten Klimazonen geschädigt. Die überlebende Vegetation muss schwer gestört worden sein und brauchte Jahrzehnte zu ihrer Erholung. Der Ausbruch des Toba hatte weitaus dramatischere Folgen als alle jüngeren Vulkanausbrüche.[3] Damit ließe sich erklären, warum es in der Frühgeschichte des *Homo sapiens sapiens* zu jener schweren Reduzierung der Art bis nahe an die Grenze zum Aussterben gekommen ist.

Nach der Erholung der Pflanzenwelt bot sich den Überlebenden freilich ein einzigartiges Entwicklungspotenzial, da die Umwelt neu besiedelt werden konnte und der Ausbreitung keine Grenzen durch Konkurrenz gesetzt waren. Daher kam es zu einem raschen Bevölkerungswachstum, vermutlich bedingt durch eine bessere Anpassung einzelner Gruppen an die Umwelt.[4] Die weiteren Auswirkungen des Vulkanischen Winters sind ungewiss. So wird etwa gefragt, inwieweit die Toba-Explosion für die nachfolgenden Wanderungsbewegungen der Vormenschen und für technische Innovationen verantwortlich gemacht werden kann.[5] Erwogen werden auch klimatische Rückkoppelungseffekte, da in den folgenden 1000 Jahren ein Kältetiefpunkt erreicht wurde.[6]

## «Beringia» und die Globalisierung der Menschheit

Wie schon die Frühmenschen verließ auch *Homo sapiens sapiens* Afrika aufgrund eines Klimawandels. In den Zwischeneiszeiten drangen die Wälder vor. Dies bedingte einen Rückgang der Großtiere der Savanne und das Vordringen tropischer Krankheiten wie der Schlafkrankheit und der Malaria. Gleichzeitig eröffneten sich während der *Pluviale* zu den ehemaligen Wüstenzonen hin neue Lebensräume, denn hier entstand nun jene Savanne neu, die in den tropischen Breiten zurückging.[7] Wie bereits die Neandertaler fanden die Vorläufer des modernen Menschen ihre Brücke über Palästina nach Eurasien und von dort – wie *Homo erectus* – nach Südostasien. *Homo sapiens sapiens* breitete sich vor ca. 70 000 Jahren über das ganze südliche Asien aus.

Ein besonders interessantes Kapitel ist die Besiedelung Australiens. Nachdem vor etwas mehr als 35 000 Jahren *Homo sapiens* über Landbrücken den indonesischen Archipel und den trockenliegenden Sunda-Schelf besiedelt hatte, erreichten seine Nachfahren «Groß-Australien», einen Kontinent zusammengesetzt aus dem heutigen Australien, Tasmanien, Neuguinea und dem dazwischenliegenden Sahul-Schelf. Die Breite der zu bewältigenden Wasserstraße betrug unter günstigsten Bedingungen ca. 90 Kilometer. Vermutlich schafften es die Menschen der Altsteinzeit bereits vor 35 000 Jahren, die Meerenge per Floß, Auslegerkanu oder Einbaum zu überwinden. Die ruhige See und das warme Klima ermöglichten bei ausreichenden Wasservorräten ein mehrtägiges Überleben auf See. Von diesen Einwanderern stammen die australischen *Aborigines* ab. Bereits vor ca. 30 000 Jahren wurde an der Südspitze Australiens Feuerstein abgebaut und Tasmanien besiedelt.[8]

Für die Besiedelung Amerikas gibt es verschiedene Theorien, doch alle ranken sich um *Beringia*, benannt nach dem dänischen Seefahrer Vitus Bering (1681–1741), der in den 1720er Jahren im Auftrag von Zar Peter dem Großen die sibirische Ostgrenze erforschte. *Beringia* ist die Bezeichnung für die in der letzten Eiszeit mehrmals trockengefallene Landbrücke zwischen Asien und Amerika, die heute vom *Beringmeer* bedeckt ist. An ihrer engsten Stelle ist diese Meerenge zwischen der sibirischen Halbinsel Chuckchi und Alaska nur etwa 90

Kilometer breit; die klimatischen Bedingungen lassen aber eine Überfahrt mit Steinzeit-Flößen als sehr unwahrscheinlich erscheinen. Die günstigsten Bedingungen für eine Einwanderung von Menschen aus Asien über die Landbrücke *Beringia* herrschte während mehrerer langer Vereisungsphasen, in denen der Meeresspiegel tief genug abgesunken war: vor ca. 50 000 und erneut vor ca. 25 000–14 000 Jahren. Das Leben auf der Landbrücke unterschied sich nicht von dem im benachbarten Sibirien. Das Klima war äußerst kalt und sehr trocken, deswegen war *Beringia* eisfrei. Pollenanalysen haben gezeigt, dass der tundrenartige Sommerbewuchs aus Gräsern, Zwergbüschen und Laubbäumen ausreichte, um eine reichhaltige Eiszeitfauna zu ernähren. Fossile Knochenfunde belegen Wollmammut, Moschusochse, Bison und Rentier.

Die eiszeitlichen Jäger Asiens brauchten nur dem Großwild zu folgen, um nach Alaska und von dort über eisfreie Zonen weiter über den kanadischen Schild nach Süden zu gelangen. Über den Zeitpunkt der Einwanderung gehen die Ansichten weit auseinander. Immer wieder wird behauptet, im Süden Chiles oder Brasiliens seien 30 000 Jahre alte Funde menschlicher Besiedelung gemacht worden. Dies wäre prinzipiell denkbar, aber sehr überraschend, weil die Tundrengebiete Sibiriens – soweit bisher bekannt – erstmals vor ca. 20 000 Jahren von Großwildjägern besiedelt worden sind. Und nur von deren östlichstem Teil konnte *Beringia* betreten werden. Bei Ausgrabungen in *Dyukhtai* östlich des Flusses Jenissei wurde die früheste dortige Kulturgruppe auf ein Alter von 18 000–12 000 Jahren datiert. Diese Fundgruppe reicht bis zur Spitze der Halbinsel Chukchi, wo die Vorfahren der ersten Amerikaner gelebt hatten – versunkene Wohnplätze auf *Beringia* nicht mitgerechnet.

Der älteste sicher belegte archäologische Fund menschlicher Besiedelung Nordamerikas ist ca. 15 000–16 000 Jahre alt, ein entfleischter Mammutknochen aus einer Höhle im heutigen Kanada. Aus der Zeit von 15 000–12 000 finden sich geschickt gearbeitete Mikroklingen und andere Steinwerkzeuge, wie man sie auch aus dem östlichen Sibirien kennt. Am Ende der Eiszeit, vor der Überflutung *Beringias*, wurde die Flora üppiger. Vermutlich gab es bereits Birkenwälder, und es könnte sein, dass nun größere Gruppen nach Nordamerika einwanderten. Von dort aus breiteten sich nomadisierende Jäger aus, und offenbar haben bereits vor 12 000 Jahren dauerhaft Bewohner den kühlen Süden Südamerikas in Besitz genommen. Mit der Flutung von *Beringia* bildete sich zu Beginn des *Holozäns* die erste genuin amerikanische Kulturgruppe aus: die Jägergesellschaft der *Clovis-Kultur*, benannt nach einem Fundort von 1932 in New Mexico. Diese Mammutjäger waren die Vorfahren jener Menschen, welche die Europäer Jahrtausende später *Indianer* nannten. Die Globalisierung der Menschheit wurde durch die tiefen Meerwasserstände der letzten großen Eiszeit ermöglicht. Seit deren Ende entwickelten sich die eurasischen, die amerikanischen und die australischen Kulturen getrennt weiter.[9]

## *Europa in der Würm-Eiszeit*

Anscheinend breitete sich *Homo sapiens sapiens* vor etwa 50 000 Jahren von Palästina weiter nach Norden aus, als er gelernt hatte, sich an kältere Lebensbedingungen anzupassen. Nun stieß er nach Asien und vor ca. 40 000 Jahren in das eiszeitliche Europa vor, was über eine breite Landbrücke am Bosporus möglich war. Kleinasien war fest mit Europa verwachsen, das Schwarze Meer war ein Binnensee. Nach einem Fundort in der Dordogne, dem *Abri Cro Magnon*, wird der moderne Menschentyp mit der hohen Stirn, dem kleineren Gebiss und den zurückgebildeten Augenwülsten auch als *Cro-Magnon-Mensch* bezeichnet. Sein Skelett ist mit dem heutiger Menschen identisch.

Das Klima war in weiten Teilen Europas ziemlich rau. Der Norden war von einem dichten Eispanzer bedeckt, der vom Nordpolarkreis bis in die norddeutsche Tiefebene reichte. Der Meeresspiegel war durch die Vergletscherung so weit abgesunken, dass die Britischen Inseln Teil des Festlandes waren. Von den Hochgebirgen schoben sich weltweit Gletscher in die tiefer liegenden Gebiete. Diese Gletscher schürften Täler («Urstromtäler») aus und formten Becken, in denen sich am Ende der letzten Eiszeit die großen Seen bildeten, die wir heute noch kennen. Während des Höhepunkts der letzten Eiszeit vor ca. 20 000 Jahren trockneten die großen Flüsse aus. Gletscher banden das Wasser und der Boden war bis in große Tiefen gefroren. Dies alles klingt schrecklich. Doch die jüngere Forschung zeichnet ein überraschend freundliches Bild: In Europa waren die Lebensbedingungen für Menschen sogar besonders günstig. Das Klima zeichnete sich durch hohe Stabilität aus. Das Wetter war weit weniger wechselhaft als heute. Im

Sommer herrschte anhaltend mildes Schönwetter. Im Winter blieb es durchgehend frostig, aber arktische Tiefsttemperaturen fehlten und die Witterung war trocken. Eiszeitliche Winter können mit sonnigen Wintertagen in den Alpen verglichen werden, wo man sich ebenfalls mitten im Winter sonnen kann. Die mittleren Temperaturen lagen 4 bis 6 Grad niedriger als in der Gegenwart, waren jedoch aufgrund der Trockenheit nicht unangenehm. Der Frühling kam spät, aber an Sommertagen wurden etwa 20 Grad erreicht.

Wegen der niedrigen Temperaturen war die Vegetation stark eingeschränkt, aber die eiszeitliche Tundra Mitteleuropas ähnelte in keiner Weise einer Tundra am Polarkreis. Aufgrund der geographischen Breite war die Sonneneinstrahlung unverändert kräftig, die Sommer waren warm und aufgrund der guten Versorgung mit Schmelzwasser wuchs eine üppige Vegetation, die reiche Nahrung für Tiere bot. Die eiszeitliche Tundra stand an Großtierreichtum den Savannen Ostafrikas nicht nach. Sie erlaubte die Ausbildung einer Megafauna, zu der Pflanzen fressende Großsäuger wie das Mammut und das Wollnashorn gehörten, aber auch Auerochsen, Elche, Hirsche, Höhlenbären und Großräuber wie Löwen und Hyänen. Wie diese konnten die Frühmenschen von Aas leben, das sich überdies leicht in «natürlichen Kühlschränken» einfrieren und konservieren ließ. Darüber hinaus entwickelten sie jedoch eine neue Fähigkeit: die Jagd auf Großwild.[10]

## *Die ersten Europäer und die Geburt der Kunst*

Mit der Ausbildung von spezifischen Produktionsstilen beginnt in der jüngeren Altsteinzeit, dem *Jungpaläolithikum*, die Unterteilung der menschlichen Geschichte in Stilperioden und geographisch abgrenzbare «Kulturen». So erkennt man etwa für die Zeit von 40 000–30 000 v. Chr. im ganzen damals bewohnten Europa eine kulturelle Einheit, die nach einem Fundort in Frankreich *Aurignacien* genannt wird. Diese Kultur ist charakterisiert durch früheste Klingentechnologie, bei der Knochenspitzen mit gespaltener Basis zur Befestigung dienen. Messer und Klingen werden geschärft. In diese etwas wärmere Phase der Kaltzeit fällt auch früheste Kunst oder, um es pathetischer auszudrücken: die Geburt der Kunst.

Neben charakteristischen, sorgfältig bearbeiteten Steinwerkzeugen überrascht diese Kultur durch eine Vielzahl von fein gearbeiteten Kleinplastiken aus Knochen, zum Beispiel von Höhlenbären, die vermutlich im Winterschlaf in ihren Höhlen erlegt wurden. Schmuck wurde in großen Mengen gefunden, durchbohrte Tierzähne, Perlen aus Stein und Elfenbein sowie durchbohrte Schnecken- und Muschelschalen in großer Menge, teils importiert aus dem Mittelmeergebiet. Charakteristisch für diese Kultur sind Statuetten wie die berühmte *Venus von Willendorf* in der Wachau (Österreich), welche auf die Fruchtbarkeitsattribute der Frau größeren Wert legen als auf die Darstellung des Kopfes. In Deutschland massieren sich die Fundstätten in Baden-Württemberg, darunter die *Geissenklösterle-Höhle* in der Schwäbischen Alb, wo Elfenbeinplastiken von Mammut, Höhlenbären, Wisent, Pferd sowie von einem aufgerichteten Menschen mit erhobenen Armen gefunden wurden. Im *Hohlenstein-Stadel* im Lonetal wurde eines der wichtigsten Werke der eiszeitlichen Kunst entdeckt: ein aufrechter Mensch mit Löwenkopf.[11] Diese Kleinplastik lässt Rückschlüsse auf religiöse Vorstellungen zu, denn sie deutet auf die Idee der Tierverwandlung und damit auf den Glaubenskomplex des Schamanismus hin.[12]

Bereits in diese älteste Phase der Kunst fallen die phantastischen Höhlenmalereien, die erst vor wenigen Jahren in der *Grotte Chauvet* in der Dordogne entdeckt worden sind. In dieser «Sixtinischen Kapelle» des Eiszeitalters wird die gesamte Palette der Großfauna aufgeblättert und mit dem Menschen als Jäger konfrontiert. Die komplexen Kunstwerke in schwer zugänglichen Höhlen, die mit Fackeln mühsam beleuchtet werden mussten, deuten auf neue Formen der Raumvorstellung hin, denn die aufwändig gestalteten Kultplätze wurden kaum nur für den Augenblick geschaffen. Vermutlich kehrten die Steinzeitjäger für kultische Handlungen oder Initiationsriten immer wieder an diese Plätze zurück. Vorher lebten hier Jägernomaden, die dem Großwild auf seinen Wanderungen folgten. Doch die Höhlenmaler verknüpften ihren Kult fest mit bestimmten Plätzen. Sie waren die ersten Europäer.[13]

*Cro-Magnon-Menschen* haben das eiszeitliche Kältemaximum vor ca. 20 000 Jahren in den eisfreien südlichen Gegenden Europas überlebt. Für diese besonders raue Zeit wird die Kultur des *Solutréen* angesetzt, benannt nach dem Fundort *La Solutré* (ca. 22 000–18 000 v. Chr.) in Frankreich. Als Kennzeichen dieser Kultur gelten die Hitzebehandlung von Rohsteinen, blattförmige Speerspitzen und die Druckspalttechnik von Stein. Der Fund von Nadeln bezeugt, dass sie in der Lage waren, sich geeignete Kleidung und Zelte aus Tierhäuten herzustellen. Funde bei *Dolni Vestonice* im heutigen Tschechien zeigen, dass die Wohnstätten bis zu einen Meter in den Boden eingegraben wurden, um die Versiegelung der Wände gegen Winterstürme zu erleichtern. Die Wände bestanden aus hölzernen Pfählen, die mit Tierhäuten bespannt wurden. Als Heizmaterial wurden neben Holz auch Mammutknochen verwendet. In der Ukraine wurden Siedlungen gefunden, in denen Mammutknochen zum Errichten von zwölf Meter langen Langhäusern verwendet worden sind. Die Bevölkerungsdichte war insgesamt sehr gering. Für die Zeit des Kältemaximums rechnet man für Frankreich – das am dichtesten besiedelte Gebiet Europas – mit nicht mehr als 2000–3000 Menschen.[14]

## *Zwischen Eiszeit und Holozän: Die Kultur des Magdalenien*

Nach dem Ende des letzten Kältemaximums begann sich das Klima überall auf der Welt zu ändern. Es wurde wärmer und feuchter, teilweise in jenen abrupten Temperatursprüngen, die nach ihren Entdeckern Willi Dansgaard und Hans Oeschger als *Dansgaard-Oeschger-Events* bezeichnet werden. Speziell in Europa, aber auch im übrigen Nordasien breitete sich die Flora und Fauna nach Norden aus, sobald die Gletscher zurückwichen. Dies eröffnete nicht nur neue Lebensräume in geographischer Hinsicht, sondern auch im Hinblick auf den Jahresablauf. In den bisher schon bewohnten Gebieten verlängerte sich die Vegetationsperiode. Dies führte zur Ausbildung einer neuen Kultur, die an Reichtum alle früheren Stile in den Schatten stellt, wenngleich sie auch deutliche Kontinuitäten erkennen lässt. Die Kultur des *Magdalenien* reichte von 18 000 bis 10 000 v. Chr. von Nordspanien über die Dordogne mit dem namengebenden Fundort *La Madeleine* über Mitteleuropa bis nach Russland. Mehr als 80 % der bekannten Höhlenmalereien entstammen dem Zeitraum vor 15 000–12 000 Jahren, zum Beispiel in den Höhlen von *Lascaux, Peche-Merle* (Dordogne) und *Altamira* (Nordspanien). Die Jäger des *Magdalenien* lebten halbnomadisch und begannen womöglich mit der Domestikation von Tieren.

Immer noch war die Bevölkerungsdichte sehr gering, wenn sie sich auch in Frankreich seit der Zeit des Kältemaximums auf 6000–9000

Menschen verdreifacht hat. Man stellt sich vor, dass sie wie moderne Nomaden in Clans von 20 bis 70 Menschen lebten, weil damit Konflikte in Grenzen gehalten werden. Diese Gruppen dürften in größeren Verbänden oder Stämmen von 500–800 Menschen organisiert gewesen sein. Nach Ausweis der Skelette lag die durchschnittliche Lebenserwartung bei weniger als zwanzig Jahren. Nur 12 % wurden älter als vierzig, darunter keine einzige Frau. Die Skelette waren gezeichnet durch Mangel und Spuren physischer Verletzungen. Vermutlich gab es bereits soziale Hierarchien bzw. Schichtungen, denn in Gräbern in Russland und in Italien wurden Tausende von Perlen aus Elfenbein und Tierzähnen gefunden, mit denen die Kleidung der Bestatteten geschmückt gewesen sein muss. Im Falle reich geschmückter Kinder kann dies nicht auf eigene Verdienste, sondern nur auf Erbfolge zurückgeführt werden. Noch während des *Paläolithikums* gingen die egalitären Gesellschaften der Vorzeit zu Ende, und Statussymbole spielten eine steigende Rolle.[15]

## *Das Ende der Megafauna*

Diese Kultur endete mit dem Beginn des *Holozäns*, als die Lebensgrundlage der Eiszeitjäger durch das Artensterben der Großfauna verschwand. Die Ursache des großen Artensterbens der Großsäugetiere ist in der Literatur heftig umstritten. Die Eiszeitjäger hätten eine Art Blitzkrieg gegen die Großsäuger geführt, sie seien diesen in die letzten Winkel der Erde gefolgt und hätten sie in globalem Maßstab in einer Art «prähistorischem Overkill» dahingemetzelt.[16] Dagegen spricht, dass die Megafauna nicht überall ausstarb. Bekanntlich überlebten Elefanten in Afrika, Indien und Südostasien, ebenso Giraffen, Nashörner und Wildrinder. Die Wildpferde starben zwar in Amerika aus, sie überlebten aber in Asien – ebenso wie die Rinder – bis zu ihrer Domestikation durch den Menschen.

Das Aussterben des Wollnashorns, des großen Höhlenbären, des europäischen Säbelzahntigers und des Mammuts wird heute überwiegend als eine Folge des Klimawandels betrachtet. Am Ende des Eiszeitalters drangen die Wälder vor, was wir auch von den Pollendiagrammen der Hochmoore wissen. Der Lebensraum der Megafauna, die eiszeitliche Tundra in den südlichen Breiten Eurasiens und Nordamerikas verschwand, Mammut und Wollnashorn, Riesenhirsch und Wildpferd verloren ihre Nahrungsgrundlage. Die Tundra zog sich in arktische Breiten zurück, und die Großtiere mussten ihr folgen. Die klimatischen Bedingungen in der Arktis waren jedoch viel extremer, weil die Temperaturen im Winter erheblich niedriger waren.

In den südlicheren Breiten machte den Großtieren weniger der Temperaturanstieg als die Zunahme der Feuchtigkeit zu schaffen. Von den Mammutkörpern im sibirischen Permafrost kennen wir ihren Selektionsnachteil: Das Fell des Mammuts war nässeempfindlich, da dieses Tier – wie auch heutige Elefanten – über keine Talgdrüsen zum Einfetten der Haare verfügte. Während der Eiszeit hatte dies keine Rolle gespielt, doch nun war es ein Nachteil. Ihre Haare saugten die Feuchtigkeit auf und trockneten schwer. Ein nasses Mammut versinkt im Morast – genau dort, wo man die eingefroren konservierten Exemplare gefunden hat. Moschusochsen neigen bei Erwärmung zu Erkältungskrankheiten und tödlichen Lungenentzündungen. Man rechnet damit, dass die Großtierdichte infolge des Klimawandels um 99 % zurückging. Unklar bleibt dabei, wie die Großsäuger die früheren Zwischeneiszeiten überleben konnten. Das *Eem-Interglazial* war kaum minder warm als das *Holozän*. Vielleicht spielte also doch das Auftreten der neuen Menschen mit ihren Jagdmethoden eine Rolle.[17]

## *Globale Erwärmung und Zivilisation*

«*Der Mensch erscheint im Holozän*», so formulierte es der Schweizer Schriftsteller Max Frisch (1911–1991)[1] – wir haben aber gesehen, dass die Menschen «Kinder der Eiszeit» waren. Mit Stephen H. Schneider und Randi Londer könnte man sagen, dass die Globale Erwärmung des *Holozäns* «*Climates of Civilization*» hervorbrachte.[2] Denn auch wenn es im Kontext der Diskussion um die Globale Erwärmung seltsam klingen mag: Erst die globale Erwärmung des *Holozäns* hat die Ausbildung menschlicher Hochkulturen ermöglicht. Der Begriff *Holozän* wurde 1885 auf dem Internationalen Geologen-Kongress geprägt, um die nach geologischen Vorstellungen «ganz junge Zeit» der letzten 10 000 Jahre zu benennen, die sich durch ein wärmeres Klima vom Eiszeitalter abhob.[3] Im Lichte der Kulturgeschichte ist das *Holozän* tatsächlich eine Einheit, denn nun bildeten sich ganz neue Formen der menschlichen Kultur aus. Es beginnt die Entwicklung zu der Zivilisation hin, die wir aus eigenem Erleben kennen.

Im *Holozän* begann *Homo sapiens sapiens* massiver in die Natur einzugreifen und diese in eine Kulturlandschaft zu verwandeln. Am Beginn dieser Periode entwickelten sich in einigen begünstigten Regionen Ackerbau und Tierhaltung. Die nomadischen Jäger gründeten feste Siedlungen. In der «neolithischen Revolution» – also der fundamentalen Umwälzung der Lebensweisen am Beginn der Jungsteinzeit (*Neolithikum*) – begann die gezielte Produktion von Nahrungsmitteln, mit entsprechend verbesserten Techniken der Nahrungszubereitung, der Lagerhaltung und des Hausbaus. Damit entwickelten sich stärker ausdifferenzierte und geschichtete Gesellschaften sowie die ersten Städte als Kern der Hochkulturen bzw. der so genannten *Alten Zivilisationen*. Die Weltbevölkerung stieg an, ausgehend von geschätzten 5 Millionen Menschen zu Beginn des *Holozäns*.[4]

## *Erste Tempelbauten im Goldenen Zeitalter der Alleröd-Zeit*

In der Übergangszeit von der letzten großen Eiszeit zum *Postglazial* des *Holozäns* war das Klima kalt und trocken, unterbrochen von wärmeren Perioden. In der nach einem dänischen Fundplatz benannten *Alleröd-Zeit* begann vor etwa 12 000 Jahren (= ca. 10 000 v. Chr.) ein erneutes Vordringen der Wälder, bedingt durch deutliche Erwärmung und zunehmende Feuchtigkeit. Die Kultur des *Magdalenien* verbreitete sich nach Norden und differenzierte sich aus. Besonders bedeutsam ist der Fund eines Basislagers mit runden Behausungen mit einem Durchmesser von 6–8 Metern. Sie wurden durch offene Feuerstellen auf Steinplatten beheizt. Senkrechte Pfosten trugen kegelförmige Dächer, die wie die «Wände» vermutlich aus Pferdefellen bestanden. Gekocht wurde mit heißen Steinen in Kochgruben in der Erde. Die Häuser wurden nur saisonal bewohnt, da die Jäger den Tieren folgen mussten. Wie die früheren altsteinzeitlichen Kulturen wurde auch das *Magdalenien* noch dominiert von einer Kultur der Großwildjäger. Allerdings überwogen bereits Pferde und Rentiere als Jagdbeute. Die Kunstproduktion umfasste Schmuck, Kleinplastiken von Tieren und Frauen sowie geometrische Symbole. Diese Kultur endete mit dem Beginn des *Holozäns*, als ihre Lebensgrundlage durch das Artensterben der Großfauna verschwand.[5]

Währenddessen setzte im Vorderen Orient eine vollkommene Transformation der menschlichen Lebensformen ein. Auch hier begann *Homo sapiens* bereits vor der Sesshaftwerdung mit der Anlage fester Kultplätze, zu denen die steinzeitlichen Jäger und Sammler regelmäßig zurückkehrten. Vor allem an der späteren Wiege der menschlichen Hochkulturen im Vorderen Orient wurden bei jüngsten Ausgrabungen erstaunliche Entdeckungen gemacht. Der monumentale Kultplatz von *Göbekli Tepe* («Nabelberg») in Anatolien, die älteste Tempelanlage der Welt, datiert nach den Forschungen ihres deutschen Ausgräbers Klaus Schmidt in die Zeit vor 12 000 Jahren.[6] Feste Kultplätze hatte es mit den bemalten Höhlen bereits seit Jahrtausenden gegeben, doch die Errichtung monumentaler, mit Steinwerkzeugen bearbeiteter Steinsäulen in geometrischer, kreisförmiger Anordnung bedeutete eine völlig neue Form der Gemeinschaftsleistung. Vermutlich lässt dies auf eine komplexere Form der sozialen Organisation schließen, möglicherweise auch auf Veränderungen auf religiösem Gebiet. Vielleicht hängen diese sogar direkt mit dem positiven Klimawandel der Periode zusammen: Für die plötzliche größere Fruchtbarkeit des Bodens musste man den Himmelsgöttern dankbar sein. Und dies war am besten in einer zum Himmel hin geöffneten Kultanlage auf einem Berg möglich, zu dem von weit her die Menschen strömten.

Wenig später findet man feste Siedlungsplätze. Der amerikanische Archäologe Stephen Mithen hat in seiner Übersicht über die Ausgrabungen der Nacheiszeit gezeigt, dass die ganze Kultur des so genannten *Natufien* – benannt nach einem *Wadi Natuf* in Palästina – aus steinzeitlichen Siedlern bestand, die noch keinen Ackerbau, keine Viehzucht und keine Töpferei kannten. Bei den Dörfern fand man Sicheln mit Obsidianklingen, doch es gibt keinerlei Anzeichen für gezielten Anbau von Getreide. Die Skelette und Zähne dieser Siedler weisen keine Merkmale von Mangelernährung oder Hunger oder Verletzungen durch Kampfhandlungen auf. Dies lässt den Schluss zu, dass ihre Lebensumstände – und das heißt: Klima und Umwelt – so günstig waren, dass sie von festen Siedlungsplätzen aus genügend Wild zum Jagen und Wildgetreide zum Ernten fanden. Bis vor kurzem hatte man so etwas noch für unmöglich gehalten. Das Modell war aber offenbar so erfolgreich, dass es zu einer raschen Bevölkerungsvermehrung und zur Verbreitung der *Natufien*-Dörfer über die Gebiete des heutigen Israel, Syrien, Irak und die Südtürkei führte.[7]

## *Der Kälte- und Kulturrückfall der Jüngeren Dryas-Zeit*

Diese paradiesischen Lebensumstände endeten vor etwa 11 000 Jahren (= 9000 v. Chr.) ziemlich abrupt. Das Klima wurde kühler und damit trockener. Die Temperatur in Zentralgrönland sank um 15 Grad Celsius ab, auf dem Gebiet des heutigen Polen immer noch um 6–7 Grad.[8] In Mitteleuropa kehrte für mehr als tausend Jahre das subarktische Klima zurück – das letzte Mal bis heute. Damit drang im Norden Deutschlands noch einmal *Dryas octopetala* vor. Die Flora brachte die entsprechende Fauna und mit dieser die entsprechende menschliche Kultur zurück: Auf dieser kargen Basis konnten nur Jägerkulturen existieren, wobei die Rentierjagd die entscheidende Nahrungsgrundlage darstellte. Kulturell bewegen wir uns hier in der letzten Phase der Altsteinzeit, dem *Endpaläolithikum*.[9]

Die Abkühlung hatte Auswirkungen bis in den Mittelmeerraum: Im Vorderen Orient mussten alle Siedlungsplätze des *Natufien* wieder aufgegeben werden. Mit der Rückkehr zum jägerischen Nomadentum müssen die Bevölkerungszahlen noch einmal dramatisch gesunken sein. Das Klima hatte hier Einfluss auf die Entwicklung der Kultur und vielleicht sogar auf manche ihrer Inhalte: Denn nicht umsonst spielten strafende Wettergottgestalten später eine entscheidende Rolle im Götterhimmel des Vorderen Orients. Sie werden erst fassbar mit der Entwicklung der Schrift, doch dürften ihre Wurzeln weiter zurückreichen, vielleicht bis zurück zum Verlust des Paradieses in der *Jüngeren Dryas-Zeit*. Jedenfalls wird der sumerische Sturmgott Ischkur/Adad als Oberhaupt des lokalen Pantheons bereits in den ältesten Götterlisten genannt.[10]

## *Die Globale Erwärmung des Holozäns und Veränderungen in der Natur*

Die *Jüngere Dryaszeit* endete nach einem Zeitraum von etwa 1000 Jahren so abrupt, wie sie begonnen hatte. Mit Beginn des *Holozäns* stieg die durchschnittliche Jahrestemperatur innerhalb weniger Jahrzehnte um 7 Grad Celsius an. Die Heftigkeit der Stürme nahm ab, die Menge der Niederschläge verdoppelte sich. Warum es zu dieser radikalen Klimaänderung, dieser globalen Erwärmung gekommen ist, bleibt – wie immer – letztlich ungewiss. In der Diskussion ist als primärer Auslöser eine erhöhte Sonnenaktivität.[11] Sobald der Erwärmungsprozess in Gang gekommen war, ereigneten sich alle möglichen Rückkopplungseffekte, von der Verringerung der *Albedo* bis hin zu einer veränderten Zusammensetzung der Atmosphäre durch die Ausweitung der Vegetation in den nördlichen und südlichen Breiten. Erst während des *Holozäns* entstand jene Umwelt, die wir heute als «natürlich» empfinden. Durch den Anstieg des Meeresspiegels bekamen die Kontinente weitgehend jene Form, die sie heute noch besitzen, und Flora und Fauna passten sich an die neuen klimatischen Bedingungen an.

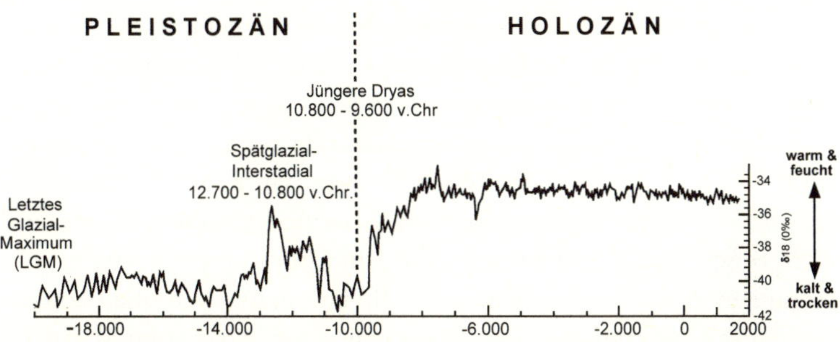


***Abb. 14*** Die globale Erwärmung des Holozän. Das Verhältnis der Sauerstoffisotopen offenbart dramatische Temperatursprünge, bis sich das Klima vor etwa 10 000 Jahren stabilisierte.

## *Biblische Flutkatastrophen und die Veränderung der Küstenlinien*

Mit dem Abschmelzen der Gletscher begann die Veränderung der Küstenlinien. Eines schönen Tages vor etwa 8400 Jahren (6400 v. Chr.) muss am Bosporus ein gurgelndes Geräusch zu hören gewesen sein, das den Auftakt zu einer der größten Flutkatastrophen der menschlichen Geschichte bildete. Während der großen Eiszeit war der Meeresspiegel so weit abgesunken, dass am Bosporus Europa mit Asien zusammengewachsen war. Das Schwarze Meer war zu einem großen Süßwassersee geworden, gespeist von den Strömen der Donau, des Dnjepr und des Don. An seinen flachen Küstengebieten lebten seit Jahrtausenden Kulturen der Jäger und Sammler. Fischer lebten in jungsteinzeitlichen Dörfern. Die Bauern hatten Bäume gerodet, Äcker angelegt und Häuser und Gehege für das Vieh gebaut. Aber die Küstenlinie des isolierten Schwarzen Meeres lag über hundert Meter tiefer als die des Mittelmeers. Mit der Eisschmelze stieg der Wasserspiegel des Meeres rascher als der des Binnenmeeres. Das steigende Meerwasser drückte immer stärker auf die blockierte Meerenge und durchbrach irgendwann den Bosporus. Das Salzwasser begann mit der Kraft von hunderten von Niagarafällen in das Schwarze Meer zu schießen. Das Brüllen des Wasserfalls muss hunderte von Kilometern weit zu hören gewesen sein. Monatelang strömte Salzwasser in das Becken und füllte es bis auf die Höhe des Meeresspiegels auf. Hunderte von Quadratkilometern von besiedeltem Land gingen in dieser Flutkatastrophe verloren. Die Überreste der frühen Schwarzmeerkulturen liegen seither unter dem Meer begraben.[12]

Mit dem Anstieg des Meeresspiegels änderten sich die Küstenverläufe weltweit. Der Subkontinent *Beringia* verschwand ebenso wie die Landbrücken zwischen dem asiatischen Festland und Japan und den großen Inseln Indonesiens, die Landbrücke *Sunda*. Für immer versanken auch die Verbindungen zwischen Australien und Neuguinea, zwischen Indien und Ceylon und zwischen Afrika und Madagaskar. In den meisten Teilen der Welt gingen große Küstengebiete unter, die zuvor zu den bevorzugten Jagd- und Siedlungsgebieten gehört hatten. Neue Meeresstraßen entstanden, zum Beispiel die Beringsee, die Sundastraße oder das Marmara-Meer, neue Meeresarme wie der Persische Golf oder das Rote Meer. Neue Meere traten an die Stelle von früheren Gletschern, wie etwa die Ostsee oder die Hudson Bay. Etwa vor 9500 Jahren (7500 v. Chr.) bildete sich der Ärmelkanal, und Britannien und Irland wurden vom Kontinent getrennt. Vor etwa 8000 Jahren brach in einer gewaltigen Naturkatastrophe das Meer in die Hudson Bay ein. Vor etwa 7000 Jahren begann die Überflutung der Doggerbank in der Nordsee. Sizilien wurde von Italien abgetrennt und die griechischen Inseln vom anatolischen Festland. Das Meer bereitete den Küstenkulturen ein Ende und die Menschen zogen ins Landesinnere.

## *Der Übergang zum Mesolithikum*

Mit der Globalen Erwärmung verbindet man einen grundlegenden Wandel der menschlichen Kultur: den Übergang von der Altsteinzeit, dem *Paläolithikum*, zur mittleren Steinzeit, dem *Mesolithikum*, der letzten Jäger- und Sammlerkultur in Europa und den Gebieten der späteren Hochkulturen, einer Kultur mit feineren und differenzierteren Zügen.[13] Die Bedeutung der Erwärmung zu Beginn des *Holozäns* stand immer außer Frage. So heißt es schon in der Propyläen-Weltgeschichte von Alfred Heuss und Golo Mann aus den 1960er Jahren: *«Der Umbruch von der jungpaläolithischen zur mesolithischen Wirtschaftsform vollzog sich verhältnismäßig rasch; er war durch klimatische Umwälzungen bedingt.»*[14]

Die Globale Erwärmung bedeutete das Ende der bisherigen menschlichen Wirtschaftsweise. Mit dem Ende der Megafauna begann die Sesshaftigkeit. Denn die Waldtiere blieben – einmal eingewandert – ortsfest. Ihre Jagd erforderte neue Techniken. Die Jäger entwickelten kleinere Waffen. Diese in großen Mengen hergestellten, fein gearbeiteten Steinwerkzeuge, die *Mikrolithen,* sind für das *Mesolithikum* charakteristisch. Die Traditionen der Ernährung konnten am ehesten in der Nähe von Gewässern beibehalten werden. Vermutlich lag deshalb die Mehrzahl der mesolithischen Lager- und Wohnplätze dicht am Wasser, das gleichzeitig auch die Versorgung mit Trinkwasser, ein Minimum an Hygiene und die Entsorgung des Abfalls garantierte. Von der ständigen Anwesenheit von Menschen künden Unmengen geknackter Muschelschalen. Die Menschen waren Jäger und Sammler, doch Früchte, wie zum Beispiel Beeren und die nahrhaften Haselnüsse, nahmen einen weit höheren Anteil ihrer Nahrung ein. Der Münchner Paläobiologe Hansjörg Küster spekuliert sogar darüber, ob gezielt Haselbüsche geschützt und gepflanzt wurden. Dies würde ihre schlagartige Verbreitung vor etwa 9000 Jahren (7000 v. Chr.) erklären. Menschen hätten damit gezielt in den Aufbau der Vegetation eingegriffen und mit der Transformation der Natur in eine Kulturlandschaft begonnen. Über die demographischen Folgen wissen wir wenig. Vielleicht konnten am Rand der nacheiszeitlichen Wälder weniger Menschen existieren als in den eiszeitlichen Tundren. Die Grenzen des Wachstums waren jedenfalls eng gesteckt.[15]

## *Das Klimaoptimum des «Atlantikums» und die «Neolithische Revolution»*

Im mittleren *Holozän* wurde es vor ca. 8000 Jahren feuchter. Diese «Mittlere Wärmezeit» wird allgemein als *Atlantikum* (ca. 6000–3000 v. Chr.) bezeichnet.[16] In unserer Geschichte spielt sie eine besondere Rolle, denn sie ist – lange bevor der Mensch stärkeren Einfluss auf die Natur nehmen konnte – mit Abstand die wärmste und gleichzeitig auch die längste Phase des *Holozäns.* Im Durchschnitt lagen die Temperaturen um 2–3 Grad höher als im ausgehenden 20. Jahrhundert. Die Gletscher schmolzen weitgehend ab und setzten große Mengen von Wasser frei. Im ganzen Vorderen Orient bis nach

Indien und China herrschte ein humideres Klima. Der Meeresspiegel und die Wasserstände der Seen lagen weltweit höher als heute. Binnenseen wie der Tschadsee in Afrika nahmen die Größe von Binnenmeeren an. Die Nilfluten waren um bis zu sieben Meter höher als in der Zeit vor der Fertigstellung des Assuanstaudamms. Die größere Humidität brachte Nordafrika zum Blühen. In der zentralen Sahara mit ihren häufigen Regenfällen, zahlreichen Seen und Flüssen lebte im frühen *Holozän* eine dichte Population von Großwildjägern, die allmählich von nomadischen Rinderhirten abgelöst wurden. Möglicherweise wurden Rinder hier überhaupt zuerst domestiziert.[17]

Wie der Begriff *Klimaoptimum* schon nahelegt, war diese feuchte Warmzeit für die Entwicklung der menschlichen Kultur besonders günstig. Während des *Atlantikums* kam es zu einer entscheidenden Verbesserung des technischen Equipments, das immer noch hauptsächlich aus Stein gefertigt wurde, wenn auch bereits vermehrt andere Materialien zum Einsatz kamen. Das Steinbeil ersetzte den Faustkeil als wichtigstes Instrument. Dies war die Phase des Übergangs zur Jungsteinzeit.[18] Das *Neolithikum* steht für eine entscheidende Phase in der Geschichte der Menschheit, nämlich den Übergang von der halbnomadischen Jäger- und Sammlerkultur der Mittelsteinzeit zu einer sesshaften Bauern- und Viehhalterkultur. Möglicherweise ermutigte zunächst die Einfachheit der Nahrungsbeschaffung den Übergang zur Sesshaftigkeit. Die wachsende Bevölkerung zwang jedoch zur gezielten Kultivierung des Landes, was den ökologischen Spielraum des Menschen erneut – und diesmal dauerhaft – erweiterte. Der Übergang zum Ackerbau fand im Vorderen Orient vor etwa 10 000–9000 Jahren (= 8000–7000 v. Chr.) und in Teilen Europas seit etwa 6000 v. Chr. statt.

Begrifflich kommen wir damit an die Anfänge der «Kultur», denn dieses lateinische Synonym für menschliche Zivilisation leitet sich ab von dem lateinischen «*cultura*», einer Substantivbildung von «*colere, cultum*»: «bauen, bebauen, bewohnen». Der Übergang vom Jägertum zum Ackerbau war von so grundlegender Bedeutung, dass man ihn mit der *Industriellen Revolution* verglichen hat. In Analogie dazu hat der australische Archäologe Gordon Childe (1892–1957) dafür 1936 den Begriff der «*Neolithischen Revolution*» geprägt. Auch wenn man heute die Übergänge fließender sieht,[19] so kann man doch behaupten,

***Abb. 15*** Sedimentreste in der Zentralsahara künden von der Existenz großer Seen während des frühen Holozän. In Warmzeiten befindet sich mehr Wasser im Wasserkreislauf der Erde und die Monsunzonen verlagern sich.

dass unter Eiszeitbedingungen keine ähnliche Entwicklung stattgefunden hätte.

Durch die *Neolithische Revolution* wurden die Menschen von der großen Unsicherheit befreit, die Jagd, Fischfang und das Sammeln von Wildfrüchten mit sich brachte. Der gezielte Anbau von Pflanzen, der über die Selektion geeigneter Sorten zur Züchtung führte, bewirkte eine so grundlegende Umstellung der Lebensweise, wie man sie in der biologischen Entwicklung der Arten nicht findet. Die Fähigkeit zu einer solchen Veränderung ist somit eine Eigenschaft, die für die Gattung Mensch typisch ist. Die enge Verbindung mit dem Boden, die wenigstens von der Aussaat bis zur Erntezeit andauern muss, begründete eine stärkere Neigung zur Sesshaftigkeit. Diese ermöglichte die Optimierung des Anbaus und die Domestikation von Wildtieren zu Haustieren oder zu bäuerlichen Nutztieren, beginnend mit Ziegen und Schafen. Aufgrund von DNS-Analysen wissen wir heute, wo genau die Domestikation von Nutztieren und der Übergang vom Sammeln von Getreidekörnern zum gezielten Anbau vor sich gingen. Wie Stephen Mithen in seinem großartigen Werk *After the Ice. A Global Human History, 20 000–5000 BC* dargestellt hat, ähnelt das Erbgut des modernen Weizens am stärksten den wild wachsenden Arten in einem Areal im Südosten der heutigen Türkei, keine 30 Kilometer vom *Göbekli Tepe* entfernt.[20]

Offenbar nahm hier die *Neolithische Revolution* ihren Anfang. Dieses Ursprungsgebiet der menschlichen Zivilisation, dessen Bedeutung man erst in den 1990er Jahren erkannt hat, befindet sich ein klein wenig nördlich der traditionell als *Fruchtbarer Halbmond* bezeichneten Region. Denn nicht in den Tiefebenen fand die intensive Auseinandersetzung des Menschen mit der Natur statt, sondern in den Mittelgebirgen nördlich davon, in den Vorbergen des Taurus- und des Zagros-Gebirges. Auch die Viehzucht stammt vermutlich aus dieser Gegend. Die wichtigsten Nutztiere der Menschheit – Schaf und Ziege, Schwein und Rind – wurden erstmals vor ca. 9000 Jahren (also um 7000 v. Chr.) in Westasien an den Umgang mit Menschen gewöhnt und fortan kontinuierlich genutzt und gezüchtet. Der Südosten der heutigen Türkei, der Irak, Syrien und Israel sind die Wiege der menschlichen Zivilisation. Ackerbau und Viehzucht zusammen erweiterten den Nahrungsspielraum und die Sicherheit des Überlebens, insbesondere wenn – spätestens seit dem 6. Jahrtausend v. Chr. – Vieh auch für die Bodenbearbeitung eingesetzt wurde.[21]

## *China und die Landschaftsveränderung durch Reisanbau*

Mit Beginn des Ackerbaus griffen die Menschen der Jungsteinzeit in die naturliche Umwelt ein. Bereits palaolithische Jager durften das Feuer zur Jagd benutzt und damit weiträumige Umgestaltungen der Landschaft bewirkt haben, in Eurasien ebenso wie in Australien oder Nordamerika. Mit der Brandrodung wurde Kohlendioxid in großen Mengen freigesetzt – allerdings ist es unmöglich, das Verhältnis von «natürlichen» Wald- und Buschbränden zu bewusst gelegten Feuern auszumachen. Mit der Anlage von Siedlungen, Acker- und Weideflächen im *Neolithikum* erreichten die Eingriffe in die Landschaft eine neue Dimension, denn nun wurden immer größere Areale dauerhaft umgewandelt. Das Vordringen des Ackerbaus blieb nicht ohne Folgen für die Zusammensetzung der Vegetation. So konnte anhand von Pollenanalysen für England gezeigt werden, dass im südlichen Tiefland und in Irland die Waldrodung bereits im *Neolithikum* abgeschlossen war, während die Mittelgebirge und das schottische Hochland erst in der Römerzeit oder im Mittelalter kultiviert wurden.[22]

Ackerbau bedeutete in Westasien, Europa, Nordindien und dem Indus-Tal in erster Linie den Anbau von Getreide, dessen Früchte mit Wasser zu Brei verarbeitet und direkt genossen werden konnten. Die Körner konnten zu Bier vergoren oder zu Mehl gemahlen und zu Brot verbacken werden. Brot blieb über viele tausend Jahre hinweg das Grundnahrungsmittel der Menschen, geheiligt auch in den religiösen Texten der Menschheit: «Unser tägliches Brot gib uns heute.» Den mehrfachen Ursprung der *Neolithischen Revolution* kann man daran ablesen, dass nicht überall Weizen und Gerste als Grundnahrungsmittel angebaut wurden. In Afrika und Südindien nahmen Hirse und Sorghum ihre Stelle ein und in Amerika der Mais. Diese wild wachsenden Getreidesorten wurden jeweils nahe ihrem Ursprung planmäßig auf Feldern kultiviert, ohne dass dies zunächst größeren Einfluss auf die Umwelt hatte. Darin grundlegend unterschied sich jedoch die Kultivierung von Reis im Nassbau.

Reispflanzen müssen mehrere Monate lang von Wasser überspült sein. Die Reisbauern entwickelten zur Kultivierung komplizierte Bewässerungs- und Entwässerungssysteme, die in großem Stil klimawirksame Gase freisetzen, darunter Methan und natürlich Wasserdampf. Das Anlegen von Anbauterrassen veränderte die Landschaft großflächig und auf radikale Weise. Diese Form des Reisanbaus erforderte erhebliche Investitionen und hatte Auswirkungen auf die soziale Organisation. Der Ursprung des Reisanbaus wird in Südchina gesucht und reicht nach neueren Datierungen zurück fast bis zu den Anfängen des *Holozäns*. Reiskörner sind kompakt, nahrhaft und gut lagerbar. Deswegen geht man von frühem Export aus. Archäologische Funde von Reiskörnern in anderen Gebieten – etwa in Nordchina – können auf Importe von Reis oder auf eigenständigen Reisanbau hindeuten. Um 3000 v. Chr. war er in Thailand, Vietnam und Taiwan angekommen, verbunden mit der Rodung von Wäldern und der Anlage von Anbauterrassen. Um 2500 v. Chr. gelangte der Reisanbau in das Ganges-Tal, nach Indonesien und Malaysia, um das Jahr 1000 v. Chr. nach Korea und Japan.[23]

Der systematische Reisanbau ermöglichte einen sprunghaften Anstieg der Bevölkerung mit allen damit verbundenen Vor- und Nachteilen. Der wichtigste Vorteil lag in der Verdichtung der kulturellen Überlieferung und damit in der Ausbildung von Hochkulturen. Südchina ist seit dem *Neolithikum* die am dichtesten besiedelte Region der Welt. Seine hochkulturelle Tradition reicht, auch wenn die ersten Dynastien legendenhafte Züge tragen, bis etwa 2800 v. Chr. zurück.

## Die stabile Warmzeit als Basis der alten Hochkulturen

Wenn die Mythen von einem «Goldenen Zeitalter» ein reales Substrat haben, dann könnten sie sich auf die anhaltend warmen Klimaregime der Jungsteinzeit und der Bronzezeit beziehen. Klimahistoriker meinen, dass diese Zeit weitgehend frei von Sturmwetterlagen war und dass die Stabilität des Klimas die rasche Entwicklung eines weiträumigen Austauschs von Waren und Kultur begünstigt habe. Die alten Handelsstraßen zu Land und zu Wasser bildeten sich während dieser Zeit aus. Neue Gebirgspässe und Lagerstätten von Rohstoffen wurden zugänglich. Zinn aus England und Bernstein aus dem Baltikum wurden bis in den Mittelmeerraum gehandelt. Von der Besiedelung entlegener Gebiete zeugt die prähistorische Megalithkultur, die sich von Stonehenge über zahlreiche Fundorte in Irland bis zu den Hebriden und den Orkney-Inseln erstreckt. Deren Klima muss um einiges günstiger gewesen sein als heute, denn astronomische Anlagen zur Beobachtung der Wintersonnwende ergeben wenig Sinn, wenn man nicht mit der Möglichkeit der Himmelsbeobachtung rechnen kann. Die Wolkendecke muss geringer gewesen sein als im vergangenen Jahrtausend. Klimahistoriker gehen von einer Nordverlagerung der Hochdruckgebiete während des neolithischen Klima-Optimums aus.[24]

Gelegentlich wird der «Neolithischen Revolution» eine «Städtische Revolution» (*Urban Revolution*) gleichrangig zur Seite gestellt, da sie den Übergang vom Ackerbauerntum zur Hochkultur symbolisiert. Innerhalb der bäuerlichen Gesellschaft stellen sie eine neuartige Form der Siedlungsverdichtung dar, die auf einer erweiterten Kette der Arbeitsteilung beruht und eine immer größere Zahl von Menschen von der Urproduktion für andere Aufgaben der Wirtschaft, des Kultus, der Verwaltung oder der Verteidigung freistellt: Priester, den König mit seinem Hofstaat, Beamte und Bedienstete, Handwerker, Händler und Soldaten. Auch im Bereich der Urproduktion dürfte eine stärkere Spezialisierung eingesetzt haben (Ackerbauern, Hirten, Fischer etc.), daneben bestand noch die Arbeitsteilung zwischen den Geschlechtern. Frauen beteiligten sich in den meisten Kulturen an der Feldarbeit und in manchen am Marktleben. In jedem Fall basierte die städtische Kultur auf einer Befreiung einer großen Zahl von Menschen von Tätigkeiten in der Landwirtschaft.

Wie die Ausgrabungen der vielen Schichten der Stadt Jericho, die bis in die Zeit um 7000–8000 v. Chr. zurückreichen, nahegelegt haben, begannen die ersten Städte als große Dörfer und entwickelten allmählich urbane Strukturen. Die Voraussetzung für die Siedlungsverdichtung war ein Bevölkerungsanstieg, der von einer entsprechend produktiven bäuerlichen Wirtschaft dauerhaft getragen werden konnte. Mit der Urbanisierung kam es zur Akkumulation von Zentralitätsfunktionen und eventuell zur Ausbildung neuer Rechtsformen, welche die Stadt vom Land schieden. Sichtbarer Ausdruck dieser Scheidung wird die Mauer (in Jericho um 7000 v. Chr.), die nicht nur militärische, sondern auch rechtliche Bedeutung erhält und deswegen bis in die Neuzeit zum eigentlichen Symbol der Stadt aufsteigt. In der Stadt bestimmen die Repräsentanten der Herrschaft, des Kultus und der arbeitsteiligen Gewerbe das Bild. Während gesellschaftliche Schichtung auch in bäuerlichen Kulturen möglich ist, erlaubt erst die Stadtkultur mit ihrer differenzierten Gesellschaft institutionalisierte Machtausübung. Die städtischen Hochkulturen produzieren identitätstiftende Symbole und mit der Verschriftlichung dauerhafte Tradition. Sie stehen am Anfang der Geschichte, wie wir sie kennen, in Ägypten ebenso wie in Mesopotamien, Indien, China, Mexiko oder Peru.[25]

Ohne den Klimadeterminismus älterer Provenienz wiederbeleben zu wollen, stellt man doch fest, dass die alten Hochkulturen – der Mittelmeerraum, Mesopotamien, Nordindien und Nordchina – in etwa entlang desselben Breitengrades liegen: zwischen dem 20. und dem 40. Breitengrad nördlicher Breite, abseits der Klimaextreme der Tropen oder der kälteren Regionen im Norden und Süden des Planeten. Wesentliche Vorteile sind in diesen Breiten die Möglichkeit einer zuverlässigen Bewässerung, ausreichende Wärme für die Bodenkultivierung, die Abwesenheit zu großer Hitze oder zu langer, kalter Winter sowie tödlicher Krankheiten.[26] Die Zivilisationskerne in Altamerika liegen in größerer Nähe zum Äquator, jedoch ebenfalls außerhalb der Tropen oder im Hochland. Sie basierten nicht auf der Bewirtschaftung von Flusstälern, sondern auf anderen Formen der Bewässerungstechnik. Mit dem Begriff der Technik ist schon angedeutet, dass die Kenntnisse des Ackerbaus hoch entwickelt sein müssen. Bei näherer Sicht zeigt sich, dass alle Hochkulturen die Entwicklung einer spezifischen Kulturpflanze voraussetzten, die jenen sprunghaften Bevölkerungsanstieg ermöglicht, auf dem die städtische Kultur beruht.[27]

## *Die Austrocknung der Sahara und der Aufstieg Ägyptens*

Das *postglaziale Optimum* begünstigte durch seine Wärme und Feuchtigkeit nicht nur die nördlichen Breiten (bzw. auf der Südhalbkugel die südlichen Breiten), sondern auch die Trockengebiete der Erde. Soweit wir den Datierungen mit der Radiokarbonmethode trauen können, dauerte dieser Zustand bis in die Zeit der frühesten ägyptischen Dynastien an.[28] Die etwa 5000 v. Chr. beginnende Austrocknung der Sahara-Region deutet mindestens auf einen regionalen Klimawechsel hin. Manche Wissenschaftler sehen einen direkten Zusammenhang zwischen der Verringerung des bewohnbaren Areals in Nordafrika und dem recht plötzlichen Erscheinen erster Bauerndörfer im Niltal zwischen 5000 und 4500 v. Chr. Der Beginn der Landwirtschaft auf den Überschwemmungsflächen des Nils ermöglichte bald die Entwicklung einer größeren Bevölkerung. Dies ist die Geschichte der alten Hochkultur Ägyptens.

Die Bauerndörfer waren anfangs klein und einfach strukturiert. Mit ihrem Anwachsen kam es zur Ausbildung kleiner Städte, von denen einige Hauptstädte von Kleinkönigreichen wurden, die erbittert um die Vorherrschaft konkurrierten. Um 3200 v. Chr. gelang es einem dieser Herrscher, das Niltal nördlich von Assuan politisch zu vereinen. Mit der folgenden Vereinheitlichung der Kulturmerkmale wurde die Zivilisation des alten Ägypten geboren.[29] Ägypten erlebte mit der Negade-II- und der Negade-III-Kultur, die sich von Süden über den Norden des Landes ausbreitete, eine erste Blütezeit. Die Darstellungen auf den Tongefäßen dieser Epoche ähneln verblüffend den Piktogrammen der Felszeichnungen in der Sahara. Mit der politischen Einigung des Landes begann die Entwicklung der Schrift, etwa 200 Jahre vor jener Zeit, zu der traditionell die legendäre 1. Dynastie angesetzt wird. Historisch festeren Grund erreicht man erst mit der sogenannten 3. Dynastie (ca. 2640–2575 v. Chr.), mit der traditionell das *Alte Reich* (ca. 2640–2134 v. Chr.) beginnt. Die Tatsache, dass gleich mit dessen zweitem König, dem Pharao Djoser (r. 2624–2605 v. Chr.), der Bau monumentaler Pyramiden begann, zeigt, dass diese Kultur einen längeren Vorlauf hatte, während dem die Erfahrungen zur Umsetzung solcher Pläne gesammelt werden konnten.[30]

Grundlage der ägyptischen Großmacht war ihre einzigartige Ökonomie: Die jährliche Überschwemmung des Niltals beruhte auf den Sommerregenfällen im äthiopischen Hochland, die den Strom in Ägypten im September über die Ufer und erst im Oktober wieder in sein Bett zurücktreten ließen. Die Ackerböden wurden gewässert, der zurückbleibende Nilschlamm diente als Dünger, und das abfließende Wasser verhinderte die Versalzung der Böden. Bereits in der 1. Dynastie wurde der Wasserstand mit den sogenannten *Nilometern* vorhergesagt und die Verteilung des Wassers auf die Felder mit eingedeichten Bassins reguliert. Die Stärke und kulturelle Kontinuität Altägyptens dürfte auf die Regelmäßigkeit der Nilflut und ihre Nutzung durch das Zentralkönigtum zurückzuführen sein. Dies kann man schon an der Demographie festmachen. Von der frühdynastischen Periode bis in die Ptolemäerzeit erlaubte die Wasserbewirtschaftung die Ernährung von ca. 1,5–2 Millionen Einwohnern, eine ungeheure Bevölkerungszahl im Vergleich zu allen früheren und den meisten gleichzeitigen Kulturen. Der Bevölkerungsreichtum bildete für die Pharaonen den Rückhalt, mit dem bereits während des Alten Reiches Großbauten finanziert und nach Süden, Westen und Osten, nach Nubien, Lybien und nach Palästina expandiert werden konnte.[31]

## *Ötzi und die späte Warmzeit*

In den Jahrtausenden der Jungsteinzeit wurde das Waldland Mitteleuropas durch Rodung und Bewirtschaftung in eine Kulturlandschaft verwandelt. Bereits die frühesten Siedlungen waren alles andere als primitiv. Die präzise gearbeiteten Steinbeile mit scharfen Steinklingen eigneten sich für die Bearbeitung von Holz. Die Domestikation von

Tieren machte Fortschritte, und das Halten von Rindern, Ziegen, Schafen und Hausschweinen erweiterte den Nahrungsspielraum beträchtlich.[32] Den Ausgrabungen der über ganz Europa hinweg ziemlich einheitlich gestalteten Siedlungen nach zu schließen wurde auf den gerodeten Flächen fein säuberlich zwischen Acker- und Weideland unterschieden, das durch Zäune von den Wohnbereichen und den Abfallgruben getrennt war. Mit steigender Bevölkerung wurden immer neue Flächen gerodet. Das, was Naturschützer für schützenswerte «Natur» halten, ist seit der Jungsteinzeit das Produkt von gezielter Landbewirtschaftung, von den regulierten oder unregulierten Flusslandschaften bis hinauf zu den Hochalmen in den Alpen.

Während des *Atlantikums* waren die Alpen weitgehend eisfrei. Erst an seinem Ende setzte allmählich eine neue Vereisung der Höhen ein. Der Fund der Gletschermumie «Ötzi» kann hier als Klimamarker dienen: Der vor 5300 Jahren von einem Schneesturm überraschte Jäger aus einem südlichen Alpental, der das Tisenjoch nahe der Similaunspitze über den Hauptkamm der Alpen überquert hat, wurde im September 1991 vom Gletscher freigegeben. Der Erhaltungszustand der Mumie spricht dafür, dass Ausaperungen während der Hochmittelalterlichen Warmzeit ausgeblieben sind. Konrad Spindler, der Leiter der wissenschaftlichen Untersuchung, schrieb, man müsse akzeptieren, dass die Gletschermumie in den letzten fünftausend Jahren erstmals in den sechs Herbsttagen des Jahres 1991 die Chance hatte, gefunden zu werden. Tiroler Gletscher haben in diesem ungewöhnlich milden Jahr weitere fünf Personen freigegeben, so viele wie in den vierzig Jahren davor. Aber allein Ötzi befand sich noch *in situ,* an seinem Todesort nahe der Passhöhe in einer Mulde, unberührt vom Gletscherfluss.[33]

## *Der Kollaps von Hochkulturen um das Jahr 2150 v. Chr.*

Direkter noch als der Aufstieg kann der Zusammenbruch der ersten Hochkulturen mit Fluktuationen des Klimas in Verbindung gebracht werden. Die Krise des Alten Reiches und der Beginn der «Ersten Zwischenzeit» um 2150 v. Chr. in Ägypten wird mit dem Ausbleiben der Nilüberschwemmung und damit mit einem der Höhepunkte des *Subboreals* in Verbindung gebracht. Die Klimafolgen bestimmten nicht die Richtung der Entwicklung, aber «sie schlossen eine Fortsetzung der bisherigen Daseinsformen aus».[34] Am Ende der langen Regierungszeit von Pharao Pepi II. (2246–2152 v. Chr.) brachen Hungersnöte aus und es herrschte bittere Armut. Das Reich brach zusammen, die Zentralmacht übte keine Kontrolle mehr aus. Pharaonen, welche die Fruchtbarkeit des Landes nicht sicherstellen konnten, verloren ihre politische Legitimation. Während der folgenden Dynastien wurde Ägypten aufgeteilt, bevor es nach über hundert Jahren von der 11. Dynastie im Mittleren Reich wieder zusammengefasst wurde.[35]

Nicht viel anders sah es in Mesopotamien aus. Bereits der Aufstieg dieser Hochkultur war einem Klimawandel zu verdanken gewesen. Die Küstenlinie des Persischen Golfes hatte sich nach dem Ende der Eiszeit durch den Anstieg des Meeresspiegels um 110 Meter gravierend verändert. Am Ende des *Atlantikums* gegen 3500 v. Chr. reichte das Meer bis in die Gegend von Ur, dem Zentrum der sumerischen Kultur. Ur und Eridu lagen auf einer erhöhten Landzunge. Mit der größeren Trockenheit des *Subboreal* wich die Küstenlinie zurück und erlaubte eine Besiedelung der fruchtbaren Schwemmlandzone.[36] Über die Trockenlegung der Sümpfe berichtet eines der ältesten Epen der Weltliteratur. Der König von Uruk spricht darin zur Göttin Innana: «Fürwahr, in Uruk gab es Sumpf [...]. Enki, der Herr von Enkidu, ließ mich das ‹tote Rohr› dort ausreißen und das Wasser dort gänzlich ableiten. Fünfzig Jahre habe ich gebaut!»[37] Wie der Aufstieg der mesopotamischen Kultur, so knüpft sich auch ihr Niedergang an klimatische Extremereignisse, die Dürreperioden auf dem Höhepunkt des *Boreal*: Das Akkadische Reich, das unter König Sargon I. (r. ca. 2371–2316 v. Chr.) das Zweistromland zu einer politischen Einheit zusammengefasst hatte, brach etwa gleichzeitig zusammen wie das Alte Reich Ägyptens um 2150 v. Chr., eingeleitet durch Rebellionen der Stadtstaaten und der nomadischen Stämme.[38]

Das Reich von Akkad verfügte über eine ausgeklügelte Wasserregulierung und über Kornspeicher, mit denen die jährlichen Variationen der Regenmengen und des Ernteertrags ausgeglichen wurden. Trotzdem musste Nordmesopotamien nun ganz aufgegeben werden und der Süden baute einen 180 Kilometer langen Schutzwall, um sich gegen das Eindringen von Flüchtlingen aus dem Norden zu schützen. Für etwa dreihundert Jahre fehlt dort jede Art von Fundschicht, erst danach setzte eine Wiederbesiedelung ein.[39] Bohrkerne vom Grund des Persischen Golfs zeigen, dass zum Zeitpunkt des Zusammenbruchs eine verheerende Dürreperiode herrschte, die aller Wahrscheinlichkeit nach zu den sozialen und politischen Problemen führte.[40] Eine Dürrezone mit gravierenden Bewässerungsproblemen muss vom Mittelmeerraum bis nach China gereicht haben. Der «Fruchtbare Halbmond» muss von entsetzlich trockenen Sommern und verkürzten oder ausbleibenden Regenzeiten heimgesucht worden sein.[41]

Klimatische Turbulenzen und Hungersnöte stellen in traditionalen Gesellschaften die Legitimation von Herrschaft in Frage. Die verantwortlichen Institutionen – Könige oder Priester – können auf die Verschlechterung der Lebenssituation nur innerhalb ihrer kulturellen Parameter reagieren. Wenn ihre Mittel zur Krisenbekämpfung nicht ausreichen, können jenseits der sozialen und ökonomischen auch religiöse und politische Krisen eintreten, die zum Sturz eines Regimes oder zum Kollaps einer Zivilisation führen.[42] Für agrarisch basierte Gesellschaften stellt das Ausbleiben des Wassers den schlimmsten anzunehmenden Fall dar. So verwundert es nicht weiter, dass nicht nur die Reiche von Akkad und Ägypten kollabierten, sondern die gesamte mesopotamische Zivilisation.[43] Vor dem Hintergrund des Wechsels von Dürre und Regenzeiten erscheint es logisch, dass Wettergottheiten die Panthea der Kulturen in der Großregion – Mesopotamien, Assyrien, Babylonien, Mitanni, Hattusa, Ugarit etc. – anführten. Wie genau die Beobachtung einer anhaltenden Dürre mit anschließender Versalzung der Böden sein kann, zeigt ein Zitat aus dem *Atram-hasis-Mythos,* in dem sich der Wettergott *Adad* von der Bevölkerung abwendet: «*Droben ließ Adad seinen Regen selten werden, drunten ward abgespart, die Flut erhob sich nicht aus der Grundwassertiefe, das Feld verminderte seinen Ertrag; Nisaba (das Getreide) wandte sich ab, die dunklen Fluren wurden weiß, das weite unbebaute Land brachte Salpeter hervor.*»[44]

## *Aufstieg und Niedergang der Flusstalkulturen*

Etwa um 2600 v. Chr. – fast gleichzeitig mit Ägypten – begann die Blütezeit der Induskulturen. Vorangegangen war ein Anstieg der Regenmenge und der Vegetation um 3000 v. Chr. Wegen der hohen Temperaturen hingen die indischen Flusstalkulturen sehr von der Regenmenge ab; die zuverlässige Wiederkehr des Monsuns war günstig für die Erträge der frühen Landwirtschaft.[45] Die Induskulturen werden heute unter dem Begriff *Harappa* zusammengefasst und sind gekennzeichnet durch planmäßige, schachbrettartige Stadtanlagen mit einer befestigten Akropolis und einer befestigten Unterstadt mit Backsteinhäusern und Kanalisationsanlagen.

Das Ende der Induskultur war nach Ansicht der Indologen das Ergebnis einer Umweltkatastrophe, ausgelöst durch einen Klimawandel. Archäologische Befunde weisen auf ein plötzliches Austrocknen des Ghaggartals um 1700 v. Chr. hin, was zu einem Rückgang der Ernten mit entsprechend verheerenden Folgen für die Städte führte. Mit den Städten verschwanden die Menschen, und die *Harappa-Kultur* geriet in Vergessenheit.[46] Nach etwa 200 Jahren wurde das Land um 1500 v. Chr. durch nomadische Rinderhirten und Pferdezüchter, die mit einer Einwanderungswelle indoeuropäischer Völker nach Südasien kamen, neu besiedelt.[47]

Möglicherweise gibt es zu diesem Untergang erneut ein Gegenstück in Ägypten. Dort ereignete sich im 18. Jahrhundert v. Chr. eine ähnliche Katastrophe wie beim Untergang des *Alten Reiches*: Ägypten hatte seit der 11. Dynastie (ca. 2134–1991 v. Chr.) einen Wiederaufstieg erlebt. Die 12. Dynastie gilt als einer der Höhepunkte der altägyptischen Zivilisation. Während des nachfolgenden *Mittleren Reiches* (ca. 2040–1650 v. Chr.) waren die jährlichen Nilfluten weniger hoch als während des Alten Reiches, aber konstant und ausreichend für eine ergiebige Landwirtschaft. Ihren Höhepunkt erreichte diese Epoche mit der langen Regierungszeit von Amenemhet III. (ca. 1841–1797 v. Chr.). Doch setzte danach ein ähnliches Tohuwabohu ein wie schon am Ende des Alten Reiches. Während der sogenannten 13. Dynastie wechselten die Könige so häufig, dass Anzahl und Reihenfolge bis heute nicht geklärt werden konnten, und unter der nachfolgenden 14. Dynastie zerbrach das Reich. Aufgrund ihrer Ausgrabungen hat Barbara Bell darauf aufmerksam gemacht, dass auch dieser zweite Niedergang vom Ausbleiben der Nilüberschwemmungen ab 1768 v. Chr. und von Hungersnöten geprägt war und die Pharaonen dieselben Legitimationsschwierigkeiten bekamen wie in der früheren *Zwischenzeit*. Sie spricht von einem *Little Dark Age*, das zum Zusammenbruch der Pharaonenherrschaft führte.[48]

## *Europas glückliche Bronzezeit*

Die *Bronzezeit* ist eine Art goldenes Zeitalter, in dessen Verlauf eine Reihe größerer Innovationen in die neolithische Welt Europas eingebracht wurde, in die Welt der Etrusker, der Thraker und anderer Völker des 3. bis 1. Jahrtausends vor Christus. Zu diesen Veränderungen gehören die Verwendung des Pfluges mit leistungsfähigen Pflugscharen, die Intensivierung des Bergbaus und des Fernhandels und die Ausbildung neuer Spezialberufe im Handwerk (Prospektoren, Bergleute, Verhüttungsspezialisten, Gießer, Schmiede, Bronzehändler etc.) sowie die Revolutionierung des Alltagslebens durch leistungsfähige Metallwerkzeuge. Durch metallene Hämmer, Sägen, Feilen, Nadeln etc. veränderte sich die Herstellung unzähliger Gegenstände wie etwa Lederwaren oder Textilien. Neue Industrien entstanden aufgrund der Herstellung brauchbarer Wagenräder und Wagen, auch von Streitwagen und Schiffen. Der Ausdifferenzierung von Regionalkulturen entsprach eine stärkere vertikale Gliederung der Gesellschaft, denn Bronze (eine Legierung aus ca. 90 % Kupfer und etwa 10 % Zinn) war teuer in der Herstellung.[49]

Gegenüber dem klimatischen Optimum der Nacheiszeit wurde es am Ende des 3. vorchristlichen Jahrtausends trockener. Die *Urnenfelderzeit* war vermutlich die trockenste Periode seit dem Ende der letzten großen Eiszeit, wobei die Folgen nördlich der Alpen weniger gravierend waren als im Mittelmeerraum, in Nordafrika oder im Vorderen Orient. Wegen der Schwierigkeiten bei der Bewässerung muss die Menge des bebaubaren Landes eingeschränkt gewesen sein. Hochebenen wurden aufgegeben, und die Menschen siedelten sich in den Flusstälern oder an Seeufern an. Außerdem wurden gezielt Wälder gerodet, womöglich als Folge der Austrocknung bisheriger landwirtschaftlicher Felder. Der Grundwasserspiegel lag erheblich tiefer als heute. Deswegen sind die Zeugnisse dieser bronzezeitlichen Kultur später im Wortsinne versunken.[50]

## *Der Kulturkollaps um 1200 v. Chr. und der Beginn der Eisenzeit*

Die erste Hochkultur auf dem Boden des heutigen Europa entstand in Griechenland. Mykene weist seit der frühen Bronzezeit (ca. 2900–2500 v. Chr.) Siedlungsspuren auf. Die Blüte dieser bronzezeitlichen Kultur begann im 16. Jahrhundert v. Chr., etwa gleichzeitig mit dem Neuen Reich in Ägypten, und erreichte ihren Höhepunkt im 14. Jahrhundert v. Chr. Mykenische Keramik fand sich zum Beispiel im Palast des ägyptischen Pharaos Echnaton (Amenophis IV., r. 1364–1343 v. Chr.) in Amarna.

Ab dem späten 13. Jahrhundert v. Chr. erlebte die mykenische Hochkultur ihre Katastrophe. Zu dieser Zeit endete in Griechenland überall der Palastbau. Um 1200 v. Chr. wurden die Burganlage von Mykene und die meisten anderen Herrensitze Griechenlands geplündert und in Brand gesteckt. Die Hauptorte wurden verlassen und in den folgenden Jahrzehnten ganze Landstriche im Landesinneren aufgegeben. Die folgenden Jahrhunderte gelten als die «Dunklen Jahrhunderte» (*Dark Ages*) Griechenlands, weil Kunst, Architektur und Literatur versiegten und bis zum Beginn der Zeit Homers 400 Jahre später keine Schriftzeugnisse mehr das Dunkel der Geschichte erhellen.[51]

Der Untergang der mykenischen Kultur wurde traditionell mit dem Trojanischen Krieg in Verbindung gebracht, der ja nach Homers *Ilias* von den Achaiern unter Führung Mykenes geführt wurde. Diese Theorie wirkte aber immer schon unwahrscheinlich, denn bekanntlich haben die Griechen Troja zerstört und nicht umgekehrt. Für eine alternative Erdbebentheorie fanden sich an den mykenischen Burgen keine Beweise. Gegen eine Theorie der Verknappung der Bronze spricht, dass das 12. Jahrhundert v. Chr. im ganzen Mittelmeerraum krisenhaft war und von einer Bronzeverknappung nichts zu spüren ist.[52] Aristoteles (384–322 v. Chr.) hat darauf hingewiesen, dass Mykene lange vor Homers Zeiten ausgetrocknet sein muss, so wie Ägypten in seiner eigenen Zeit. Mykene sei zur Zeit des Trojanischen Krieges fruchtbar gewesen und mit der Austrocknung zur Wüste geworden, «in Argos dagegen sind die damals versumpften und deswegen ertraglosen Gebiete jetzt anbaufähig geworden. Wie es nun an diesem kleinen Fleck zugegangen ist, muss man es sich auch vorstellen in großen Gebieten und ganzen Ländern».[53] Diese Angaben klingen eindeutig genug.

Doch erst in den 1970er Jahren wurde die Theorie von der Austrocknung der mykenischen Kultur weiterentwickelt: Eine lang anhaltende Dürre, welche zu einer Austrocknung Griechenlands führte, entzog ihr die Lebensgrundlage.[54]

Wasserknappheit wird auch für den Untergang des Hethiterreiches verantwortlich gemacht, der sich nach 200 Jahren der Prosperität um 1200 v. Chr. ereignete. Nach verheerenden Hungersnöten in Anatolien baten die Hethiter sogar Ägypten um Hilfe und verlagerten das Zentrum ihres Reiches vom Hochland in die Ebenen Syriens. Aber dort sollten sie einer anderen Schwierigkeit begegnen.[55] Die Hungersnöte im Mittelmeerraum lösten den *Seevölkersturm* aus, kriegerische Wanderungsbewegungen, die zum Untergang der Kultur von *Ugarit* und vermutlich auch des Hethiterreiches führten.[56] Als interessantes Detail sei erwähnt, dass nach hethitischer Vorstellung das Land dem Wettergott gehörte, der es der königlichen Sippe nur zur Verwaltung anvertraute, und die oberste kultische Aufgabe des Großkönigs darin bestand, mit diesem in Zwiesprache zu treten.[57]

In der Folge des *Seevölkersturms* bildete sich in Palästina nach dem Untergang der alten Stadtstaaten das Volk Israel.[58] Dessen Gott duldete keine anderen Götter neben sich, und der immer wieder auflebende Kult des *Baal* wurde von Teilen der jüdischen Priesterschaft streng bekämpft. *Baal-Hadad* war der traditionelle Wettergott der Großregion, dessen Position auf den jüdischen Gott überging: «Moses streckte seinen Stab zum Himmel empor und der Herr ließ es donnern und hageln. Blitze fuhren auf die Erde herab» (Exodus 9, 23). Auch Jahwe, der zuerst in den Ortsnamenlisten des ägyptischen Pharaos Amenophis III. (r. 1402–1364) nachweisbar ist, war nur eine andere Ausprägung des semitischen Wettergottes Hadad, wenn auch ohne die früheren Attribute des Stieres, der Donnerkeile, der Axt oder der Blitze.[59] Der jüdische Gott steht in der Tradition der altorientalischen Wettergottheiten, welche die Menschen mit Blitz und Donner, mit Sturm und Hagel, mit Überschwemmung und Dürre bestrafen.[60] Das Christentum erbte mit dem jüdischen Monotheismus auch den Wettergott: «Der Herr lässt seine mächtige Stimme erschallen, … mit Sturm, Gewitter und Hagel» (Jes. 30,30). Das *Alte Testament* ist durchsetzt mit solchen Vorstellungen.[61]

Die Trockenheit des *Subboreal* betraf außer Europa, Nordafrika und Westasien auch andere Teile der Welt. So haben dendrochronologische Untersuchungen kalifornischer Borstenkiefern ergeben, dass um 1200 v. Chr. das jährliche Wachstum der Bäume für mehrere Jahrhunderte stark zurückgegangen ist, was auf die Verlagerung des Monsuns hinweisen könnte. Von einer weiteren Austrocknung war auch Südasien betroffen: Die Erträge des Monsunregens müssen zwischen 1300 und 900 v. Chr. in Rajasthan um 70 % zurückgegangen sein, und die Pollenanalysen lassen das Ende der alten indischen Hochkultur erkennen. Während dieses Zeitraums entstand die Thar-Wüste.[62] In China kam es in den letzten Jahrzehnten der Shang-Dynastie (ca. 1766–1122 v. Chr.) zu klimatischen Turbulenzen, zu einer Verdunkelung der Sonne durch «trockenen Nebel», zur Erscheinung einer dreifachen Sonne, zu unnatürlicher Kälte, Frösten noch im Juli, nächtlicher Eisbildung im Tal des Gelben Flusses, wo es dafür unter normalen Umständen viel zu warm war, zu Missernten und Hungersnöten sowie zu heftigen Niederschlägen und Überflutungen, die von einer siebenjährigen Dürre abgelöst wurden. Diese Turbulenzen führten zum Sturz der Dynastie und begleiteten die Anfangsjahre der Chou-Dynastie (ca. 1122–249 v. Chr.).[63]

Die Umbruchszeit um 1200 v. Chr. bedeutete einen weit reichenden Kulturwandel. Vielleicht weniger durch eine Verknappung der Bronze, durch eine Zunahme kriegerischer Konflikte begann in Vorderasien der Aufstieg des Eisens. Im Gegensatz zu Kupfer und Zinn waren die Lagerstätten für Eisen viel weiter verbreitet. Wer über die neue Technologie verfügte, konnte Armeen ausrüsten und Kriege gewinnen sowie kostengünstiger haltbare Werkzeuge für Handwerker und Bauern herstellen. Mit der Eisenzeit begann der Aufstieg neuer Reiche, die in der Folgezeit viele der alten Handelsstädte absorbierten. Die Bedeutung des Städtewesens nahm keineswegs ab, sondern innerhalb der neuen Reiche setzte eine verstärkte Urbanisierung ein, deren Ökonomie nicht mehr auf Fernhandel und der Landwirtschaft des Umlands, sondern auf weit reichenden Tributsystemen beruhte. Der Übergang von der Bronze- zur Eisenzeit wird teilweise für so bedeutend gehalten wie die Neolithische Revolution um 3000 v. Chr.[64] Und seit einigen Jahren wird mit guten Gründen vorgeschlagen, diesen Kulturwandel mit dem Klimawandel in Beziehung zu setzen.[65]

## *Klimasturz und politische Unruhe um 800 v. Chr.*

Im regenreichen Europa stellte der Rückgang der Feuchtigkeit kein unlösbares Problem dar. Hier verursachte erst der Temperatursturz am Ende der Bronzezeit größere Konflikte. Passenderweise trat Europa gleichzeitig auch kulturell in die *Eisenzeit* ein. Die lange Warm- und Trockenperiode der Bronzezeit mündete um 800 v. Chr. – also vor ca. 2800 Jahren – in die Abkühlung des *Subatlantikums* («Nachwärmezeit»). Großflächig wird die Periode in zwei Phasen unterteilt: das *Subatlantikum I (Ältere Nachwärmezeit,* ca. 800 v. Chr. bis 1000 n. Chr.), während dessen es – unterbrochen vom kleinen Optimum der Antike – etwas kälter und feuchter war als heute, sowie, abgetrennt durch die *Hochmittelalterliche Warmzeit,* das so genannte *Subatlantikum II (Jüngere Nachwärmezeit,* ca. 1300 bis ins 20. Jahrhundert), in dem wir bis vor kurzem noch lebten. Diese Phase des *Jungholozäns* deckt sich mit der historischen Zeit der menschlichen Kultur und soll in den nächsten Kapiteln näher betrachtet werden.

Der «Klimasturz» um 800 v. Chr. wurde bei archäologischen Ausgrabungen entdeckt und danach von Paläobiologen bestätigt. Für die Archäologen war besonders interessant, dass in Mitteleuropa vor und nach dem Klimasturz verschiedene Kulturen vorherrschten: vorher die bronzezeitliche *Urnenfelderkultur,* die nach ihren Bestattungsriten – die Asche der verbrannten Toten wurde in Urnen beigesetzt – bezeichnet wird, danach die eisenzeitliche *Hallstattkultur.* Der Zusammenhang zwischen Klimawandel und Kulturwandel ist so markant, dass in der Literatur die Frage aufgeworfen wird, ob der Übergang zur Eisennutzung kausal mit dem ungünstigeren Klima zusammenhängt. Denn die bessere Bodenbearbeitung mit Eisenpflügen konnte die sinkenden Agrarerträge ausgleichen. Und Eisenwaffen erhöhten die Überlebenschancen in einer Zeit zunehmender Konflikte. Dies wäre ein Beispiel dafür, dass technische und ökonomische Innovationen («Fortschritt») durch eine Klimaverschlechterung ausgelöst wurden.[66]

Die Urnenfelderkultur endete zu einer Zeit der Abkühlung und zunehmender Niederschläge. Funde der Urnenfelderzeit sind in weiten Teilen Europas unter dicken Schlammschichten begraben, die Hallstatt-Funde liegen stets höher, allerdings nur selten an denselben Orten. Das bedeutet, dass sich nicht nur das Leitmetall und die Be-

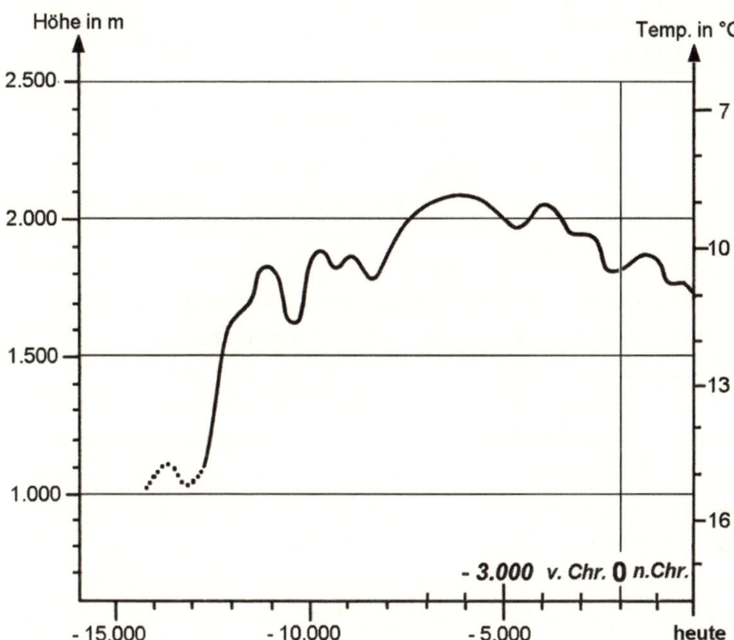


***Abb. 16*** Veränderungen in der Höhe der Baumgrenze in Zentraleuropa. Deutlich sieht man die Spitzenwerte während des Holozän-Maximums und die Abkühlung um 800 v. Chr. sowie während der Kleinen Eiszeit.

gräbnissitten veränderten, sondern auch die Siedlungsmuster und Lebensformen. Die Paläobiologen ordnen nun den archäologischen Schichten verschiedene Pflanzenpollen zu und stellen fest, dass sich auch die Natur in kurzer Zeit völlig veränderte.[67] Mit Beginn des *Subatlantikums* sanken die durchschnittlichen Temperaturen um 1–2 Celsiusgrade, und die Regenmengen stiegen erheblich.[68] Der Schneefall nahm zu, der Schnee blieb auf größeren Flächen länger liegen, die Gletscher wuchsen, die Baumgrenzen sanken ab – und zwar in den Alpen um 300–400 Meter bis auf eine Höhe wie im ausgehenden 20. Jahrhundert. Die Hochalmen der Bronzezeit mussten aufgegeben werden, die inneralpine Besiedelung ging zurück. Die Seespiegel stiegen an. Die ursprünglich günstigsten Siedlungsplätze am Wasser wurden unbewohnbar. Das Anschwellen der Flüsse und die Unpassierbarkeit früher gangbarer Gebirgspässe erzwangen eine Veränderung des Verkehrssystems.

Die Siedlungsplätze wurden auf sichere Anhöhen verlagert. Beispiel dafür ist der *Magdalensberg* bei Hallstatt. Erstmals wurden Mittelgebirge wie die zuvor wasserarme Schwäbische Alb stärker in die Siedlung einbezogen. Die Häufung von Bestattungsplätzen in diesen Höhenlagen wird als Folge größerer Feuchtigkeit interpretiert. Gleichzeitig muss sich die Zusammensetzung der Ernährung verändert haben. Die in der Bronzezeit angebauten Getreidesorten wurden durch anspruchsloseren Hafer und Roggen ersetzt. Bei Pollenuntersuchungen – etwa im Moor des Federsees in Schwaben – fand sich eine starke Diskontinuität bei den angebauten Getreidesorten. Man wird in der Umstellungszeit Mangelernährung und eine erhöhte Krankheitsanfälligkeit und Sterblichkeit vermuten dürfen. Wahrscheinlich nahm wegen der unzuverlässigen Ernten die Bedeutung der Viehzucht gegenüber dem Ackerbau zu.

Der Aufschwung des Salzbergbaus wird mit dem Klimawandel in Verbindung gebracht, denn die Konservierung von Lebensmitteln durch Lufttrocknung war nicht mehr möglich. Fleisch musste durch Pökelung in Salzlake haltbar gemacht werden. Dies war umso notwendiger, als die Bevölkerung seit dem Beginn der Eisenzeit wegen verbesserter Anbaumethoden in der Landwirtschaft durch haltbarere Pflüge, Hacken und Beile wieder anstieg. Die Salzbergwerke – etwa in Hallein-Dürrnberg oder in Hallstatt im österreichischen Salzkammergut (Bundesland Oberösterreich) – erlebten eine Hochkonjunktur, die sie zu kulturellen Zentren werden ließ. Nach ihnen nennt man den älteren Abschnitt der mitteleuropäischen Eisenzeit (bis zum 5. Jahrhundert) *Hallstattzeit*.[69]

Klar ist nach dem bisher Gesagten, dass die Klimaänderung um 800 v. Chr., die in der Literatur auch schon als das *Hallstatt Disaster* bezeichnet worden ist,[70] mit den Anpassungen an neue ökologische Rahmenbedingungen zu großen Migrationsbewegungen geführt hat. Auch in Zeiten geringer Siedlungsdichte kann sich die Inbesitznahme neuen Landes nicht ohne Reibungsverluste abgespielt haben. Hinzu kommt, dass die wachsende Bedeutung des Eisenbergbaus und der Salzgewinnung sowie die Verlegung der Verkehrswege zu einer Verschiebung der Siedlungsräume führten.

Auch in anderen Teilen der Welt führte der Klimasturz um 800 v. Chr. zu Migrationsbewegungen und kriegerischen Auseinandersetzungen. In Ägypten kam es seit Pharao Takeloth II. (860–

835 v. Chr.) zu einem politischen Niedergang, der in den Zerfall des Reiches und in anhaltende Bürgerkriege mündete. Bisher wurde diese Anarchie nicht mit Klimawandel in Verbindung gebracht. Bei dem im 7. Jahrhundert v. Chr. einsetzenden ökonomischen Aufschwung wird in Inschriften die segensreiche Wirkung der Nilfluten beschworen, was vielleicht anzeigt, wo vorher die Probleme lagen.[71]

## *Vom Optimum der Römerzeit zur Mittelalterlichen Warmzeit*

Das feucht-kühle Klima des *Subantlantikums* – gekennzeichnet durch kühle Sommer und milde, niederschlagsreiche Winter – hielt in etwa bis in die Zeit um Christi Geburt an, also die ganze Zeit des stadtrömischen Königtums und der römischen Republik hindurch. Vermutlich lag der Grundwasserspiegel höher als heute, und die Oasen Nordafrikas boten eine ausgiebige Lebensgrundlage. Dies erklärt, warum Nordafrika zur «Kornkammer» des Römischen Reiches werden konnte.[1] Unter dem günstigen Klima haben sich die Kulturen der griechischen und der etruskischen Stadtstaaten sowie der römischen Republik entwickelt.[2]

Allem Anschein nach erwärmte sich das Klima während der Regierung des ersten römischen Kaisers Augustus (63 v. Chr.–14 n. Chr., r. 30 v. Chr.–14. n. Chr.). Damals dürften ähnliche Temperaturen wie heute, nördlich der Alpen vielleicht sogar höhere geherrscht haben. Im Nahen Osten und in Nordafrika hielt die größere Feuchtigkeit an. Der ägyptische Gelehrte Claudius Ptolemaios (ca. 100–160 n. Chr.) legte um 120 ein Witterungstagebuch an, das mit seinen regelmäßigen Meldungen über Niederschläge in allen Monaten außer dem August signifikante Unterschiede zum heutigen Klima aufweist. Erst im 4. Jahrhundert trocknete Nordafrika aus.[3] Viele Siedlungen aus dieser Zeit wurden später von der syrischen und jordanischen Wüste verschlungen. Für die Zeit um Christi Geburt wird mit einer Weltbevölkerung von 300 Millionen Menschen gerechnet. Davon lebten schon damals etwa die Hälfte in den beiden alten Hochkulturen Asiens, in China (80 Millionen) und Indien (75 Millionen), nur jeweils 35 Millionen Menschen in Westasien und in Europa sowie 15 Millionen in Nordafrika. Damit lebten während des Römischen Optimums mehr Menschen auf unserem Planeten als jemals zuvor. Dieser Stand wurde erst 1000 Jahre später wieder erreicht, während der Warmzeit des Hohen Mittelalters.[4]

## *Die Blütezeit des Römischen Reiches*

Natürlich kann ein welthistorischer Vorgang wie der Aufstieg Roms von einem italischen Stadtstaat zur Weltmacht nicht als Folge einer Klimaveränderung gesehen werden. Zum einen ist der Vorgang zu langfristig angelegt, zum Zweiten spielen hier viele andere Faktoren eine Rolle, und zum Dritten ging der Aufstieg Roms zu Lasten der Etrusker, Griechen und Phönizier, die im Wesentlichen unter denselben klimatischen Bedingungen lebten. Man könnte allenfalls im Vergleich zu Karthago anmerken, dass die Großmacht südlich des Mittelmeers während der kälteren Phase ihren Höhepunkt erlebte, Rom dagegen seine Blütezeit nach der Erwärmung, als sich der politische Schwerpunkt auf die Nordseite des Mittelmeers verlagerte. Aber auch nach der Zerstörung Karthagos im Jahr 146 v. Chr. blieb die römische Provinz *Africa* noch jahrhundertelang eine der wirtschaftlich bedeutendsten Provinzen des *Imperium Romanum*. Vielleicht ist es aber signifikant, dass Rom zunächst nach Süden expandierte und erst mit der Erwärmung nach Norden.

Mit der Erhebung des Octavian zum *Augustus* erhielt das werdende Großreich eine monarchische Spitze, die dem Strukturwandel Rechnung trug. Denn nun kam es zu einer Vereinheitlichung des Rechts, zur systematischen Erschließung der unterworfenen Gebiete und zu einer planmäßigen Außenpolitik. Unter Trajan (ca. 53–117, r. 98–117) erreichte das *Imperium Romanum* seine maximale Ausdehnung: Es reichte von den Grenzen Schottlands bis zum Kaspischen Meer und zum Persischen Golf. Diese größte Ausdehnung des Römischen Reiches fällt mit einer eher warmen und doch nicht zu trockenen Periode zusammen, die in der Klimageschichte als *Roman Climatic Optimum* bezeichnet wird.[5] Die Erwärmung, die vom 1. Jahrhundert bis ungefähr 400 n. Chr. andauerte und – wegen des Abschmelzens der Gletscher – mit einem Anstieg des Meeresspiegels korrespondiert, dürfte zur Konsolidierung dieses ersten nordmediterranen Großreiches und auf jeden Fall zu seiner Nordausdehnung beigetragen haben. Die ganzjährige Passierbarkeit der Alpenübergänge erleichterte die Eroberung und Kontrolle der nordalpinen Provinzen Gallia, Belgica, Germania, Raetia und Noricum.

In den Hochalpen konnte Bergbau in Regionen betrieben werden, in denen noch am Ende des 20. Jahrhunderts Dauerfrost herrschte.[6] In Schriften zum Gartenbau heißt es bei Gaius Plinius Secundus, dass Wein und Oliven weiter nördlich in Italien angebaut wurden als in früheren Jahrhunderten. Ein Edikt des Kaisers Domitian (51–96, r. 81–96) verbot eine Ausdehnung des Weinbaus auf die Provinzen nördlich der Alpen, was nur bedeuten kann, dass es diese Bestrebungen gab. Ein Edikt des Kaisers Probus (232–282, r. 276–282) hob 280 n. Chr. dieses Verbot auf, und der Weinbau wurde in Deutschland und England mit solchem Erfolg eingeführt, dass es ab ca. 300 n. Chr. kaum mehr Nachrichten über Weinimporte aus dem Süden gibt.[7]

## *Eurasische Großreichsbildungen*

Das antike Klima-Optimum begünstigte von Europa über den Mittleren Orient bis nach Ostasien das Entstehen großer Reiche. Die politische Stabilität begünstigte den Fernhandel. Die chinesische Zivilisation bildete unter dem despotischen Kaiser Ch'in Shih Huang-ti (r. 246–210) das erste Großreich. Das Reich dieses Kaisers, der sich durch die berühmten lebensgroßen Tonfiguren seiner Krieger ins Jenseits begleiten ließ, wurde durch einen Volksaufstand zertrümmert, doch anschließend von einer neuen Dynastie wiederhergestellt und durch pragmatische Politik stabilisiert. Die Beobachtung, dass das China der Han-Dynastie (202 v. Chr.– 220 n. Chr.) seine Blütezeit ziemlich genau zur selben Zeit wie das Imperium Romanum erlebte, ist nicht neu. Wie der Westen hatte China während seiner klassischen Antike eine formative Periode. Die Han-Chinesen sind auch heute mit einem Anteil von über 90 % der Bevölkerung (in Taiwan 98 %) das Staatsvolk der Volksrepublik China. Während der Zeit der Han-Dynastie erlebte China, trotz Finanzkrisen wegen der militärischen Ausgaben, einen einzigartigen wirtschaftlichen Aufschwung. Volkszählungen ergeben für das Jahr 2 n. Chr. etwa 60 Millionen Einwohner.[8]

Das Klima ermöglichte freilich nicht nur das Aufblühen der Großreiche, sondern erweckte auch Völkerschaften im Norden zu größeren Aktivitäten. Mit der Erschließung neuer Siedlungsgebiete stieg die Bevölkerungszahl und damit die Kraft der Völker in den nördlichen Regionen. Im 2. und 3. Jahrhundert begannen die großen Wanderungen der Goten, Gepiden und Wandalen, die nach Südrussland und in den Karpatenraum vordrangen. Der Norden Europas geriet in Bewegung. Das Römische Reich versuchte mit dem Bau von großen Befestigungsanlagen, dem Limes in Germanien und dem Hadrianswall in Britannien, das Vordringen der Völker aus dem Norden aufzuhalten.

Im Gebiet der heutigen Mongolei begannen die «Xiongnu», in das Chinesische Reich einzudringen. Zur Abwehr wurde mit dem Bau der Großen Mauer begonnen, wodurch die Xiongnu im 2. Jahrhundert nach Westen gelenkt wurden. Sie drangen nach Indien und schließlich in das Schwarzmeergebiet vor. In Europa wurden sie zuerst durch den Geographen Ptolemaios beschrieben und «Chunnoi» genannt. Die Hunnen zerschlugen 376 das Ostgotenreich des Königs Ermanarich in Südrussland, vernichteten anschließend das westgotische Heer des Athanarich und vertrieben die Burgunder und Vandalen aus Osteuropa. Die Siege der Hunnen lösten die sogenannte Völkerwanderung aus, den Einmarsch der germanischen Völker in das Römische Reich.[9]

## *Der Niedergang der Großreiche*

Es wäre verlockend, die Krisen des Römischen Reiches und Han-Chinas mit klimatischen Entwicklungen in Verbindung zu bringen, gäbe es nicht so viele andere Gründe wie zum Beispiel die Anfälligkeit für äußere Angriffe, den Zwang zur Militarisierung der Gesellschaft und den zunehmenden Steuerdruck. Wir haben hier also zunächst Faktoren, die sich aus einer Strukturkrise des Reiches ergeben, die aber in Rom von einem fähigen Herrscher wie Kaiser Marc Aurel (121–180, r. 161–180) bewältigt wurden. Allerdings kamen unter Kaiser Commodus (161–192, r. 180–192) Hungersnöte und Seuchen sowie Bandenunwesen und Verschwörungen hinzu. Im Jahr 189 wurde sein Stellvertreter bei Hungerprotesten ermordet.[10] Die nächsten hundert Jahre sahen nicht weniger als 40 Kaiser. Unter den *Soldatenkaisern* (235–285) geriet das Reich an den Rand des Abgrunds, unter Decius und Valerian kam es zu ersten systematischen Christenverfolgungen. Nach der Tausendjahrfeier Roms fiel Kaiser Decius (ca. 190–251, r. 249–251) im Kampf gegen die Goten, Kaiser Valerian (ca. 200–262, r. 253–260) geriet gar in persische Gefangenschaft. Unter seinem Nachfolger Gallienus zerfiel das Reich in mehrere Teile, Hungersnöte und der Ausbruch der Pest führten zu einem Rückgang der Bevölkerung und zur teilweisen Rückkehr zur Naturalwirtschaft. Kaiser Aurelian (ca. 214–275, r. 270–275) erhob den «unbesiegbaren Sonnengott» (*Sol invictus*) zum Reichsgott. Inwieweit die *Krise des 3. Jahrhunderts* mit klimatischen Einflüssen korrespondiert, müsste untersucht werden.[11]

Nach einer politischen und wirtschaftlichen Erholung des *Imperium Romanum* gelang Kaiser Theodosius (347–395, r. 379–395) noch einmal die Einigung des Reiches. Anmerken darf man, dass Klimahistoriker die klimatischen Verhältnisse als günstig beurteilen. Hier zeigte sich noch einmal das *römische Optimum* mit seinem warmen, aber nicht zu trockenen Klima. Mit der Reichsteilung von 395 in West- und Ostrom (Byzanz) gedachte Theodosius sein Erbe zu stabilisieren. Doch das 5. Jahrhundert war klimatisch weit ungünstiger, es wurde kühler, und die traditionelle Kornkammer Roms – Nordafrika – trocknete aus. Im Jahr 410 wurde Rom durch die Westgoten geplündert, die Vandalen zogen quer durch alle Westprovinzen und siedelten sich 429 im römischen Nordafrika an, die Burgunder ließen sich 443 in Savoyen nieder. Am Niederrhein siedelten sich die Franken an, am Oberrhein die Alemannen. Die Reichskrise des 5. Jahrhunderts nahm solche Ausmaße an, dass es kaum überraschte, als der letzte weströmische Kaiser Romulus Augustulus (r. 475–476) durch einen germanischen Heermeister abgesetzt wurde.

Den Zusammenbruch des Römischen Reiches beschreibt Eugippius (ca. 465–533) in seiner Lebensbeschreibung des heiligen Severin von Noricum (gest. 482). Dieser Asket interpretierte den Zusammenbruch des Reiches als Strafe Gottes für die Sünden der Menschen.[12] Obwohl die Witterung in einer Welt der Kriege, der Vertreibung und der Gewalt zu den geringeren Übeln zählte, findet man in der Severinsvita ständig Hinweise auf Kälte, Hunger und Krankheiten. Severin organisierte Hilfe, doch die mit Waren beladenen Schiffe wurden auf dem Inn im Eis eingeschlossen. Wegen seiner Gebete und der Buße der Gläubigen trat auf Gottes Geheiß Tauwetter ein, und die Hungernden bekamen Lebensmittel in Hülle und Fülle. Dabei lebte der Heilige nicht nur ohne Sünden, sondern er kasteite sich durch Fasten und Selbstgeißelung. Die größte Form der Prüfung bestand in seiner Kleidung: «Schuhe trug er niemals: mitten im Winter, welcher in jenen Gegenden von schrecklichem Froste starrt, ging er stets barfuß und gab damit den Beweis seiner einzigartigen Standhaftigkeit. Für die Entsetzlichkeit der dortigen Kälte ist der beste Beweis die Donau, die durch den grimmigen Frost oft so fest wird, dass sie sogar Fuhrwerken eine sichere Überfahrt gestattet.»[13]

In Nordeuropa war Kälte das Hauptproblem, im Nahen Osten, in Nordafrika und in Teilen Asiens war es die Dürre. Während der Trockenzeiten fiel der Wasserspiegel des Kaspischen Meeres auf ein Minimum. In Süditalien, Griechenland, Anatolien und Palästina verlagerte sich die Besiedelung an die Küsten, das Hinterland wurde weitgehend entvölkert. In diese Zeit fällt der Niedergang der Metropolen Ephesus, Antiochia und Palmyra in Kleinasien. In Arabien wurden um 600 Siedlungsgebiete aufgegeben, in denen zuvor ausgeklügelte Bewässerungssysteme landwirtschaftliche Nutzung ermöglicht hatten. Die Expansion der Araber mit anschließender Ausbreitung der islamischen Religion erfolgte zum Zeitpunkt eines ungünstigen Klimas in ihren traditionellen Siedlungsgebieten.[14]

Das chinesische Großreich der Han erlebte gleichzeitig mit dem Römischen Reich seinen Niedergang. Dabei spielten Zwistigkeiten im Kaiserhaus und Erbstreitigkeiten eine Rolle, aber auch religiös inspirierte Volksaufstände. Wie in Rom zur Zeit der Soldatenkaiser übernahmen die Militärs in China politische Verantwortung. Im Jahr 220 teilten die Kriegsherren das Reich auf («Zeit der drei Reiche»). Der Niedergang wurde durch eine gravierende Abkühlung, Trockenheit, Missernten und Hungersnöte gefördert. Der Yangtse fror mehrmals zu, und in Dürrejahren trockneten die großen Flüsse mehrmals beinahe aus. Im Jahr 309 konnte man trockenen Fußes das Flussbett des Gelben Flusses und des Yangtse durchqueren. Die Lebensfeindlichkeit der Natur und die Unfähigkeit der Regierungen führten zu Unruhen und Aufständen.[15] Mit der inneren Schwäche Chinas stieg der Druck der Völker aus dem Norden. Chinas Völkerwanderungszeit setzte ein, und das Land erlebte in der Zeit der Reichsteilungen (220–589) einen Niedergang. In dieser Zeit der inneren Wirren und des Machtverlusts stieg – wie im Westen – eine Erlösungsreligion auf, welche den Taoismus und die Philosophie des Konfuzianismus, der mit dem Zerfall des Reiches seine Basis verloren hatte, in den Hintergrund drängte. Für ein halbes Jahrtausend wurde der *Buddhismus* zur führenden geistigen Macht. Er versprach Trost in harten Zeiten und hielt die Bevölkerung zur Passivität an, indem er sie auf das Jenseits hin orientierte. In den Klöstern blühte gleichzeitig eine neue Kultur der Schriftlichkeit auf. Wegen solcher Parallelen spricht man mit dem Untergang des Han-Reiches auch vom Beginn des «chinesischen Mittelalters».[16]

## *Die Katastrophen des Frühmittelalters*

Auch wenn es wieder einmal Unterschiede in der Datierung gibt, sind sich doch die meisten Autoren darüber einig, dass sich das Klima in der Spätantike verschlechterte. Nach Helmut Jäger setzten die kälteren Winter und das feuchtere Klima bereits um das Jahr 250 n. Chr. ein und dauerten im Norden bis etwa 750 und auf dem Kontinent bis ins 9. Jahrhundert hinein an. Die Abkühlung dieses *frühmittelalterlichen Pessimums* habe im Jahresdurchschnitt 1–1,5 Grad betragen. Die Gletscher wuchsen, und die Baumgrenze sank in Mitteleuropa um etwa 200 Meter. In höheren Lagen oder in nördlicheren Gebieten verschlechterten sich die Anbaubedingungen für Wein und Getreide. Die Zahl der Missernten und die Anfälligkeit gegenüber Krankheiten nahm zu. Die Sterblichkeit bei Säuglingen, Kleinkindern und alten Menschen erhöhte sich.[17] Schönwiese lässt das *frühmittelalterliche Pessimum* von 450 bis 750 reichen, mit dem Hinweis, dass in Zentralengland eine dauerhafte Erhöhung der Temperaturen um 1–2 Grad erst um das Jahr 1000 einsetzte.[18] Hubert Horace Lamb (1913–1997) meinte, das Klima habe noch bis etwa 400 n. Chr. zu warmen und trockenen Sommern tendiert, erst seit dem 5. Jahrhundert seien Perioden mit kälterem und wechselhaftem Klima erkennbar.

Im nördlichen Mittelmeerraum und auch in Nord-, West- und Mitteleuropa waren die Kälteperioden mit größerer Feuchtigkeit verbunden. Außerdem besitzen wir Nachrichten über Sturmwetterlagen und Überflutungen, die zu Veränderungen der Küstenlinie an der Nordsee und in Südengland führten. In Italien nahmen Überflutungen in der zweiten Hälfte des 6. Jahrhunderts sprunghaft zu.[19] Die Gletscher erreichten in der Schweiz – etwa beim Unteren Grindelwaldgletscher – ein Ausmaß wie während der Spätphase der Kleinen Eiszeit. Sie machten eine alte römische Straße durch das *Val de Bagnes* in der Schweiz unpassierbar. Lamb schloss daraus, dass die Verwaltung des Römischen Reiches in der Phase seines Zusammenbruchs im Westen nicht nur mit politischen Bedrohungen beschäftigt gewesen sein kann.[20]

Zu den klassischen Stereotypen gehört die Vorstellung von klimatischen Ursachen der «*Völkerwanderung*», die das Ende des Weströmischen Reiches herbeiführte. Die Klimaverschlechterung der Spätantike bzw. des Frühmittelalters wird deswegen als das «*Pessimum der Völkerwanderungszeit*» bezeichnet.[21] Eine einfache Methode, diesen kausalen Zusammenhang zu entkräften, liegt in dem Hinweis, dass sich die Völkerwanderung über Jahrhunderte hinzog. Und in verschiedenen Phasen gab es unterschiedliche Migrationsgründe. Die eigentliche Wanderung begann unter den Bedingungen des klimatischen Optimums, möglicherweise aufgrund eines großen Bevölkerungswachstums im Norden. Die große Völkerwanderung wurde im Jahr 375 durch den Einbruch der Hunnen aus den Steppen Asiens ausgelöst. Sie lösten die Westwanderung der Germanen aus, die in das Gebiet des Römischen Reiches vordrangen. Ihre Landnahme führte zur Zerstörung des Weströmischen Reiches. Byzanz konnte noch einmal Italien von den Ostgoten und Nordafrika von den Vandalen zurückerobern. Doch Spanien blieb westgotisch («Katalonien») bzw. vandalisch («Andalusien»), Gallien fränkisch («Frankreich»), Britannien anglisch («England») und Rätien alemannisch («Allemagne»). Die Völkerwanderung endete 568 mit der Eroberung Italiens durch die Langobarden, die sich in großen Mengen festsetzen konnten («Lombardei»).[22]

Der Zusammenbruch des Reiches ging mit einer demographischen Implosion einher. Von über 15 Millionen Einwohnern blieb im 6. Jahrhundert weniger als die Hälfte übrig. Insbesondere in den ehemaligen lateinischen Reichsteilen, in Pannonien, Germanien, Gallien, Hispanien und Britannien, aber auch in Nordafrika fiel die Bevölkerungszahl aufgrund von Überfällen, Kriegen, Missernten und Seuchen sowie durch Abwanderung stark ab. Der Bevölkerungsrückgang führte zum Verfall der Siedlungen, der Wege und der Ackerflächen. Kulturland wurde von der Natur zurückerobert.

Das völlige Verlassen früherer Siedlungsplätze, das man archäologisch und paläobotanisch nachweisen kann, lässt sich nicht allein durch Kriege erklären. Gute Siedlungsplätze werden selbst im Fall eines völligen Austauschs der Bewohner beibehalten. In der Spätantike wurden jedoch die meisten Siedlungen nördlich der Alpen aufgegeben. Nur wenige Zentralorte weisen eine dünne Siedlungskontinuität ins Mittelalter auf. Pollenanalysen belegen einen generellen

Rückgang der Landwirtschaft. Die Wälder drangen vor und Siedlungen wurden in wenigen Jahrzehnten überwuchert. Neusiedlern kam das Land wie unberührte Natur vor. Die Anlage neuer Dörfer und die Entwicklung neuer Siedlungsmuster im 6. und 7. Jahrhundert deuten auf veränderte klimatische Bedingungen hin, die den Kulturbruch notwendig machten.[23]

### *Die Explosion des Vulkans Rabaul im März 536 und die Justinianische Pest*

Der byzantinische Geschichtsschreiber Prokopius von Kaisarea (um 500–nach 562), der in Rom lebte, schrieb für das zehnte Regierungsjahr des Kaisers Justinian (482–565, r. 527–565), dass die Sonne während des gesamten Jahres ihr Licht ohne Helligkeit ausstrahlte und aussah wie der Mond. Für dasselbe Jahr schrieb der Historiker Lydus aus Konstantinopel, die Sonne sei für ein ganzes Jahr trübe geworden, als der Feldherr Belisarius auf dem Höhepunkt seines Ruhmes stand, und die Feldfrüchte seien völlig außer ihrer üblichen Zeit eingegangen. Zacharias von Mytilene schrieb, die Sonne sei verdunkelt gewesen während des Tages und der Mond bei der Nacht, vom 24. März des Jahres der 14. Indiktion bis zum 24. Juni des darauffolgenden Jahres. Und Johannes von Ephesus schrieb aus Kleinasien, die Verdunkelung habe 18 Monate gedauert und die Sonne sei am Tag höchstens vier Stunden zu sehen gewesen. Deswegen reiften die Früchte nicht und der Wein sei sauer gewesen. In seiner Kirchengeschichte fügte derselbe Autor hinzu, dass der Winter 536/37 ungewöhnlich hart gewesen sei und in Mesopotamien zu heftigen Schneefällen geführt habe. Wie es scheint, waren der Nahe Osten und Europa von diesen besonderen Klimabedingungen betroffen.

Die Beschreibung der atmosphärischen Erscheinungen veranlasste Vulkanologen zur Suche in den Klimaarchiven. Tatsächlich zeigen die Eisbohrkerne aus Grönland ein starkes Säuresignal, das unabhängig voneinander in einer Bohrung auf ca. 540 (plus/minus zehn Jahre), in einem anderen Fall auf ca. 535 berechnet wurde. Da im weiten Umfeld kein vergleichbares Signal vulkanischen Fallouts zu sehen ist, können sich diese Signale nur auf den Vulkanausbruch Prokops beziehen. Richard B. Stothers identifizierte als Urheber des mysteriösen Nebels einen Vulkan auf der Südhalbkugel der Erde, mit hoher Wahrscheinlichkeit Rabaul auf Papua-Neuguinea. Mit Radiokarbonmessungen vor Ort wurde dieser Vulkanausbruch auf den Zeitraum 540 (plus/minus 90 Jahre) datiert und in zeitlicher Nähe gibt es weltweit keinen vergleichbar großen Ausbruch. Wenn man annimmt, dass die Verbreitung seiner Aschewolken und Aerosole in ähnlicher Weise wie bei den Ausbrüchen des Tambora in Indonesien verlief, dann müsste der Vulkan etwa 2–3 Wochen zuvor, also Anfang März 536, ausgebrochen sein. Das Säuresignal des Rabaul im Eis von Grönland ist doppelt so hoch wie das des Tambora im Jahr 1815, entsprechend wird man damit rechnen können, dass auch die weltweiten Auswirkungen entsprechend größer waren.[24] Möglicherweise müssen die Hungersnöte der späten 530er Jahre und die *Justinianische Pest* mit dieser Verfinsterung des Himmels in Zusammenhang gebracht werden.

## *Eine Zeit der Unsicherheit in Europa*

Das Frühmittelalter war in Europa eine Zeit extremer Unsicherheit. Die Bevölkerung sank auf einen nie wieder erreichten Tiefstand. Der Ertrag der Ernten und die Lagerkapazitäten waren gering. Missernten und Hungersnöte waren häufig. Die Annalen zählen Kälteeinbrüche und Überschwemmungen, Missernten und Hungersnöte, Epidemien und verheerende Viehseuchen akribisch auf. Nimmt man die Aufzeichnungen des Bischofs Gregor von Tours (ca. 538–594), so ergibt sich für die 580er Jahre, in denen der Autor aus eigenem Erleben berichtet, für das fränkische Gallien und das westgotische Aquitanien ein Bild fortwährender schwerer Regenfälle und Gewitter, heftiger Schneefälle und später Fröste, an denen sogar die Vögel starben, schwerer Überschwemmungen, Felsstürze in den Bergen, Viehseuchen, schwerer Missernten, Hungersnot, bekannter und unbekannter Seuchen.[25] Ganze Landstriche wurden entvölkert und die Überlebenden litten unter dem Zusammenbruch jeglicher Infrastruktur. Der französische Mediävist Georges Duby spricht für das Frühmittelalter von einer «feindlichen Umwelt einer langen Periode der Kälte und der Feuchtigkeit».[26]

Die Bedrohung durch Missernten, Hunger und Seuchen war gravierender als die durch Kriege. In den Alpen rückten die Gletscher vom Beginn des 5. bis zur Mitte des 8. Jahrhunderts vor, ein sicheres Zeichen der generellen Abkühlung.[27] Die Natur war für die Menschen Furcht erregend, ihre Wildnis wurde mit Chaos gleichgesetzt. Wölfe überfielen die Herden und die Reisenden. Im Hungerjahr 843 drang in Sénonais ein ausgehungerter Wolf während der sonntäglichen Messe in eine Kirche ein. Der Kampf gegen die reißenden Bestien wurde mit aller Gewalt geführt, mit Fallen, Giftködern und Treibjagden. Bereits Karl der Große (747–814, r. 768–814) hatte die Beschäftigung von Wolfsjägern in allen Grafschaften seines Reiches angeordnet.[28] Frostreiche Winter, Überschwemmungen im Frühjahr und dürre Sommer verursachten Missernten und Hunger. Im Hungerjahr 784 soll ein Drittel der Bevölkerung gestorben sein. Die Menschen buken Brot aus allen möglichen untauglichen Materialien, in Sachsen aß man Pferdefleisch und vereinzelt kam es zu Kannibalismus. Chronische Unterernährung gehörte zu den Ursachen der hohen Sterblichkeit. Für die Zeit zwischen 793 und 880 fand Pierre Riché trotz spärlicher Quellen 13 Hungerjahre, 13 Jahre mit Überschwemmungen sowie je neun Jahre mit Seuchen und weiteren neun mit extremer Winterkälte.[29]

Feuchte Sommer und Hagelschlag sind für den Getreidebau besonders nachteilig. In einer Gesellschaft ohne Konzept des Zufalls wurde Unglück personalisiert. Erzbischof Agobard von Lyon (769–840), ein Geistlicher westgotischer Herkunft, schrieb in seiner Predigt «*De grandine et tonitruis*» (Über Hagel und Donner): «Hierzulande glauben fast alle Menschen, Adel und Volk, Stadt und Land, Alt und Jung, dass Hagel und Donner von Menschen gemacht werden können … Wir haben ja gehört und gesehen, wie die meisten von solchem Wahnsinn gepackt, ja von solcher Dummheit besessen sind, dass sie glauben und sagen, es gebe ein Land namens *Magonia*. Aus dem kämen Schiffe in den Wolken gefahren, in denen würden die Früchte, die vom Hagel abgeschlagen werden und im Gewitter verkommen, nach diesem Land gebracht; die Luftschiffer gäben nämlich den Wettermachern eine Belohnung und bekämen dafür das Getreide und die sonstigen Früchte.»[30]

Mit der Klimaverschlechterung ging in Europa nicht nur die Menge der jährlichen Ernten zurück, sie wirkte sich sogar auf die Größe des Zuchtviehs aus. Das Schlachtgewicht von Schweinen oder Rindern lag weit unter dem heutigen und dem der Römerzeit. Überschwemmungen führten zu Viehseuchen und diese zu Ausbrüchen extremer Fremdenfeindlichkeit unter den Bauern. Agobard von Lyon schrieb über die Zeit der Viehseuche von 810 im Frankenreich: «Erst vor wenigen Jahren verbreitete sich eine Welle von Dummheit anlässlich eines Viehsterbens. Da sagte man, Herzog Grimald von Benevent habe Leute mit einem Pulver herübergeschickt, das sie über Felder, Berge, Wiesen und Quellen ausstreuten, und zwar weil er mit dem allerchristlichsten Kaiser Karl verfeindet sei, und an diesem ausgestreuten Pulver stürbe das Vieh. Wir haben es gehört und gesehen, wie aus diesem Grund viele verhaftet und einige umgebracht wurden; die meisten wurden auf Bretter gebunden, in den Fluss geworfen und getötet.»[31]

War der Winter lang, konnten die Nutztiere nicht mehr gefüttert werden, war der Sommer trocken, verdorrte das Getreide, war er zu feucht, dann verfaulte es. Jede Missernte hatte Hungersnöte im Gefolge. In den Reichsannalen heißt es für die Regierungszeit Ludwigs des Frommen (778–840, r. 814–840) zum Jahr 820: «In diesem Jahr hatten die anhaltenden Regengüsse und die überaus feuchte Luft große Übel im Gefolge. Unter Mensch und Vieh wütete weit und breit eine Seuche mit solcher Heftigkeit, dass es kaum einen Strich Landes gab im ganzen Frankenreich, der von ihr verschont geblieben wäre. Auch das Getreide und das Gemüse gingen bei dem fortwährenden Regen zugrunde und konnte entweder nicht eingebracht werden oder verfaulten in den Scheunen. Nicht besser stand es mit dem Wein, der in diesem Jahr einen höchst spärlichen Ertrag gab und dabei noch wegen des Mangels an Wärme herb und sauer wurde. In einigen Gegenden aber war, da das Wasser von den ausgetretenen Flüssen noch in der Ebene stand, die Herbstaussaat ganz unmöglich, so dass vor dem Frühjahr gar kein Korn in den Boden kam.»[32] Zu dieser Zeit begann der Siegeszug der Lepra, der charakteristischen Mangelkrankheit des europäischen Mittelalters.[33]

## *Aufstieg und Zusammenbruch der Maya-Hochkultur*

Für das Mittelalter stellt sich die Frage, inwieweit die Klimaregime in verschiedenen Weltteilen synchron verliefen. In den Aufzeichnungen Chinas und Japans stellt sich der Zeitraum von 650 bis 850 als Warmphase dar.[34] Als Paradebeispiel für gegenläufige Entwicklungen könnte man auch den Aufstieg der Maya-Kultur in Mittelamerika anführen. Dort bildete sich seit etwa 300 n. Chr. eine indianische Hochkultur heraus, die während des Klimapessimums in Europa florierte. Die klassische Kultur der Maya war gekennzeichnet durch Stadtstaaten mit großen Baukomplexen und hohen Pyramiden, mit einer dichten Bevölkerung, einer hoch entwickelten Priesterkaste, mit einer eigenen Schrift und erstaunlichen Kenntnissen der Astronomie und der Mathematik. Die Kultur beruht auf einer leistungsfähigen Landwirtschaft, der die heutige Weltkultur einige der wichtigsten Kulturpflanzen (Kartoffel, Mais, Tomate, Avocado, Tabak) verdankt. Doch diese Hochkultur brach plötzlich zusammen. Nach 900 wurden keine neuen Gebäude oder Inschriftensäulen mehr errichtet. Ein dramatischer Bevölkerungsrückgang setzte ein, die Städte und besiedelten Plätze wurden verlassen und kulturelles Wissen ging verloren.[35]

Neben Krieg werden als mögliche Gründe für den Niedergang auf die chronische Übervölkerung hingewiesen, auf die Zerstörung der natürlichen Umwelt durch Übernutzung und Rodung und in der Konsequenz auf Missernten, Hungersnöte, Epidemien und Rebellionen, die sich gegen die eigene Oberschicht richteten. Die Maya starben nicht als Ethnie aus, sondern die Schicht des Adels und der Priester wurde ausgelöscht.[36] Nach dem demographischen Kollaps änderte sich das Siedlungsmuster. Die postklassischen Maya siedelten nicht mehr auf den Hochebenen, sondern am Meer, an Flüssen und an Seen. So erhielt die Vorstellung Nahrung, dass Probleme mit der Wasserversorgung den Niedergang der klassischen Stadtstaaten wie *Cichen-Itza*, *Palenque* oder *Tikal* bewirkt hätten. Der Archäologe Richardson Gill bewies, dass die wasserärmste Zeit der letzten 7000 Jahre in die Zeit zwischen 800 und 1000 n. Chr. fiel. Diese Dürre beraubte die Zivilisation ihrer Lebensgrundlage, und die Bevölkerung brach in Hungerkrisen zusammen. Kriege und Rebellionen taten ein Übriges.[37] Eine Gruppe von Geologen, die vor der Küste Venezuelas an einem Ozean-Tiefenbohrprogramm arbeitete, konnte anhand der *Warven* nachweisen, dass in den Jahrhunderten, in denen die Maya-Kultur kollabierte, die Grenze für den Sommermonsun dauerhaft nach Süden wanderte und der notwendige Regen in Mexiko ausblieb.[38]

Dass die Maya-Kultur durch Dürre gefährdet war, erklärt den hohen Stellenwert, den die Verehrung des Regengottes *Chac* bei ihnen genoss. Für die Periode des Zusammenbruchs zeigte sich, dass vier

Perioden extremer Dürre als Krisenauslöser in Frage kommen: eine mehrjährige Dürre um das Jahr 760, eine neunjährige Dürre um das Jahr 810, eine dreijährige Dürre um das Jahr 860 und eine sechsjährige Dürre um das Jahr 910 n. Chr. Diese Daten passen mit denen zusammen, die wir aus den Maya-Glyphen kennen. Demnach brach die erste Gruppe von Städten im westlichen Tiefland um *Palenque* um 810 zusammen, wo es kaum Zugang zu Grundwasserreservoirs gibt. Fünfzig Jahre später brachen die Stadtkulturen im südöstlichen Tiefland um *Copán* zusammen. Um 910 traf es dann auch die Städte des zentralen und nördlichen Tieflands um *Tikal, Uxmal* und *Chichén Itza*.[39] Im Tiefland führten die Karstlöcher, die *Cenotes,* länger Wasser. Die Topographie der Halbinsel würde also im Verein mit dem Klimawandel die zeitliche Abstufung des Zusammenbruchs der Maya-Kultur erklären. Inzwischen wird der Niedergang der Maya-Kultur auch in Klimamodellen nachgespielt.[40]

### *Der Wechsel von Hochkulturen im peruanischen Tief- und Hochland*

Das südamerikanische Gegenstück bildet die Hochkultur der *Moche* in Peru. Der Aufstieg der Moche-Kultur begann um 100 v. Chr. und erlebte seinen Höhepunkt im 6. Jahrhundert. Im frühen 7. Jahrhundert kam es zu Zerstörungen an Gebäuden und Kriegshandlungen im Inneren des Reiches. Wenig später brach die *Moche-Kultur* zusammen.

Manches spricht dafür, dass in dem heute trockenen Küstenstreifen vermehrte Niederschläge zu einem Aufblühen der Kultur geführt haben. Wasserreservoirs, Kanäle und Aquädukte ermöglichten eine Intensivierung der Landwirtschaft und dienten zur Minimierung der Umweltrisiken. Große Pyramiden aus Adobeziegeln (*Huaca del Sol, Huaca de la Luna*) an der Mündung des *Moche*-Flusses bildeten die zentralen Heiligtümer des Imperiums.

Als Ursachen für dessen Zusammenbruch werden die üblichen Verdächtigen diskutiert: Invasion von außen, Bürgerkrieg im Inneren, Übervölkerung, Missernten, Hungersnöte oder Veränderungen des Klimas. Bei Ausgrabungen stieß man für die Zeit um 600 auf Anzeichen sintflutartiger Niederschläge, die zu Zerstörungen der Siedlungen und an den zentralen Heiligtümern sowie vermutlich auch bei den landwirtschaftlich nutzbaren Flächen geführt haben. Im Anschluss an die Überschwemmungskatastrophen folgten Jahrzehnte mit stark verminderten Niederschlägen. Die anhaltende Dürre führte zu Ernteausfällen, Hunger und gewaltsamen Konflikten, zu einem Rückgang der agrarisch genutzten Flächen und einer rapiden Veränderung der Flora und Fauna. Grabungen bei den heiligen Stätten beweisen, dass in der Periode der Katastrophen und des kulturellen Niedergangs hunderte von Menschen rituell geopfert worden sein müssen, um den Zorn der Götter zu besänftigen. Die Kombination dieser Daten mit Eisbohrkernen des Quelccaya-Gletschers in den Anden zeigt, dass einige Jahrzehnte große Trockenheit an der peruanischen Küste herrschte. Für die sintflutartigen Regenfälle werden neuerdings große *El-Niño-Ereignisse* verantwortlich gemacht.[41]

Bereits in den 1970er Jahren stellte die Archäologin Allison C. Paulsen fest, dass sich Blütezeiten der Küsten- und Hochlandkulturen auf den Gebieten der heutigen Staaten Peru und Ecuador abwechselten. Nach dem Niedergang der Moche-Kultur waren die Küstengebiete im heutigen Ecuador wegen großer Dürre menschenleer, dagegen blühte eine Hochkultur im südlichen andinen Hochland auf, das *Huari-Tiahuanaco-Reich*. Nach dessen Niedergang im 9. Jahrhundert entstanden neue Hochkulturen an der südlichen und nördlichen Küste Perus, die während des europäischen Hochmittelalters blühten. Und als diese im 14. Jahrhundert durch das erneute Ausbleiben des Regens ausgelöscht wurden, begann der Aufstieg der bis heute bekanntesten andinen Hochkultur, der Kultur der Inka.[42] Während die Artefakte mit der Radiokarbonmethode datiert wurden, ergaben die Jahresringzählungen der Gletscherbohrkerne des Quelccaya-Gletschers Aufschlüsse über ähnlich dramatische Klimawechsel. Hier zeichnet sich zum Beispiel für die Jahre 563 bis 594 eine lange Dürreperiode im südlichen Hochland ab, die großen Einfluss auf die Lebensbedingungen der dort Wohnenden gehabt haben muss. Die Abwesenheit von Hochkulturen im Hochland zu diesem Zeitpunkt verwundert kaum. Eine Gruppe von Klimaforschern schlug deswegen vor, das Auftreten von Hochkulturen mit den Befunden über Niederschlagsmengen in den Eisbohrkernen zu synchronisieren.[43]

## *Die Fernwirkungen des «Christkinds»*

Der Wechsel von Dürre im südlichen Hochland und Starkregenfällen im nördlichen Tiefland brachte die Klimaforscher auf die Spur: Genau dieser charakteristische Wechsel kennzeichnet bei kurzfristigen Klimaschwankungen ein regionales Klimaphänomen, das nach seinem Eintreffen um die Weihnachtszeit «*El Niño*» («das Christkind») genannt wird. Dabei überdeckt wärmeres Wasser die kalten Tiefenwasser des Humboldtstroms und der Ertrag des Fischfangs geht zurück. In den Trockengebieten der peruanischen Küste kommt es zu starken Regenfällen und im südperuanischen Hochland bleiben – wie bei den großen *El Niños* von 1975/76 und 1982/83 – die Regenfälle aus. *El Niño* tritt alle drei bis sieben Jahre verstärkt auf und geht mit einer generellen Veränderung der Meeresströme und der atmosphärischen Bedingungen im Südpazifik einher. Diese Veränderung der Meeresströmungen wird von den Ozeanographen als «*El Niño Southern Oscillation*» (ENSO) bezeichnet. Gelegentlich setzt sie nicht erst im Dezember, sondern im Sommer ein und dauert länger. Bei solchen «Super-El-Niños» interagieren die Meeresströmungen stärker mit dem Luftdruck und den Winden. Dann treten weltweit Veränderungen der Niederschlagsmengen in den Tropen auf: In sonst trockenen Gebieten kommt es zu Starkregenfällen und in sonst feuchten Gebieten zu Dürreperioden mit Waldbrandgefahr. Die ENSO-Ereignisse sind das wichtigste natürliche Klimasignal in globalem Maßstab. Nach Ansicht einiger Klimaforscher gibt es jedoch auch eine Art «*Mega-El-Niño*», bei dem sich solche Klimaanomalien über Jahrzehnte erstrecken. Dann sind an der Nordküste Perus und Ecuadors jahrzehntelang überdurchschnittliche Niederschlagsmengen zu verzeichnen, während das südliche Hochland austrocknet.

Das Interessante an «*Super-El-Niños*» liegt darin, dass sie nicht nur die Ostküste Südamerikas betreffen, sondern die ganze südliche und Teile der nördlichen Hemisphäre. Überall verkehrt sich infolge des ENSO-Ereignisses das übliche Klima in sein Gegenteil. Wenn Warmwasser an die Ostküste Südamerikas strömt, wird es in weiten Teilen des Kontinents wärmer als sonst, dazu in manchen Gebieten feuchter. Dafür wird es im tropischen Norden Australiens, in Ozeanien, in Indonesien und auf den Philippinen sowie auf dem indischen Subkontinent trocken. Die für die Landwirtschaft nötigen Monsunwinde treten verspätet auf oder bleiben aus. Auf Madagaskar und in Ostafrika wird es trockener und noch wärmer als sonst. Dafür wird es in Äquatorialafrika sowie im Süden Nordamerikas feuchter und im Winter kälter. Im Norden Nordamerikas und in Japan werden die Winter wärmer. Klimaforscher meinen, dass sich sogar *Mega-El-Niños* im peruanischen Eisbohrkern nachweisen lassen. Und wegen der Fernwirkungen kann man die südamerikanischen Daten mit solchen aus Eisbohrkernen Asiens kombinieren. Dies wurde mit Hilfe einer Bohrung auf dem *Dunde-Gletscher* in Tibet versucht. Synchronität der Anomalien könnte bedeuten, dass man es mit gemeinsamen Ursachen zu tun hat.

Die vergleichende Untersuchung von Eisbohrkernen in Peru und China hat ergeben, dass die Gletscherzuwachsraten zwischen 1610 und 1980 über beinahe vierhundert Jahre hinweg ähnliche Tendenzen aufweisen, obwohl sich der *Dunde*-Gletscher nördlich des Äquators, der *Quelccaya* südlich davon befindet.[44]

Der Zusammenhang von ENSO-Ereignissen und der Höhe der Nilfluten wurde bis zurück ins 7. Jahrhundert nachgewiesen. Die Nilfluten sind über die Niederschlagsmengen in Ostafrika mit den ENSO-Ereignissen verknüpft. Bereits zu Beginn des 20. Jahrhunderts ist erkannt worden, dass Dürrejahre in Indien und Australien auch Jahre mit geringen Wassermengen in Ägypten waren, während in starken Monsunjahren auch hohe Nilüberschwemmungen beobachtet wurden. Die Aufzeichnungen des *Nilometers* bei Kairo sind daher womöglich signifikant für alle Regionen, die von *El Niño* betroffen sind. Die Aufzeichnungen reichen etwa 5000 Jahre zurück und sind seit der Spätantike mit großer Akkuratesse überliefert. Daraus ergibt sich, dass ENSO-Ereignisse im Frühmittelalter am häufigsten waren, mit einem Höhepunkt um das Jahr 800. Ebenso häufig und stark waren sie während der sogenannten *Kleinen Eiszeit* (ca. 1300–1900). Dagegen waren sie während der *Hochmittelalterlichen Warmzeit* selten. Die Bedeutung dieser Erkenntnis und ihre weltweiten Umweltbedingungen sind bisher noch nicht ausdiskutiert worden.[45]

## *Die Hochmittelalterliche Warmzeit (ca. 1000–1300)*

Die Vorstellung von einer *Mittelalterlichen Warmzeit* wurde 1965 von Lamb ausformuliert, dessen Schlussfolgerungen auf der historischen Überlieferung und auf physikalischen Klimadaten beruhten. Den Höhepunkt der Warmzeit sah er zwischen 1000 und 1300, also im *Hochmittelalter.*[46] Während dieser Zeit häuften sich warme, trockene Sommer und milde Winter. Das Ausmaß der Erwärmung schätzte Lamb auf 1–2 Grad über dem Mittelwert der «Normalperiode» 1931–1960. Im hohen Norden war es sogar bis zu 4 Grad Celsius wärmer. Es gibt kaum Berichte über Treibeis zwischen Island und Grönland. Erdbegräbnisse auf Grönland wurden in Lagen ausgegraben, in denen noch am Ende des 20. Jahrhunderts Permafrost herrschte.[47]

Die Vertreter des Hockeyschlägers [vgl. Abb. 2] blicken mit Missvergnügen auf die *Mittelalterliche Warmzeit,* weil sie angeblich dazu diene, die anthropogene Erwärmung des ausgehenden 20. Jahrhunderts zu verharmlosen. Wenn es ohne menschlichen Einfluss im 12. Jahrhundert noch wärmer gewesen ist als auf dem Höhepunkt der Industrialisierung, warum sollte dann nicht auch die heutige Erwärmung «natürliche» Gründe haben? Die ursprünglich eher naiv – aufgrund von *Proxydaten* – vorgenommene Schätzung Lambs von 2 Celsiusgraden Erwärmung wurde zu einer verdammenswerten Angelegenheit, weil sie die gemessenen 0,6 Grad Erwärmung des 20. Jahrhunderts bei weitem übersteigt. Deswegen gibt es Versuche, die Glaubwürdigkeit der *Mittelalterlichen Warmzeit* überhaupt zu erschüttern.[48] Raymond Bradley und seine Mitstreiter – etwa Michael Mann, der Erfinder der *Hockeyschlägertheorie* – möchten die *Mittelalterliche Warmzeit* am liebsten hinwegdiskutieren und stattdessen – wegen hydrologischer Anomalien in Nordamerika – lieber nur von *Medieval Climatic Anomaly* sprechen.[49]

Eine *Hochmittelalterliche Warmzeit* ist allerdings kaum bestreitbar, wenn man die Klimadaten gegen die Turbulenzen des Frühmittelalters und die nachfolgende Kleine Eiszeit hält. Dies liegt zunächst einmal am Rückzug großer Gletscher im Zeitraum zwischen ca. 900–1250/1300, wie er mittlerweile nicht nur für Europa oder Nordamerika, sondern weltweit nachgewiesen wurde.[50] Pierre Alexandre, ein französischer Klimahistoriker, der sich nicht auf die Terminologie

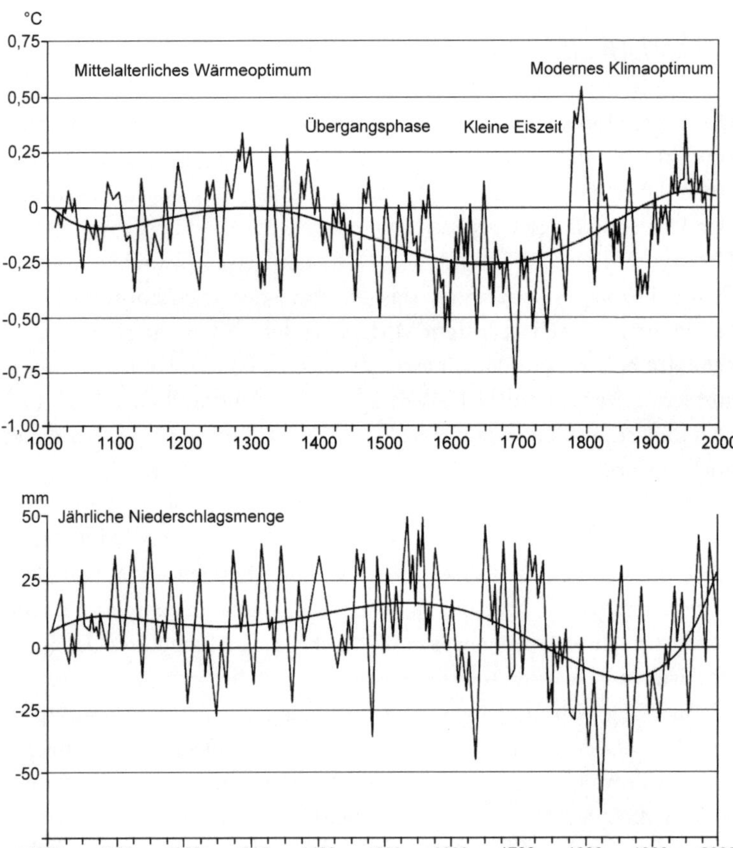


***Abb. 17*** Kurzfristige und langfristige Schwankungen von Temperatur und Niederschlag in den letzten 1000 Jahren in Mitteleuropa nach den detaillierten Forschungen des Geographen Rüdiger Glaser.

Lambs einlässt, kommt nach umfassender Auswertung europäischer Quellen zu dem Ergebnis, dass es eine verlässlichere Dokumentation überhaupt erst seit ca. 1170 gibt. Generell stellt er große regionale Unterschiede fest, etwa zwischen den Ländern nördlich der Alpen und dem Mittelmeerraum. Er meint, dass sich das Hochmittelalter – wie in Warmzeiten üblich – durch größere Regenmengen auszeichnete und bei der Temperaturentwicklung jahreszeitliche Differenzen zu beobachten sind. Die Winter waren sogar eher kälter, dagegen sind die für die Vegetation wichtigen Frühlingstemperaturen zwischen 1170 und 1310 um bis zu 3 Celsiusgrade wärmer als in der Klimaperiode von 1891–1960, die ebenfalls mit einem Gletscherrückgang korrespondiert. Nach dem Ende der Warmzeit kam es zu einer Abkühlung, die in den 1340er Jahren einen Höhepunkt erreichte. Im Mittelmeerraum sticht eine Periode großer Trockenheit von 1200 bis 1310 hervor.[51]

Der Streit um die *Hochmittelalterliche Warmzeit* wurde durch zwei amerikanische Isotopenspezialisten neu interpretiert, welche die Intensität der Sonnenstrahlung untersucht haben. Sie haben eine *hochmittelalterliche Warmzeit* nachgewiesen, ohne die Theorie der gegenwärtigen anthropogenen Erwärmung zu beschädigen. Die Autoren sehen die mittelalterliche Wärmeperiode vielmehr als Beweis für die anthropogene Erwärmung der Gegenwart, indem sie annehmen, dass die erhöhte Sonnenaktivität des 20. Jahrhunderts nur für eine Erwärmung von 0,2–0,4 Grad verantwortlich sein könne, die restliche Erwärmung von 0,2–0,4 Grad mithin *vom Menschen verursacht* sein müsse.[52]

## *Hitzejahre und Wetterkapriolen in Europa*

Auch während der *Hochmittelalterlichen Warmzeit* gab es grausame Klima-Extreme wie etwa den Winter des Jahres 1010/1011, in dem der Bosporus zufror und der Nil Eis führte.[53] Im Winter 1118 wurde Treibeis vor Island gesichtet, in Sachsen dauerten Fröste bis in den Juni, und der Frost hielt die Lagune von Venedig im Griff: Man konnte über das Eis bis ins Zentrum der Markusrepublik reiten. Der nächste Sommer war durch Hunger und hohe Sterblichkeit gekennzeichnet. Es dauerte mehr als hundert Jahre, bis im Jahr 1234 die Lagune und auch der Po erneut zufroren.[54] Die 1180er Jahre brachten die wärmste bekannte Winterdekade überhaupt. Im Januar 1186/87 blühten bei Straßburg die Bäume. Bereits früher stößt man auf längere Hitzephasen, etwa zwischen 1021 und 1040. Nürnberger Quellen klagen für 1022, dass Menschen «auff den Strassen vor großer Hiz verschmachtet und ersticket» seien, Bäche und Flüsse, Seen und Brunnen austrockneten und Wassermangel eintrat. Der Sommer 1130 war so trocken, dass man durch den Rhein waten konnte. Im Jahr 1135 führte die Donau so wenig Wasser, dass man sie zu Fuß durchqueren konnte. Die Autoritäten waren so klug, das Niedrigwasser auszunutzen: In diesem Jahr wurden die Fundamente für die *Steinerne Brücke* von Regensburg gelegt.

Seit den 1180er Jahren überwogen in einer bemerkenswert langen Warmphase warme und heiße Sommer, bis ihr 1251 ein stürmischer und kalter Sommer, der zu Missernte, Teuerung, Hunger und schweren Krankheiten führte, ein jähes Ende setzte. Nicht alle warmen Jahre waren übrigens günstig, denn in Jahren großer Trockenheit kam es in Mitteleuropa zu Dürre und Waldbränden. Zwischen 1261 und 1310 und noch einmal zwischen 1321 und 1400 traten in Mitteleuropa die längsten Phasen anhaltender Sommerwärme auf. Allerdings breiteten sich in Gestalt von Heuschreckenschwärmen auch biblische Plagen weit nach Norden aus, im August 1338 etwa über Österreich, Böhmen, Bayern und Schwaben bis nach Thüringen und Hessen. Für die Ernte waren nicht allein der Sommer, sondern bei vielen Kulturpflanzen mehr noch das Frühjahr und die Erntezeit entscheidend. Überraschenderweise präsentieren sich die Frühjahre der *Hochmittelalterlichen Warmzeit* uneinheitlich. Kühle oder kalte wechseln mit gemäßigten, warmen oder heißen ab, ohne dass eine einheitliche Tendenz erkennbar wäre. Selbst Kaltlufteinbrüche im April und Spätfröste im Mai treten auf, wenn auch seltener als in der Kleinen Eiszeit. Zu fragen bleibt, inwieweit der Blickwinkel der Chronisten die Wahrnehmung verzerrt: Aufgezeichnet wurden in der Regel negative Ereignisse. Dies trifft auch auf die Herbstzeiten zu, wo in der zweiten Hälfte des 13. Jahrhunderts die anhaltend warme und teils trockene Witterung durch eine eher geringe Zahl von Meldungen repräsentiert wird. Dagegen treten Erntezeiten mit ungünstiger Witterung markant hervor, etwa wenn 1302 die Rebstöcke im Elsass bereits am 9. September erfroren. Die Temperaturen scheinen im Schnitt unter denen des vergangenen Jahrhunderts gelegen zu haben. Man hat den Eindruck, dass ungünstige Ernteperioden Anfang des 14. Jahrhunderts deutlich zunehmen, also zu Beginn der Kleinen Eiszeit.[55]

## *Südliche Pflanzen und Insekten in nördlichen Breiten*

Bei den Anbaugrenzen von Kulturpflanzen erscheinen die Befunde für das hohe Mittelalter eindeutig: Die Baumgrenze stieg in den Alpen auf über 2000 Meter, ein Wert, der zwar nicht die Höhe des bronzezeitlichen Optimums erreicht, der aber doch weit über dem des 20. Jahrhunderts liegt.[56] Die Baumgrenze bildet einen Indikator für die Verschiebung des gesamten Ökosystems: Noch vor den Bäumen wandern Flechten und Moose, Gräser und Blumen weiter nach oben und mit ihnen die entsprechenden Insekten, Kleinsäuger und Vögel. Flurnamen zeigen, dass Wein im Hochmittelalter in Deutschland nicht nur in den alten römischen Anbaugebieten an Main, Rhein und Mosel erzeugt wurde, und zwar in Lagen bis zu 200 Meter oberhalb der heutigen Weinberge, sondern weit jenseits davon in Pommern und Ostpreußen sowie in England und im südlichen Schottland und im südlichen Norwegen.[57] Der Weinbau deutet darauf hin, dass Nachtfröste selten und die Sonnenscheindauer im Sommer ausreichend war.[58] Bis zum Ende des 20. Jahrhunderts bildeten die Saale-Unstrut-Weine die Nordgrenze des Anbaus in Deutschland – und diese Weine waren bis vor kurzem eher etwas für Liebhaber des ausgefallenen Geschmacks. Dagegen wurden zu Beginn des 21. Jahrhunderts in Mecklenburg und Belgien neue Anbaugebiete für Qualitätswein ausgewiesen. Damit sind allerdings noch nicht wieder die mittelalterlichen Nordgrenzen des Weinbaus erreicht.

Pollenuntersuchungen haben gezeigt, dass im hochmittelalterlichen Norwegen Getreidearten angebaut wurden, deren Kultivierung mit Beginn der Abkühlung eingestellt wurde. Bis hinauf nach Trondheim wuchs Weizen, bis beinahe 70 Grad nördlicher Breite wurden Gerstensorten kultiviert. Die Ausdehnung der von sesshaften Bauern bewirtschafteten landwirtschaftlichen Flächen hatte im 9. und 10. Jahrhundert begonnen. Auf dem Höhepunkt der Warmzeit reichte sie im Schnitt 100 bis 200 Meter weiter die Täler hinauf als in der Neuzeit. Der größte Teil dieser Kulturflächen ging nach 1300 wieder verloren.[59] In vielen Teilen Großbritanniens dehnte sich das Ackerland bis in Höhenlagen aus, die lange Zeit davor und auch danach nicht wieder erreicht wurden. In den rauen Tälern Northumberlands an der schottischen Grenze erstreckte sich das Nutzland bis in Höhen von 320 Metern.

Auch in Asien machte sich die Nordwanderung der Vegetation bemerkbar. Wie aus alten chinesischen Aufzeichnungen hervorgeht, lagen die Anbaugrenzen für Zitrusfrüchte und für das Kraut *Boehmeria nivea* niemals so weit nördlich wie im 13. Jahrhundert. Beides sind subtropische Pflanzen, deren Ernteertrag eng verknüpft ist mit ausreichender Wärme. Ihre Anbaugrenzen lagen im Jahr 1264 einige hundert Kilometer weiter nördlich als im 20. Jahrhundert.[60]

Die günstigeren Temperaturen ergeben sich auch aus der Untersuchung der Fauna, etwa bei archäologischen Grabungen in der nordenglischen Stadt York, dem römischen Eboracum. York liegt auf einem Breitengrad etwas nördlich von Moskau, kann sich aber dank des Golfstroms eines relativ milden Klimas erfreuen. Die kälteempfindliche Käferart *Heterogaster urticae* dient hier als Klimamarker: Während des Römischen Optimums und während des normannischen Hochmittelalters ist sie in York archäologisch nachweisbar. Während der angelsächsischen Zeit und der Wikingerzeit sowie während der Kleinen Eiszeit fehlt dieser Klimamarker dagegen völlig. Trotz der modernen Erwärmung war *Heterogaster urticae* im 20. Jahrhundert nur an sonnigen Standorten im Süden Englands zu finden. Im dicht bebauten mittelalterlichen Stadtkern von York deutet auch das Vorkommen des Käfers *Aglenus brunneus* auf hohe Temperaturen während der *Hochmittelalterlichen Warmzeit* hin.[61] Der größere Lebensraum für wärmeliebende Insekten hatte auch Einfluss auf die Verbreitung von Krankheiten. So war die *Anopheles-Mücke* in weiten Teilen Europas verbreitet und entsprechend war die Malaria im hohen Mittelalter bis nach England endemisch. Heuschreckenschwärme, die wir im 20. Jahrhundert eher mit Afrika assoziieren, führten im Hochmittelalter und noch im 14. Jahrhundert wiederholt zu großen Ernteausfällen in Mitteleuropa.[62]

## *Das Ende des Hungers und das Aufblühen der europäischen Hochkultur*

Das hohe Mittelalter führte zu einem Abebben der Hungersnöte und zu einem langfristigen gesellschaftlichen Aufschwung. Bereits im 9. Jahrhundert nahm in Europa die Bevölkerung zu, man rechnet sogar mit einer Verdoppelung.[63] Und der Anstieg wurde nicht durch Missernten zurückgeworfen. Die Techniken des Ackerbaus wurden entscheidend verbessert, nicht nur gegenüber dem Frühmittelalter, sondern sogar gegenüber der römischen Antike: Während des 11. Jahrhunderts wurden das Kummet für Zugpferde und das Stirnjoch für Pflugochsen eingeführt, was in beiden Fällen eine bessere

Nutzung der tierischen Kraft erlaubte. Der schwere Räderpflug verbreitete sich rasch, und die Einführung der Egge ermöglichte eine rationellere Bearbeitung des Bodens. Der Hufbeschlag machte die Tiere weniger anfällig für Unfälle. Mit der Diversifizierung der Getreidearten verringerte sich die Gefahr von Missernten, und die Einführung von Hülsenfrüchten (Erbsen, Bohnen, Linsen) verbesserte die Versorgung der einfachen Bevölkerung mit Proteinen und Kohlehydraten ganz erheblich. Der Fruchtwechsel verhinderte überdies eine Auslaugung der Böden.[64]

Wollte man moderne Begriffe benutzen, so könnte man von einer boomenden Wirtschaft sprechen. Diese drückte sich in der Einführung neuer Techniken in Industrie und Landwirtschaft aus, wobei beides oft eng verflochten war, wenn man etwa an den Anbau von Flachs und Färbepflanzen denkt, der einen neuen städtischen Industriezweig, die Weberei, mit Rohstoffen versorgte. Die städtischen Textilhandwerke, die sich jetzt zu konstituieren begannen, führten mit dem Spinnrad und dem horizontalen Trittwebstuhl rationellere Techniken ein. Auch ganz neue Gewerbe wurden etabliert, wie die Papierherstellung, zu deren Rationalisierung bald Papiermühlen gebaut wurden. Zu den Wassermühlen kamen im 12. Jahrhundert die Windmühlen hinzu. Die Kirche und der Adel profitierten von der steigenden Zahl der Leibeigenen und Steuerzahler und investierten in Burg- und Schlossbauten, in Kirchen- und Klosteranlagen. Dies war notwendig, denn die kleinen romanischen Kirchen konnten die anwachsende Bevölkerung nicht mehr fassen.

Der Anbruch der neuen Zeit führte zu einem neuen Baustil. Typisch für die frühmittelalterlichen Kirchen waren massive Mauern und winzige Fenster, sie waren im Inneren muffig und düster. Der neue Stil der Gotik wirkt dagegen licht und leicht. Mit seinen großen Fenstern ließ er das Sonnenlicht der hochmittelalterlichen Warmzeit in die monumentalen Kathedralen, die jetzt errichtet wurden. Für die Ausführung der riesigen Kirchenbauten wurden neue Erfindungen genutzt wie die Schubkarre, die Schraubenwinde und die hydraulische Säge. Der Rohstoff Holz war wegen der Rodungen reichlich verfügbar. Unmengen an großen Stämmen wurden allein schon für die Baugerüste sowie für die Dachstühle der großen Kirchenschiffe gebraucht. Für die Bauten mussten neue Steinbrüche erschlossen und Transportkapazitäten geschaffen werden, außerdem steigerte sich der Bedarf an

Eisen für Werkzeuge und Geräte, was – zusammen mit dem Bedarf an Rüstungen, Panzern und Waffen für Ritter – den überregionalen Eisenhandel, die Eisenindustrie und den Eisenbergbau stimulierte.[65] Europa erreichte zum ersten Mal den Rang einer Hochkultur, die mit den anderen großen Zivilisationen vergleichbar ist.

## *Bevölkerungsvermehrung, Rodung und Siedlungsverdichtung*

Die Bevölkerung Europas vermehrte sich ungebremst und erreichte Größenordnungen wie nie zuvor. Die Siedlungsaktivitäten machten nicht an politischen oder kulturellen Grenzen halt: Das Hochmittelalter war eine Zeit der Rodungen und der Dorfgründungen auch in abgelegeneren Gebieten und auf Grenzböden, in den Mittelgebirgen, in Hochalpentälern und an Fjorden. Mit den *Zisterziensern* wurde im 12. Jahrhundert sogar ein Orden gegründet, der sich auf Rodung und Kultivierung des Landes und des Handwerks in ländlichen Gegenden spezialisierte. Die hochmittelalterliche Urbarmachung nahm Formen an, die tief in den Haushalt der Natur eingriffen. Die Urwälder, die sich im Frühmittelalter gebildet hatten, wurden weitgehend beseitigt. Schätzungen zufolge schrumpfte die Waldfläche in Mitteleuropa von 90 % des Landes auf nur mehr 20 % (gegenüber ca. 30 % heute).[66] In den Gebirgen wurden Hochalmen erschlossen, denn die Erwärmung ermöglichte das Auftreiben des Viehs und seine längere Verweildauer in den Bergen. Moore wurden kultiviert, an der Nordsee begann der Deichbau, nicht nur zur Landgewinnung, sondern zur Abwendung von Landverlusten. Denn zweifellos stieg durch die Erwärmung und das Abschmelzen der Gletscher der Meeresspiegel an. Teile der *Halligen* wurden durch Sturmfluten fortgerissen. Im Jahr 1219 bildete sich der Jadebusen und 1277/87 der Dollart. Diese Landverluste waren allerdings marginal im Vergleich zur Kulturlandgewinnung.[67]

Damals entstand das für Europa typische Landschaftsbild mit seiner hohen Siedlungsdichte, wo Reste von Wäldern wie Inseln in einer Landschaft liegen, die fast restlos für die Landwirtschaft erschlossen und in regelmäßige, relativ kleine Ackerfluren aufgeteilt ist. Hochmittelalterliche Ortsnamen verweisen häufig bereits auf die Wälder (-grün, -wald, -hain, -schwanden, -schwendi), die Rodung (-scheid, -schlag, -au, -stock, -reut, -roth, -rode, -rade) oder Niederbrennung (-loh, -brand und -bronn) des ursprünglichen Bewuchses. Entsprechende Bildungen gibt es in anderen europäischen Ländern. Typische Rodungsendungen sind in England -thwaite oder -toft, in Frankreich -tuit oder -tot. Gemeinsam ist fast allen neuen Orten, dass sie ungünstiger liegen als die früheren Ortsgründungen. Kartierungen für den Schwarzwald lassen klar erkennen, dass die Siedlungen des 9.–12. Jahrhunderts häufig auf marginalen Böden liegen, zu tief in Seitentälern oder zu hoch über dem Meeresspiegel.[68] Am Ende der hochmittelalterlichen Warmzeit sollte sich das als Nachteil erweisen.

Zunächst einmal stiegen jedoch die Bevölkerungszahlen rapide an. Natürlich gibt es keine brauchbaren Statistiken für diesen Zeitraum, aber Demographiehistoriker haben sich für das europäische Bevölkerungswachstum aufgrund vieler Indizien auf Richtwerte geeinigt. Demnach sollen um 1050 etwa 46 Millionen Menschen in Europa gelebt haben, hundert Jahre später bereits 50 Millionen, um 1200 schon 61 Millionen und am Ende der Expansionsphase um 1300 nicht weniger als 73 Millionen. Die Bevölkerung war also innerhalb von 250 Jahren um ein Drittel angewachsen. Diese Menschen benötigten Nahrung, Kleidung, Wohnung und geistliche Betreuung, was auf Dorfebene nicht mehr zu leisten war.[69] Deswegen war das Hochmittelalter die große Zeit der Stadtgründungen. Im deutschen Sprachraum stieg die Zahl der Städte von wenigen hundert, die den kulturellen Niedergang des Frühmittelalters überlebt hatten, auf über 3000 an. Entsprechend sehen die Zahlen in anderen europäischen Ländern aus. In diesem *Urbanisierungsschub* wurde in Europa die Zahl der Zentralorte gegründet, die bis heute Bestand hat. Später erfolgreiche Großstädte wie Berlin, Hamburg oder München wurden in dieser Zeit gegründet. In den späteren Jahrhunderten blieb die Zahl zusätzlicher Neugründungen überschaubar. Auch wenn die Wurzeln des europäischen Städtewesens in der Antike liegen – ihre heutige Verteilungsdichte stammt aus der Zeit des hochmittelalterlichen Klima-Optimums.[70]

## *Der Beginn der europäischen Expansion*

Erst im Hochmittelalter wuchs das Selbstbewusstsein der Europäer so weit an, dass sie die Expansion wagten. Die europäische Expansion war natürlich keine bloße Funktion eines Klimawandels, sondern sie bedurfte einer kulturellen Motivation. Wie auf islamischer Seite auch war dies der Kampf für den eigenen Gott.

Nach Beginn der Warmzeit war die Rückeroberung der Iberischen Halbinsel von den arabischen Invasoren der erste Anlauf zur Expansion. Angestachelt durch die Erfolge der *Reconquista* in Spanien, rief Papst Urban II. (ca. 1035–1099, r. 1088–1099) im Jahr 1095 in Clermont zum Kreuzzug, dem «heiligen Krieg» gegen den Islam, auf. Den französischen und normannischen Kreuzrittern des 1. Kreuzzugs gelang es nach jahrelangen Kämpfen in Kleinasien im Juli 1099, Jerusalem zu erobern.[71]

## *Die Expansion der Wikinger und die Staatsbildungen im Norden Europas*

Nicht zuletzt war das Hochmittelalter das Zeitalter der Wikinger. Mitte des 9. Jahrhunderts eroberten sie Gebiete in England, norwegische Wikinger besiedelten die Shetlands, die Orkneys und die Hebriden und überfielen Jahr für Jahr die keltischen Königreiche Schottland, Irland und Wales. Die «Nordmänner» gründeten Staaten in Irland, eroberten 911 die nach ihnen benannte «Normandie» im Westen Frankreichs und schufen in Sizilien ein Königreich. Wikinger setzten Könige über die Slawen ein, beginnend mit Rurik (r. 862–879), dem Dynastiegründer der Kiewer Rus, die bis über Zar Iwan den Schrecklichen (1530–1584) hinaus das Russische Reich beherrschen sollten.

Nicht zuletzt kam es in Skandinavien selbst zur Gründung mächtiger Königreiche. Norwegen wurde unter König Harald Schönhaar (ca. 850–ca. 933, r. 860/70–ca. 933) geeint. Wie in einer Kettenreaktion folgten Schweden unter Björn dem Alten (r. ca. 900–950) und Dänemark unter König Harald Blauzahn (ca. 910–986, r. 950–986). Die Klimagunst des Hochmittelalters ermöglichte im Norden die Bildung von Nationen, die bis heute Bestand haben. Um 865 wagte der norwegische Farmer Floke Vilgardson die Besiedelung einer großen Insel im Nordmeer. Als in einem extrem kalten Winter all sein Vieh zugrunde ging, verließ er die Insel enttäuscht wieder. Beim Abschied gab er ihr einen abschreckenden Namen: *Island*, das «Eisland». Aber nur neun Jahre später hatte Ingolf Arnarson Erfolg. Früher als in Mitteleuropa hatte im hohen Norden die Hochmittelalterliche Warmzeit eingesetzt.

Das «Eisland» erwies sich nun als attraktives Siedlungsland, denn sogar dort ließen sich im 10. Jahrhundert Ackerbau und Viehzucht betreiben. In nur zwei Generationen, zwischen 870 und 930, wurde die isländische «Landnahme» abgeschlossen, und die Bevölkerung umfasste 60 000 Einwohner. Während im übrigen Europa die Bauern den Feudalherren untertan wurden, behielten die Isländer ihre Freiheit. Noch vor dem Übertritt der Isländer zum Christentum – beschlossen auf dem *Allthing* des Jahres 1000 – wurde der eisige Norden der Insel besiedelt, wie die Angaben aus dem «*Landnamabok*» und die große Zahl heidnischer Grabstätten erkennen lassen.[72]

Die *Hochmittelalterliche Warmzeit* war Islands beste Zeit. Aber sogar in seiner besten Zeit war Island kein einfaches Siedlungsland. Denn weite Teile des Landes, alles oberhalb von 500 Metern, blieben von großen Gletschern bedeckt, welche die besiedelten Küsten und Täler voneinander trennten. Hinzu kam die vulkanische Aktivität, die nicht nur die Annehmlichkeit von warmen Quellen mit sich brachte. Zu den größten Vulkankatastrophen gehört der Ausbruch des Hekla im Jahr 1104, der das am dichtesten besiedelte Thjorsa-Tal im Süden der Insel verwüstete. Danach erlebte Island «ein Jahrtausend des Elends», gekennzeichnet durch Missernten, Hunger, Krankheiten und eine dramatische Abnahme der Bevölkerung und des Viehbestands. Die Bevölkerungszahl von 80 000 Einwohnern aus dem 11. Jahrhundert wurde erst wieder im 20. Jahrhundert erreicht. Ende des 18. Jahrhunderts wurde von den dänischen Behörden nach der Eruption des Lakikagar die völlige Evakuierung der Insel diskutiert.[73]

## *Die Besiedelung Grönlands*

Von Island aus segelten Wikinger unter Führung Eriks des Roten (ca. 950–1005) weiter westwärts zu einer großen, menschenleeren Insel. Als Erik drei Jahre später zur Anwerbung von Siedlern zurückkehrte, nannte er sie «das grüne Land». Im Jahr 985 brach er mit einer Flotte von 25 Schiffen, mit Siedlern, Saatgut und Vieh zur Landnahme auf. Späteren Chronisten erschien die Bezeichnung «*Grönland*» suspekt und Erik wurde Zweckoptimismus oder Betrug vorgeworfen. Denn schon im 12. Jahrhundert kühlte der hohe Norden wieder ab. Zu Eriks Lebenszeit könnte die Bezeichnung jedoch zugetroffen haben. Als die

Warmzeit im hohen Norden ihren Höhepunkt erreichte, war auf Grönland sogar Getreideanbau möglich. Die Schiffspassage von Norwegen über Island und Grönland war zu diesem Zeitpunkt ganzjährig weitgehend eisfrei. Klimahistoriker sind der Meinung, dass auch Stürme in dieser Zeit selten waren, so dass die sagenhafte Seetüchtigkeit der Wikinger – vor der Erfindung des Kompasses und ohne Komfort an Bord – nicht zuletzt durch die Gunst des Klimas ermöglicht war.[74]

In Grönland gründete Erik zwei dauerhafte Siedlungskomplexe: Der nahe der Südspitze («Österbygd» bzw. «Eastern Settlement»), wo der Anführer selbst seine Farm baute, wurde politisches Zentrum der Insel. Jüngste Ausgrabungen zählen etwa 450 Bauernhöfe, weit mehr, als in den geschriebenen Quellen erwähnt. Die andere Siedlung im «Westen» («Vesterbygd», «Western Settlement») lag eigentlich weit im Norden, aber auf der westlichen, Amerika zugewandten Seite. Das ganze Hochmittelalter hindurch gab es regelmäßigen Schiffsverkehr zwischen Norwegen und den beiden Siedlungskomplexen auf Grönland. Nach der Christianisierung Islands wurde Grönland im frühen 12. Jahrhundert sogar in die römische Bistumsorganisation einbezogen. Die Insel bekam einen Bischof zugeteilt, sein Sitz war Gardar, gelegen am *Eiriksfjord*. Die Gräber der Wikinger auf Grönland liegen in einem Bereich, in welchem im 20. Jahrhundert Permafrost herrschte, aber offenbar nicht zur Zeit der Bestattungen. Falls die Böden im 21. Jahrhundert wieder auftauen, dann kehren sie zu einem Zustand zurück, der dort während der *Hochmittelalterlichen Warmzeit* herrschte.

Von Grönland aus wurden neue Länder im Westen entdeckt, wie Sagas berichten, als Schiffe bei einem Sturm abgetrieben wurden. Dies führte zu planmäßigen Entdeckungsfahrten. Das Land im Westen, das heutige Labrador in Kanada, das als «*Markland*» («Waldland») bezeichnet wurde, begeisterte die Entdecker. Denn Bäume wuchsen auf Grönland und Island wegen des rauen Klimas nicht und Holz musste mühsam aus Norwegen eingeführt werden. Leif der Glückliche (ca. 975–1020), der Sohn Eriks des Roten, entdeckte «*Helluland*», das heutige Baffin Island, und segelte von dort südwärts bis zu einer Insel, die er «*Vinland*» («Weinland») nannte. Um das Jahr 1005 begannen die Wikinger unter der Führung von Thorfinn Karlsefni mit der Besiedelung Nordamerikas. Davon berichten sowohl die Sagas als auch die seit den 1960er Jahren ausgegrabenen Funde bei *L'Anse aux Meadows* in Neufundland. Von dieser Siedlung mit über hundert Bewohnern wurden Erkundungsfahrten nach Süden unternommen. Die Feindschaft der «*Skraelinger*», wie die Wikinger die *Native Americans* nannten, brachte jedoch die erste europäische Kolonie in Amerika zum Kollaps. Für ihre Unterstützung waren die Seewege von Grönland – und erst recht von Island oder Norwegen – zu weit.[75]

## *Globale Abkühlung: Die Kleine Eiszeit*

## Das Konzept «Kleine Eiszeit»

Der Begriff «Kleine Eiszeit» wurde Ende der 1930er Jahren von dem amerikanischen Glaziologen François Matthes (1875–1949) geprägt. Zunächst tauchte er in einem Report über jüngere Gletschervorstöße in Nordamerika auf,[1] dann im Titel eines Aufsatzes über die geologische Interpretation von Gletschermoränen des *Yosemite Valley*. Matthes interessierte sich für die Abkühlungen nach dem postglazialen klimatischen Optimum, also für die letzten 3000 Jahre, und hier insbesondere für die Abkühlung nach der Warmzeit des Mittelalters. Die meisten heute noch existierenden Gletscher in Nordamerika gehen nach Matthes nicht auf die letzte große Eiszeit zurück, sondern entstanden in dieser relativ kurz zurückliegenden Periode. Die Zeit vom 13. bis zum 19. Jahrhundert, in der es zu Gletschervorstößen in den Alpen, in Skandinavien und in Nordamerika gekommen war, nannte er – im Unterschied zu den großen Eiszeiten – «the little ice age».[2]

Dieser Begriff wurde 1955 durch den schwedischen Wirtschaftshistoriker Gustaf Utterström (1911–1985) aufgegriffen, der vorschlug, die ökonomischen und demographischen Schwierigkeiten Skandinaviens im 16. und 17. Jahrhundert durch eine Periode der Klimaverschlechterung zu erklären.[3] Sein Aufsatz wies auf Unzulänglichkeiten in der Argumentation von damals führenden Sozialhistorikern wie Fernand Braudel hin, die nur mit gesellschaftlichen Faktoren argumentierten. Der englische Sozialhistoriker Eric J. Hobsbawm interpretierte mit Hilfe der ökonomischen auch die politischen Krisen bis zur Englischen Revolution als Geschichte der Klassenkämpfe.[4] Immerhin lenkte der Blick auf die «Krise des 17. Jahrhunderts» neue Aufmerksamkeit auf die Frühe Neuzeit, deren Zentrum jetzt nicht mehr in der Reformation oder der Französischen Revolution gesucht wurde, sondern in der krisenhaften Mitte der Periode.[5]

Utterström verwarf den von Sozialhistorikern stets beachteten Grundsatz der Durkheim'schen Soziologie, Soziales nur durch Soziales zu erklären,[6] und wies mit Nachdruck auf Faktoren hin, die von außen auf das System der Gesellschaft einwirkten: nämlich das Klima. Diesen Ansatz brandmarkte der französische Historiker Emmanuel Le Roy Ladurie als Extremfall einer – nicht näher bestimmten – «traditionellen Methode» in den Geschichtswissenschaften.[7] Er bemerkte jedoch, als er sich an die Widerlegung Utterströms machte, dass die Klimatheorie so gut mit den strukturgeschichtlichen Interessen der Annales-Schule zusammenpasste,[8] dass er selbst davon infiziert wurde. Ladurie beschäftigte sich mit der seriellen Analyse von Weinlesedaten und legte wenige Jahre später ein Standardwerk zur Klimageschichte vor, das wesentlich auf Vorschlägen Utterströms zur Interpretation der Krise des 17. Jahrhunderts basierte, große Mengen an naturwissenschaftlicher Literatur integrierte und das Konzept der Kleinen Eiszeit allgemein bekannt machte.[9]

Seither hat das Konzept wachsendes Interesse gefunden. Die klimatischen Fluktuationen in der Geschichte Europas sind inzwischen aufgrund der großen Forschungsprojekte von Hubert Horace Lamb (1913–1997) in England,[10] Christian Pfister in der Schweiz,[11] Rudolf Brazdil in Tschechien[12] und Rüdiger Glaser in Deutschland[13] so gut belegt, dass ihre Existenz außer Zweifel steht.[14] Wie bei der Warmzeit des Hochmittelalters muss man aber auch bei der Kleinen Eiszeit vorausschicken, dass wir es mit keiner konstanten Abkühlung zu tun haben, sondern mit einer vorherrschenden Tendenz. Neben einer großen Zahl kalter und feuchter Jahre gab es auch «normale» Wetterperioden und sogar extreme Hitzejahre. Manche Klimahistoriker definieren heute die Periode der Kleinen Eiszeit vorsichtig durch die Variabilität des Klimas und die Häufung klimatischer Extremereignisse.[15]

Die Auswertung zweier Wettertagebücher aus Bayern (Ingolstadt, Eichstätt) für den Zeitraum 1508–1531 hat ergeben, dass die Wintertemperaturen während der Zeit der Reformation denen der 1970er Jahre ähnelten. Dagegen ist für die Jahrzehnte ab 1563 im Raum Zürich ein deutlicher Rückgang der durchschnittlichen Temperaturen um etwa 2 Grad Celsius zu beobachten: Hier haben wir es mit einem der typischen Abkühlungsereignisse der Kleinen Eiszeit zu tun.[16] Aus der Sicht des Mittelalters begann um 1300 eine distinkte Klimaperiode, die mit dem warmen Hochmittelalter nur mehr wenig zu tun hatte, und im zweiten Jahrzehnt des 14. Jahrhunderts begann die Kleine Eiszeit.[17]

## *Mögliche Ursachen für die globale Abkühlung*

Die Ursachen der Kleinen Eiszeit sind ungewiss. Dies hat zunächst mit der kargen Quellenüberlieferung zu tun.[18] Als wichtigste Erklärung für die globale Abkühlung wird ein leichter *Rückgang der Sonnenaktivität* betrachtet. Beobachtern in China, Japan und Korea fiel anhand ihrer bis in die Spätantike zurückreichenden Aufzeichnungen das Ausbleiben von Sonnenflecken im späten 17. Jahrhundert auf. In Europa tauchten etwa gleichzeitig mit der Erfindung des Fernrohrs, der Einrichtung von Sternwarten und der Systematisierung der Naturbeobachtung Theorien über die Abkühlung auf. Die Verminderung der Zahl der Sonnenflecken wurde als Verminderung der Sonnenaktivität interpretiert und mit der Kältewelle ab 1675 in Verbindung gebracht. Nach dem Astronomen Edward Walter Maunder (1851–1928), der die zeitgenössischen Beobachtungen zusammenfasste, wird die Kaltphase zwischen 1675 und 1715 als *Maunder Minimum* bezeichnet.[19] Der Verweis auf eine verminderte Aktivität des Zentralgestirns zählt zu den elegantesten Erklärungen sowohl für die gesamte Kleine Eiszeit als auch für ihre Extremjahre, wie George C. Reid anhand eines Klimamodells errechnet hat.[20]

In den 1970er Jahren wies eine Gruppe dänischer Geophysiker um Claus U. Hammer darauf hin, dass sich aus dem Eis zwei Cluster von verstärktem *Vulkanismus* nachweisen lassen, die mit den Höhepunkten der Kleinen Eiszeit zusammenfallen. Gegenüber dem geringen Sulfatsignal des Hochmittelalters fanden sich für den Zeitraum zwischen 1250 und 1500 und erneut zwischen 1550 und 1700 Spuren des aktivsten Vulkanismus seit der Spätantike.[21] Das Verständnis einzelner Ausbrüche wächst erst allmählich. So wurde die Explosion des Vulkans Kuwae auf Vanuatu im Vorfeld des «global chill» der 1450er Jahre anhand der Untersuchung von 33 Eisbohrkernen auf Grönland und aus der Antarktis auf den Jahreswechsel 1452/53 datiert.[22] Der Ausbruch muss verheerender gewesen sein als der Ausbruch des Tambora, bewirkte allerdings nur in der südlichen Hemisphäre eine stärkere Abkühlung.[23]

Für die prekären Jahrzehnte zwischen 1580 und 1600 wurden fünf Vulkanausbrüche identifiziert, die auch die europäische Geschichte beeinflusst haben, ohne dass Historiker je von ihnen gehört hätten:

Dies waren die Ausbrüche des Vulkans Billy Mitchell auf Bougainville (Melanesien) 1580, des Kelut auf Java 1586, des Raung auf Java 1593 (beide im heutigen Indonesien), des Ruiz in Kolumbien 1593 und des Huaynaputina im südlichen Peru im Jahre 1600.[24] Nur der letzte dieser Ausbrüche ist auch aus kolonialspanischen Quellen bekannt. Deswegen können wir ihn genau auf den 19. Februar 1600 datieren. Er verwüstete in einem Umkreis von 20 Kilometern weite Landstriche direkt, ließ Asche über Peru, Bolivien und Chile regnen[25] und bewirkte durch seinen Eintrag in die Stratosphäre eine weltweite Reduzierung der Sonneneinstrahlung in den kommenden Monaten.[26] Im Gefolge dieses Ereignisses finden wir weltweit Missernten und Hungersnöte. Generell wurde herausgearbeitet, dass acht Perioden besonders kühler Sommer mit acht größeren Vulkanexplosionen zusammenhängen.[27]

## *Veränderung der Umwelt*

### *Weltweites Gletscherwachstum und Zunahme der Aridität*

Die große alte Dame der Gletscherforschung Jean Grove (1927–2001), der wir die erste Buchveröffentlichung zur Kleinen Eiszeit verdanken,[1] hat in einem Überblick über zahllose Eiskernbohrungen auf der ganzen Welt betont, dass auf ein klimatisches Optimum im Hochmittelalter mehrere Jahrhunderte folgten, in denen Wellen der Abkühlung zu immer neuen Vorstößen der Gletscher führten. Und dies weltweit, wenn auch nicht immer ganz synchron. Den Beginn der globalen Abkühlung setzt Grove im frühen 14. Jahrhundert und im hohen Norden sogar noch einige Jahrzehnte früher an.[2] Der Gletscherhochstand dauerte – mit einigem Auf und Ab – bis zum Ende des 19. Jahrhunderts an.[3]

Die globale Abkühlung führte freilich nicht überall zu Gletscherwachstum, sodass der aus der Gletscherforschung gewonnene Begriff «Kleine Eiszeit» für aride (trockene) und tropische Gebiete etwas unpassend wirkt. Für Westafrika und vergleichbare Regionen entlang des Äquators war weniger die Abkühlung als die Unregelmäßigkeit des Regenfalls bedrohlich. Wie in Teilen des Mittelmeerraums war Dürre das Hauptproblem. Die Klimazone, in der Ackerbau betrieben werden konnte, verkleinerte sich während der Frühen Neuzeit drastisch, weil sich die Wüste Sahara und die Sahelzone mehrere hundert Kilometer nach Süden verschoben. Das alte Zentrum Timbuktu am Oberlauf des Niger, das noch um 1600 am Nordrand der Savanne in landwirtschaftlich nutzbarem Gebiet gelegen hatte, befand sich zweihundert Jahre später am Rand der Sahelzone.[4]

Ebenso stellte in Indien oder im tropischen Mittelamerika die Verlagerung der saisonalen Regenfälle das größte Problem dar. Die Zunahme der *Aridität* kann als typisches Merkmal der globalen Abkühlung gelten. Spanien trocknete aus.[5] Von der Insel Kreta berichten venezianische Offiziere zwischen 1548 und 1648 von langen Dürreperioden. In 25 % der Jahre fiel entweder den ganzen Winter über oder im Frühjahr kein Tropfen Regen. Für die Felder, die Trauben- und die Olivenernte war dies vernichtend. Im 20. Jahrhundert gibt es kein einziges Beispiel für das komplette Ausbleiben des Regens. Ein Fünftel aller Winter war dagegen gekennzeichnet durch «außerordentliche starke Schneefälle, lange Perioden von abnormer Kälte, oder der Regenfall war so exzessiv, dass bis in das späte Frühjahr hinein nicht ausgesät werden konnte».[6]

Was für Geologen und Glaziologen einen eindeutigen Befund darstellen mag, wirft für Historiker freilich methodische Probleme auf. Eines liegt in den relativ langen Klimazeiträumen, während Historiker viel kleinteiliger operieren. Auf der Ebene von Jahren oder Monaten lässt sich die Klimaverschlechterung viel schwerer nachweisen. Was in geologischer Hinsicht als einheitlicher Prozess der Abkühlung erscheinen mag, weil Gletscherbildung und Sedimentation in Zeiträumen von Jahrzehnten oder Jahrhunderten ablaufen, ist auf der Ebene des Alltags schwieriger nachzuweisen. Für die Zeitgenossen spielten kurzfristige Veränderungen eine größere Rolle als mittel- oder langfristige. So finden wir in ihren Aufzeichnungen eher Beobachtungen über das Wetter als über das Klima. Die große Kälte, die langen Winter, der viele Schnee, das dauerhafte Eis wurden von den Zeitgenossen schon aufmerksam registriert.[7] Lokale Chronisten stellten durchaus längerfristige Vergleiche an, und Prediger nutzten die ungeheuren Schneemassen für ihre geistlichen Ermahnungen.[8] Nach dem langen Winter von 1624 stellte der thüringische Geistliche Martin Pezold (gest. 1633) in seinen *Schneegedancken* gar eine Chronik der europäischen Extremwinter zusammen.[9]

Das Gletscherwachstum wurde aufmerksam registriert. So wandten sich im Jahr 1601 die Bauern von Chamonix in Panik an die Regierung von Savoyen, weil der Gletscher, der heute unter dem Namen *Mer de Glace* bekannt ist, ständig anwachse, bereits zwei Dörfer begraben habe und gerade dabei sei, ein drittes zu zerstören.[10] Martin Zeiller (1589–1661) schreibt in Merians «*Topographia Helvetiae*» über das Wachstum des Grindelwald-Gletschers bei Interlaken im Berner Oberland: «Es ist nicht weit davon der Orthen ein Capellen zu St. Petronel gewesen, dahin man vor alten Zeiten gewallfaret: Welchen Orth dieses Bergs Eygenschafft zum Wachsthumb seythero bedecket hat. Gestalt dann die Landleuthe dort herumb observiren und bezeugen, dass dieser Berg dergestalt wachse und seinen Grund oder Erden vor sich her schiebe, dass wo zuvor eine schöne Matten oder

***Abb. 18*** Die Kleine Eiszeit in den Kupferstichen Matthäus Merians: Das Wachstum des Unteren Grindelwaldgletschers bedroht traditionelle Siedlungen und wird zur Sehenswürdigkeit für Touristen.

Wiesen gewesen, dieselbe davon vergehe und zum rauen wüsten Berg werde; Ja an etlichen Orthen man ihme umb seines Wahsthumbs willen mit denen darauff und daran stehenden Bawren Häusern oder Hütten habe weichen müssen: Es wachsen auch auß ihme große raue Schollen oder Eysschulpen, wie auch Steine und ganze Felsenstück, die der Orths befindliche Häuser, Bäume und anderes von sich beyseits in die Höhe schieben.» Nach der Beschreibung der Gletscherbewegung und dem donnernden Krachen beim Tauen der Eisschollen schließt der Autor, dieser Berg nehme «durch sein Wachsen dem Bauersmann die Weyde, Allmend und Häuser. Ist also ein rechter Wunder-Berg».[11]

## *Das Zufrieren der Seen, Flüsse und Meere*

Aus der Totalvereisung großer Seen in China ist geschlossen worden, dass dort zwischen 1470 und 1850 die durchschnittliche Temperatur um ein Grad kühler gewesen sein muss als im späten 20. Jahrhundert.[12] Die Zahl der *Seegfrörnen* – der Schweizer Begriff für das Zufrieren der großen Alpenseen hat sich international eingebürgert – war während des 15. und 16. Jahrhunderts in Europa signifikant höher als jemals zuvor oder danach. Der Bodensee bildet eine geschlossene Eisdecke nur aus, wenn die Temperaturen längere Zeit unter –20 Grad Celsius liegen. Chronikalische Nachrichten über sein Zufrieren besitzen wir seit dem 9. Jahrhundert (*Seegfrörne* in den Wintern 875 und 895). Danach blieb der See für beinahe 200 Jahre eisfrei. Im 11. Jahrhundert gab es zwei *Seegfrörne,* im 12. fror der Bodensee nur im Jahr 1108 zu, im 13. Jahrhundert fanden drei Totalvereisungen statt.

Doch mit den ersten Kältewellen der Kleinen Eiszeit stieg die Frequenz der *Seegfrörnen*: Im 14. Jahrhundert werden sie vermeldet aus den Jahren 1323, 1325, 1378, 1379 und 1383. Im 15. und 16 Jahrhundert erreichten sie ihren Höchststand mit je sieben Totalvereisungen. Zwischen 1409 und 1573 war der See im Durchschnitt jedes zwölfte Jahr komplett zugefroren, während der Kernphase der Kleinen Eiszeit zwischen 1560 und 1575 sogar jedes fünfte Jahr, vermutlich am längsten im Winter 1572/73: Der See fror im Dezember zu, taute um den Dreikönigstag kurz auf, was einige Menschen das Leben kostete, um dann desto fester wieder zuzufrieren. Erst am Ostermontag, dem 24. März, taute das Eis wieder auf. Während der Totalvereisung wurde der See von den Anrainergemeinden in Besitz genommen. Man nutzte ihn für Wanderungen, Streckenvermessungen, zum Schmuggeln, für Schlittenfahrten und Karnevalsvergnügen sowie für den regulären Warenaustausch. Sogar sechsspännige Fuhrwerke wagten die Fahrt über den See.

Am 17. Februar 1573 wurde die Tradition der «*Eisprozession*» eingeführt, die bis heute Bestand hat: Bei der ersten Prozession wurde eine Büste des heiligen Johannes vom schweizerischen Münsterlingen in das schwäbische Hagnau transportiert, wo sie bis zur nächsten *Seegfrörne* verblieb. Dann ging die Prozession den umgekehrten Weg zurück. Im 17. Jahrhundert fror der See zweimal zu: 1684 und 1695, immerhin zwei der kältesten Jahre des Jahrtausends. Im Jahrhundert der Aufklärung gab es nur die *Seegfrörne* von 1788, im 19. Jahrhundert fror der See 1830 und 1880 zu; zahlreiche Lithographien und Fotos künden davon. Im 20. Jahrhundert kam es nur 1963 zu einer vollkommenen Eisdecke. Selbst Eisbrecher konnten die Schifffahrt nicht aufrechterhalten, und wie in den Horrorjahren der Kleinen Eiszeit mussten haufenweise erfrorene Vögel eingesammelt werden.[13] In diesem Jahr sahen Klimaforscher bekanntlich eine neue Eiszeit heraufziehen. Doch seither wartet die Büste des hl. Johannes in Münsterlingen auf die nächste Vereisung.

Andere große Alpenseen wie der Genfer See, der Vierwaldstätter See oder der Zürichsee froren nicht immer in denselben Jahren zu, was auf Unterschiede im Mikroklima verweist. Die Konjunkturen bestätigen jedoch die Ergebnisse der oben geschilderten Trends.

Ähnliches gilt für große europäische Flüsse wie den Rhein oder die Themse. Aus Köln wird seit den 1560er Jahren mehrfach berichtet, der Rhein sei nicht nur überfroren, sondern bis auf das Flussbett zu Eis erstarrt. Berühmtheit erlangten die *Themse-Messen* des 16.–18. Jahrhunderts: Sobald der Fluss eine tragende Eisdecke entwickelt hatte, verlagerte sich das Leben der Großstadt London mit Verkaufsbuden und Wintersport auf das Eis. Sogar Garküchen mit offenen Feuern wurden eingerichtet. Der Anblick war so spektakulär, dass er in zahlreichen Holzschnitten, Kupferstichen und Ölgemälden überliefert ist. Ebenso besitzen wir aus den Niederlanden – wie England für seine milden Winter berühmt – aus der Kleinen Eiszeit unzählige Winterbilder mit Schlittschuhläufern und Eishockeyspielern, weil die Kanäle, Grachten und Flüsse einfach zufroren. Sogar Flüsse im Mittelmeerraum waren wiederholt gefroren: der Po bei Venedig, der Arno bei Florenz, die Rhone in Südfrankreich oder der Guadalquivir in Südspanien. Im Januar 1709 heißt es von der Saone bei Lyon, sie sei bis auf den Grund gefroren und wegen des vorhergehenden Starkregens sei auch der Boden bis auf die Tiefe von drei Fuß (ca. 1 Meter) gefroren. In diesem Winter erfroren in Südfrankreich nicht nur die Oliven, die Rebstöcke und die Esskastanienbäume: Der Wein gefror im Keller und die Tinte in den Tintenfässern. Das Vieh erfror im Stall und die Tiere in den Wäldern. Die Vögel fielen tot zu Boden. In der Bucht von Marseille fror das Mittelmeer zu.[14] Solche Kaltwinter waren charakteristisch für die Kleine Eiszeit.[15]

Die dauerhafteren Veränderungen gab es aber in den nördlichen Meeren. Hier schoben sich die Treib- und Packeisgrenzen weit nach Süden vor. Der Norden Islands – heute und im Hochmittelalter ganzjährig eisfrei – wurde während des langen Winterhalbjahrs vom Eis eingeschlossen. Die Häfen im Süden Islands, etwa Reykjavík, blieben nur wenige Monate eisfrei. Der Hafen von Spitzbergen, der derzeit – wie im hohen Mittelalter – neun Monate im Jahr erreichbar ist, konnte während der Kleinen Eiszeit nur in den drei Sommermonaten von Schiffen angelaufen werden. Der Winter 1315/16 war so kalt, dass die Ostsee zufror, ein Schauspiel, das sich in den folgenden Jahrhunderten öfter wiederholte. Die Treibeisgrenze rückte im 15. Jahrhundert so weit nach Süden, dass die Schifffahrtsrouten nach Grönland und zuletzt sogar zeitweise nach Island unterbrochen wurden. Eisberge behinderten die Schiffspassage nach Norwegen und sogar nach Dänemark oder zu den Britischen Inseln.[16]

Die Lagune von Venedig fror im 20. Jahrhundert zweimal zu, einmal vier Tage (10. bis 13. Februar 1929) aufgrund anhaltender Eiswinde (Bora) mit einer Temperatur von –10 Grad Celsius und einmal 11 Tage (vom 10. bis 21. Februar 1956) bei Bora-Winden von –8 Grad. Damit war es kälter als während der vier Jahrhunderte der Hochmittelalterlichen Warmzeit, wo trotz guter Quellenlage nur zwei Vereisungen nachgewiesen werden können. Dagegen kennen wir für den Zeitraum der Kleinen Eiszeit, von 1300 bis 1800, nicht weniger als 30 derartige Ereignisse: Sechsmal pro Jahrhundert fror die Lagune komplett zu. Dies begann in den Jahren, als die Kleine Eiszeit einsetzte, nämlich 1311 und 1323. Manchmal waren die Vereisungen spektakulär: Im Jahr 1432 konnten vom 6. Januar bis 22. Februar, also beinahe sieben Wochen lang, Wagen von Venedig nach Mestre auf dem Festland fahren. Im Winter 1491 wurde auf dem Eis des Canal Grande ein Ritterturnier veranstaltet. 1569 fror die Lagune noch im März zu, so spät wie nie zuvor. In den Extremwintern von 1684 und 1709 trug das Eis schwere Warentransporte. Venezianische Tagebücher berichten von geschlossenen Eisdecken in den Jahren 1716, 1740, 1747 und zweimal im Jahr 1755. Über das Zufrieren des Jahres 1789 berichten mehrere Bilder.[17]

***Abb. 19*** Während der Kleinen Eiszeit war die Themse häufig zugefroren und in London fanden Märkte und Sportereignisse auf dem Eis statt. Die letzte Eisdecke der Themse im Jahr 1895 bestand nur noch aus zusammen geschobenen Eisschollen.

## *Veränderung von Flora und Fauna*

Der protestantische Pastor Daniel Schaller schrieb am Ende des 16. Jahrhunderts: «Das Feld und Acker ist des Fruchttragens auch müde geworden und gar ausgemergelt, wie darüber groß Winselns und Wehklagens unter den Ackersleuten in Städten und Dörfern gehöret wird, und dannenher die große Teuerung und Hungersnot sich verursachet.»[18] Solche Stimmen sollte man als Hinweis auf die zeitgenössische Wahrnehmung von Auswirkungen des Klimawandels auf

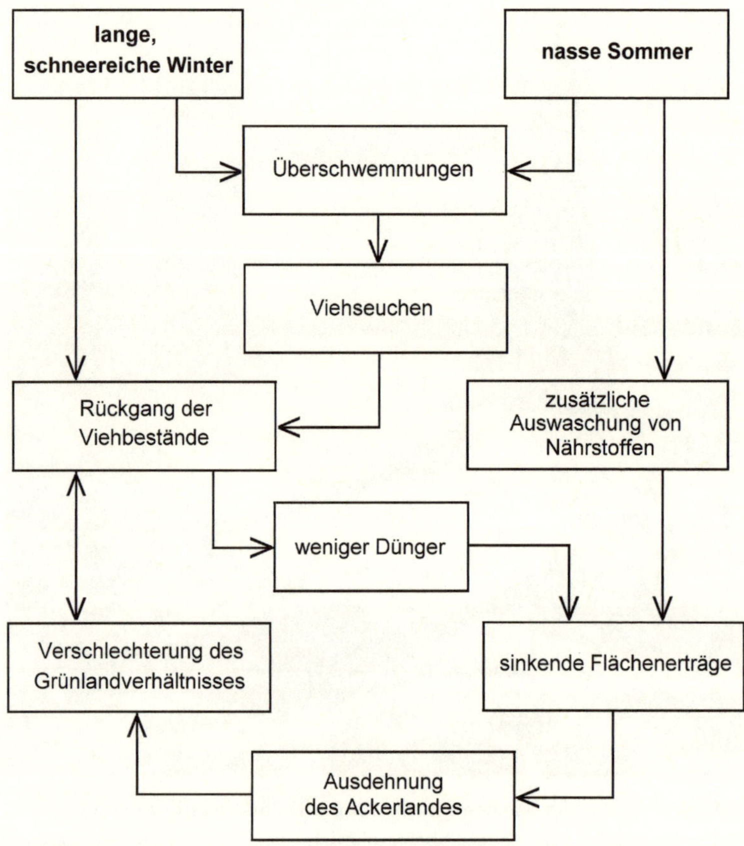


*Abb. 20* Auswirkungen der Kleinen Eiszeit auf die Landwirtschaft. Hypothetisches Modell von Christian Pfister (Bern).

Flora und Fauna ernst nehmen. Denn wie zu Beginn der Eisenzeit erwiesen sich die höherwertigen Getreidesorten als anfällig gegenüber Feuchtigkeit und Winterkälte. In manchen Gebieten Nordeuropas – etwa Island – musste der Getreidebau ganz aufgegeben werden, in anderen gab man den Weizen auf und behalf sich mit Hafer und Roggen. Aus den Beobachtungen der Erntezeiten wissen wir, dass sich die Obstblüte, die Heuernte oder die Reifezeit der Trauben wegen der schlechten Witterung hinausschob. In manchen Jahren war der Sommer nördlich der Alpen zu kurz für die Traubenreife oder es gab nur sauren Wein.[19]

Mit Weizen und Wein betraf die Verschiebung der Vegetationsgrenzen zentrale Nutzpflanzen der europäischen Agrikultur. Während im Hochmittelalter Weinbau sogar in Südnorwegen und England betrieben wurde, verschob sich die Grenze im 14. und noch einmal im 16. Jahrhundert erheblich nach Süden. Zur Zeit Schallers war der Weinbau an der Ostsee bereits ganz aus dem Gesichtskreis geraten. Noch heute, nach der Erwärmung des vergangenen Jahrhunderts, liegt sie etwa 500 Kilometer weiter südlich als am Ende des Hochmittelalters.[20] Sogar in den begünstigten Lagen an Rhein und Mosel, wo sich der Weinbau in Deutschland hielt, war der Wein einiger Jahre ungenießbar.[21] Dem Kölner Patrizier Hermann Weinsberg (1518–1597) ging im Oktober 1588 zu seinem eigenen Erstaunen der Wein aus, weil er seit dreizehn Jahren wegen der schlechten Qualität keinen neuen Wein mehr hatte einlagern können. Unter Anspielung auf seinen Namen witzelte Weinsberg: «Muss also der Weinsberg jetzt ohne Wein feiern.»[22]

Das ganze Spektrum der Nutzpflanzen ist noch nicht überprüft worden, doch schon Fernand Braudel hat festgehalten, dass sich auch die Anbaugrenzen für Oliven weit nach Süden verschoben.[23] Unser Wissen über die Veränderungen des Ökosystems krankt vor allem daran, dass aus diesem Zeitraum systematische Beobachtungen für Wildpflanzen fehlen. Einzig für den hochalpinen Bereich wissen wir, dass die Baumgrenze sank und hochgelegene Almen aufgegeben werden mussten. Gleichzeitig gibt es Spekulationen über eine Abnahme des Kräuterbestands der Almwiesen, mit Folgen für die Gesundheit des Viehs, ihre Milchleistung und die Qualität der Milchprodukte.[24] In klimatischen Extremjahren und in ungünstigen Lagen – etwa in Hochtälern und in den Mittelgebirgen – dürfte sich die pflanzliche Vielfalt verringert haben. Inwieweit sich die Zusammensetzung des Baumbestands verändert hat, bedarf weiterer Untersuchungen.[25]

Dass der Klimawandel die Tierwelt betraf, haben bereits die Zeitgenossen bemerkt: «Die Wasser sind nicht mehr so fischreich, als sie wohl ehemals gewesen, die Wälder und Felder nicht mehr so voll Wild und Tieren, die Luft nicht so voll Vögel.»[26] Der Hinweis auf den geringeren Fischbestand der Gewässer dürfte der Wirklichkeit entsprochen haben. Dabei wissen wir mehr über Seefische, denn im Nordatlantik wurde über die Fangerträge Buch geführt. Aus diesen Quellen können wir sehen, dass die Kabeljaubestände vor Island und Norwegen seit

*Abb. 21* Im Extremwinter 1570/71 kommen die Wölfe aus den Wäldern. Illustration der Schneekatastrophe in der Nachrichtensammlung des Zürcher Bürgers Johann Jakob Wick.

dem Spätmittelalter stark zurückgingen. Dies erklärt sich mit der Physiologie der Fische: Ihre Leber versagt bei Temperaturen unter 2 Grad Celsius und kann dadurch als Temperaturindikator dienen. In extrem kalten Jahren des 17. Jahrhunderts, zum Beispiel 1625 und 1629, sowie während des Maunder-Minimums verschob sich die Fischereigrenze weiter nach Süden. In diesen Jahren konnte auch bei den Färöer-Inseln kein Kabeljau mehr gefangen werden.[27]

Auf dem Land sind die Eindrücke impressionistischer. So wird etwa das Aussterben des Bartgeiers *Gypaetus barbatus* im späten 16. Jahrhundert mit dem Fehlen der Thermik in den Alpen in Zusammenhang gebracht.[28] Johann Jacob Wick (1522–1588) berichtet im Zusammenhang mit der «großen unsäglichen Kälte» und dem Zufrieren der großen Alpenseen im Winter 1570/1571 «von einem großen tiefen Schnee, und wie vil lüth erfroren und im schnee erstikt und umbkommen». Wie im Frühmittelalter kamen die Wölfe aus den Wäldern und fielen aus Hunger Menschen an, so in dem Fall dreier Näherinnen im Rheintal bei Zizers, über den der Churer Pfarrer Tobias Egli (1534–1574) an den Schweizer Reformator Heinrich Bullinger (1504–1575) berichtete.[29] Für das Wild bedeuteten Missernte- und Hungerzeiten eine doppelte Gefahr, da es einerseits unter verkürzten Vegetationszeiten litt, andererseits einer stärkeren Bejagung ausgesetzt war. Strafverfahren wegen Wilddiebstahls nahmen in Notzeiten drastisch zu. Für manche Vogelarten wurden um 1600 im Berner Oberland Jagdverbote erlassen, weil ihre Anzahl gefährlich abgenommen hatte.[30] Aus Rechnungsbüchern kann man ersehen, dass in bestimmten Jahren wegen Kälte, Dürre oder Überschwemmung die Maulwurfspopulationen so dramatisch zurückgegangen sein müssen, dass keine Fangprämien mehr ausbezahlt werden mussten.[31]

Auch bei der Fauna wissen wir mehr über Nutztiere als über Wildtiere. In einigen nordeuropäischen Ländern – auf Grönland und Island, in Teilen Skandinaviens und Britanniens – wurde die Rinderzucht unmöglich, und man ging zur Schafzucht über. In den Mittelgebirgen und in den Alpen verkleinerten sich die Möglichkeiten der Viehhaltung, weil die Almweide entfiel. Die größte Gefahr stellten die Überschwemmungen nach der Schneeschmelze dar, weil sie zu einer Vergiftung der Weiden und zu Viehseuchen führten. Viehseuchen waren ein großes Thema in der frühneuzeitlichen Agrargesellschaft, wie man in den Quellen finden kann.

Der Klimawandel betraf auch Insekten und Mikroorganismen.[32] So war die Abkühlung nördlich der Alpen ungünstig für die *Anopheles-Mücke*, was das Problem der Malaria beendete. Während im Hochmittelalter die Malaria bis nach England verbreitet war, zog sie sich während der Kleinen Eiszeit nach Nordafrika zurück (heute beginnt ihr Verbreitungsgebiet im Irak bzw. südlich der Sahara). Andererseits verbesserten sich im Norden die Bedingungen mancher Parasiten. *Flöhe* und *Läuse* fühlten sich bei vermehrter Kleidung und mangelnder Hygiene besonders wohl, wie die Bezeichnung *Kleiderlaus* bereits andeutet. Durch Lausbefall wurde das Bakterium *Rickettsia prowazekli* übertragen, der Erreger des Fleckfiebers, einer gefährlichen Art des Typhus (*Typhus exanthemicus*), der ohne Behandlung auch heute noch in 10–20 % der Fälle tödlich ist.[33] Flöhe waren die Überträger der Pest, die seit der Mitte des 14. Jahrhunderts in Europa endemisch wurde. Die Abkühlung war für den Erreger *Yersinia Pestis* günstig.

*Abb. 22* Die Statistiken der Versicherungsgesellschaften können keine Auskunft über vergangene Naturkatastrophen geben: Holzschnitt zur «Thüringischen Sintflut» von 1612/1613.

Mit dem Rückgang der Badekultur im 16. Jahrhundert, Resultat der Tabuisierung von Nacktheit und Sexualität, verbesserten sich die Lebensbedingungen für Flöhe. Dies erklärt das literarische Interesse an Flöhen, wie in Johann Fischarts (1546–1590) satirischem Stück «*Flöh Haz, Weiber Traz*»[34] sowie in der makkaronischen Dichtung des unbekannten Witzbolds, der sich *Knickknackius* nannte und seine niederdeutsche Heimat als «*Floilanda*» charakterisierte.[35]

## Das Ende der Wikinger in Grönland

Am stärksten von der Abkühlung betroffen waren die Länder des Nordens. In Grönland bereitete die zunehmende Klima-Ungunst den Siedlungen der Europäer ein Ende. Die Vegetationszeit verkürzte sich dramatisch, Getreidebau wurde unmöglich, das Weidegebiet des Viehs verkleinerte sich, der Import von Holz aus Nordamerika oder Norwegen wurde immer schwieriger und endete schließlich völlig. Der Handel mit dem Mutterland riss ab. Wir können deswegen nur aus Ausgrabungen, von Knochen- und Zahnbefunden schließen, dass sich die Ernährungslage der Bevölkerung dramatisch verschlechterte und die Anfälligkeit für Krankheiten – ohne professionelle medizinische Versorgung – zunahm. Ein norwegischer Priester berichtete um 1350 von einer Inspektionsreise, dass das *Western Settlement* verlassen war. Er fand noch herumirrendes Vieh, aber keine Menschen mehr. Wohin waren sie verschwunden? Nicht einmal ihre Leichen wurden gefunden. Im Permafrost konnte man keine Erdbestattungen mehr vornehmen, wie sie bei den Wikingern üblich waren. Neigte man früher einer Theorie der genetischen Degeneration zu, so meint man heute aufgrund der Kenntnisse über die Klimaverschlechterung des 14. Jahrhunderts, dass eine Serie von Missernten, Hunger und Krankheiten für das Aussterben der Grönländer verantwortlich war.[36] Dass die letzte Nachricht vom *Eastern Settlement*, der Hauptsiedlung im Süden Grönlands, die um 1410 Bergen in Norwegen erreichte, von der Verbrennung eines Zauberers berichtet, war ein akutes Krisenzeichen, denn frühere Hexenverbrennungen kennen wir von dort nicht.[37]

Das mittlerweile außerordentlich gut – sowohl auf der Basis der historischen Texte als auch von Seiten der Naturwissenschaften – erforschte Beispiel der Wikinger zeigt, dass man mit klimatischen Ursachen alleine nicht weit kommt, wenn man es mit menschlichen Kulturen zu tun hat. Das Klima wurde in Grönland zwar kälter, aber die von Norden her expandierenden *Inuit* (Eskimos) hatten damit kein Problem. Ihre Kultur beruhte auf Jagd und Fischfang, nicht auf Ackerbau und Viehzucht. Lediglich die auf Getreidebau und Weidewirtschaft basierende Kultur, welche die Wikinger als Erben der *Neolithischen Revolution* aus Europa exportiert hatte, war dem Untergang geweiht.[38] Anders als die Inuit, die sich bereits damals in Felle kleideten, wie die mumifizierten Überreste einer gekenterten Familie ergeben haben,[39] hielten die europäischen Grönländer bis zuletzt an der unter arktischen Bedingungen unzweckmäßigen Stoffkleidung fest. Und ihre Wirtschaftsform trug zur Zerstörung der eigenen Lebensgrundlage bei: Mit ihrer Viehhaltung überweideten sie die kargen Böden und beförderten die Erosion. Das Vieh wurde – wie die

Siedler selbst – immer kleiner und krankheitsanfälliger. Die Wikinger hielten jedoch hartnäckig an ihrer bäuerlichen Lebensweise fest. Die Überreste in Abfallgruben zeigen kaum Nutzung von Fischen oder Wildtieren.[40]

Über die Gründe für diese Halsstarrigkeit ist viel diskutiert worden. Möglicherweise verhinderte die Abkühlung selbst – etwa wegen der Vereisung des Meeres und des Rückgangs der Fischbestände – eine Umstellung der Lebensweise auf den Fischfang. Als wahrscheinlicher gilt jedoch eine kulturelle Ursache: Die Kirche könnte den Christen die heidnische Lebensweise der Inuit untersagt haben. Der fehlende Austausch könnte darauf hindeuten, dass der Kontakt mit den Heiden tatsächlich unterblieb. Der Mangel an Anpassung führte zum Untergang der Nachfahren Eriks des Roten.[41]

## *Der Niedergang Islands und Norwegens*

Das Versäumnis, durch Ausbau der Fischerei den Niedergang des Ackerbaus zu kompensieren, gilt genauso für Island. Zwar wurde der Aufbau einer eigenen Flotte von der dänischen Regierung verboten, doch lag es letztlich an der fehlenden Innovationsbereitschaft der norwegischen Bauern, dass keine Hochseefischerei entwickelt wurde. Da zusätzlich zur abnehmenden Fruchtbarkeit der Böden auch der Kabeljau aus den immer kühleren Fjorden der Insel verschwand, erlaubte traditionelle Fischerei keinen Ausweg. In manchen Regionen Islands wurde sie ganz aufgegeben. An Investivkapital fehlte es den Bauern.[42] Zahlreiche Bauernhöfe, die seit der Zeit der Landnahme florierten, mussten aufgegeben werden. Betroffen war insbesondere der Norden der Insel, dessen fruchtbare Täler durch das Vordringen der Gletscher und das Packeis auf See monatelang vom Rest der Insel abgeschlossen wurden.[43] Die Aufgabe von Einzelhöfen und Dörfern, die oft dem Bevölkerungsrückgang des 14. Jahrhunderts zugeschrieben wird, war eine Folge der Klimaänderung, die in einem langfristigen Prozess bis weit in die Frühe Neuzeit hinein Opfer forderte.[44]

In Skandinavien beschäftigte sich 1969–1982 ein interdisziplinäres Projekt mit den *Wüstungen* in den nordischen Ländern. Bei der Untersuchung der Siedlungsentwicklung stellte sich heraus, dass man sogar in Dänemark bis ins Hochmittelalter mit häufigen Siedlungsverlegun-

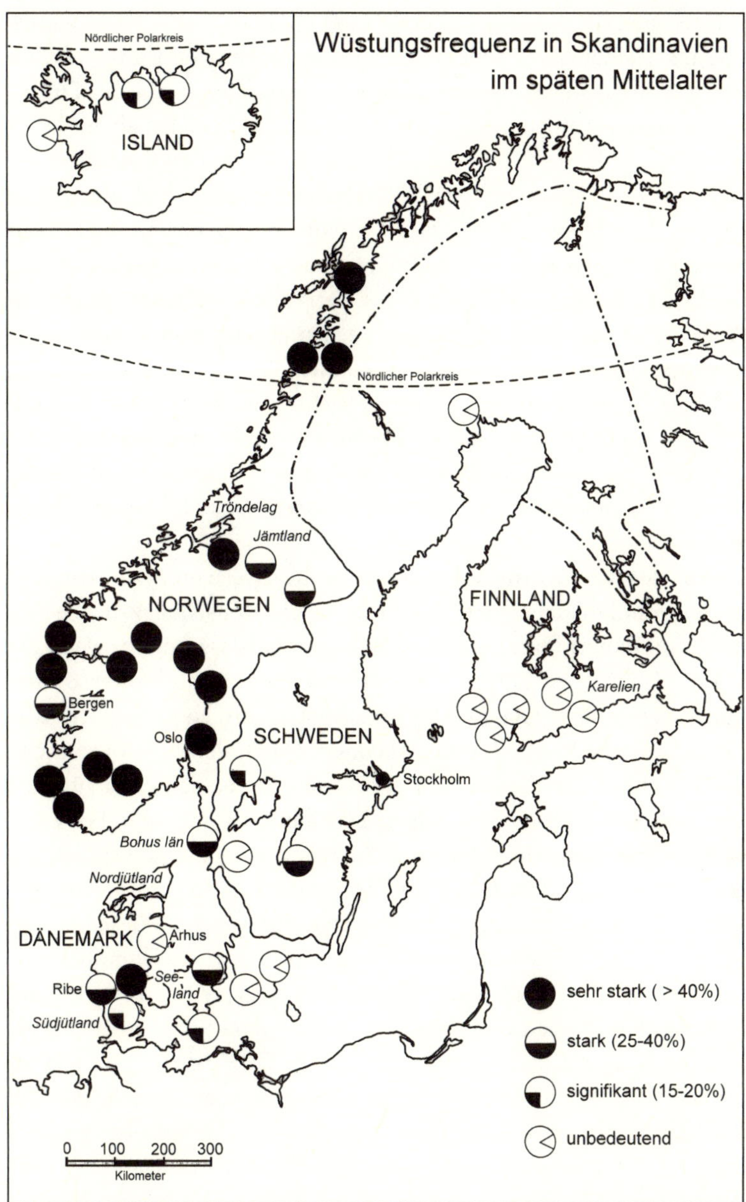


***Abb. 23*** Die Klimaverschlechterung der Kleinen Eiszeit führte zu Veränderungen der Siedlungsstruktur in ganz Nordeuropa. Über die Aufgabe von Höfen und Dörfern in Skandinavien besitzen wir inzwischen gute Statistiken.

gen rechnen muss, bevor seit etwa 1200 Ortskonstanz erreicht wurde. In ganz Skandinavien stabilisierte sich die bäuerliche Kultur erst im klimatisch günstigen Hochmittelalter. In Norwegen mit seiner Einzelhofsiedlung zeichneten sich zwei katastrophale Perioden ab, in denen jeweils ca. 40 % der Höfe verlassen wurden: einmal im 6. Jahrhundert während des Pessimums der Völkerwanderungszeit und erneut seit 1300 in der Kleinen Eiszeit. Die Höfe wurden nach einem bestimmten Muster aufgegeben: In den Seehöhen über 300 Metern verkürzte sich die Vegetationsperiode so weit, dass Getreidebau zu einer unsicheren Angelegenheit wurde. Wenn man an den abgelegenen Fjorden nicht mehr die eigene Subsistenz sichern konnte, war ein Überleben unmöglich. Die demographischen Konsequenzen waren beträchtlich: Der um 1300 erreichte Höchststand der Bevölkerungszahl ging mit den Hungerkrisen des frühen 14. Jahrhunderts zuerst dramatisch und danach kontinuierlich weiter zurück und erreichte erst um 1700 seinen Tiefststand.[45]

Mit der Verschriftlichung der Verwaltung erhalten wir seit dem 17. Jahrhundert detaillierte Einblicke in die Konsequenzen der Abkühlung. Bauern konnten nur auf Steuernachlass hoffen, wenn sie triftige Gründe anführten – Reduktionen wegen schlechter Ernten allein waren nicht erlaubt. Die Schadensberichte lassen in ihrer Kumulation klare Konjunkturen erkennen. Die in den Nordfjord mündenden Flüsse traten zwischen 1650 und 1750 beinahe Jahr für Jahr über die Ufer. Während desselben Zeitraums kulminieren die Nachrichten über Gletscherschäden, Schneelawinen und Bergstürze. Im Jahr 1687 wurden besonders viele Bauernhöfe durch Erdrutsche zerstört. 1693 oder 1702 erreichte die Überflutung der Wiesen solche Ausmaße, dass die Bauern nur noch die Flucht ergreifen konnten. Danach waren die Weiden mit Sand, Kies und Felsen bedeckt und unbrauchbar. Wegen der Gefahren durch Steinschlag wurde es für manche Bauern schwierig, überhaupt noch Knechte oder Arbeiter zu finden. Distrikt für Distrikt kann nachgezeichnet werden, wie die Zahl der Nutztiere (Kühe, Schafe, Ziegen) im 17. Jahrhundert zurückging. Im Tal bestanden die Schäden eher in Überflutungen oder Erdrutschen nach Starkregen oder während der Schneeschmelze.[46]

## *Wharram Percy und die verlorenen Dörfer Britanniens*

Durch die Arbeit der «*Deserted Medieval Village Research Group*», die nicht nur die Wohnplätze selbst, sondern auch die Entwicklung ihrer Wirtschaftsflächen und die Formen der Agrarnutzung in ihre Betrachtung mit einbezog,[47] wurden viele Dorfwüstungen, von denen nach der Intensivierung der Landwirtschaft keine Spur mehr zu entdecken ist, durch Luftbildarchäologie gesichert. Innerhalb weniger Jahre wurden allein für England über 4000 verlassene Dörfer ausgemacht, Siedlungsplätze, die während der mittelalterlichen Warmzeit angelegt worden waren und Jahrhunderte floriert hatten, aber nach 1300 wieder aufgegeben werden mussten. Dies sind die «verlorenen Dörfer Englands».[48]

Während in der deutschen Forschung der Wüstungsvorgang meist auf die Große Pest zurückgeführt wird, zeigt das besser erforschte englische Beispiel, dass die Ursachen komplexer waren und mit dem Klimawandel der Kleinen Eiszeit zusammenhängen. Die Bevölkerungszahlen gingen bereits vor der Ankunft des Schwarzen Todes, seit der großen Hungerkrise von 1315–1322, zurück. So fand das Merton College (Oxford) für eine Windmühle, die in den 1290er Jahren mit großen Kosten errichtet worden war, in den 1330er Jahren keinen Pächter mehr, weil es nicht mehr genügend Bauern gab, die dort ihr Korn mahlen konnten. Der Bischof von Worcester fand in Upton (Gloucestershire) keine Bauern mehr zur Bewirtschaftung seiner Felder. Er wandelte sie deswegen in Schafweide um – ein interessanter Vorgang, weil der Rückgang der Bauernzahl oft auf ihre Vertreibung durch kapitalistische Schafzüchter zurückgeführt wird. In der Krise des 14. Jahrhunderts war es jedoch gerade umgekehrt: Schafzucht wurde aus Mangel an Menschen und wegen der Unfruchtbarkeit der Böden betrieben. Eine andere Form der Umnutzung sollte ebenso typisch für England werden: die Umwandlung von Ackerland in Landschaftsparks, die im 15. Jahrhundert begann.[49]

Zu den am besten erforschten Dorfwüstungen gehört *Wharram Percy* in North Yorkshire, das in den Sommermonaten der Jahre 1950–1990 freigelegt wurde. Die jahreszeitliche Beschränkung der Grabungskampagnen beantwortet bereits die Frage nach den Gründen für die Aufgabe des Dorfes: In den übrigen Monaten ist das Mikroklima auf dem Hochland der Yorkshire Wolds unangenehm kühl und feucht. Speziell im Taleinschnitt von Wharram Percy bleibt der Schnee liegen, auch wenn die umgebenden Täler schneefrei sind, auch die heute noch bestehende Schwestersiedlung *Wharram-le-Street*. Die Untersuchungen ergaben, dass Wharram Percy nicht einfach zu Beginn des 14. Jahrhunderts verlassen wurde. Nach der Großen Pest lebten dort im Jahr 1368 noch 30 Haushalte. Witterungsunbilden führten zum weiteren Rückgang und schließlich zur Aufgabe der Siedlung: 1458 gab es noch 16 Haushalte, doch um 1500 harrte nur noch ein Hof aus. Wharram Percy war im Hochmittelalter ein wunderbarer Siedlungsplatz – in der Kleinen Eiszeit war er das nicht mehr.[50]

## *Anthropogene Veränderungen*

Die Wüstungsforschung in Deutschland stand lange unter dem Eindruck der Agrarkrisentheorie Wilhelm Abels. Danach bestand die Krise nicht etwa in der mangelnden Fähigkeit der Landwirtschaft, die Menschen zu ernähren, sondern vielmehr darin, dass der Bevölkerungsrückgang zu einer mangelnden Nachfrage nach Lebensmitteln führte und die Einkommen aus Grundbesitz sanken. Seit dem 14. Jahrhundert verfielen die Preise für Land, und die Grundherren hatten kein Interesse mehr daran, aufgegebene Bauernhöfe zu besetzen. Der Kleinadel verarmte, und das Raubrittertum trug zum weiteren Niedergang der ländlichen Siedlungen bei.[51] Eine solche Sichtweise kann man heute aufgrund der Fortschritte der Wüstungsforschung in England und Skandinavien nicht mehr vertreten. Denn hier sieht man klarer, welche Folgen die Klimaverschlechterung der Kleinen Eiszeit auf Umwelt und Landwirtschaft und damit letztlich auf die Lebensbedingungen der Menschen hatte.

Die Aufgabe der hochmittelalterlichen Dörfer, Höfe, Almen und Äcker hatte zum Teil Bestand, nachdem die Bevölkerungszahlen wieder anstiegen. Ende des 16. Jahrhunderts dürften sie mindestens so hoch gewesen sein wie 300 Jahre zuvor. Mit der Schrumpfung des Siedlungslandes mussten mehr Menschen von weit kleineren Flächen ernährt werden. Dies gelang durch Urbanisierung. Einige Städte wuchsen wie London, Paris, Mailand, Neapel und Istanbul zu Metropolen heran und kamen der Viertelmillionenmarke nahe. Andere zählten über hunderttausend Einwohner, etwa Venedig, Florenz, Wien und Amsterdam. Vielleicht noch mehr ins Gewicht fiel aber, dass die große Zahl der kleineren Städte – etwa 4000 wurden für Mitteleuropa gezählt – ihre Bevölkerungszahl vervielfachte. Dies warf logistische Probleme bei der Versorgung mit Lebensmitteln, Trinkwasser, Bau- und Brennholz sowie bei der Entsorgung von Abfällen und Abwässern auf. Offenbar erforderte die Versorgung bessere Anbau- und Produktionsmethoden und verzweigtere Handelsnetze.

Und sie hatte noch einen Preis: den Raubbau an der Natur. Die verstärkte Industrialisierung, Bergbau, der Energiebedarf bei Heizung, Eisenverhüttung und Salzgewinnung, die Versorgung der großen Armeen und der Bau der Schiffsflotten führten erneut zu einer Entwaldung, die bereits von den Zeitgenossen bemerkt und bemängelt wurde.[52] In manchen Gebieten – etwa auf den Territorien der Reichsstadt Nürnberg oder der Republik Venedig – wurden Waldschutzgesetze erlassen, doch anderswo fehlte eine vorsorgende Umweltpolitik. Auf den Britischen Inseln, in Spanien und Italien, in Dalmatien und Griechenland, in Kleinasien und Nordafrika blieb kaum Wald übrig. Die Abholzung zog die bekannten Folgen nach sich: ein Absinken des Grundwasserspiegels, das besonders in den Mittelmeerländern das Problem der Trockenheit verschärfte, sowie eine größere Anfälligkeit des Kulturlandes für Bodenerosion und Überschwemmungen.[53]

## *Tanz des Todes*

### *Der Große Hunger von 1315–1322*

Zu Beginn des 14. Jahrhunderts wurde Europa von einem Unglück heimgesucht, wie es nach Ansicht der Zeitgenossen niemals zuvor erfahren worden war: dem Großen Hunger. Dies war eine Plage, wie man sie nur aus dem Buch *Genesis* (Gen. 41, 30) kannte: die berühmten sieben «mageren Jahre». Der Hunger, der Europa zu Beginn des 14. Jahrhunderts heimsuchte, sollte vielerorts genau sieben Jahre dauern, von 1315 bis 1322. Noch Chronisten des frühen 16. Jahrhunderts erinnerten sich an diese Zeit der biblischen Plagen. Selbst moderne Historiker fanden keine andere Hungersnot in Europa, die so lange andauerte und vergleichbare geographische Ausmaße hatte: Der Große Hunger reichte von den Britischen Inseln bis Russland und von Skandinavien bis ans Mittelmeer.[1]

Die moderne Forschung hat vier mögliche Ursachen für den Ausbruch dieser außerordentlichen Hungersnot diskutiert: (1) den Bevölkerungsdruck, der sich durch das Bevölkerungswachstum während der hochmittelalterlichen Warmzeit aufgebaut hatte und nun die Produktivkraft der Landwirtschaft überstieg; (2) das anhaltend ungünstige Erntewetter, das bei den unzulänglichen Lagerungsmöglichkeiten für Lebensmittel rasch zu einer Erschöpfung der Ressourcen führen musste; (3) Probleme bei der Verteilung der Lebensmittel aufgrund von Kriegen und Bürgerkriegen, die dazu führten, dass regionale Missernten zu Hungerkatastrophen führten; und (4) den bäuerlichen Konservativismus, der eine Anpassung an neue Umweltbedingungen verhinderte.[2]

Für die zeitgenössischen Chronisten war die Ursache der Hungersnot allerdings klar. Sie war im metaphysischen Sinn eine Strafe Gottes und auf der materiellen Ebene die Folge einer Serie von Naturkatastrophen, unter denen eine besonders hervorragt: die abnorme Witterung. Lange kalte Winter verkürzten die Vegetationsperiode, anhaltender Regen schädigte die Ernte, zumal die des Getreides, von dem das «tägliche Brot» abhing. Der französische Mediävist Pierre Alexandre hat die Berichte der Zeitgenossen verglichen und bestätigt: Kaum jemals in der europäischen Geschichte gab es eine vergleichbare Sequenz kalter Winter wie zwischen 1310 und 1330. Gleichzeitig enthielt das zweite Jahrzehnt des 14. Jahrhunderts die regenreichsten Jahre des vergangenen Jahrtausends.[3]

Ab 1310 folgte ein kühler feuchter Sommer auf den anderen. Die Ernten waren schlecht, reichten aber zunächst noch zum Überleben aus. Dies sollte sich 1314 ändern, als in England und Deutschland auf schwere Regenfälle im Sommer ein langer kalter Winter folgte, an dessen Ende die Flüsse über die Ufer traten. Die Regierung des Kaisers Ludwig IV. «des Bayern» (r. 1314–1347) sollte unter keinem guten Stern stehen: Er hatte nicht nur mit einem Gegenkönig und dem Papst zu kämpfen, sondern auch mit dem Klima. Das Jahr 1315 war durch anhaltende Regenfälle gekennzeichnet. Diese begannen Mitte April in Frankreich, am 1. Mai in den Niederlanden und an Pfingsten in England und hielten in ganz Mitteleuropa den Sommer über an. Der Himmel war ständig bedeckt, die Sonne war kaum je zu sehen, und die Temperaturen blieben außergewöhnlich kühl. Die Bad Windsheimer Chronik berichtet, dass die Menschen begannen, Hunde und Pferde zu essen, und benutzt den biblischen Begriff von der «Sündflut», denn vielerorts kam es zu großflächigen Überschwemmungen.[4]

Der Winter 1315/16 war so kalt, dass die Ostsee wochenlang zufror. Das neue Jahr blieb ganzjährig zu kalt und feucht, Überschwemmungen zerstörten Mühlen und Brücken und schädigten die zeitgenössische Industrie und Infrastruktur. Die Donau trat in Bayern und Österreich gleich dreimal über ihre Ufer, und allein an der Mur (Steiermark) wurden durch Hochwasser vierzehn Brücken fortgeschwemmt.[5] Der kälteste Winter dieses Jahrzehnts war der Winter 1317/18. Die Kälte reichte von Ende November bis Ostern, in Köln schneite es sogar noch am 30. Juni.[6] Von solchen Extremereignissen abgesehen war der Sommer 1318 insgesamt etwas milder, aber die Jahre 1319 bis 1322 waren so schlimm wie die ersten drei Jahre des Katastrophenzyklus. An der Nordseeküste, in der Normandie und in Flandern kam es zu verheerenden Stürmen und Überschwemmungen, auf dem Festland wechselten sich überreiche Regenfälle mit Dürreperioden ab.

Es stimmt natürlich, dass Krieg das allgemeine Unglück verstärkte. Frankreich erlebte nach der prunkvollen Regierung Philipps IV. (r.

1285–1314) die Krisenzeit der drei letzten Kapetinger Ludwig X. (r. 1314–1316), Philipp V. (r. 1316–1322) und Karl IV. (r. 1322–1328). Ludwig der Bayer bekriegte den Gegenkönig Friedrich von Österreich. Doch heute wissen wir, dass die Knappheit nicht nur der Kriegssituation geschuldet war. Mehr noch als die Soldaten litt die Bevölkerung an Hunger. Unzufriedenheit beförderte den Aufruhr: Die Schweizer Eidgenossen erkämpften 1315 bei Morgarten ihre Unabhängigkeit von ihrer herrschenden Dynastie, den Habsburgern. Die Schotten errangen in der Schlacht von Bannockburn 1314 die Unabhängigkeit von England. Sie dehnten den Krieg auf Irland aus, und in Wales brach ein Aufstand gegen die englische Vorherrschaft los. Die Welt schien im Umbruch begriffen. In Skandinavien waren die Königreiche Norwegen, Dänemark und Schweden in dynastische Kämpfe verwickelt – allenthalben Kriege, die von Historikern auf der Ebene der Ereignisgeschichte erläutert werden. Hatten sie eine gemeinsame Ursache in den verknappten Ressourcen während der Zeit des Großen Hungers?

Bereits 1315 breitete sich eine «grausame Pestilenz» aus, doch war dies noch nicht der Schwarze Tod. In Gelderland, in den Niederlanden und im Heiligen Römischen Reich sprach man vom «Großen Tod», in manchen Gebieten soll ein Drittel der Menschen gestorben sein. In den Städten Englands, Frankreichs, der Niederlande, Skandinaviens, des Reichs, und auch Polens war die Mortalität so hoch, dass zu neuen Begräbnismethoden gegriffen wurde. Üblicherweise lagen die Friedhöfe noch in der Stadt, doch angesichts der hohen Sterblichkeit begann man mit Bestattungen außerhalb der Stadtmauern. In Metz – das höchstens 20 000 Einwohner gezählt haben kann – sollen 500 000 Menschen gestorben sein – eine Übertreibung, die den Horror signalisiert. Schätzungen deuten auf eine Sterblichkeit von etwa 5–10 % der Bevölkerung allein im Jahr 1316. Wenn wir auch über keine verlässlichen Zahlen verfügen, so viel ist sicher: Mit dem Großen Hunger der Jahre 1315–1321 ging das Große Sterben einher. Und mit dem Großen Sterben kam das große Grauen: Aus England, aus dem Baltikum und aus Polen trafen Nachrichten ein, dass Eltern in der Not ihre Kinder töteten und Menschen sich wie Kannibalen an den Toten vergriffen.[7]

## *Der «Triumph des Todes»*

Eine der Ikonen der Pestforschung ist der «*Triumph des Todes*» im *Camposanto* von Pisa, ein großflächiges Fresko im Stil der toskanischen Malerei, das an den Prolog von Giovanni Boccaccios (1313–1375) «*Decamerone*» erinnert: Eine Gruppe junger Leute gibt sich in einem lieblichen Hain Spiel und Gesang hin. Doch unversehens werden sie mit der Vergänglichkeit des Lebens konfrontiert. Über einem Felsen kämpfen Engel und Teufel um die Seelen der frisch Verstorbenen, deren Leichname unter ihnen liegen. Der linke Teil des Freskos zeigt das Aufeinandertreffen einer fröhlichen Jagdgesellschaft mit drei in Särgen aufgebahrten Toten, aus denen bereits Schlangen züngeln. Flankiert werden die Bilder durch Szenen vom Jüngsten Gericht und von der Hölle. Diese Mahnung an den Tod auf dem Weg der Trauernden zum Friedhof wurde als eine der eindrucksvollsten Reaktionen auf den Schwarzen Tod interpretiert, als Ausdruck des Entsetzens über die hohe Sterblichkeit, die jeden jederzeit treffen konnte.

Doch heute wissen wir aus den Rechnungsbüchern, dass dieses Fresko bereits 1338 gemalt wurde, fast zehn Jahre vor dem Auftreten des Schwarzen Todes in Italien. Die Toten tragen nicht die Merkmale der Pest und auch auf die in der Pestliteratur genannten Begleiterscheinungen des Sterbens wird nirgends angespielt. Ebenso weiß man heute, dass mehrere andere Todesdarstellungen, die früher mit der Großen Pest in Verbindung gebracht worden waren, schon Jahre davor entstanden sind, etwa das *Memento Mori* in der Dominikanerkirche von Bozen, wo der Tod vom Pferd aus im Galopp in Massen die Lebenden niedermäht. Die Konfrontation mit dem Tod, der Tod als Sensenmann, die Allegorie der «Pestpfeile», alles war bereits da.[8] Man könnte es sich leichtmachen und argumentieren, gestorben werde immer. Aber ganz so einfach ist es nicht. In der Kunst des Gründungsvaters der westlichen Malerei, Giotto di Bondone (ca. 1267–1337), findet sich – etwa in der 1305 gemalten Arena-Kapelle in Padua – wenig von der Düsternis der nachfolgenden Generation, welcher der Maler des Pisaner *Camposanto*, der rätselhafte Buffalmacco, angehörte.

Des Rätsels Lösung besteht darin, dass es in den 1330er und erneut Anfang der 1340er Jahre gute Gründe gab, den Tod in besonderer Weise zu fürchten. Betrachtet man die Klimageschichte Mitteleuropas, so finden wir nach einigen guten Jahren, die die Menschen von einer Rückkehr der Warmzeit träumen ließen, Mitte der 1330er Jahre eine Serie schwieriger Jahre. Der Sommer 1335 war kalt und niederschlagsreich, der Wein wurde sauer und die Ernte missriet. Auch das Jahr danach war zu feucht. 1338 sahen sich dann die Menschen mit biblischen Plagen konfrontiert: Im Frühjahr kam es zu großen Überschwemmungen, im Sommer fielen Heuschrecken in Ungarn, Österreich, Böhmen und Deutschland bis hinauf nach Thüringen und Hessen ein. Sie fraßen große Teile der Ernte auf. Erst früher Schnee setzte diesem Schrecken ein Ende. Allerdings erlitten viele Bäume Schneebruch und die Trauben wurden geschädigt, die von den Heuschrecken nicht angerührt worden waren. 1339 und 1340 kehrten die Heuschrecken wieder, bis sie im August von Dauerregen vertrieben wurden, der seinerseits zu Hochwasser und Ernteschäden führte.[9] Der Frühling 1341 war so kalt wie ein Winter. Die Weizenernte fiel in England 1341/42 so katastrophal aus, dass Steuererleichterungen gewährt werden mussten.[10]

Der Sommer 1342 brachte eine der schwersten Umweltkatastrophen der letzten tausend Jahre. Intensive Regenfälle ließen im Juli die Flüsse über die Ufer treten und die Flutwellen zerstörten die großen Brücken in Regensburg (Donau), Bamberg, Würzburg und Frankfurt (Main), in Dresden (Elbe) und Erfurt. Das Hochwasser riss tiefe Schluchten und veränderte die Landschaftsoberfläche nachhaltig. In weiten Gebieten wurde die Ernte vernichtet, es kam zu Teuerung und Hungersnot. 1343 wiederholten sich die langen Regenphasen in den Sommermonaten Juli, August und September. Der Bodensee trat dreimal über seine Ufer und überschwemmte die Städte Lindau und Konstanz. Der Rhein zerstörte zahlreiche Brücken und Gebäude zwischen Basel und Straßburg. Die Ernte war durch Regenfälle und Überschwemmungen beeinträchtigt. Ein kaltes und feuchtes Frühjahr, in dessen Verlauf Stürme schwere Schäden anrichteten, verzögerte die Baumblüte. 1344 minderten große Trockenheit und Dürre die Ernte, nur der Wein geriet wegen der Wärme gut.[11] In Italien kam es zu einer Hungerkatastrophe, die in der Renaissancemetropole Florenz Tausende das Leben kostete. Die städtische Ökonomie geriet in eine Krise, von der spektakuläre Firmenzusammenbrüche künden.[12] Dies war der Kontext, in welchem – Jahre vor der großen Pest – die Fresken über den «*Triumph des Todes*» in Auftrag gegeben wurden.

## *Der Schwarze Tod von 1346–1352*

Der Schwarze Tod zählt zu den größten Katastrophen in der Geschichte Europas. Während eines Zeitraums von wenigen Jahren soll die Hälfte der Bevölkerung gestorben sein.[13] Dies wäre in der Wirkung schlimmer als alle Weltkriege des 20. Jahrhunderts zusammen. Einige Historiker messen dem Eintreffen des Schwarzen Todes entscheidende Bedeutung für die Transformierung der westlichen Kultur bei.[14] Doch mittlerweile sieht man die Wirkung der Pest differenzierter. Die Mortalität der ersten Pestwelle dürfte niedriger gelegen haben.[15] Und viele der Frömmigkeitsformen, die man der Großen Pest der Jahre 1346–1352 zugeschrieben hat, gab es schon früher (Geißlerzüge, Totentanzdarstellungen) oder sie entwickelten sich erst im Lauf des 15. und 16. Jahrhunderts zu voller Blüte (Sebastianskult, Rochuskult).[16]

Die Antwort auf die Frage, warum der Schwarze Tod in Europa so reiche Ernte halten konnte, liegt in dem Umstand, dass die Jahrzehnte zuvor eine geschwächte Bevölkerung mit geminderter Resistenz bereiteten. Möglicherweise spielt die Große Hungerkrise von 1315–1322 als «Mutter aller Krisen» eine Rolle, denn Hungerstress in der Kindheit bewirkt lebenslang eine größere Anfälligkeit für Krankheiten.[17] Die klimatische Ungunst der 1330er Jahre betraf die gesamte nördliche Hemisphäre. Zu diesem Zeitpunkt herrschte große Unruhe unter den mongolischen Stämmen. Sie rückten gegen China vor und haben zur Verbreitung der Pest beigetragen. Massenbestattungen in Westchina sprechen dafür, dass die Ausbreitung der großen Pest in China ihren Anfang nahm und sich von dort entlang der Seidenstraße verbreitete. In Europa war der neuen Seuche der Boden bereitet: 1346 war ein ausgesprochen kaltes Jahr, in dem es bis Juni kaum wärmere Abschnitte gab. Bereits am 22. September fiel wieder ungewöhnliche Kälte ein, und die noch unreifen Trauben an Main, Rhein und Mosel erfroren. 1347 war so niederschlagsreich, dass sich Blüte und Ernte verspäteten. Nicht einmal der Hafer konnte eingebracht werden, der Wein dieses Jahres war untrinkbar und bereits im Oktober fiel Schnee.[18]

Dies war die Situation, in der die Große Pest Europa erreichte. Zunächst verbreitete sich die Seuche unter den Tataren. Als diese 1346 die genuesische Stadt Caffa auf der Krim belagerten, schossen sie mit

Katapulten Pestleichen in die Stadt – ein frühes Beispiel biologischer Kriegführung. Von Caffa aus gelangte die Pest 1347 mit genuesischen Schiffen nach Italien. Über Marseille kam sie im Januar 1348 nach Avignon, Sitz des Papstes Clemens VI. (1292–1352, r. 1342–1352), von dessen Leibarzt Guy de Chauliac (gest. 1368) sie erstmals sachkundig beschrieben wird. Von Bordeaux aus verbreitete sich die Seuche im Juni über mehrere Häfen nach England und Nordfrankreich. Paris erreichte sie im August 1348 und noch im selben Jahr Bergen in Norwegen. Nach Deutschland kam die Pest entweder auf dem Landweg oder über die Hafenstädte an der Nordsee. In Hamburg und anderen Küstenstädten forderte die Epidemie 1350 die schwersten Opfer. Allerdings scheinen Süddeutschland und Böhmen von der Krankheit verschont geblieben zu sein. Dasselbe gilt für Teile Schwedens und Finnlands sowie für Island und Grönland.

In den italienischen Städten gab es dagegen allenthalben viele Opfer. Venedig, wo die Krankheit seit März 1348 wütete, verlor mehr als die Hälfte seiner Einwohner, beinahe ebenso viele Florenz. Die Krankheit war für die Betroffenen völlig neuartig, wie der Arzt Gentile da Foligno in seinem Traktat betonte. Vermutlich war es diese Neuheit im Zusammenspiel mit der vorhergegangenen Schwächung des Immunsystems, die der Pest nach vielen Jahrhunderten der Abwesenheit in Europa zu so großer Wirksamkeit verhalf. Nach neuesten Schätzungen fielen ihr 30 % aller Einwohner zum Opfer, wobei die regionalen Mortalitätsraten zwischen 10 % und 60 % lagen. Kein anderes Ereignis in der europäischen Geschichte hatte ähnliche Folgen.[19]

## *Die großen Konjunkturen der Entwicklung*

Zu den großen Errungenschaften der wirtschaftsgeschichtlichen Forschung gehört die Zusammenstellung langfristiger Preisreihen. Sie beruhen auf der Auswertung einer großen Zahl lokaler Preisreihen, wie sie Moritz John Elsas in den 1920er Jahren anhand der Rechnungsbücher der Heiliggeist-Spitäler angestellt hat.[20] Für die Zeit vor 1200 besitzen wir keine kohärenten Preisreihen, weil der Übergang von der Subsistenz- zur Marktwirtschaft bzw. von der Tausch- zur Geldwirtschaft noch nicht vollzogen war und eine ordentliche Rechnungslegung noch nirgends existierte. Grundlage ist der Preis für die

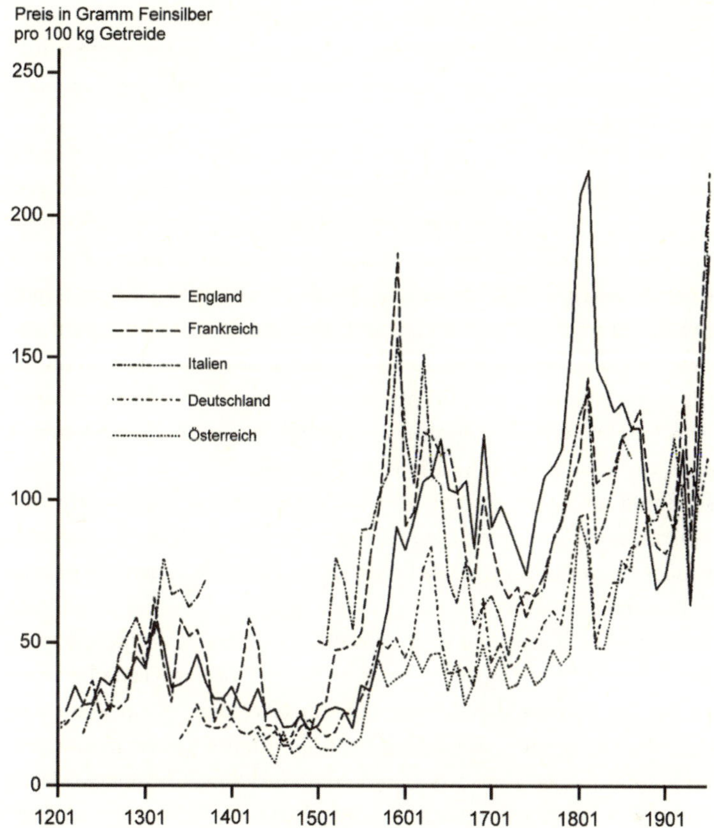


***Abb. 24*** Die großen Konjunkturen der gesellschaftlichen Entwicklung: Getreidepreise in Westeuropa, 1201–1960.

Getreidesorte, aus welcher jeweils das «tägliche Brot» gebacken wurde. Brot war während des Spätmittelalters und der Frühen Neuzeit das wichtigste Grundnahrungsmittel, seine Preisentwicklung beeinflusste die Entwicklung sämtlicher anderer Preise. Seit dem hohen Mittelalter erkennen wir vier große Konjunkturen, von denen hier nur die ersten drei besprochen werden sollen, weil sie auf demselben Mechanismus beruhen: Der Brotpreis stieg langfristig an – ein Vorgang, der von Wirtschaftshistorikern aus unerfindlichen Gründen als *Preisrevolution* bezeichnet wird. Dahinter steckt keine Geldentwertung, sondern eine langfristig steigende Nachfrage nach Brot. Die Bevölkerung wuchs schneller als die Getreideproduktion. Am Ende des 16. Jahrhunderts stieß die Landwirtschaft – wie schon am Ende der hochmittelalterlichen Warmzeit – an ihre Grenzen und konnte die Ärmeren nicht mehr zu bezahlbaren Preisen ernähren.

Diese Situation hat der englische Nationalökonom Thomas Robert Malthus (1766–1834) in seinem berühmten *Essay on the Principles of Population* (1798) beschrieben: Die Bevölkerung zeigt stets die Tendenz, stärker als die verfügbaren Nahrungsmittel zu wachsen. Als Folge dieser Entwicklung kommt es zur Krise, bis durch Krankheiten und Kriege die Sterblichkeit stark ansteigt und die Bevölkerungszahl erheblich reduziert wird. Diese Art der Krise wird nach dem Begründer der Bevölkerungswissenschaft als *Malthusianische Krise* bezeichnet. An den langfristigen Konjunkturen der europäischen Getreidepreise können wir erkennen, dass im vorindustriellen Europa dreimal der Krisenpunkt erreicht wurde: um 1300, in der zweiten Hälfte des 16. Jahrhunderts und um 1800. Der genaue Zeitpunkt der Krise war aber nicht nur durch innergesellschaftliche Entwicklungen bestimmt, sondern auch durch das Klima.

Im mittleren Drittel des 16. Jahrhunderts – etwa von 1530 bis 1560 – wurde das Bevölkerungswachstum durch ein mildes Klima begünstigt. Um 1560 dürfte die Bevölkerung in etwa den Stand von 1300 wieder erreicht gehabt haben. Dann trat die Kleine Eiszeit in eine besonders ungünstige Phase ein, mit vielen kalten Wintern, nassen Sommern und entsprechend schlechten Ernten. Die Preise schossen in vorher völlig unbekannte Höhen – in Wirklichkeit waren die Preise in einzelnen Jahren und Monaten sogar noch sehr viel höher als in den Diagrammen der Wirtschaftshistoriker, denn dort werden die Spitzen durch Bildung langjähriger Durchschnitte rechnerisch gemildert. Die Getreidepreise stiegen vom Ende des 15. bis zur Mitte des 17. Jahrhunderts auf ein Vielfaches der Ausgangsposition.[21] Da das Bevölkerungswachstum an seine Grenzen stieß, sprechen wir von einer *Krise des 17. Jahrhunderts.* Eine Vielzahl von Kriegen, Bürgerkriegen und Revolutionen trug zum Rückgang der Bevölkerung bei. Aber in Wirklichkeit haben wir es mit einer *Malthusianischen Krise* zu tun.

Allerdings war Europa inzwischen eine entwickelte Gesellschaft. Verknappung und Preissteigerungen führten zu keiner generellen Verarmung, sondern zu Verwerfungen des gesellschaftlichen und politischen Gleichgewichts. Generell profitierten die Eigner und Zwischenhändler des Brotgetreides von den hohen Preisen, also zum Beispiel ostelbische Gutsbesitzer und Teile des Feudaladels in Mittel- und Westeuropa. Damit im Zusammenhang steht, wie besonders seit der Übertragung der *Dependenztheorie* auf die europäische Geschichte durch Immanuel Wallerstein betont worden ist,[22] die Transformation ganzer Gesellschaften: Während an der europäischen Peripherie, in Osteuropa oder in den spanischen Kolonien, eine «Zweite Leibeigenschaft» eingeführt wurde, um die Getreideproduktion zu steigern, stieg im Zentrum der «*europäischen Weltwirtschaft*» eine Händlerklasse zu politischer Dignität auf. Die Niederlande erlebten ihr *Goldenes Zeitalter* nicht zufällig genau zu dem Zeitpunkt, als der Rest des Kontinents unter periodischen Hungerkrisen litt. Überall, auch im *Heiligen Römischen Reich* oder Italien, kam es zu einer Polarisierung zwischen Getreidebesitzern und dem Rest der Bevölkerung. In Norddeutschland war der neue Reichtum der «*Weser-Renaissance*» zu bestaunen, da der Adel von der Nachfrage profitierte. In Bayern mussten dagegen Luxusgesetze gegen Bauern erlassen werden, da diese das Getreide selbst verkaufen und sich zum Teil reichere Hochzeiten als ihre adeligen Herren leisten konnten. Nicht am Getreideboom teil hatte die städtische Mittelschicht, deren Einkommen bei stagnierenden Produktpreisen und gleich bleibenden Löhnen an Kaufkraft abnahm, während die Brotpreise stark anzogen. Dies führte zu einer gravierenden Verschlechterung der Lebenssituation. Anhand von *Warenkorbuntersuchungen* hat man berechnet, dass seit den 1580er Jahren eine gesunde Ernährung für einen vierköpfigen Haushalt schwierig wurde und auf Jahrzehnte hinaus blieb.[23]

## *Die Mortalitätskrisen der Kleinen Eiszeit*

Verheerende Seuchensterblichkeit war charakteristisch für die Frühe Neuzeit. In Augsburg, der Stadt der Reichstage im 16. Jahrhundert, fanden Pestepidemien 1519–1521, 1533, 1543, 1562, 1572, 1586, 1592, 1602 und 1613 statt. Diese Krisen wurden völlig in den Schatten gestellt durch die Seuchen von 1628 und 1632–1634, denen beinahe die Hälfte der Augsburger Bevölkerung zum Opfer fiel. Da gleichzeitig durch den Dreißigjährigen Krieg auch die Absatzmärkte für Augsburger Tuche wegfielen, konnte sich die schwäbische Metropole nie mehr von diesem Aderlass erholen und sank auf den Status einer Kleinstadt ab.[24]

Leicht zeitversetzt finden wir die Mortalitätskrisen in allen europäischen Städten. Dabei kann man sich des Eindrucks nicht erwehren, dass die Sterblichkeit in der zweiten Hälfte des 16. und der ersten Hälfte des 17. Jahrhunderts gravierender war als vorher oder nachher. In Italien nahm die Pest der Jahre 1575–1577 besonders schlimme Ausmaße an. Die ersten Krankheits- und Todesfälle traten im Sommer auf, doch ging die Seuche wie üblich während der Wintermonate zurück. Im März des kommenden Jahres lebte sie wieder auf und entfaltete im Verlauf des Sommers und des Herbstes ihre volle Wucht. In Mailand, wo die Pest 16 000 Todesopfer forderte, etwa ein Zehntel der Bevölkerung, stiftete Reformbischof Carlo Borromeo ein Pestspital. In Venedig starb etwa ein Drittel der ca. 160 000 Einwohner an der Seuche. Das öffentliche Leben kam zum Erliegen, die Schulen wurden geschlossen, Totengräber und Leichenfrauen mussten zur Warnung Glöckchen an den Beinen tragen. Dies war das schlimmste Auftreten der Seuche, und sie war seit 1348 immerhin 26-mal aufgeflammt. Als die Pest wieder verschwand, dankte die Stadt der heiligen Muttergottes durch den Bau der gewaltigen Kirche *Santa Maria della Salute*, ausgeführt durch den berühmten Baumeister Andrea Palladio (1508–1580).[25]

Die Mortalitätskrisen wurden nicht durch die Pest allein verursacht. Häufig trat sie im Verbund mit anderen Krankheiten auf, da die geschwächte Konstitution die Menschen anfällig machte. Typischerweise waren dies in Europa das Fleckfieber (*Typhus exanthemicus*, bekannt als «Hauptkrankheit» oder «Ungarisches Fieber»), das Menschen vor Schmerzen in den Wahnsinn trieb, die vor allem für Kinder gefährlichen Pocken («Blattern», «Kindsblattern»), die tödliche Durchfallerkrankung der «roten Ruhr» (Dysenterie), aber auch Masern, Scharlach und die Grippe, die wegen ihrer Wandelbarkeit unter ganz unterschiedlichen Bezeichnungen («englischer Schweiß», «spanischer Fips», «böhmische Schafpest», «catharrus epidemicus») auftauchte – manchmal zusammen mit Husten oder Keuchhusten («la coqueluche») – und bis ins Jahrhundert der Aufklärung hinein generell als «neue Krankheit» («the new ague») bezeichnet wurde. Erst im Laufe der weltweiten Grippeepidemien des 18. Jahrhunderts und der Gründung medizinischer Gelehrtengesellschaften und Fachzeitschriften konnte man die Krankheit diagnostizieren und legte sich auf medizinische («Influenza») und volkstümliche Begriffe («la grippe», «Grippe») fest. Während der katastrophalen Mortalitätskrise von 1632–1635 grassierte in Deutschland zuerst der Hunger infolge von Missernten und Krieg. Dann kamen Ruhr und Typhus, dann die Pest.[26]

## *Der Zusammenhang von Hunger und Krankheit*

Dass die Verschlechterung der Ernährung in Stadt und Land zu einer höheren Krankheitsanfälligkeit und Sterblichkeit geführt hat, wird in Teilen der Literatur bestritten.[27] Der italienische Ernährungswissenschaftler Massimo Livi-Bacci meint, dass kaum eine der historischen Krankheiten durch Mangelernährung begünstigt worden sei und im Gegenteil Mangel sogar das Wachstum der Krankheitserreger behindert und zu einer Verringerung der Krankheiten geführt habe.[28] Für Pocken ist allerdings jetzt durch eine Neu-Interpretation englischer Quellen der positive Beweis erhöhter Sterblichkeit in Krisenjahren erbracht worden.[29] In den Veröffentlichungen der UNO zu Hungerkrisen im 20. Jahrhundert werden üblicherweise Infektionskrankheiten wie Tuberkulose,[30] Typhus[31] und Ruhr[32] als Folgen von Unterernährung bezeichnet. Seit längerem ist auch das Phänomen eines Rückgangs der Fruchtbarkeit bei Frauen für die Krisenperioden der Frühen Neuzeit statistisch erwiesen.[33] Der Rückgang des Eiweißkonsums (Fleisch, Milch, Eier) im 16. Jahrhundert hatte offenbar Folgen: Zahnuntersuchungen und der Rückgang der Körpergröße, den man an Skeletten ablesen kann, bilden Indikatoren für Ernährungsmängel. Die Menschen im späten 16. und frühen 17. Jahrhundert waren im Durchschnitt kleiner als jemals zuvor oder danach in den vergangenen zweitausend Jahren, vergleichbar nur mit Notzeiten des frühen 14. Jahrhunderts.[34] Zeitgenössische Chroniken betonten den Zusammenhang von Hunger und der so genannten Hauptwehkrankheit: «Nach dieser langwierigen Theuerung folgete ein grausame Haupt-Kranchkeit, welche/so sie in ein Hauß kam/einen grossen Raum thäte/und sonderlich diejenige/welche ihr Leben kaum mit einem Stück Brod erhalten/hinweg nahm».[35] Die Anzahl der zeitgenössischen Veröffentlichungen zu diesen Krankheiten stieg – etwa in der Hungerkrise von 1570 – auf ein Vielfaches an.[36]

Betrachtet man die strukturellen Veränderungen, die von der Verschlechterung des Klimas herbeigeführt wurden, so kann man ähnliche Beobachtungen auf allen Kontinenten machen. Missernten führten zu erhöhter Krankheitsanfälligkeit und Sterblichkeit sowie zu einem Rückgang der Bevölkerungszahl. Selbst in China stagnierte im 17. Jahrhundert der Bevölkerungsanstieg.[37] Für die spanischen Philippinen und das niederländische Ambon sowie für Siam (Thailand) besitzen wir statistische Daten. In allen Fällen werden für das frühe 17. Jahrhundert Hungersnöte und Epidemien berichtet. In Java fiel in den Jahren 1625/26 ein beträchtlicher Teil der Bevölkerung einer Seuche zum Opfer. In den spanischen Besitzungen ging die Bevölkerung bis 1655 um ein Drittel zurück. Mitte der 1660er Jahre wurde Indonesien, wie Europa, von einer stark erhöhten Sterblichkeit heimgesucht. Viele dieser ungünstigen Daten werden traditionell mit Kriegen oder unzureichender Statistik erklärt, doch die Koinzidenz der Ereignisse legt eine weiträumige ökonomische oder klimatische Begründung nahe. Soweit die betroffenen Gebiete bereits in den internationalen Handel integriert waren, spielte der Preisverfall für Ausfuhrgüter nach Europa eine Rolle, etwa bei Pfeffer oder anderen Gewürzen. Insgesamt war die Krise jedoch nicht durch den Handel oder den Einfluss der Kolonialmächte, sondern durch Probleme der lokalen Ökonomie und Gesellschaft verursacht.[38]

## *Kriegsgewalt und Todesstrafen*

In seinem Bild «*Triumph des Todes*» (Madrid, Prado) zeigt der niederländische Maler Pieter Brueghel (1525–1569) unter anderem einen Wald von Galgen, der auf die Häufigkeit der Todesstrafen verweist.[39] Die frühneuzeitliche Strafjustiz bekam es mit immer größeren Zahlen von Delinquenten zu tun und reagierte darauf mit einer Verschärfung der Gesetzgebung.[40] Die Behandlung der Delinquenten war hart und verschärfte sich im Laufe des 16. Jahrhunderts. Die Folter war weiter verbreitet als jemals zuvor oder danach,[41] die Hinrichtungszahlen erreichten in ganz Europa bis dato unbekannte Höhen. Reisende, die sich um 1600 den großen europäischen Städten näherten, sahen als Erstes vor den Stadttoren die Räuber an Galgen baumeln. Mit dem *Theater des Schreckens* sollten potentielle Missetäter abgeschreckt und der Eindruck einer unverrückbar stabilen Ordnung erzeugt werden.[42]

Manches deutet auf eine allgemeine Zunahme der Gewalt, und insbesondere im Zusammenhang mit dem Dreißigjährigen Krieg ist auf die große Zahl von Opfern verwiesen worden. Bis zu zwei Drittel der Bevölkerung seien in diesem Krieg zugrunde gegangen.[43] Andererseits muss man darauf hinweisen, dass die Größe der damaligen Heere relativ gering war. Die Anzahl der Personen, die bei direkten Kampfhandlungen getötet wurden, war im Vergleich zu den seuchenbedingten Mortalitätskrisen letzten Endes klein. Und selbst die Opfer von marodierenden Soldaten, «starken Bettlern» und anderen gewalttätigen Verbrechern, wie einschneidend auch ihre Gewalttätigkeit in individuellen Biographien gewesen sein muss, spielen statistisch keine große Rolle.[44] Kriegsgewalt und Todesstrafen waren ein Signum des Zeitalters, in dem sich aufgrund einer Verknappung der Ressourcen alle möglichen (religiösen, sozialen, politischen) Konflikte zuspitzten. Doch so schlimm Krieg und Gewalt auch gewesen sind: In den lokalen Mortalitätsstatistiken fallen sie gegenüber der durch Krankheit verursachten Sterblichkeit nicht ins Gewicht.[45]

Eine gesonderte Erwähnung ist China wert, das in einer Orgie der Gewalt versank. Die erste Hälfte des 17. Jahrhunderts brachte eine Katastrophenzeit, deren Ausmaß nur mit dem frühmittelalterlichen Pessimum verglichen werden kann. In Yünan, dem milden Südwesten Chinas, tobten im Jahr 1601 ausgedehnte Schneestürme, und von da an werden aus dem gesamten Reich spektakuläre Kälteereignisse berichtet. Obwohl Menschen vor Kälte umkamen, brachte eher die mit der Abkühlung verbundene Trockenheit die chinesische Landwirtschaft zum Kollaps. Mörderische Hungersnöte suchten das Reich zwischen 1618 und 1643 heim. Die Menschen lagen sterbend an den Straßenrändern. Es kam zu Kannibalismus, massenhafter Binnenmigration, zu vielfältiger Gewaltanwendung und am Ende zu einem großen Bauernaufstand unter Führung des Li Zicheng, der 1643 der Ming-Dynastie ein Ende bereitete. Ihren gewaltsamen Sturz kann man nicht ohne Ironie sehen: Denn dieselbe Dynastie war dreihundert Jahre zuvor in einer ähnlichen klimabedingten Krise durch Sturz der mongolischen Yüan-Dynastie (1260–1368) an die Macht gekommen. Der erste Ming-Kaiser Tai-Tsu (r. 1368–1399) war der Anführer der aufständischen Bauern gewesen. Nach dem Sturz der Ming setzte sich in blutigen Bürgerkriegen die Mandschu-Dynastie durch, die sich bis 1912 an der Macht halten konnte.[46]

## Winter-Blues

### Psychische Krisenreaktionen

Der Augsburger Maler Barnabas Holzmann beschreibt seine Reaktionen während der Hungerkrise von 1570 folgendermaßen: «Die Gall durch manchen Seufzer tief, mir bitter in den Magen lief, das Süß und Sauer in meinem Mund, ich kommerlich entscheiden kund, ich hab durch manche lange Nacht, wenig geschlafen, viel gewacht …».[1] Der amerikanische Soziologe Pitirim Sorokin (1889–1968) hat – vor dem Hintergrund der sowjetischen Hungerkrise der 1920er Jahre – darauf hingewiesen, dass derartige Katastrophen zu extremen psychischen Reaktionen führen, zur Veränderung des Denkens und Fühlens, des Verhaltens, der sozialen Organisation und des kulturellen Lebens.[2] Dass sozialer Stress psychische Erkrankungen und speziell depressive Verstimmungen hervorruft, scheint in den Sozialwissenschaften Konsens zu sein.[3] Zu den spezifischen Stressoren werden dabei Phänomene gerechnet, die während der Krisenjahre der Kleinen Eiszeit vermehrt auftraten: unerwartete Krankheit, Tod eines Kindes oder des Lebensgefährten, Streit in der Familie, Verlust des Arbeitsplatzes oder der Wohnung, sexuelle Unerfülltheit, Einsamkeit, unfreiwillige Kinderlosigkeit durch Unfruchtbarkeit, physische Gewalt, Berührung mit Verbrechen, Verlust des Hauses oder der Wohnung durch Feuer, Flut oder anderes Unglück, finanzielle Krisen.[4]

### Seasonal Affective Disorder (SAD)

Unter den zahlreichen Ursachen von Traurigkeit führt der anglikanische Bischof Robert Burton (1577–1640) in seiner «*Anatomy of Melancholy*» die endlosen trüben Tage an, in denen dunkle Wolken das Sonnenlicht verdunkeln und an denen manche mehr litten als andere.[5] Und dies sogar auf den Britischen Inseln, wo man mit Sonnenschein nicht verwöhnt wird, weil im Winter die Sonne bereits am frühen

Nachmittag untergeht. Wenn man durch die Dunkelheit des Winterhalbjahrs in Melancholie verfalle, dann gebe es nur ein einziges Mittel dagegen: im September aus Britannien zu fliehen, nach Italien zu reisen und wenigstens für ein halbes Jahr dort zu bleiben. Speziell für die Kleine Eiszeit dürfte damit eine erst jüngst entdeckte und definierte psychische Erkrankung von besonderem Interesse sein: der «*Winter Blues*».[6]

Als seelische Erkrankung würde er gut passen zu einer Zeit mit langen Wintern und regenreichen Sommern, in denen manchmal die Sonne hinter dunklen Wolken kaum zu sehen war. Neuerdings wird diese depressive Verstimmung auch «*Seasonal Affective Disorder*» genannt, mit der schönen Abkürzung «SAD»,[7] weil sie durch den Entzug von Sonnenschein hervorgerufen wird und zu übertriebener Traurigkeit und erhöhter Selbstmordanfälligkeit führe. Die akuten Symptome umfassen Schlafprobleme, Lethargie, Essprobleme, Depression, soziale Probleme, Angstgefühle, Verlust der Libido sowie rasche Gefühlswechsel. Die meisten Betroffenen klagen über Anzeichen einer Immunschwäche und sind anfälliger für Infektionen und andere Krankheiten. Während der nichtakuten Phase verschwinden die Gefühle der Angst und Depression, doch die Symptome der Müdigkeit und der Schlaf- und Essprobleme bleiben in milderer Form erhalten.[8]

Wenn bereits normale Winter bei sensiblen Gemütern solche Reaktionen auslösen, wie muss es erst in den «Jahren ohne Sommer» gewesen sein, für welche die Kleine Eiszeit berüchtigt war?[9] Wir können nur vermuten, dass auch während der Kleinen Eiszeit dieselben psychosomatischen Reaktionen galten wie heute. Ein Beleg dafür ist die «Mutlosigkeit», die viele Menschen in Nordeuropa 1784 wegen der verschleierten Sonne nach der Eruption des isländischen Vulkans Laki erfasste. Licht und Dunkelheit sind in der europäischen Kultur (und vielen anderen Zivilisationen) kulturell codierte Phänomene. Üblicherweise wird Licht mit positiven Aspekten und Dunkel mit dem Bösen assoziiert. Allein schon vor diesem Hintergrund konnte eine Zunahme der Dunkelheit niemanden froh machen, zumal die Möglichkeiten der künstlichen Beleuchtung beschränkt waren – die heute zur Bekämpfung des *Winter-Blues* eingesetzten Tageslichtlampen hatten in Kienspänen und Kerzen nur unvollkommene Vorläufer. Freilich kamen in der Kleinen Eiszeit noch andere Gründe für seelische Depressionen hinzu, wie zum Beispiel die mit der ungünstigen

Witterung verbundenen Begleiterscheinungen der Missernten, des Viehsterbens, der epidemischen Krankheiten – etwa einer Pockenepidemie, die ein Drittel der Bevölkerung dahinraffte – und wegen des sauren Regens eine Degradierung allen pflanzlichen Wachstums.[10]

## *Verzweiflung und Selbstmord*

Das Klima des religiösen Drucks und der Gewalt, die wiederkehrenden Agrarkrisen, die Wellen von Bettlern, die durch die Lande zogen, der Anblick von Kindern mit Hungerödemen in den Straßen, die «unnatürlichen» Krankheiten, die von den Ärzten nicht behandelt werden konnten, aber auch soziale Spannungen und Kriege haben psychische Krankheiten begünstigt. Seelische Verstimmungen wurden von den Zeitgenossen als besorgniserregend eingestuft, wie die geistliche Trostliteratur über Betrübtheit, Verzweiflung und Traurigkeit anzeigt. Bereits der zweite von Michel de Montaignes (1533–1592) Essays handelt «*Über die Traurigkeit*», weil zur Zeit ihrer Abfassung in den 1570er Jahren «alle Welt sich wie auf Absprache in den Kopf gesetzt hat, sie vorrangig mit ihrem Wohlwollen zu beehren».[11] Im Gefolge der Hungerkrise boomte nicht nur die Trostliteratur, sondern der Hang zur Traurigkeit selbst wurde in einem «*Melancholischen Teufel*» aufs Korn genommen.[12] Und Daniel Schaller schreibt «von der Schwermütigkeit der Menschen auf Erden» in einfühlsamer Weise: «Den Leuten entfällt fast aller Mut, ihnen ist angst und weh ums Herz, sehen aus wie eine tote Leich, wie ein Schatten, hängen den Kopf zur Erden, als ob sie mit lebendigem Leib unter die Erde kriechen wollen, und wünschen sich ihrer viel lieber tot als lebendig.»[13]

Die Selbstmordziffern erreichten in Krisenjahren unbekannte Größen.[14] Selbstmorde, das sei nur am Rande erwähnt, generierten eine Reihe interessanter Folgekonflikte um die Form der Beisetzung. Obwohl außer dem Selbstmörder niemand körperlich verletzt wurde, handelte es sich bei dem Delikt klassifikatorisch – wie der Begriff schon sagt – um eine Form von «Mord». Und Mord war keine Privatsache, sondern eine Verletzung der göttlichen Ordnung. Die Lokalbevölkerung befürchtete, dass eine falsche Beisetzung Gottes Zorn und damit weitere Wetterschäden in einer misserntereichen Zeit verursachen könnte. «Zum Schutz von Ernte, Vieh und menschlicher Arbeitskraft musste der Selbstmörder aus der Gemeinschaft der Lebenden und der Toten ausgestoßen werden.» Wie David Lederer bemerkt, wurden in der zeitgenössischen Bewertung Ursache und Wirkung vertauscht. Möglicherweise führte die klimatische Depression zu einem Anstieg der Selbstmordhäufigkeit, doch entsprach es der populären «Vorstellung, dass Selbstmord schlechtes Wetter verursache».[15]

Melancholie war eine Modekrankheit der Zeit. Künstler, Intellektuelle und Fürsten entdeckten diese Krankheit bei sich selbst, in Frankreich wie in Spanien, wo die jeweiligen Dynastien der Valois und Habsburg davon befallen waren.[16] In England ist die depressive Verstimmung entsprechend ihrem Kulminationspunkt während der Regierungszeit von Queen Elizabeth I. (1533–1603, r. 1558–1603) als «*The Elizabethan Malady*» bezeichnet worden.[17] Konsequenz dieser Zeitkrankheit war die Einrichtung besonderer Behandlungsstätten, in denen seelisch Kranke zusammengefasst wurden.[18] Die Krankheit wurzelte allerdings tiefer in der Gesellschaft: Die autobiographischen Aufzeichnungen des puritanischen Drechslers Nehemiah Wallington (1598–1658) zeigen, dass die protestantische Ethik mit ihrem Zwang zur Selbstprüfung die Zeitgenossen unter Umständen noch tiefer in ihre Depressionen riss, da sie aufgrund aller äußeren Zeichen von der Ungeheuerlichkeit ihrer Sünden überzeugt wurden.[19]

## *Die Welt unter dem Schwermutplaneten*

Es ist ein treffendes Symbol für diese Ära, dass der führende Fürst des Zeitalters, Kaiser Rudolf II. (1552–1612, r. 1576–1612), selbst als melancholisch, als verhext oder als wahnsinnig galt.[20] Selbst wohlwollende Zeitgenossen wie der kaiserliche Botschafter in Spanien, Graf Hans Khevenhüller, berichten von der eigenartigen Stimmung des Kaisers und befanden, der Kaiser sei unter dem «Schwermutplaneten» geboren.[21] Felix Stieve weist auf die krank machenden Lebensbedingungen hin, wenn er schreibt, dass «in je schrofferem Widerspruche seine geschlechtlichen Ausschweifungen zu den religiösen Anschauungen standen, die ihm in der Jugend eingeprägt waren und die ihn nach wie vor beherrschten, desto mehr musste ihn in seiner angstvollen Erregung der Gedanke an die Beichte und an die Verantwortung vor Gott erschrecken».[22]

***Abb. 25*** Reaktion auf eine Zeit der Unfruchtbarkeit: Kaiser Rudolf II. lässt sich von seinem Hofmaler Giuseppe Arcimboldo als römischer Fruchtbarkeitsgott Vertumnus porträtieren, ca. 1591.

Die Depressionen des Kaisers rührten vielleicht aus Ängsten, die wir auch heute noch als real anerkennen würden, etwa der Angst vor der Pest, vor der er mehrmals aufs Land fliehen musste, der zeittypischen Angst vor Vergiftung und der Angst vor den politischen Intrigen seiner leitenden Beamten und seiner machthungrigen Brüder Ernst und Matthias, die ihn letztlich ja auch kurz vor seinem Tode absetzten. Andere Ängste würde man eher als irrational definieren, wie etwa die Furcht vor Verhexung (insbesondere durch Kapuziner oder Jesuiten) und die Gewissenskonflikte wegen seiner Sündhaftigkeit, die sich unter anderem auf seine Leidenschaft für Katharina Strada bezogen, die Tochter seines Bibliothekars Jacopo Strada, mit der er eine exzessive Sexualität pflegte und mehrere uneheliche Kinder hatte.

Gemütskranke Fürsten konnten zu einem politischen Risiko ersten Ranges werden, wenn ihre Melancholie Entscheidungen verzögerte, die Regierung lähmte oder Kinderlosigkeit zu politischen Krisen führte. Das Fehlen eines legitimen Erben beschwor immer eine Krise der dynastischen Erbfolge und die Gefahr eines Sukzessionskriegs herauf. Die Kinderlosigkeit Heinrichs III. von Frankreich (1551–1589, r. 1574–1589) läutete eine neue Runde in den Religionskriegen ein, die Kinderlosigkeit Kaiser Rudolfs II. legte die Lunte an das böhmische Pulverfass und führte zu ersten Kriegshandlungen. Die Kinderlosigkeit des melancholischen Herzogs Johann Wilhelm von Jülich-Kleve (1562–1609) brachte Europa an den Rand des allgemeinen Krieges, der nur zufällig durch die Ermordung Heinrichs IV. (1553–1610, r. 1589 94–1610) verhindert wurde. Der Jülich-Kleve'sche Erbfolgekrieg verebbte in einer regionalen Auseinandersetzung, die erst später zum Vorspiel des Dreißigjährigen Krieges uminterpretiert wurde.[23]

Erik Midelfort kommt zu dem Schluss, dass eine Wurzel des Dreißigjährigen Krieges nicht zuletzt im Wahnsinn damaliger Regenten zu suchen sei.[24] Dieser hing aber mit den psychologischen Auswirkungen der Kleinen Eiszeit zusammen. War Hexerei das Verbrechen der Kleinen Eiszeit, so war Melancholie ihre symptomatische Krankheit. Zwar kannten schon die Zeitgenossen das berühmte Diktum des Aristoteles, dass in Kunst und Politik niemand Großes zu leisten imstande sei, ohne melancholisch zu sein.[25] Allerdings wurde Melancholie von der zeitgenössischen Medizin als ernste somatische Erkrankung klassifiziert, die aus einem Ungleichgewicht der Körpersäfte (*humores*) resultiere. Gemäß der an den Universitäten dominierenden Galenischen Medizin wurde die Krankheit durch ein Übermaß an *Schwarzer Galle* (melancholischer Saft) gegenüber *Blut* (sanguinischer Saft), *Phlegma* (phlegmatischer Saft) und *Gelber Galle* (cholerischer Saft) verursacht. Die Mischung der Körpersäfte entschied über das Temperament (die Komplexion) des Menschen, seine Gesundheit, das Spektrum seiner Aktivitäten und seine Weltanschauung.

Schwarze Galle wurde mit ungesunder Kälte assoziiert, Melancholie «mit der windigen, kalten und trockenen Jahreszeit des Herbstes, der Zeit trauriger Stürme»[26]. Ein Übermaß an Schwarzer Galle wurde verantwortlich gemacht für Ängste, Halluzinationen, heftige Wutanfälle, Apathie und tiefe Traurigkeit. Und Letztere machte die Menschen – und nach zeitgenössischer Theorie insbesondere Frauen als ohnehin schwächeres Geschlecht – anfällig für Verlockungen des Teufels. Der Widersacher versprach den Armen und Alleingelassenen Reichtum, sexuelle Erfüllung und wenn nötig Rache. Der Preis dafür war der Pakt mit dem Teufel, und das Verbrechen hieß Hexerei. Johann Weyer (1515–1588), der Leibarzt der melancholischen Herzöge von Jülich-Kleve, sah einen Ansatzpunkt zur Entschärfung des Hexereiproblems, indem er es als körperliche Erkrankung definierte. Er zog das radikale Fazit, dass nicht nur Fürsten Melancholiker sein konnten, sondern auch die runzelige Alte in der Nachbarschaft: «Dass sie aber an ihrem Gemuet durch den Teufel/so ire phantasey mit viel und mancherlay gespoett und verblendung verwirret hat/seind betrogen/und hinder das liecht gefuehrt worden/also dass sie selbst vermeint haben/es sey von ihnen beschehen/deß sie aber kein gewalt nie gehabt/gleich wie andere besessenen/Melancholischen/die das Schrettelich druckt/ die sich in Hund und Woelf vermeinen verwandelt [zu] sein/dessen trage ich keinen zweiffel.»[27] Die Zeit der existenziellen Nöte und der religiösen Bedrängnis, so viel ist klar, bewegte die Gesellschaft nicht nur auf der oberflächlichen Ebene der sozialen Konflikte, sondern verfolgte ihre Mitglieder bis in ihre Träume.[28]

*Kulturelle Konsequenzen der Kleinen Eiszeit*

## *Der zürnende Gott*

Am 28. Dezember 1560 erschien um Viertel vor sechs Uhr morgens, als man zur Frühmesse läutete, ein Licht am Himmel über Mitteleuropa. Es erschien anfangs weiß, doch dann nahm es eine rötliche Färbung an, bis es schließlich in «bluotfarw verkert» war. Die schon wach waren, weckten ihre Nachbarn, so dass heftige Diskussionen losbrachen. Viele meinten, im Norden den Widerschein eines großen Feuers zu sehen, so groß, als ob ein ganzes Land in Flammen stünde. An vielen Orten begann man die Sturmglocken zu läuten, Gefahr schien im Verzug zu sein. In Zürich ritt der Feuerhauptmann zur Stadt hinaus, «und an andern Orten auch ein gross Glöuff gäben hat; zuo letst ist man wider hinder sich heimzogen, und wol gsähen, das es kein Brunst gwäsen, sondern ein Zeichen von Gott, uns allen zur Warnung und besseren unsers Läbens fürgestelt. Albrecht Küng, wächter uff dem Münsterthurm, zeigt mir an [...] das er kein söllich Zeichen am Himmel nie gesähen als das obgeampt fhürig und bluotig Zeichen. Gott der Herr wölle uns allen gnedig sin Gnad verlihen, das wir uns ab dieser grusamen und erschrockhenlicher Gesicht besseren und bekeren mögend, zuo sinem Lob, Eeren unnd uns zuo Guotem. Amen».[1]

Die Polarlichter, die zu Beginn der Frühen Neuzeit auftraten, wurden – wie die schweren Schneefälle, Lawinen, Überschwemmungen, aber auch deren Folgen wie Missernten, Teuerung und Krankheit – als Zeichen Gottes interpretiert, entweder für das bevorstehende Ende der Welt oder für Strafen Gottes. «Fhürige Zeichen am Himmel sind on Zwyfel vorbotten dess künfftigen jüngsten Tags, in welchem alle Element vor Hitz zerschmelzen und die Wält durch das Fhür gereiniget werden», meinte etwa der Zürcher Nachrichtensammler Wick.[2] Das Weltende und die Strafen Gottes vor Augen, konnte die Zeitgenossen das in rascher Folge eintreffende Unglück nicht wirklich überraschen oder erschien leicht erklärlich: «Uff den fhürigen Himmel ist ein unsegliche grosse Kelte gefolget; hatt gwäret vom Januario biss in mitten Aprellen. Uff disen fhürigen Himmel sind gevolget im Summer gru-

Vber die grossen vnd erschrecklichen Zeichen am Hi-
mel vnd auff Erden/so in
kurtzer zeit gesche-
hen sind.

Ein Epigramma.

***Abb. 26*** Weil die Natur als Zeichensystem interpretiert wurde, das direkte Botschaften des zürnenden Gottes widerspiegelt, blieben Klimasignale nicht unkommentiert. Titelblatt einer Flugschrift von 1562.

sam und erschrokhenliche Hägel und Windstürm, die der glichen in mans gedenken nie erhört noch gesähen. Der Herr Gott wölle uns wyter gnedig sin und uns nütt noch unserem Verdienen strafen. Es ist auch darauff gfolget ein grusame Pestilenz und sterbend zuo Wien in Österrych, und dess volgenden 62. jars zuo Nürenberg, und an andern Orthen mer.» Das Massaker von Vassy, der Beginn des Bürgerkriegs in Frankreich, reihte sich in den Augen des Betrachters nahtlos ein in dieses apokalyptische Szenario, das sich mit Missernten und Epidemien fortsetzte.[3]

Die Hochkonjunktur theologischer Publikationen in der Folgezeit wird traditionell mit dem Anstieg der konfessionellen Spannungen im Zeitalter der Gegenreformation erklärt. Nach der Etablierung des Luthertums standen sich mit dem Aufstieg des Calvinismus und dem nachtridentinischen Katholizismus zwei neue, ideologisch gefestigte Gruppierungen gegenüber. Aber die Frage, warum ihre kontroverstheologische Literatur die seelischen Bedürfnisse der Zeit erfassen konnte, lässt sich nur mit den Unbilden der Kleinen Eiszeit beantworten. Ihr Erfolg wird plausibler, wenn wir sehen, dass die Unsicherheit des Lebens nicht nur auf religiösem Gebiet bestand. Predigten und Erbauungsliteratur nehmen häufig Bezug auf die Erscheinungen in der Natur und die Katastrophen des täglichen Lebens. Wettererscheinungen dienen als Anlass für theologische Überlegungen. Klimatische Ereignisse beschäftigten die Bevölkerung in hohem Maße. Die Seelsorgeliteratur entwickelte ihre ganz eigene Dynamik: Literatur für die Verzweifelten, deren Angehörige plötzlich aus dem Leben gerissen worden waren oder die selbst wegen chronischer oder akuter Krankheiten oder Sorgen verzagten. Die Konfessionen mussten den Gläubigen Identifikationsangebote für all das Leid anbieten. Manfred Jakubowski-Tiessen hat auf den Aufstieg des Karfreitags zum höchsten Feiertag im Luthertum hingewiesen, der nicht durch die Bibelexegese Luthers determiniert war. Vielmehr stellte er ein neues Angebot der lutherischen Kirche in der zweiten Hälfte des 16. Jahrhunderts zur Bewältigung von großem Schmerz dar, nachdem die traditionellen Verkörperungen des Leidens, Schmerzensmutter und Märtyrer-Heilige, nicht mehr verfügbar waren.[4]

Die Allgegenwart des Todes führte zu einer neuen Blütezeit der *Ars Moriendi*. Üblicherweise bringt man die *Kunst des Sterbens* mit den Pestzeiten des Mittelalters in Verbindung – tatsächlich erlebte sie in den problematischen Jahrzehnten um 1600 ihren Höhepunkt.[5] Die ersten Buchmesskataloge des Großverlegers Georg Willer (1514–1593) zeigen den Stellenwert des Themas bereits in den 1560er Jahren, als Autoren aller Konfessionen in deutscher Sprache darüber zu publizieren begannen.[6] Die aus dem Spätmittelalter bekannten Totentanzdarstellungen erlebten eine neue Blüte, sowohl in Neudichtungen als auch durch Editionen älterer Werke. Die Symbole irdischer Vergänglichkeit – Knochengerippe, Totenschädel, der Tod als im Hinterhalt lauernder Armbrustschütze – waren allgegenwärtig in Stammbüchern, Leichenpredigten, auf Münzen, Kupferstichen und Gemälden.[7] Die *Vanitas*-Symbolik erreichte schließlich im 17. Jahrhundert beispielsweise in den Gedichten des Protestanten Andreas Gryphius (1616–1664) ihre Blüte.[8]

## *Aktionismus bei der Sündenbekämpfung*

Nicht wenige Zeitgenossen gewannen den Eindruck, dass es in ihrer Gesellschaft mehr Not, Streit und Kriminalität gebe als jemals zuvor. In die Sprache der Religion übersetzt bedeutete dies: mehr Sünden als je zuvor.[9] Und in den Sünden der Menschen sah man die Ursache für Gottes Zorn. Neben dem eigentlichen Verbrechen wandte sich die Aufmerksamkeit moralischen Verfehlungen zu. Die Aufmerksamkeit für Sexualdelikte erlebten in diesem religiös aufgeheizten Meinungsklima einen rasanten Aufstieg, denn die vielfachen Formen der vor- und außerehelichen Sexualität schienen den Zorn Gottes in besonderem Maße zu erregen. Auch gravierendere Verbrechen wie Teufelsbuhlschaft, Sodomie, Inzest, Bestialität und Vergewaltigung schienen häufiger als früher aufzutreten.[10] Man könnte vermuten, dass allein die «konstruierten» Verbrechen an Häufigkeit zunahmen und die gesteigerte Aufmerksamkeit gegenüber dem Komplex Sünde und Verbrechen auf reinem Alarmismus beruhte. Die Ergebnisse der Kriminalitätsforschung zeigen jedoch, dass auch die Eigentums- und Gewaltdelikte wie Raub und Mord zunahmen. Wenn man den Kriminalregistern Glauben schenken kann, korrespondierte im 16. und 17. Jahrhundert die Zahl der Diebstähle mit den Krisenjahren. Und nicht nur die Zahl der Delikte, sondern auch die der verurteilten Täter erreichte unbekannte Größen. Die Abschreckungsrituale, mit denen der Staat auf die Kriminalität reagierte, stießen in der Bevölkerung auf breite Zustimmung.[11]

Die Gesetzgebungsflut der Jahrzehnte um 1600 folgte einem verbreiteten Bedürfnis nach Regulierung und Ordnung. In ihrer Reaktion auf die Hungerkrise von 1570 bedienten die Regierungen das Bedürfnis der Bevölkerung nach einer Bestrafung der «Fürkäufler» und Wucherer, denen der hohe Getreidepreis angelastet wurde und deren marktwirtschaftlich verständliches Verhalten nicht nur als «eigennützig», sondern als sündhaft und politisch gefährlich betrachtet wurde. Doch kaum minder populär waren Blasphemieanklagen, da die Sünde der Gotteslästerung den Zorn des personal gedachten Gottes in besonderem Maße reizen musste. In den Anklagen findet man religiöse Begründungen, die nur vordergründig mit der Konfessionalisierung, aber in Wirklichkeit mehr mit einer überkonfessionellen *Sündenökonomie* zu tun haben: Ob Fastnacht oder Getreideexporte, Hexerei oder Wucher, Tanz oder Kartenspiel, stets war die Ehre Gottes betroffen, die durch die Sünden der Menschen befleckt wurde.

Sexualität stand nach Ansicht christlicher Theologen in einem engen Verhältnis zur Sünde, und ihre Verdrängung aus dem öffentlichen Leben bildete ein vorrangiges Ziel frühneuzeitlicher Innenpolitik.[12] Die Durchsetzung moralischer Mäßigung war ein langfristiges Ziel, doch kaum jemals wurde es so angestrengt verfolgt wie seit der zweiten Hälfte des 16. Jahrhunderts, als man selbst auf dem Land ein strenges Regime der Kirchenzucht durchzusetzen versuchte.[13] Auf katholischer Seite stellten die Beseitigung des Priesterkonkubinats und die Durchführung des Zölibats ein vorrangiges Ziel dar. Besonders ins Visier geriet neben dem Ehebruch die voreheliche Sexualität, die vielerorts – wie das berühmte «Fensterln» – zur Eheanbahnung diente. Zu den Formen außerehelicher Sexualität, die beseitigt werden sollten, gehörte die Prostitution. Eine Stadt nach der anderen schloss ihre «Frauenhäuser» genannten Bordelle, oftmals wurden die Häuser abgerissen und vom Erdboden getilgt, wie in dem späten Beispiel der Reichsstadt Köln 1594.[14] Die Sittenreformen waren im gegenreformatorischen Bayern so rigide wie im calvinistischen Schottland.

Die Disposition zum religiös inspirierten Aktionismus war in der Außenpolitik so gefährlich wie in der Innenpolitik. Zeitgenossen erkannten, dass Hexenjagden zusammenfielen mit Kampagnen der Sittenreform, wenn «moralische Unternehmer» die Initiative übernehmen konnten. Der «*crusading reformer*», wie ihn der Soziologe Howard S. Becker genannt hat, «handelt von der Position einer absolut gesetzten Ethik; was er im Auge hat, ist das wirkliche und totale Böse, ohne jeden Abstrich. Jedes Mittel ist erlaubt, um es zu beseitigen. Der Kreuzzügler ist leidenschaftlich und gerecht, oft selbstgerecht. Diese Art von Reformern können als Kreuzzügler bezeichnet werden, weil sie typischerweise ihre Mission für eine heilige halten.»[15] Solche Einstellungen wurden bereits von den Zeitgenossen mit Misstrauen beobachtet: «Die Hexen in meiner Nachbarschaft» – so schrieb Montaigne – «geraten jedes Mal in Lebensgefahr, wenn ein neuer Autor den Wirklichkeitsgehalt ihrer Visionen nachzuweisen sucht.» Und die Diskussion mit den religiösen Fanatikern war kein Vergnügen: «Ich merke natürlich, dass man über meine Einstellung in Zorn gerät: Unter Androhung der abscheulichsten Strafen untersagt man mir, die Existenz von Hexen und Hexerei zu bezweifeln. Eine neue Art, andre zu überzeugen!»[16]

Dass die Krisenjahre zu sozialen Konflikten führten, überrascht kaum. Doch wird meist weniger genau gesehen, dass sich soziale Konflikte im weiteren Sinn in weltanschaulichen oder «kulturellen» Konflikten ausdrückten. Die soziale und religiöse Unruhe, welche durch die Ressourcenverknappung hervorgerufen wurde, entwickelte ihre eigene Dynamik.[17] Missernten bildeten den Hintergrund für alle möglichen Revolten und Rebellionen, auch von Untertanenrevolten, da sich die Belastung durch Abgaben und Frondienste vor allem in Knappheitsjahren als besonders drückend erwies.[18] Daneben gibt es Sündenbockreaktionen im engeren Sinn, bei denen gewaltsam gegen bestimmte Gruppen der Bevölkerung vorgegangen oder gar ein abstraktes Feindbild neu geschaffen wurde.

## *Judenpogrome*

Jüdische Minderheiten lebten seit der römischen Antike in den europäischen Provinzen des Reiches. Mit der Erhebung des Christentums zur Reichsreligion gerieten die Juden in den Sonderstatus einer geduldeten Glaubensgemeinschaft, der nach der Teilung des Römischen Reiches sowohl im Reich von Byzanz als auch im lateinischen Europa ihre rechtliche Situation definierte. Seit der Karolingerzeit standen die Juden unter kaiserlichem Schutz. Trotz des christlichen Antisemitismus funktionierte diese Konstruktion auch unter den frühen Kapetingern sowie unter den ottonischen und salischen Kaisern. Mit dem 1. Kreuzzug 1096 brach der kaiserliche Judenschutz jedoch zusammen, als der «*Kreuzzugsmob*» auf die Idee kam, dass man mit der Vernichtung der Glaubensfeinde im eigenen Land beginnen könne. Nun kam es zu ersten Massakern in Städten mit großen Judengemeinden wie Rouen, Metz, Mainz, Worms, Köln und Prag. Ähnliche Pogrome ereigneten sich zu Beginn des 2. Kreuzzugs 1146 in Frankreich sowie während des 3. Kreuzzugs in England 1189/90.[19] Die Geschichte dieser antijüdischen Ausschreitungen soll hier nicht nachgezeichnet werden. Hier soll nur gefragt werden, inwieweit den Juden eine Sündenbockfunktion für die klimatischen Unbilden zugewiesen wurde, die am Ende der Mittelalterlichen Warmzeit eintraten.

Zum Zeitpunkt der Klimaverschlechterung war die Judenfeindschaft in Westeuropa in eine kritische Phase eingetreten. Der Dominikanerorden schürte Hostienfrevel- und Ritualmordbeschuldigungen. 1290 wurden die Juden «für immer» aus England ausgewiesen und sollten erst nach der Englischen Revolution im 17. Jahrhundert wieder Zutritt zur Insel bekommen. Nur 16 Jahre später folgte König Philipp IV. von Frankreich (1268–1314, r. 1285–1314) dem englischen Vorbild. Die französischen Juden begaben sich 1306 unter den Schutz des römisch-deutschen Kaisers Albrecht I. von Österreich (1255–1308, r. 1298–1308). Sie strömten vorwiegend in die französischsprachigen Teile des Heiligen Römischen Reiches, nämlich nach Savoyen, in die Dauphiné und in die Freigrafschaft Burgund (Franche Comté). 1316 hob der Nachfolger des französischen Königs den Vertreibungsbefehl auf, die Juden aber zögerten mit der Rückkehr, denn mittlerweile hatten nach übermäßigen Regenfällen in den Jahren 1314 und 1315 jene Missernten begonnen, die zu Teuerung, Hungersnot und Massensterben führten.[20]

Nach Jahren der Not brachen in Nordfrankreich Gruppen einfacher Leute nach Süden auf, weil sie glaubten, dort ihre Lebensbedingungen bessern zu können. Diesem sogenannten *Zug der Pastorellen* (*Pastoureaux*) schlossen sich Dominikanermönche an, welche die einfachen Leute in Kreuzzugsstimmung versetzten. Unterwegs lebten die Pastorellen von Plünderungen, unter denen vor allem die Juden zu leiden hatten. In vielen Städten kam es zu blutigen Ausschreitungen. Nach einer jüdischen Quelle wurden in den Jahren 1320/1321 allein 140 Judengemeinden zerstört. Erst als der Zug der Pastorellen an den Pyrenäen ankam, löste er sich langsam auf. Der antisemitische Fanatismus blieb jedoch erhalten. In Aquitanien tauchten Gerüchte von einer Verschwörung der Juden mit Leprakranken zur Brunnenvergiftung auf. Man warf den Juden vor, die Christenheit vernichten zu wollen und mit den muslimischen Königen von Granada und Tunis sowie dem «Sultan von Babylon» in Verbindung zu stehen. Damit wurden erstmals auswärtige Bedrohung (Islam), fremdgläubige Minorität (Juden) und tödliche Krankheit (Lepra) zu einem Komplex verbunden.[21]

Soweit wir wissen, gab es bei den Pogromen von 1320/21 gar keine Epidemie. Während der Pandemie des Schwarzen Todes änderten sich dann die Vorwürfe gegen die Juden: Sie wurden nicht als Vermittler, sondern als Täter hingestellt. Sie sollten eigenhändig Säckchen voller Gift in die Brunnen gelegt haben, um die Christenheit zu verderben. Die Verschwörungsangst nahm solche Züge an, dass man ehemalige Juden, die zum Christentum konvertiert waren, einbezog. Auch suchte man nach christlichen Komplizen. Es kam zu Ausschreitungen gegen Bettler und Aussätzige sowie gegen Mönche. Und es begannen systematische Judenpogrome. Ihren Ausgangspunkt nahm die Mordwelle im April 1348 in Südfrankreich (Toulon) und strahlte von dort auf die Dauphiné und Savoyen, Nordfrankreich, Spanien, die Eidgenossenschaft und die deutschsprachigen Gebiete des Heiligen Römischen Reiches aus, auf die Niederlande, Böhmen und Polen. Früher meinte man, dass nach dem Ausbruch der Pest Geißlerzüge in die Städte kamen und zu Pogromen aufriefen. Eine exemplarische Rekonstruktion der Abläufe in einigen Städten (Straßburg, Konstanz, Erfurt) ergab jedoch, dass es oft gerade umgekehrt war: Die Bürger ermordeten zuerst die Juden in der Hoffnung, die Pest abwenden zu können. Danach trafen Geißlerzüge ein, und die Pest kam zuletzt.[22]

Friedrich Battenberg wies darauf hin, dass «die günstige ökonomische Situation des Hochmittelalters bis zum Ende des 13. Jahrhunderts … eine vergleichsweise friedliche Entwicklung jüdischer Gemeinden und Siedlungen ermöglicht» hat. Mit Beginn der Notzeit im frühen 14. Jahrhundert begann die Suche nach Sündenböcken, und mit der Ankunft des Schwarzen Todes begannen Ende der 1340er Jahre Pogrome quer durch Europa. Sie bedeuteten das Ende des urbanen Judentums.[23] Man gab den Juden für vieles die Schuld – aber das Wetter gehörte eindeutig nie dazu. Es gab keine gedankliche Verbindung von Judentum und Hagelschlag, Dürre oder Kälte. In der Literatur werden viele Gründe angeführt, warum die Pogrome im 15. Jahrhundert seltener wurden und schließlich endeten. In England und Frankreich waren die Juden ermordet oder vertrieben worden. Spanien folgte diesem Beispiel 1492 nach der Eroberung des letzten islamischen Kleinstaats auf der Iberischen Halbinsel. Muslime und Juden mussten zum Christentum übertreten oder auswandern. Viele Juden begaben sich auf dem Seeweg unter den Schutz des Osmanischen Reiches, einige gingen nach Italien, andere in die Niederlande. Auf dem Boden des Heiligen Römischen Reiches waren die Juden seit ihrer Übersiedlung aufs Land unauffälliger geworden. Es gab weiter Vertreibungen, aber diese verliefen weniger blutig als im 14. Jahrhundert. In Deutschland endeten die Pogrome, obwohl es weiterhin zahlreiche jüdische Gemeinden gab. Der Grund dafür liegt möglicherweise darin, dass Juden nicht als Sündenböcke für die Kleine Eiszeit taugten.

## *Die Hexerei als Verbrechen der Kleinen Eiszeit*

Der englische Historiker Norman Cohn hat als Erster gesehen, dass Hexen seit dem 15. Jahrhundert die frühere Sündenbockrolle der Juden übernahmen.[24] Hexerei kann als das paradigmatische Verbrechen der Kleinen Eiszeit betrachtet werden, denn die Hexen wurden direkt für das Wetter verantwortlich gemacht, ebenso für fehlende Fruchtbarkeit der Felder, Kinderlosigkeit und natürlich für die «unnatürlichen» Krankheiten, die im Gefolge der Krise auftraten. Als soziales Konstrukt begann der Aufstieg des Hexereidelikts im 14. Jahrhundert zeitlich parallel zur Entwicklung der Kleinen Eiszeit. Und die Hexenjagden erlebten ihren Höhepunkt in Mitteleuropa während der schlimmsten Jahre der Kleinen Eiszeit, in den Jahrzehnten vor und nach 1600. Das Delikt verschwand wieder aus dem Strafrechtskatalog nach dem Ende der Kleinen Eiszeit bzw. mit der Erfindung von einleuchtenderen Deutungsmustern.[25]

Über die Geschichte der europäischen Hexenverfolgungen ist in den vergangenen Jahren so viel geschrieben worden, dass man für Details auf die einschlägige Literatur verweisen kann.[26] Wenn hier von Hexerei die Rede ist, dann geht es nicht um einfache Magie, sondern um die neue Teufelssekte, welche die grauenhaften Taten vollbracht haben sollte, die man den Juden nicht glaubhaft anhängen konnte. Dieses neue Verbrechen entstand genau in jener Region, in welcher nach dem Großen Hunger und nach der Großen Pest die Judenprogrome begonnen hatten. Folgerichtig gingen sogar einige Begriffe auf das neue Verbrechen über: Die Hexen trafen sich am «Sab-

*Abb. 27* Anthropogener Klimawandel: Im europäischen Volksglauben wurden immer schon menschliche Einflüsse für Klimaextreme verantwortlich gemacht. Der Holzschnitt von 1486 zeigt eine Zauberin beim Bereiten eines Hagelwetters.

bat», dem jüdischen Festtag, und ihre Versammlung wurde in Savoyen, der Dauphiné und der Westschweiz «Synagoge» genannt. Verdichtet wurden beide Begriffe im «Hexensabbat» – und dieser Begriff hat sich gehalten, ohne dass man noch an die Judenverfolgungen der Pestzeit denken würde. Für das neue Verbrechen wurden zunächst regionale Begriffe verwendet. Einer davon, die südwestschweizerische «hexereye», wurde in großen Teilen des deutschen Sprachraums zum Begriff für das neue Verbrechen. Hexerei umfasste außer dem Schadenzauber einige schier unglaubliche Dinge wie den Teufelspakt, den Koitus mit dem Teufel, den Flug durch die Luft zum Hexensabbat und die Fähigkeit zur Tierverwandlung.[27]

Hexen waren etwas völlig anderes als heilkundige «weise Frauen» oder Zauberer. Ihnen wurden Fähigkeiten angedichtet, die man im Volksglauben den Feen zugeschrieben hatte: Sie konnten durch Ritzen und Schlüssellöcher in Häuser eindringen, sie konnten in die Keller fahren und Weinfässer austrinken, ohne dass ein Verlust an Wein feststellbar war. Sie konnten Tiere aufessen und sie hinterher so wieder zusammenbauen, dass man keinen Unterschied feststellen konnte. Sie konnten Liebe verursachen, Gestohlenes und Verlorenes wiederfinden und heilen – doch alles dies war in der *Interpretatio christiana* nur Betrug, denn sie waren ja mit dem Bösen vertraglich und fleischlich im Bunde. Ihre vornehmste Aufgabe war es, Schaden zu stiften. In Wirklichkeit verdarben sie den Wein und die Tiere, verursachten Krankheit und Zwietracht, sie töteten und aßen Kinder – hier findet sich auch ein Widerhall des Ritualmordvorwurfs –, und sie riefen Impotenz bei Männern und Unfruchtbarkeit bei Frauen, Tieren und Feldern hervor.

Damit waren einige der wichtigsten Probleme der Menschen in der Kleinen Eiszeit zusammengefasst: Kinderlosigkeit, Tierseuchen, die wiederkehrenden Missernten und die oft unbekannten Krankheiten. Kühe, die zu wenig Milch gaben, plötzlicher Kindstod, späte Fröste, lange anhaltende Regenfälle oder plötzlicher Hagelschlag im Sommer – für so teuflisches Unheil suchte man nach Schuldigen. Die Vorstellung, dass sich solches Unglück zufällig ereignete, war vielen Europäern der damaligen Zeit fremd. Hexen waren die Sündenböcke, die man zur Erklärung dieser Katastrophen benötigte.[28]

Das Problem mit den Hexen war, dass sie ihre Verbrechen im Geheimen ausübten und eine Schuld kaum beweisbar war. Deshalb nahm die Folter in den Hexenprozessen eine zentrale Rolle ein. Doch anders als unter Räubern oder Piraten konnte in den europäischen Staaten nicht einfach nach Belieben die Folter eingesetzt werden. Nach dem Römischen Recht, das an den Universitäten gelehrt wurde, war die Folter nur unter bestimmten Voraussetzungen erlaubt: Es brauchte einen konkreten Tatverdacht, Indizien und übereinstimmende Aussagen über den Leumund der Beschuldigten. In einigen Ländern, in denen das Römische Recht nicht rezipiert wurde, war wie in England keine Folter zugelassen. Unter beiden Bedingungen konnte man zu Geständnissen von Hexerei eigentlich nur kommen, wenn die rechtlichen Bestimmungen missachtet wurden, unzulässiger Druck ausgeübt wurde oder Frauen freiwillig gestanden.

## *Das Zeitalter der Hexenverfolgungen*

Wenn wir in Rechnung ziehen, dass es in Europa immer viele Gegner der Hexenverfolgungen gegeben hat und die rechtlichen Hindernisse zur Ermordung unliebiger Personen erheblich waren, verwundert es nicht, dass insgesamt viel weniger Menschen wegen Hexerei verbrannt wurden, als gemeinhin angenommen. In der Literatur werden Zahlen von neun Millionen oder mehr genannt, eine Zahl, die schon angesichts der früheren Bevölkerungsgrößen unglaublich ist. In Wahrheit dürfte die Zahl der Opfer eher bei 50 000 liegen.[29] Während des 15. Jahrhunderts waren Hexenprozesse nicht allgemein anerkannt, was dazu führte, dass ihre Befürworter schwere Niederlagen hinnehmen mussten. Der Autor des *Hexenhammers*, der Inquisitor Heinrich Kramer, wurde wegen seiner illegalen Vorgehensweise aus Tirol ausgewiesen.[30] In Oberitalien brach nach Verfolgungen in der Diözese Como eine vehemente Debatte aus, in der Franziskaner und Juristen zu den widerrechtlichen Verfahren Stellung bezogen. In den Jahrzehnten zwischen 1520 und 1560 gab es wenig Hexenhinrichtungen. Früher wurde dies auf den löblichen Einfluss der Reformation zurückgeführt. Irritierend blieb dabei, dass Martin Luther, Ulrich Zwingli und Johannes Calvin zu den Befürwortern von Hexenhinrichtungen gehörten und gerade in ihren Hauptstädten Wittenberg, Zürich und Genf frühe Exempel statuiert wurden. Im Lichte der Klimageschichte sollte man darauf hinweisen, dass zwar in den 1520er Jahren mit Reformation und Bauernkrieg andere Probleme drückten, in der Generation nach 1530 aber ein besonders mildes Klima vorherrschte, das ein Insistieren auf Hexereibeschuldigungen nicht nahelegte. Erst nach 1560 wurde es interessant, denn nun brachen die schlimmsten Jahre der Kleinen Eiszeit an, und alle Katastrophen, die man den Hexen anlasten konnte, wurden akut. Die Jahrzehnte zwischen 1560 und 1660 waren das *Zeitalter der Hexenverfolgungen.*

Tatsächlich begannen nach der verheerenden Abkühlung von 1561 und den Stürmen vom Sommer 1562 sowie den anschließenden Missernten und Seuchen auf breiter Front Hexenverfolgungen. Gleichzeitig entbrannte eine interessante Debatte über die Ursache der Unwetter, die Missernten und Seuchen verursachten. Auslöser war der protestantische Prediger Thomas Naogeorgus, der in seinen bald ge-

*Abb. 28* Der Beginn der Kernphase der Kleinen Eiszeit in den Medien: «Von dem schädlichen und greulichen Hagel, der sich am 6. Juli dieses 1561sten Jahres zugetragen. Auch von anderen Ungewittern, Windstürmen etc.» Zeichnung in der Nachrichtensammlung des Johann Jakob Wick.

druckten Predigten die Hexen verantwortlich machte. Daraufhin antworteten zwei württembergische Superintendenten, dass nicht die Hexen, sondern Gott allein für das Klima verantwortlich sei, streng nach der Argumentation des Reformators Jacob Brenz (1499–1570), der allerdings beschloss, dass die Hexen trotzdem hingerichtet werden sollten. Dies aber rief Johann Weyer auf den Plan, der den Protestanten Unmenschlichkeit vorwarf, weil sie Menschen für ein Delikt hinrichten lassen wollten, das sie in Wirklichkeit gar nicht verübt haben konnten. Weyer legte 1563 in seiner monumentalen Schrift gegen die Hexenverfolgungen dar, dass das Hexereidelikt überhaupt nicht existiere, sondern eine teuflische Illusion sei.[31]

Mit dem Beginn der großen Hexenverfolgungen wurden also bereits die wichtigsten Argumente gegen diese Sündenbockreaktion präsentiert. Die relativ niedrige Zahl der Hingerichteten beweist, dass viele Städte und Staaten diese Argumente akzeptierten. Es wurde sogar die These formuliert, dass größere Staaten mit intakten Institutionen – etwa England, Frankreich oder im Heiligen Römischen Reich

Bayern, Kurbrandenburg, Österreich oder Sachsen – keine größeren Verfolgungen zugelassen haben, weil es immer eine Instanz gab, die solche Bestrebungen stoppte. Institutionen in diesem Sinn waren die Kirche, die Staatsverwaltung, Provinzregierungen, die Universitäten, Stadtmagistrate, Ständevertretungen, der Fürstenhof, der Adel oder in katholischen Ländern die großen Klöster oder Orden. Der Antrieb für die Hexenverfolgungen kam weder von der Kirche noch vom Staat, er kam «von unten».

Und genau deswegen besteht ein starker Zusammenhang zwischen Kleiner Eiszeit und Hexenverfolgungen. Nach dem Kälteeinbruch Anfang der 1560er Jahre, der Hungerkrise von 1570 oder den jahrelangen Missernten in den 1580er Jahren herrschte in manchen Gegenden Pogromstimmung. Die Bauern wollten «das Übel an der Wurzel packen» und die Schuldigen «aus dem Weg räumen». An die Tötung der Hexen knüpften sich chiliastische Erwartungen: Danach sollten die Ernten und der Wein wieder gut werden und die Kinder und das Vieh nicht mehr an unbekannten Krankheiten sterben. In der Chronik des Trierer Kanonikers Johann Linden heißt es drastisch: Nach dem jahrelangen Fehlwuchs des Getreides unter Fürstbischof Johann VII. von Schönenberg (r. 1581–1599) – nur zwei von siebzehn Jahren waren fruchtbar – «erhob sich das ganze Land zu ihrer Ausrottung». Als endlich wieder die Sonne schien und sich die Natur normalisiert zu haben schien, schrieben viele dies den Hexenverfolgungen zu.

Doch später in diesem Jahrzehnt und zu Beginn des 17. Jahrhunderts kamen erneut kalte Jahre, und die Kleine Eiszeit steuerte auf eine besonders ungünstige Phase zu. Zu der Zeit erlebten die europäischen Hexenverfolgungen ihren Höhepunkt. Ihr Schwerpunkt lag in Franken und im Rheinland. Als Ende Mai 1626 grimmiger Frost die Obsternte verdarb und die Rebstöcke erfroren, wurden in den folgenden Jahren in Bamberg, Würzburg und Aschaffenburg Tausende von Menschen als Hexen verbrannt, darunter nicht nur Frauen der Unterschicht, sondern ganze Ratsfamilien, auch regierende Bürgermeister und vereinzelt sogar Adelige und Theologen. Dies konnte nur geschehen, weil das geltende Strafprozessrecht außer Kraft gesetzt wurde mit dem Argument, hier gehe es um die Bekämpfung eines Ausnahmeverbrechens, das außerordentliche Maßnahmen erfordere. Verhaftungen, Folter und Verurteilungen ohne ausreichende Indizien waren in den defizitären Territorien an der Tagesordnung. In den defizitären Kleinstaaten ohne funktionierende Institutionen gab es keine Widerstände gegen dieses widerrechtliche Verfahren, das bereits von den Zeitgenossen heftig kritisiert wurde und bis heute als Symbol des Unrechts gilt.[32]

## *Die Sündenökonomie als Motor der Veränderung*

Ganz im Sinne des Alten Testaments wurden Klimaextreme, Hagelstürme, Wasserfluten, Missernten, Pestilenz, Teuerung und Hungersnot in der Frühen Neuzeit von Theologen aller Konfessionen als Strafe Gottes für die Sünden der Menschen interpretiert. Katastrophen aller Art, die Taten der Hexen eingeschlossen, wurden als Folge menschlicher Verfehlungen betrachtet.[1] Von «Sündenökonomie» soll hier gesprochen werden, weil versucht wurde, die klassische Argumentation von Gottes Strafen für die Sünden der Menschen in aktuelle rechnerische Kalkulationen zu transformieren. Je größer die Sünden, desto größer die Strafen. Ob München oder Zürich, Dresden oder Genf: Nicht nur Laien, sondern auch Theologen wie Heinrich Bullinger, das Oberhaupt der reformierten Kirche von Zürich, unterstellten eine Art kollektives Sündenkonto, das nur bei Strafe überzogen werden durfte. Und diese Strafe traf nicht nur das Individuum, sondern ganze Gruppen oder die ganze Gesellschaft.[2]

Die zeitgenössische Sündenökonomie stellt das entscheidende Bindeglied zwischen Natur und Kultur her, sie war der Mechanismus, welcher dem meteorologischen Ereignis zu seiner gesellschaftlichen Bedeutung verhalf. Prediger wie der Bamberger Weihbischof Jacob Feucht (1540–1580) mit seinen *«Fünf Predigten zur Zeit der grossen Theuerung/Hungersnoth und Ungewitter»*,[3] der reformierte Zürcher Theologe Ludwig Lavater (1527–1585) mit seinen *Sermones* über Teuerung und Hunger[4] oder der lutherische Theologe Thomas Rörer (1542 – nach 1580)[5] stellten die berechtigte Frage, «weßhalb in Ländern, Städten und Dörfern Alles zusehends ärmer wird und verderbt».[6] Dabei operierten sie mit demselben theologischen Fundus an Beschreibungen von Gottes Zorn über die Sünden der Menschen, den man in der Bibel finden kann.[7] Im Unterschied zu den *Umweltsünden* unserer Zeit, welche für eine Strafe oder gar «Rache» der Natur verantwortlich gemacht werden, erwarteten die Theologen des 16. und 17. Jahrhunderts Strafaktionen eines personal gedachten Gottes. Und

*Abb. 29* Eine typische Sündenbockreaktion der Kleinen Eiszeit: Massenverbrennung von vermeintlichen Hexen am 10. Juni 1587 durch die Fürsten von Waldburg-Zeil. Doch bereits bei den Zeitgenossen war der Sinn dieser Justizmorde umstritten, denn so viele Hexen man auch verbrannte, das Klima besserte sich selten.

diese Strafaktionen konnten sich auf alle möglichen Verbrechen, spirituelle oder moralische Verfehlungen beziehen.

Die Sündenökonomie, die von den Theologen als wichtigstes Interpretament der Klimaverschlechterung eingeführt wurde, suchte in der Regel keinen Sündenbock. Vielmehr wollten die zeitgenössischen Moralapostel eine Änderung des Verhaltens der großen Masse der Gläubigen erreichen. Diese sollten gerade nicht ihre Schuld auf Minderheiten abwälzen können, sondern sich an der eigenen Nase packen. Da diese Interpretation von allen großen christlichen Kirchen geteilt und von den jeweiligen Staaten – unabhängig von ihrer politischen Verfassung – unterstützt wurde, spielte die Sündenökonomie eine herausragende Rolle bei den kulturellen Veränderungen während der Kleinen Eiszeit. Zunächst gilt es jedoch zu differenzieren: Manchmal waren Veränderungen auch nur in technischer Hinsicht rational und hingen direkt mit dem Klimawandel zusammen, oder es ist schwer, die moralische von der rationalen Begründung zu trennen.

## *Folgen der Abkühlung für die Alltagsorganisation*

Offensichtliche Reaktionen gab es in vielen Bereichen: Maßnahmen zum Schutz vor Regen, Kälte oder Schnee, Veränderungen in der Kleidung, der Architektur, der Beheizung oder der Holzbewirtschaftung. Längere Heizperioden waren nicht nur ein Kosten-, sondern auch ein Umweltfaktor. Der Holzbedarf stieg und führte zu Knappheit oder Auseinandersetzungen um Ressourcen.[8] Tagebucheinträge verdeutlichen, dass jährliche Holzkäufe schon wegen des Transports teuer waren und jede Menge Arbeit und logistisches Geschick sowie Lagerfläche erforderten.[9] Hinzu kam, dass bei großer Kälte das Holz langsamer wuchs, wie wir auch von der Dendrochronologie wissen. Oder in den Worten Schallers: «Das Holz im Wald wächset auch nicht mehr wie in Vorzeiten [...]. Eine gemeine Klag und Sag unter den Leuten ist, dass, wenn die Welt länger stehen sollte, es ihr endlich und in kurzer Zeit an Holz mangeln und gebrechen würde.»[10] Auch gab es Auswirkungen auf die Architektur, denn in großen Bauten stieg die Zahl der beheizbaren Räume gegenüber dem Mittelalter stark an. Die steigende Zahl beheizbarer Räume in Schlössern war ein Zeichen steigenden Reichtums, sie verdeutlicht jedoch genauso, dass es mit einer einzigen beheizbaren Kemenate nicht mehr getan war. Heizungen wurden überlebensnotwendig, und in Schlössern stieg der Beruf des Heizers zu größerer Bedeutung auf. Im Hradschin, dem Prager Schloss, verfügte allein der Heizer über Schlüssel zu allen Räumen, er war der Erste, der sie morgens betreten musste, um sie benutzbar zu machen.

Die Veränderungen im Stadtbild, als im ausgehenden 16. Jahrhundert «gotische» durch «barocke» Häuser ersetzt wurden, können im Zusammenhang mit den klimatischen Veränderungen gesehen werden. Zwar haben wir es mit langfristigen Prozessen zu tun, doch wurden in den Jahrzehnten um 1600 Holzbauten vermehrt durch Steinhäuser ersetzt. Dies erlaubte eine rationellere Verwendung von Brennmaterial und dämmte trotz verlängerter Heizperioden die Brandgefahr ein. Die Tendenz zur Aufstockung und Erweiterung der Wohnhäuser trug nicht nur dem gestiegenen Wohlstand mancher gesellschaftlicher Gruppen Rechnung, sondern auch der Notwendigkeit einer erweiterten Vorratshaltung in Zeiten wiederkehrender Versorgungskrisen. Nicht nur die Obrigkeiten, auch Privatleute vergrößerten ihren Speicherraum, wenn sie sich dies leisten konnten. In den oberen Stockwerken, die von der Beheizung der unteren Geschosse profitierten, wohnten häufig Dienstboten oder Tagelöhner, die sich keine eigenen Häuser leisten konnten. Mehr Wohnraum war auch notwendig, weil nach den steigenden Moralvorstellungen eine Trennung des Dienstpersonals nach Geschlechtern notwendig war, die eigenen Kinder strikter vom Dienstpersonal separiert wurden und innerhalb der Familie weniger Menschen als zuvor dasselbe Bett teilten. Die Separierung der Betten und Schlafräume trug zu einer verringerten Übertragung von Ungeziefer und Krankheiten bei. Auch die räumliche Trennung von Mensch und Vieh verkleinerte die Seuchengefahr.[11]

Die Zunahme von verglasten Fenstern im 16. Jahrhundert anstelle von bloßen Fensterläden, Papier, terpentingetränkter Leinwand oder Pergament diente der besseren Energiedämmung. Der offene Kamin wich in Bürgerhäusern dem luxuriöseren Kachelofen, der Energie sparte, die Rauchentwicklung eindämmte und damit komfortables Wohnen überhaupt erst ermöglichte. Öfen wurden zum Repräsentationsobjekt mit Schmuckkacheln und Ofenplatten aus Gusseisen.[12] Die von Reisenden im Deutschland des späten 16. Jahrhunderts oft beschriebenen dicken Federbetten und Kissenberge waren eine Antwort auf die Kälte.[13] Die Himmelbetten, die nun auch in Bürgerstuben Eingang fanden, dienten nicht nur dem Schutz vor Ungeziefer, sondern auch vor Kälte. Dasselbe kann für die Beliebtheit von Holztäfelungen angenommen werden. Hölzerne Dielen waren billiger als Steinfußböden und isolierten besser gegen Kälte. Während der langen Winter waren Hypothermie und die damit verbundene Erkältungs- und Erkrankungsgefahr eine reale Bedrohung, der mit entsprechender Ausstattung und Kleidung begegnet werden musste. Das neue wollene Nachtkleid, das sich Weinsberg Anfang September 1582 anfertigen ließ, reichte bis auf die Füße und besaß ein Innenfutter aus Fuchspelz.[14]

Das Thema Kleidung verdeutlicht, wie rasch wir es mit komplexen Fragen zu tun bekommen. Bereits den Zeitgenossen fiel auf, wie grundlegend sich der Stil in der zweiten Hälfte des 16. Jahrhunderts veränderte. Weinsberg widmete der «vilfeltigen Verenderung der Kleider» seit seinen Jugendtagen ein ganzes Kapitel seiner Aufzeichnungen.[15] Die Spuren der Kälte finden sich überall in seinen «*Denkwürdigkeiten*»: Er berichtet 1570/71, es sei seit Weihnachten so «großer Schnee gefallen, wie ich mein Lebtag noch nicht gesehen, mehr denn knie- und gürtelshoch. Und in etlichen Straßen konnte man vor der Fastenzeit mit keinem Wagen oder Karren fahren. In etlichen Straßen war der Schnee wie ein Deich aufgeworfen, so dass man auf die andere Straßenseite nicht hinüberschauen konnte.»[16] Er beobachtet im klimatisch begünstigten Rheintal, dass «die Luft so scharf und kalt ist, dass man sinen atem aus dem monde wol sehen und erkennen mach». Die Kälte bei oft unzulänglicher Heizung erzwingt Veränderungen des Verhaltens: Die Mahlzeiten werden in einen besonderen Raum verlegt, wenn es im gewöhnlichen Winterspeiseraum zu kalt wurde. Weinsberg gewöhnt sich an, im Bett einen wollenen, pelzgefütterten Schlafanzug und eine gestrickte weiche Schlafmütze zu tragen und sich generell vor der großen Nässe und den kalten Sturmwinden zu hüten.[17]

## *Sündenökonomie und Kleidung*

Die Verhaltensänderungen bei der Kleidung gingen über das hinaus, was man als unmittelbare Reaktion auf kälteres Klima erwarten könnte. Allem Anschein nach war die Bekleidung der Oberschichten um 1500 leichter als später. Auf höfischen Bildern des frühen 16. Jahrhunderts, etwa dem berühmten Porträt König Franz' I. von Frankreich von Jean Clouet (Louvre, Paris), betont die Kleidung den Körper mit ingeniöser Komposition und raffiniertem Schnitt, der reichlich fließende Stoff besteht erkennbar aus leichter Seide. Die engen Beinkleider der Männer, der tiefe Ausschnitt der Frauen, die man auf den Zeichnungen von Dürer und Holbein sehen kann, dürften kaum den Beifall reformatorischer Prediger gefunden haben, waren aber gleichwohl weit verbreitet. Der spielerische Umgang mit Stoff, etwa in den vielfarbigen geschlitzten Pluderhosen, deren Schlitze Einblicke auf farbige Unterstoffe oder die blanke Haut gewährten, riefen den Zorn eifernder Theologen hervor, zusammengefasst in dem berühmten «*Hosenteufel*» des Andreas Musculus (1514–1581), der gegen die «unzüchtigen Teufelshosen» wetterte.[18] Die Kleidung der Frauen offerierte mit «durchlöcherten Ärmeln» und «güldenen Kettelein» erotische Reize.[19] Nicht umsonst wurden ihnen ein «*Kleider-, Pluder-, Pauß- und Krauß Teuffel*» und andere geistliche Ermahnungen gewidmet.[20] Die Mode reflektierte das zeitgenössische Klima, aber doch auch mehr als das: den Geist einer Zeit, deren Lebensfreude durch religiösen Ernst noch nicht verdorben war.[21]

Modegeschichten verzeichnen das Aufkommen schwerer Stoffe und ihre großzügige Verwendung im Laufe des 16. Jahrhunderts. In Kontrast zur relativen Freizügigkeit am Anfang präsentierten sich die Oberschichten am Ende des Jahrhunderts hochgeschlossen, den Körper verborgen hinter dunklen und schweren Stoffen, unabhängig von Konfession, Nation, Alter oder Geschlecht. Etwa gleichzeitig begann der Siegeszug der Unterwäsche im engeren und im weiteren Sinn: der direkt auf dem Leib, unter Lagen von Hemden und Wämsern getragenen Wäsche, wie etwa die langen «gestrickte wullen underhoesen», die Weinsberg im September 1585 neu anfertigen ließ und 1586 noch bis Ende Mai wegen großer Kälte tragen musste,[22] sowie jener Unterkleidung und Stützteile (Korsagen, Stützrippen, Drahtgestelle), die der sichtbaren Kleidung die gewünschte Form verliehen. Die Art der Bewegung wurde bei den Oberschichten «würdevoller», möglicherweise wurden sogar die Körperformen beeinflusst. Der Schutz gegen die Kälte, der die habsburgischen Erzherzöge ebenso wie den englischen Lordkanzler Francis Bacon jenseits modischer Aspekte zum Tragen der grotesken hohen schwarzen Filzhüte getrieben haben dürfte[23] und deretwegen sich Weinsberg zu Hause das Tragen warmer Pantoffeln angewöhnte und ein eigenes Paar Schuhe «uff der strassn, wan es gefrornen ist», anschaffte,[24] war nur ein Teilaspekt der Veränderung.

Der *spanische Stil* war mehr als eine bloße Mode. Er trug den erhöhten Moralanforderungen Rechnung und entsprach außerdem der kühleren Witterung. Wie man auf dem Doppelporträt, das der kaiserliche Hofmaler Hans von Aachen (1552–1615) von Herzog Wilhelm V. «dem Frommen» von Bayern und seiner Gemahlin Renata von Lothringen angefertigt hat,[25] erkennen kann, ging die Veränderung buchstäblich tiefer: Die Körper wurden verborgen hinter massiven schwarzen und in der Dunkelheit unsichtbaren Stoffen, der Kopf vom Körper abgetrennt durch einen hohen Stehkragen. Der weibliche Körper wurde zu einer nahezu geometrischen Dreiecksform karikiert, mit Halskrausen, die jede Form der Bewegung erschwert haben müssen und jene steife Haltung erzwangen, die man auch auf den Abbildungen wiederfindet. Die bodenlangen Röcke wurden durch Stangen aus Fischbein oder Eisen gestützt, Beine und Hals waren verdeckt und oft noch die Hände in Handschuhen verborgen. Wie die Männer trugen auch Frauen schwere dunkle Hüte sowie bei kühler Witterung Pelzkragen und Pelzmuff.[26] Die übergroßen steifen schwarzen Filzhüte, die tellergroßen weißen Halskrausen, die weiten schwarzen Mäntel, die schweren Stiefel oder die Handschuhe wurden am Kaiserhof getragen,[27] im Heiligen Römischen Reich Deutscher Nation, in den Niederlanden, in England und sogar in Spanien. Hüte trug man nicht nur im Freien, sondern auch im Haus.[28] Dies hatte Folgen für die Haare: Weinsberg schreibt, in seiner Jugend habe man sie schulterlang getragen, doch nun trage man sie kurz.[29]

Innerhalb der populären Festkultur waren Spaß verderbende Beschränkungen schwer vermittelbar, wie man den Sittenmandaten entnehmen kann, die in dringlicher Sprache gegen Dekolletés, kurze Röcke oder enge Beinkleider der Männer wetterten. Das Thema der Sitten- und Kleidermandate aber war nicht Kälte, sondern Sünde. Die Frauenkleidung erregte die Phantasie der Sittenreformer im besonderen Maße. Neben der Kleidung ging es auch um «das Schminken, Stirnmahlen und Anschmieren von allerlei fremden Farben».[30] Hier blieb der Zeigefinger hoch erhoben: «Weil die Weiber Quecksilber, Schlangenschmalz, das Koth von Nattern, Mäusen, Hunden oder Wölfen, und sonst viel andere schändliche und stinkende Ding, die ich Scham halber hier nicht nennen darf, zu ihrem Anstrich gebrauchen und ihre Stirn, Augen, Wangen und Lefzen mit Gift damit reiben und salben, so haben sie gleichwohl eine kleine Zeitlang ein glänzendes und scheinendes Angesicht, aber über eine kurze Zeit hernach werden sie desto schändlicher, unflätiger, grausamer, ungestaltsamer und älter, und in ihrem 40. Jahre scheinen sie 70 alt zu sein.»[31]

## *Kleine Eiszeit und Malerei*

Eines der erregendsten Gemälde der Frühen Neuzeit wurde von Kaiser Rudolf II. zu einem Zeitpunkt in Auftrag gegeben, als er sich noch besserer psychischer Gesundheit erfreute. Das weltliche Oberhaupt der Christenheit ließ sich von seinem Hofmaler Giuseppe Arcimboldo (1527–1593) als heidnischer Gott der Fruchtbarkeit porträtieren, das Antlitz zusammengesetzt aus exotischen und heimischen Früchten, Getreide-Ähren, Esskastanien, Mais, Zucchini und Pfirsichen, ein Arrangement mit surrealistischen Zügen.[32] Unfruchtbarkeit war ein Problem der Jahre um 1570, einer Zeit der entsetzlichsten Hungerkrisen in Mitteleuropa. Der Vorschlag, den Kunststil des Manierismus als Indiz für die steigende gesellschaftliche Instabilität und Unsicherheit zu betrachten, für die Gebrochenheit des Zeitalters, wie dies von Arnold Hauser (1892–1978) vorgeschlagen wurde,[33] den Barock dagegen für den Wiedergewinn einer neuen Balance, findet unter Kunsthistorikern wenig Gegenliebe.[34] Dasselbe gilt für Hans Neubergers Nachweis des Klimawandels durch Zählung der Wolken in der Landschaftsmalerei.[35] Auf mittelalterlichen Tafelbildern mit Goldhintergrund wird man so wenig Wolken erwarten können wie in der abstrakten Malerei des 20. Jahrhunderts. Andererseits ist es doch erstaunlich, wie häufig dunkle Wolken bei Künstlern wie El Greco (1541–1614) auftauchen. Es mag ja sein, dass die Gestaltung des Himmels bei seiner «*Entkleidung Christi*» zur «Spiritualisierung des Themas» beiträgt,[36] doch spricht nichts dagegen, sie mit den Veränderungen der Natur zusammenzubringen. Düstere Wolken tauchen sogar im Bildhintergrund von Holzschnitten und Kupferstichen auf, obwohl sie mit diesen Techniken schwer darzustellen sind. Abseits genrehafter Jahreszeitenbilder wird die Witterung erstmals in großformatigen Bildern thematisiert, etwa in Pieter Brueghels d. Ä. (1525–1569) «*Düsterem Tag*», in welchem «unter einem grauen Himmel, an

***Abb. 30*** Die Extremwinter der 1560er Jahre führen zur Erfindung der Winterlandschaft. Pieter Brueghel, Die Heimkehr der Jäger, ca. 1565.

dem ein kalter Wind die grauen Wolken vor einem bleichen Mond herjagt … die stählern-grauen Berge mit ihren verschneiten Gipfeln» sich über einer wie festgefroren daliegenden Stadt erheben, der Sturm Schiffe in Seenot bringt und ein ufernahes Dorf verwüstet.[37]

Noch suggestiver ist die Erfindung eines neuartigen Zweiges der Landschaftsmalerei: der Winterlandschaft. Brueghels *Die Heimkehr der Jäger,* der Prototyp aller Winterlandschaften, strahlt in seiner müden Farbgebung ein beträchtliches Ausmaß an Strenge und Trostlosigkeit aus.[38] Dieses Bild transzendiert mit seinem bleigrauen, eisigen Himmel die genrehaften Züge der Jahreszeitdarstellung. «In der *Heimkehr der Jäger* nimmt jede Form auf ihre Art an der Wesenheit des Winters teil: Die Bäume scheinen eher in den Boden eingerammt als der Erde zu entsprießen, in ihrer komplizierten Verwicklung sind die Äste ausgetrocknet und brüchig; wie fröstelnd ducken sich die Häuser unter ihren Schneehüten; die spitzen Formen der Berge lassen diese wie Eisblöcke erscheinen, Menschen und Tiere werden zu finsteren Silhouetten, ihrem eigenen Schatten ähnlich.»[39] Brueghel testete das Thema der Winterlandschaft in seinen letzten Lebensjahren in zahlreichen Varianten, wie etwa der «*Volkszählung von Bethlehem*» (Brüssel, Musées Royaux des Beaux-Arts) aus dem Jahr 1566 oder dem «*Bethlehemitischen Kindermord*» (Wien, Kunsthistorisches Museum), in dem die römische Soldateska in einem verschneiten niederländischen Dorf wütet. Ihr Anführer trägt die Züge des spanischen Statthalters in den Niederlanden, Fernando Alvarez de Toledo, Herzog von Alba (1507–1582): Römischer und spanischer Terror, Heils- und Nationalgeschichte gehen nahtlos ineinander über. Eines seiner verblüffendsten Beispiele, die «*Anbetung der Heiligen Drei Könige im Schnee*» (Winterthur, Sammlung Reinhart), hat nichts Liebliches an sich. Vielmehr fällt es schwer, den Stall von Bethlehem in der grimmigen Winterlandschaft hinter schwerem Schneefall überhaupt zu entdecken.[40]

Den Winterlandschaften könnte die ikonographische Repräsentation anderer Formen von Desaster zur Seite gestellt werden, etwa die Darstellung von Überschwemmungen, Bergstürzen, Sturmfluten, schwerem Seegang und Schiffbruch. Speziell der Schiffbruch ist in einem Maße symbolisch befrachtet, dass kaum jemand nach einem realen Substrat gesucht hat.[41] Andererseits stellte Schiffbruch in Zeiten vermehrter Stürme eine sehr reale Gefahr dar, nicht nur für die Besatzung der Schiffe und für Passagiere, sondern auch für die Eigentümer der Schiffe und die Kapitalgeber der Handelsexpeditionen.[42] Hier ging es um Leben und Eigentum, und das sich ausbildende Versicherungswesen konnte die Gefahren nur mindern. Khevenhüller berichtet im Februar 1576 vom Untergang von acht spanischen Galeonen in einem Unwetter im Hafen von Villafranca samt Besatzung und Geldsendungen.[43] Bei Bergstürzen, Lawinen- und Flutkatastrophen würde man einen direkten Zusammenhang mit den Mengen des Niederschlags annehmen und keine allegorische Deutung benötigen. Es war die Allegorie des Scheiterns, welche Sturm und Schiffbruch für Künstler so attraktiv machte.

## *«Sorge, Not und Angst»: Die Globale Abkühlung in Musik und Literatur*

Der Einfluss der Kleinen Eiszeit auf die Musik kann wegen der Komplexität der Thematik nur angedacht werden. Dass der große Orlando

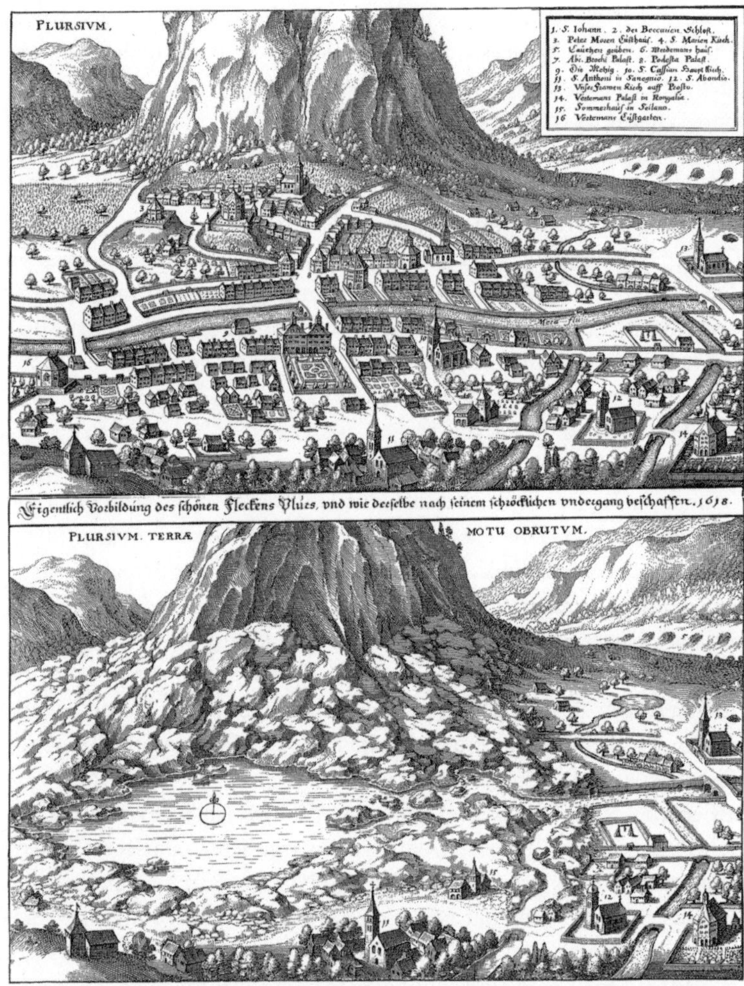


***Abb. 31*** Extremniederschläge führen zu Bergrutschen: Die Auslöschung der Schweizer Stadt Plurs in Graubünden im Jahr 1618.

di Lasso (1532–1594) ausgerechnet während einer dramatischen Hungerkrise das Genre wechselte und «Bußpsalmen» veröffentlichte, kann man kaum allein damit erklären, dass die Münchner Hofkapelle wegen finanzieller Engpässe von der Auflösung bedroht war.[44] Die Komposition von Bußpsalmen entbehrt nicht einer gewissen Logik in einer Zeit, in der die Obrigkeiten wegen zahlreicher Katastrophen zusätzliche Bußgebete und Bußtage einrichteten, um einen zornigen Gott zu besänftigen. Die Hinwendung zu Bußübungen und neuen Formen der Vertonung war eine internationale Erscheinung, der sich führende Komponisten Spaniens und Italiens, etwa Giovanni Pierluigi da Palestrina (1525–1594), widmeten. Die Bewältigung von Krankheit und jähem Tod begann eine unverhältnismäßig große Rolle im lutherischen Liedgut einzunehmen.[45] Inwieweit formale Veränderungen wie die Einführung des Generalbasses, die Verdrängung polyphoner Traditionen, die Vorliebe für Dissonanzen oder die Einführung des Taktstrichs in der Notierung mit Veränderungen der Befindlichkeit interpretiert werden können,[46] müssen Musikhistoriker diskutieren. Die Einführung neuer Großformen wie der Oper kann man mit dem politischen Strukturwandel, der gestiegenen Rolle des Hofes verbinden und nur insoweit auch mit dem Zeithintergrund des Klimawandels, als Zentralisierung als Krisenbewältigungsstrategie interpretiert werden kann.[47]

In der Literatur fällt der Aufstieg der Wunder- und Schauerliteratur auf, die sich auf der Suche nach Zeichen Gottes mit Missgeburten, Wunder- und Teufelsgeburten beschäftigte, mit unbekannten Tieren und Pflanzen, mit Monstern und Missbildungen in der Natur.[48] Diese Vorliebe findet ihre Entsprechung in der handwerklichen, akademischen und höfischen Kunstproduktion, wo Maler, Goldschmiede und Bildhauer auf außergewöhnliche Formgebung achteten, die berühmten gedrehten Formen des Manierismus, die in der schiefen Perle des Barock ihre Fortsetzung fanden.[49] Der Suche nach dem Außergewöhnlichen, dem Zeichen in der Natur, entsprach die fürstliche Sammlung von ungewöhnlichen Gegenständen in Kuriositätenkabinetten, die den Keim der Systematisierung in sich trugen, da das Unbekannte in eine neue Ordnung überführt werden sollte.[50] Die Kometen von 1577 und 1618 haben Fluten von Publikationen ausgelöst, die nicht zuletzt auch für die politische Geschichte und die Wissenschaftsrevolution relevant geworden sind. Aber auch andere Zeichen am Himmel wurden mit Erstaunen und Schrecken registriert, wie die erwähnten Nordlichter, Blut- und Kornregen oder die angebliche Sichtung «feuriger Drachen». Zusammen mit Berichten über Verbrechen, Hinrichtungen, Teufel und Hexen bildeten sie den Grundstock an Material für die Einblattdrucke, die charakteristisch für die Volksliteratur des ausgehenden 16. Jahrhunderts geworden sind.

Zu den neuen Textgattungen, die seit 1560 ihren Aufstieg erlebt haben, gehört als Sonderform der religiösen Erbauungsliteratur die protestantische Teufelsliteratur, die menschliche Unzulänglichkeiten diabolisierte. Der «*Saufteufel*» geißelte die Trunksucht in neuer Form, der «*Hosenteufel*» die Modetorheiten der Zeit, der «*Spielteufel*» (1561) mangelnde Hinwendung zum Jenseits, der «*Fluchteufel*» (1561) die Sünde der Blasphemie, der «*Zauberteufel*» (1563) des Ludwig Milichius die angeblich vermehrte Beschäftigung mit Zauberei und den grassierenden Aberglauben. Diese Form der moralischen Verhaltenskritik fand 1569 im «*Theatrum Diabolorum*» ihre erste Summe,[51] wenig später erschien ein zweites Teufelstheater mit 24 neuen Schriften, und bis zum Ende des Jahrhunderts wurden noch weitere sechzehn Teufelsbücher geschrieben und gedruckt.[52]

Nach dem Beginn der Hexenverfolgungen wurde dem Teufelskompendium ein «*Theatrum de Veneficis*» zur Seite gestellt.[53] Es markiert zusammen mit dem Frankfurter Erstdruck der «*Historia von D. Johann Fausten*» den ersten Höhepunkt einer internationalen Welle dämonologischer Literatur, die in den Werken berühmter Autoren kulminierte, wie dem Schweizer Reformator Lambert Daneau, dem französischen Juristen Jean Bodin oder dem schottischen König James VI. (1566–1625), der seit 1604 als James I. auch England regierte und in dessen «*Demonology*» der Wetterzauber eine große Rolle spielt.[54] Jenseits ihres praktischen Anlasses versuchten die Dämonologien, eine sichere Grundlage für menschliches Wissen jenseits teuflischer Illusionen herzustellen, sie behandelten also ein zentrales erkenntnistheoretisches Problem ihrer Zeit.[55]

Das Thema des Teufelsbündners zählt zu den beliebtesten Themen um 1600. Auf den Erstdruck der Faustlegende von 1587 folgten mehrere erweiterte Fassungen. Bereits 1588 wurde sie ins Englische übertragen, 1592 ins Niederländische, 1598 ins Französische. Christopher Marlowe (1564–1593) dramatisierte das Sujet und ließ es in London aufführen. Im selben Jahr wie das erste Faust-Buch brachte der Jesuit Jacob Gretser (1562–1625) seinen Teufelsbündler «*Udo*» auf den Markt, nur vier Jahre später schuf Jacob Bidermann (1578–1639) mit dem «*Cenodoxus*» eine weitere Faustgestalt.[56] Wie Goethe klar erkannt hat, wies die Faustgestalt über den üblichen Hexenwahn hinaus, verkaufte sie doch ihre Seele nicht um des schnöden materiellen Gewinns wegen, sondern um größere Kenntnis der Natur zu erlangen.

*Abb. 32* Der Triumph des Todes und die Vergänglichkeit alles Irdischen waren typische Bildmotive einer Zeit der Unsicherheit. Michael Wohlgemut, Imago mortis in: Liber Chronicarum, Nürnberg 1493

Damit kann man ihn auch in die Anfänge der modernen Naturwissenschaften einordnen.

Der Zeitgeist spiegelt sich auch in der schönen Literatur der Zeit, die gemeinhin unter Epochenbegriffen wie Renaissance, Manierismus oder Barock klassifiziert wird.[57] «Die flüchtige Zeit, das Dahinschwinden, der Blick auf das Ende sind Vorstellungen und Erscheinungen, die man häufig antrifft. Solcher Entwertung des Zeitlichen wird ein leidenschaftliches Streben nach dem Ewigen entgegengesetzt. Man schwelgt gleichsam in Sorge, Not und Angst. … Verzicht, Bescheidenheit, Sehnsucht nach innerem Frieden und Ruhe, weise, aus Erfahrung gewonnene Resignation, Müdigkeit, Gleichgültigkeit gegenüber dem Leben und dem, was es bringt, die Vorstellung, als Schauspieler und Zuschauer an einer Theateraufführung teilzunehmen, welche das Leben ist: Dies alles deutet auf eine Entwertung, auf eine bewusste Herabsetzung der äußeren Lebensgüter.»[58] Die Verkörperung dieses Zeitgeistes kann man in der Prosa des Miguel de Cervantes (1547–1616), in den Dramen William Shakespeares (1564–1616) oder in den Gedichten des Andreas Gryphius (1616–1664) finden, der auf seinen Reisen Holland, Italien und Frankreich kennengelernt hatte und überwältigt war von der Not seines Zeitalters. In metrisch streng geordneten Sonetten wie «*Vanitas Vanitatum Vanitas*» beschreibt der Syndikus der schlesischen Landstände die Sinnlosigkeit der Zerstörungen seines Zeitalters, dessen Krisenhaftigkeit jede menschliche Planung zwecklos erscheinen ließ: Heute gebaut, werden Städte morgen schon zerstört sein, das menschliche Antlitz, Ebenbild Gottes, «ist morgen Asch und Bein».[59]

Besondere Aufmerksamkeit verdienen die intensiven Winterschilderungen, das Pendant zu den Winterlandschaften in der Malerei. Simon Dach (1606–1659) schreibt etwa: «Jetzt schlafen Berg′ und Felder, mit Reif und Schnee verdeckt, auch haben sich die Wälder, in ihr weiß Kleid versteckt. Die Ströme stehn geschlossen, und sind in stiller Ruh′, die lieblich sonst geflossen, mit Laufen ab und zu.»[60] Natürlich ist wie in der Malerei gerade bei der Barockliteratur behauptet worden, man habe es hier nur mit topischen Versatzstücken zu tun.[61] Tatsächlich entspricht ein solches typisierendes Verfahren der Poetik des Barock, wie sie von Martin Opitz (1579–1639) und anderen propagiert worden ist.[62] Wenn man ähnliche Textstellen nebeneinander reiht, erscheinen manche Wendungen austauschbar. So dichtete etwa Johann Rist (1607–1667), Prediger in Wedel, «*Auff die nunmehr angekommene kalte Winterszeit*» folgende Beschreibung: «Der Winter hat sich angefangen/der Schnee bedeckt das gantze Landt/der Sommer ist hinweg gegangen, der Waldt hat sich in Reiff verwandt. Die Wiesen sind von Frost versehret, die Felder glåntzen wie Metall, die Blumen sind in Eis verkehret, die Flüsse stehn wie harter Stahl.»[63]

Aber kann man solche Texte vernünftig interpretieren ohne Kenntnis der Tatsache, dass in den Kaltwintern der Kleinen Eiszeit wiederholt Flüsse wie Rhein und Rhone bis auf das Flussbett erstarrten? Nicht anders sieht es mit der Bedrohung durch Krankheit und Tod aus. So sieht Wolfram Mauser keinen biographischen Bezug bei dem genau datierten und als autobiographisch ausgegebenen Gedicht: «*Thränen in schwerer Kranckheit. Anno 1640*. Mir ist ich weiß nicht wie/ich seuffze für und für. Ich weyne Tag und Nacht/ich sitz in tausend Schmertzen; Und tausend fürcht ich noch/die Krafft in meinem Hertzen Verschwindt/der Geist verschmacht/die Hände sincken mir. Die Wangen werden bleich/der muntern Augen Zir Vergeht/ gleich als der Schein der schon verbrannten Kertzen. Die Seele wird bestürmt gleich wie ein See im Mertzen. Was ist diß Leben doch … als ein mit herber Angst durchaus vermischter Traum.»[64] Für Historiker erscheint es naheliegend, dass Schriftsteller dieser Krisenzeit mit ihren Ängsten Bezug nahmen auf die Zeitsituation.[65]

## *Die kühle Sonne der Vernunft*

### *Das Bedürfnis nach neuen Ordnungen*

Die Erfahrung der Unsicherheit und Unordnung war für das frühneuzeitliche Europa so kennzeichnend wie heute für unterentwickelte Länder.[1] Nicht umsonst haben Modernisierungstheoretiker die europäischen Gesellschaften der Frühen Neuzeit als Testfall für ihre Theorien entdeckt.[2] Ihre Katastrophen und die kulturellen Reaktionen darauf waren eine Folge relativer Unentwickeltheit und mangelnder Sicherheit. Gleichzeitig können wir im frühneuzeitlichen Europa ein beeindruckendes Beispiel für einen Ausweg aus der klimatisch bedingten Notsituation finden. Indem die Sündenbockreaktionen eingedämmt und ein rationalerer Umgang mit dem Klimawandel gefunden wurde, gelang aus eigener Kraft der Ausweg aus dem Jammertal. Das Schlüsselwort, mit dem man sich aus der vormodernen Sündenökonomie befreite, den Einfluss religiöser Wahnvorstellungen in den Hintergrund drängte und eine Anpassung an die Lebensbedingungen der Kleinen Eiszeit bewirkte, lautet: *Vernunft.*

Die Diskussionen um Hunger und Unterernährung im 20. Jahrhundert haben gezeigt, dass Agrargesellschaften nicht nur deshalb krisenanfällig waren, weil sie unter ungünstigen klimatischen Bedingungen (Dürre, zu viel Niederschlag, Kälte oder Hitze) zu leiden hatten, sondern weil kulturspezifische Faktoren erschwerend hinzukamen: ungünstige Besitzstrukturen in der Landwirtschaft (wie etwa Großgrundbesitz oder «feudale» Pachtverhältnisse), ungünstige politische Strukturen (mangelhafte öffentliche Institutionen, Korruption in der Verwaltung, der Staat als Appropriationsinstrument einer Minderheit), ungünstige wirtschaftliche Strukturen (Kapitalmangel, Grad der Marktintegration, mangelhafte Lagerhaltung, Organisation der Landwirtschaft), ein defizientes Erziehungswesen (geringer Grad der Alphabetisierung, fehlende Ausbildung der Eliten, mangelhafter Unterricht über Landwirtschaft und Ernährung), ein mangelhaftes Gesundheitswesen (dürftige Hygiene, medizinische Unterversorgung) und Probleme bei der Infrastruktur der Kommunikation (mangelhaftes Wissen um Ressourcen und Preise, Fehlen effizienter Transportwege für Lebensmittel zu Land oder zu Wasser) und des Versicherungswesens.[3]

In der europäischen Frühen Neuzeit bildete der Kampf um mehr Stabilität als Strategie der Krisenbewältigung eine Grundtendenz der Epoche.[4] Dieses Ordnungsbedürfnis hatte weit reichende Konsequenzen. Die Bildung starker Kernstaaten unter monarchischer oder parlamentarischer Ägide ergab Sinn während der Ausbildung eines Wirtschaftssystems, das Immanuel Wallerstein als «European World System» bezeichnet hat und welches das weltweite Netz der Kolonien mit einschließt, das sich in der Frühen Neuzeit herausbildete.[5] Die Staatsbildung stellte eine Reaktion auf das Gefühl der Unsicherheit in einer Periode verstärkter Spannungen dar. Militärische Präsenz durch ein stehendes Heer sollte innere und äußere Bedrohungen in Schach halten. Eine monarchische Ordnung war besser als der religiöse Bürgerkrieg, so könnte man den *Leviathan* des Thomas Hobbes (1588–1679) deuten.[6] Die Legitimierung des starken Staates spiegelte nur die gemeineuropäische Tendenz, nach außen und innen eindeutige Staatsgrenzen festzulegen, die Verteidigung nach außen und Ordnung im Inneren zu garantieren. Die Suche nach Ordnung war aber nicht nur ein «von oben» implementierter Vorgang, sondern entsprach bei aller Renitenz auch einem Bedürfnis «von unten».[7] Zu den Aufgaben der Bürokratien, die seit dem 17. Jahrhundert aufgebaut wurden, gehörten die Verbesserung der Infrastruktur durch Straßen- und Kanalbau, der Aufbau eines effektiven Bildungswesens, eine Verbesserung der Lagerhaltung, der medizinischen Versorgung und der Hygiene.[8] Mit der Ausbildung moderner Staatlichkeit einher gingen als systemstabilisierende Elemente die Ausbildung der politischen Wissenschaften, des Naturrechts, des Völkerrechts und des öffentlichen Rechts als Lehrfächer an den Universitäten.[9]

Wie Norbert Elias erkannt hat, waren diese institutionellen Veränderungen nicht ohne Preis zu erlangen. Dabei spielte Sozialdisziplinierung etwa in Armee und Verwaltung eine Rolle. Doch die neuen Institutionen stellten auch ohne physischen Zwang neue Anforderungen an die Menschen. In den innersten Zirkeln der zentralisierten Herrschaftsapparaturen, etwa an den Fürstenhöfen, aber auch im Parlament oder in den kollegial organisierten Zentralbehörden, spielten

Sachkompetenz, elegantes Auftreten und psychologische Raffinesse eine größere Rolle als Muskelkraft. Selbstdisziplinierung und die Verinnerlichung neuer Werte erfolgten hier auf freiwilliger Basis, und die Beweggründe dafür waren komplexer, als von Norbert Elias gesehen.[10] Als Motiv für eine freiwillige Veränderung des Verhaltens wird man auch das Sündenbewusstsein einer gläubigen Gesellschaft unter dem Eindruck äußerer Katastrophen sehen können. Daneben gab es in den sich entwickelnden Strukturen des europäischen Welthandels und des Kommunikationswesens genügend gute Gründe zur Rationalisierung von Abläufen und zur Selbstdisziplin. Viele Lebensbereiche wurden in der immer stärker arbeitsteiligen Gesellschaft bis ins Detail hinein geregelt. Dies galt für Angehörige der Staatsverwaltungen ebenso wie für Insassen von Hospitälern oder für Mitglieder von Gilden und Bruderschaften. Selbst Reisende waren betroffen: Postordnungen des 18. Jahrhunderts betonen die Werte der Pünktlichkeit und Akkuratesse allein aus sachlichen Gründen.[11]

Das Bedürfnis nach Sicherheit und Ordnung führte in immer neuen Lebensbereichen zu Normierungsversuchen. Wie die Zeitgenossen mag man die Astronomie als symbolische Leitwissenschaft nehmen, die durch Johannes Kepler (1571–1630) nach den neuplatonischen Maßstäben der «Weltharmonik» in mathematische Gesetze gegossen wurde.[12] Die Geometrie diente zur Entwicklung von Verhaltensnormen, sie lieferte ein universales Muster zur Generierung regelmäßiger Ordnung, vom Tanz über die Planung von Verkehrsnetzen, die Organisation der Verwaltung bis zur Festungsarchitektur und zum Gartenbau.[13] Die neuen Ordnungen, die im 17. Jahrhundert gesucht und teilweise gefunden wurden, bedeuteten die Antwort neuer Generationen auf vergangene Leidenschaften. Die Reformen betrafen letztlich sogar die Sprache. Die Literatur orientierte sich an der klassischen Poetik und ihrem strengen Regelwerk in Lyrik und Dramatik sowie an der Ordnung stiftenden gesellschaftlichen Institution des Zeitalters, dem Hof.[14] Die Begriffsorientiertheit der deutschen Sprache hat ihre Ursprünge in der Sprachreinigung eines Zeitalters der Unordnung.

## *Die Zurückdrängung des religiösen Fanatismus*

Die Entzauberung der Welt speiste sich aus vielen Quellen, die im Kontext der Kleinen Eiszeit einen tieferen Sinn ergeben. In der Frühen Neuzeit begann sich eine Gesellschaft von der Vormacht des religiösen Denkens zu befreien. Vielleicht ist es nur auf den ersten Blick erstaunlich, dass dieser Prozess gerade im Zeitalter der Religionskriege und der Hexenverfolgungen begann. Denn die Abkehr vom religiösen Fanatismus, die *Säkularisierung des Denkens,* kann man als direkte Antwort darauf verstehen. Analysiert man die Kataloge der Frankfurter Buchmesse, so stellt man parallel zur Flut der kontroverstheologischen Werke einen Aufstieg der areligiösen Sachliteratur fest. In den Buchmesskatalogen Georg Willers wurde ausgerechnet im Hungerjahr 1570 neben Theologie, Jura und Medizin eine neue Rubrik «*Philosophici, artium liberalium atque mechanicarum, & libri miscellani*» eingerichtet, die anzeigte, dass die Geistes- und Naturwissenschaften und das technische Sachbuch zu neuer Dignität aufgestiegen waren.[15] Im deutschsprachigen Teil des Katalogs eher unbestimmt als «*Mancherley Bücher in allerley Künsten und andern Sachen*» überschrieben, finden sich dort unter anderem Werke zur Witterung und zur Reform der Landwirtschaft. Bereits im ersten Jahr wird Konrad von Heresbachs (1496–1576) neues Lehrbuch der Landwirtschaft aufgeführt,[16] das in den nächsten Jahren viermal nachgedruckt und ins Englische übersetzt wurde.[17] In den Folgejahren bot die Buchmesse mehrere italienische und französische Werke zur Theorie und Praxis der Agrikultur feil.[18] Und in den 1590er Jahren folgte Johannes Colers (1566–1639) Standardwerk der Hausväterliteratur, die «*Oeconomia ruralis et domestica*», die bis ins 18. Jahrhundert hinein zahlreiche Auflagen erleben sollte.[19] Gemeinsam ist diesen Werken, dass sie verbesserte Fruchtfolgen und Düngereinsatz vorschlagen und in jene Richtung weisen, die in den Niederlanden und England zur *Revolution der Landwirtschaft* führte.[20]

Bei den meteorologischen Werken sieht man nicht immer am Titel, ob man es mit geistlicher Erbauungsliteratur zu tun hat oder nicht. Oft handelt es sich um Mischformen, die Naturbeobachtungen mit Zukunftsvorhersage verbinden,[21] oder zeitgenössische Chronistik mit theologischer Deutung.[22] Manche Prediger spezialisierten sich, wie der Tübinger Professor Johann Georg Sigwart, regelrecht auf die theologisch korrekte Interpretation extremer Klima-Ereignisse.[23] Eine Art langfristiger Wettervorhersage wagte der Astronom Bartholomeus Scultetus (1540–1614) in seinem «*Prognosticon von aller Witterung*». Die im engeren Sinne meteorologischen Werke sowie Aristoteleskommentare bedürfen für das 17. Jahrhundert noch der genaueren Untersuchung. Dass dies lohnen könnte, zeigt das häufig aufgelegte «*Wetterbüchlein*» Leonhard Reynmanns, der jede metaphysische Erklärung des Wetters, sei es durch Gott, den Teufel oder Hexen, vermeidet.[24]

Die Leidenszeit in der Mitte der Frühen Neuzeit führte zu dauerhaften Lernprozessen. Der damit verbundene Prozess der Rationalisierung wird meist aus strukturellen und langfristigen Ursachen abgeleitet: aus dem Frühkapitalismus bei Werner Sombart, dem Protestantismus bei Max Weber oder dem absolutistischen Hof bei Norbert Elias. Vielleicht könnte man aber auch sagen, dass sich der religiöse Eifer einfach abgenutzt hatte. Einigen Zeitgenossen fiel auf, dass heilige Kriege und Hexenverfolgungen weder das Wetter noch die Ernten besserten, sondern lediglich zusätzliches Leid bewirkten.

Zu den Verlegern, die keine kontroverstheologische Literatur in ihr Programm aufnahmen, sondern die Produktion von Sachbüchern bevorzugten, gehören so illustre Figuren wie Matthäus Merian in Frankfurt und Johann Carolus in Straßburg, der Erfinder der periodischen Presse. An seinem Beispiel lässt sich zeigen, wie sehr die neuen Medien des 17. Jahrhunderts Programm waren: Konfessioneller Eifer und Wundergeschichten hatten hier keinen Platz mehr. Über das Toleranzedikt Rudolfs II. für Böhmen, den *Böhmischen Majestätsbrief* und den Jülich-Kleve'schen Krisenschauplatz wurde in den wöchentlichen Ausgaben der «*Relation*» von 1609 dagegen ausführlich berichtet. Das Medium war nicht nur Botschaft, es transportierte auch eine: Die Welt war in Unordnung. Um sie zu verstehen, brauchte man keine Nachrichten aus dem Bereich der Metaphysik, sondern aus der Politik.[25]

Die Einhegung der Leidenschaften mit Hilfe der pragmatischen Philosophie des *Neostoizismus*[26] ergab in diesem Zusammenhang ebenso Sinn wie Galileo Galileis Naturwissenschaft, deren Methode einer breiten Öffentlichkeit vermittelt wurde,[27] oder Francis Bacons kontrolliertes Experiment, welches Erkenntnis normieren und den intendierten wissenschaftlichen Fortschritt methodisch absichern sollte.[28] Dass diese Form der ergebnisoffenen Forschung bei Dogmatikern nicht beliebt sein konnte, wusste man auch schon vor dem Inquisitionsprozess gegen Galilei. In der florentinischen «*Accademía dei Lyncei*» wurden deswegen Theologen ausdrücklich in den Statuten von der Mitgliedschaft ausgeschlossen. Die Gelehrten wollten in freier Rede, ohne Zensur und unfruchtbare religiöse Streitereien über ernste Probleme diskutieren können. Das Inquisitionsverfahren gegen den führenden Naturwissenschaftler seiner Epoche wurde zum Fanal. Auch alle späteren privaten und staatlichen Wissenschaftsvereinigungen – wie etwa die englische *Royal Society* oder die *Academie Française* – schlossen Theologen von ihren Beratungen aus. In den protestantischen Ländern entstand die Legende, unter der Herrschaft des Papstes sei Wissenschaft überhaupt nicht möglich. In den Utopien des 17. Jahrhunderts, die Phantasien über ein ideales Staatswesen artikulieren, wurde den Theologen stets eine Nebenrolle, den Philosophen aber die Lenkung des Staatswesens zugewiesen, in Francis Bacons «*Nova Atlantis*» ebenso wie in Johann Valentin Andreaes «*Christianopolis*». Tatsächlich nahm die Gewalt des religiösen Drucks und des Gewissenszwangs nach dem Westfälischen Frieden (1648) und mehr noch nach der Glorious Revolution (1689) in England rapide ab.[29]

## Wissenschaftsrevolution und beginnender Fortschrittsoptimismus

Sucht man nach den Vorformen der modernen Naturwissenschaften, so stößt man im 16. Jahrhundert auf jene von faustischem Erkenntnisdrang beseelten Forscher, bei denen sich die Grenzen von Experiment und Magie verwischten.[30] Die *Magia Naturalis* stellte in den Augen der Theologen eine höchst zweifelhafte Disziplin dar. Manche Magier kokettierten wie der Künstler Benvenuto Cellini (1500–1571) mit Dämonenbannungen.[31] Doch Naturmagier genossen an den Höfen Ansehen. Führende Vertreter wie Girolamo Cardano (1501–1576),[32] an dessen ernsthafte Forschungen noch die *Kardanwelle* und andere Erfindungen erinnern, und der Neapolitaner Gianbattista della Porta (1535–1615) repräsentierten das Naturwissen ihres Zeitalters besser als die Universitäten, in deren Curriculum die Erforschung der Natur – von Medizin, Astronomie und Mathematik abgesehen – nicht vorkam.[33] Der englische Naturmagier John Dee (1527–1608) war mit seinen Experimenten und Zukunftsvorhersagen am Hof von Elizabeth I. von England und Kaiser Rudolf II. in Prag gleichermaßen gefragt.[34] Die Geheimwissenschaften, zu denen auch die Astrologie, die paracelsische Medizin und die Alchimie zählten, bildeten eine Leidenschaft des Zeitalters, das mit den alten Antworten auf neue Probleme nicht mehr zufrieden war und nach neuen Wegen suchte.[35]

Nicht erst bei Galilei, sondern bereits bei Cardano hatte sich gezeigt, dass die Naturwissenschaftler wegen der potenziellen Konflikte mit der religiösen Orthodoxie gefährlich lebten. Wie bei Cellini gab es auch bei Cardano, della Porta und Dee aufseiten der religiösen Behörden gute Gründe für Misstrauen, denn seine Experimente ließen gelegentlich die Bedeutung magischer Rituale offen. Bereits Cardano fand jedoch die passende Antwort in seiner Beschäftigung mit der Mathematik, von der heute noch die *Cardanischen Formeln* künden. Kepler verstand es, seine zentralen astronomischen Aussagen in mathematischen Formeln zu präsentieren, den heute noch gültigen *Kepler'schen Gesetzen* über den Umlauf der Planeten. Mit Galilei entschieden sich die Naturwissenschaften für eine Sprache, gegen deren formale Logik keine Kirche Einwände haben konnte: die Sprache der Mathematik. Die Einführung von Naturgesetzen entmachtete den personalen Gott der Bibel, der willkürlich mit Engeln und Dämonen durch die Gegend spuken konnte. *Naturgesetze* – auch wenn man sie Gottes Perfektion zuschrieb – banden den Schöpfer an feste Regeln, die von den Forschern untersucht werden konnten.

Entscheidend war der Paradigmenwechsel, der veränderte Blick auf die Natur, der nach Galileo Galilei und Francis Bacon die religiöse und die Geisterwelt aus dem Reservoir der Erklärungen ausschied. Damit endete die Diskurshoheit der Theologen und Naturmagier, der Alchimisten und Astrologen. Die große Erneuerung der Wissenschaften, Bacons *Instauratio Magna*, speiste sich aus einer Verregelmäßigung des «wilden Denkens» durch die Normierung experimenteller Verfahren und die systematische Diskussion der Ergebnisse. So konnten die Grenzen der Erkenntnis dauerhaft verschoben werden. Damit wurde die Vision eines Fortschritts der Wissenschaften durch die systematische Akkumulation von Wissen erfunden. Nicht mehr Kirche oder Staat entschieden über Wahrheit, sondern eine weltweite Gemeinde von Philosophen und Naturwissenschaftlern.

Seit dem frühen 17. Jahrhundert veränderten die Naturwissenschaften das Bild von der Welt grundlegend. Der Mathematiker René Descartes (1596–1650) schloss mit seiner philosophischen Trennung von Geist (*res cogitans*) und Materie (*res extensa*) alle Geistwesen (Engel, Dämonen, Gott) auch erkenntnistheoretisch von der Einflussnahme auf die materielle Welt aus. Der Mathematiker und Physiker Isaac Newton (1643–1727) fand mit seinem *Gravitationsgesetz* eine Art Weltformel, die in den Weiten des Universums genauso gültig war wie auf der Erde und damit die durchgehende Geltung der Naturgesetze demonstrierte.[36]

Damit hatte Newton eine alte Sehnsucht der Naturmagier erfüllt, nämlich die gedankliche Verbindung von Mikrokosmos und Makrokosmos. Newton, der auf allen Wissensgebieten präsent war – Astronomie, Mechanik, Optik und Akustik, Arithmetik –, wurde 1703 von jener *Royal Society for the Advancement of Learning* zum Präsidenten auf Lebenszeit gewählt, die sich seit einem halben Jahrhundert der systematischen Erforschung der Naturgesetze verschrieben hatte. Er wurde wegen seiner wissenschaftlichen Errungenschaften als Vertreter der Universität Cambridge ins Parlament gewählt und in den Adelsstand erhoben. Für aufgeklärte Intellektuelle waren Wissenschaftler wie Newton die eigentlichen Helden der Geschichte. Sie hatten die ganze Menschheit vorangebracht. Dabei war besonders verlockend, dass wissenschaftlicher und politischer Fortschritt im englischen Beispiel eng zusammenhingen. Die Freiheit von Zensur beförderte die Freiheit der Wissenschaften. So erschien es als mehr denn bloßer Zufall, dass Newtons zentrale Schrift, die *Principia Mathematica*, etwa gleichzeitig mit der *Glorious Revolution* erschienen war, der Absetzung des englischen Königs und dem Beginn der Parlamentsherrschaft im Jahre 1688.[37]

Obwohl die antike Naturwissenschaft seit dem 16. Jahrhundert heftig attackiert worden war, brach erst jetzt ihre Vorherrschaft an den Universitäten zusammen. An die Stelle der aristotelischen Naturlehre mit ihren Elementen, Säften, Substanzen, Qualitäten und Ursachen trat nun die *Mechanische Philosophie*, die bereits von Galilei und Hobbes vorbereitet und von Newton auf den Altar gehoben worden war. Die Mechanisierung des Weltbildes war geeignet, mit konkreten weltanschaulichen und politischen Problemen fertig zu werden.[38] Damit begann die lange Konjunktur der Naturbeobachtung mit der Hilfe von nachvollziehbaren und wiederholbaren Experimenten. Dabei widmete man sich auch der Erforschung besonders rätselhafter Naturerscheinungen wie etwa dem Magnetismus und der Elektrizität, für die – wie für die Schwerkraft – zuvor nur magische Erklärungen vorhanden waren. Seit der Gründung von Fachzeitschriften wie den *Philosophical Transactions* mussten die Ergebnisse der Experimente nicht mehr brieflich in Korrespondenzen übermittelt werden, sondern sie lagen gedruckt und für jedermann nachlesbar vor.

Die neuen Wissenschaften entwickelten neben ihren neuen Institutionen (wissenschaftlichen Gesellschaften, Akademien) ihre eigenen Medien, in denen abseits religiöser oder weltlicher Einflussnahme international Experimente diskutiert wurden. Dieser Mechanismus erwies sich als äußerst effektiv, um Fehler oder Fälschungen rasch zu entlarven, denn spektakuläre Experimente – wie etwa der Aufstieg von Heißluftballonen – wurden binnen Wochenfrist in ganz Europa und Nordamerika nachgeahmt und entweder bestätigt oder verworfen. Experimentieren wurde zu einer beliebten Freizeitbeschäftigung für die oberen Klassen der Gesellschaft. Die Schaffung neuer «Orte» oder Institutionen für die wissenschaftliche Arbeit und anerkannter Medien sowie die Institutionalisierung neuer Kanäle der Kommunikation führten zu jenem *Paradigmenwechsel,* den Thomas S. Kuhn (1922–1996) im Sinne eines Konsensmodells zu beschreiben versucht hat.[39]

Seit der Erfindung des Teleskops zu Beginn und des Mikroskops in der Mitte des 17. Jahrhunderts hatte sich die Benutzung von Instrumenten in den Naturwissenschaften eingebürgert. Optische Geräte und Messinstrumente gehörten im 18. Jahrhundert zur regulären Ausstattung aller Akademien und Laboratorien und auch so manchen gehobenen Privathaushalts. Barometer, Thermometer, Hygrometer, Theodoliten, Pumpen und Prismen wurden in großen Mengen hergestellt, gekauft und verwendet. Auch banale Messergebnisse wurden veröffentlicht, wie etwa die täglichen Luftdruckwerte im *Gentleman's Magazine.*[40] Wenngleich ein Großteil der Experimente der Unterhaltung und bestenfalls der Grundlagenforschung diente, strebte man doch aktiv und erfolgreich neue praktische Erfindungen an. Die Beschäftigung mit der Elektrizität führte 1751 zur Erfindung des Blitzableiters durch den amerikanischen Naturforscher Benjamin Franklin (1706–1790), die nachhaltige Beschäftigung mit der Chemie und Physik der Gase 1782 zur beinahe gleichzeitigen Erfindung des Heißluft-

und des Wasserstoffballons und damit der Luftfahrt. Beide Errungenschaften galten am Ende des 18. Jahrhunderts, als eine Bilanz des Zeitalters der Aufklärung gezogen wurde, als signifikante Siege von Naturwissenschaft und Technik über Religion und Aberglauben. Erstaunlicherweise tauchen in dieser Bilanz selten die Erfindungen auf, die von noch viel größerer Bedeutung für die Entwicklung der Wirtschaft und die Veränderung der natürlichen Umwelt des Menschen waren: jene Erfindungen, welche im Zuge der *Industriellen Revolution* gemacht wurden und am Ende zu jenen Effekten führten, welche heute für die Klimaänderung verantwortlich gemacht werden.

## *Die Herrschaft der «Sonnenkönige»*

Die politische Stabilität wurde nach den großen Kriegen des 17. Jahrhunderts durch stehende Heere garantiert. Die Distanzierung der Herrschenden von ihren Untertanen, die in monumentalen Prunkbauten architektonischen und zeremoniellen Ausdruck fand, vergrößerte das Gefühl der Sicherheit und schuf auf der Ebene der Nationalstaaten neue Freiräume für die Wissenschaften, wie sie in den Stadtstaaten der Renaissance nie zu haben gewesen waren. Die Einführung der stehenden Heere machte die Gesellschaft natürlich nicht gerechter, aber doch berechenbarer und sicherer, indem sie die Bedrohung der Oberschichten durch Rebellionen und Revolutionen verminderte und die bestehenden Verhältnisse stabilisierte. Die Zeit der politischen Unruhen war beendet, der ideologische Sprengsatz der Konfessionalität entschärft.[41]

Die Unbilden der Natur, die Zeit der Kälte und der Unfruchtbarkeit waren jedoch noch nicht bewältigt. Die Konstruktion des «*Sonnenkönigs*» verdichtet daher wie eine Metapher das Versprechen auf eine bessere Zukunft. Nicht nur Ludwig XIV. (1638–1715, r. 1643/1651–1715) von Frankreich stilisierte sich als wärmespendendes Zentralgestirn,[42] sondern auch politische Gegenspieler wie Kaiser Leopold I. (1640–1705, r. 1658–1705). Die Regierungszeit des «*Roi Soleil*» und seiner Kollegen sah nicht nur den Aufstieg Frankreichs zur europäischen Großmacht, sondern auch besonders gravierende Kälteeinbrüche zur Zeit des Maunder-Minimums.[43] In diesen kältesten Jahren des letzten Jahrtausends kam es zu schweren Missernten, die Mangel und Hunger sowie epidemische Krankheiten mit hohen Mortalitätskrisen

***Abb. 33*** Der junge König Ludwig XIV. von Frankreich als Personifikation der Sonne im Ballett. Auch konkurrierende Monarchen ließen sich in der Kleinen Eiszeit als Sonnenkönige darstellen.

nach sich zogen. Nicht dass es keine anderen Probleme gegeben hätte. Wie Österreich führte Frankreich jahrzehntelang einen Krieg nach dem anderen und verpulverte nicht nur den Reichtum des Landes, sondern türmte dazu noch eine Schuldenlast auf, die den französischen Staatshaushalt auf Jahrzehnte hinaus belasten sollte. Doch die Kapriolen der Witterung schufen zusätzliche Unsicherheit. Im Kaltwinter 1683/84 dauerte der Frost von Mitte Oktober bis Ostern des folgenden Jahres.[44] Am Beispiel klimatisch besonders ungünstiger Jahre, wie etwa Mitte der 1690er Jahre,[45] kann man nachzeichnen, wie weite Teile Europas von der schwedischen Provinz Finnland[46] bis in den Süden Frankreichs von schrecklichen Hungersnöten heimgesucht wurden.[47] Die Bürokratie war noch in den letzten Jahren des Sonnenkönigs unfähig, den Mangel wirksam zu beheben. Ansätze zur Linderung der Not wiesen zwar in die richtige Richtung, die Krisenbewältigung verhedderte sich aber im zeitgenössischen Kompetenzgerangel der Provinzen und Behörden. Gegenüber früheren Hungerzeiten bestand einzig der Unterschied, dass Hunger und Verzweiflung nicht mehr die politischen Zentren erreichten. Die Bemühungen des Magistrats von Lyon stehen beispielhaft für den erfolgreichen Versuch, die eigene Stadt mit allen Mitteln vor einer Hungerkrise zu retten.[48]

Und es gab noch einen Unterschied: Im Jahrhundert der Aufklärung wurden Hungerkrisen zunehmend als Folge von Missmanagement verstanden. Die Öffentlichkeit war nicht mehr bereit, Predigten über göttliche Strafen hinzunehmen, sondern verwies auf die strukturellen Defizite und politischen Versäumnisse, die den Ausgleich der Missernten verhinderten. Warum waren die Straßen so schlecht, dass man nicht schnell Brotgetreide importieren konnte? Warum waren die Vorratshäuser zu klein, um die Armen zu versorgen? Warum waren die vorhandenen Vorratshäuser nicht gefüllt? Warum waren die Ernten zu gering, und warum hatten die königlichen Amtsträger keine ausreichende Vorsorge getroffen? Die Kritik der Intellektuellen und der Zorn der Bevölkerung machten Rebellionen gegen die Obrigkeit wahrscheinlich und zwangen sie zum Handeln. Auch wenn sich gewaltsame Aktionen meist nur gegen Getreidehändler und Bäcker richteten, denen man Wucher vorwarf: Für die Regierung lag auf der Hand, dass nur eine verbesserte Vorsorge ihr Überleben sichern konnte. Im Prinzip war es nicht anders als schon in den alten Hochkulturen: Die Notlage der Bevölkerung stellte die Legitimation der Herrschenden in

Frage. Mit England und den niederländischen Generalstaaten gab es zwei Beispiele, die bewiesen, dass man den König unter die Kontrolle eines Parlaments stellen konnte und damit gut fuhr. Mit der Aufklärung wuchs der Reformdruck auf die Regierungen.

Einige Reformprojekte des 17. und 18. Jahrhunderts zeigten mittelfristig Wirkung. Im 18. Jahrhundert setzte allenthalben verstärkt der Straßen- und Kanalbau ein, um die Transportmöglichkeiten für Massengüter zu vergrößern. Außerdem wurden die nationalen und die internationalen Nachrichtensysteme mit der Einführung der Kutschensysteme auf eine völlig neue Basis gestellt. Mit dem damals modernen Postwesen war es möglich, sich anbahnende regionale Notlagen zu registrieren und europa- oder weltweit nach Ausgleichsmöglichkeiten zu suchen. Die weiträumigen und gut organisierten Handelsverbindungen halfen, regionale Versorgungskrisen abzumildern. Der Fernhandel zur See erleichterte die Organisation der Hilfsleistungen ebenso wie Verbesserungen in der Lagerhaltung, der Verwaltung und der medizinischen Versorgung. Diesen Bemühungen war es unter anderem zu verdanken, dass alte Geißeln der Menschheit wie die Pest aus Europa verschwanden. Die in den Niederlanden schon Ende des 16. Jahrhunderts einsetzende Agrarrevolution,[49] der die englische mit geringer Verzögerung folgte, packte das Übel an der Wurzel. Eindeichung, Moorkultivierung, Fruchtwechselwirtschaft, Bewässerung und der Anbau neuer Kulturpflanzen trugen dazu bei, dass Hungerkrisen seltener wurden. Sie ereigneten sich nach 1709 nur noch im Abstand von etwa einer Generation. Die Verbesserung der Infrastruktur und der Nahrungsmittelproduktion schufen ein solides Fundament für die sich beschleunigende Urbanisierung, die ihrerseits das Bewusstsein der Abhängigkeit von der Natur und ihren Kräften verminderte.[50]

Mit dem Abstand zur Urproduktion verringerte sich die Anfälligkeit für Aberglauben und religiöse Konvulsionen. Der Reichtum der Oberschichten schuf ein wirksames Gegengift gegen die Härten der Natur. Das zeigt nicht nur das Beispiel der großen Höfe in Versailles, London oder Wien, der Aristokraten und reichen Kaufleute, die sich nicht mehr vor Hexerei fürchteten. Dies zeigen insbesondere die zu Wohlstand gelangten Niederlande, die während der Kleinen Eiszeit als Hauptumschlagplatz für Getreide zum Motor des Welthandels aufgestiegen waren. Hier wurde nicht nur auf die Verfolgung von Hexen seit langem verzichtet, sondern selbst Ketzern und Juden wurden vergleichsweise gute Lebensmöglichkeiten eingeräumt.[51] Selbst die harten Winter erschienen weniger bedrohlich. Das Genre der Winterlandschaft verwandelte sich von einer apokalyptischen Drohkulisse zu einer Demonstration der Gelassenheit oder der Freude am Wintersport. Hendrik Averkamp und viele andere Maler spezialisierten sich gar auf die Produktion von Winterbildern, die in Tausenden von Variationen für die Wohnstuben der reichen Bürger angefertigt wurden.[52]

## *Der Extremwinter von 1739/40 als Test für die Aufklärung*

Der Geist der Aufklärung, der an den Höfen und Akademien herrschte, war zunehmend gekennzeichnet durch einen optimistischen Glauben an die Vernünftigkeit der Natur, an den Fortschritt der Wissenschaften, an die Verbesserbarkeit der Gesellschaft und sogar an das Gute im Menschen, das nur durch schlechte Erziehung verschüttet sei. Die Aufklärer gingen mit Jean-Jacques Rousseau (1712–1778) davon aus, dass alle Menschen gleich waren und gleiche Rechte besitzen sollten, wobei religiöse und soziale Minderheiten nicht mehr ausgenommen und – das war eine große Neuerung – Frauen eingeschlossen wurden. Einig waren sich alle Aufklärer darin, dass die Menschen durch Erziehung zum selbstständigen Denken befähigt werden sollten.

Als Mächte der Finsternis betrachteten die Aufklärer in der Regel nicht den Staat oder das Kapital, sondern die Kirche. Sie wurde als Kraft der Finsternis dargestellt, welche die Menschen in Unwissenheit hielt, zu Fanatismus anstiftete und für zahlreiche Gräuel Verantwortung trug, von den Kreuzzügen über Judenpogrome und Hexenverfolgungen bis hin zur Ausrottung der amerikanischen Ureinwohner und zu den Religionskriegen. Dem Fanatismus der Religion stellten die Aufklärer das Ideal religiöser Toleranz gegenüber, das auch von vielen Königen und Kaisern wie etwa Joseph II. (1741–1790, r. 1765–1790) geteilt wurde. Die Ideen der Aufklärer hatten selbst in den Reihen der gebildeten Theologen und Kirchenfürsten zahlreiche Anhänger.[53]

Das Schicksal der herrschenden Schichten war kaum mehr den Fluktuationen des Klimas ausgeliefert, das der einfachen Menschen jedoch schon. Gerade in Katastrophenzeiten blieb es daher eine Versuchung für konservative Prediger, die Bevölkerung gegen die aufgeklärte politische Elite in Stellung zu bringen. Da Europa weitgehend agrarisch bestimmt und die Ernährung von der Ernte abhängig war, spielte das Wetter meist noch eine entscheidende Rolle. Nur in Großbritannien und den niederländischen Generalstaaten waren die Verbesserung der Landwirtschaft und der Ausbau der Infrastruktur bei mildem Seeklima so weit gediehen, dass keine große Abhängigkeit mehr von den regionalen Ernteerträgen bestand.[54] Im übrigen Europa wurde dagegen jede witterungsbedingte Missernte zu einem Testfall für die Aufklärung. Dabei bildeten die Jahrzehnte nach 1709 eine Art Glücksfall, da das Klima moderat war und Illusionen über eine Verbesserung des Lebens nährte. Vermutlich war es etwas kühler als heute. Die kühle Sonne des Zeitalters der Vernunft schuf aber stabile Lebensbedingungen, die mit der optimistischen Schulphilosophie des Christian Wolff (1679–1754) korrespondierten, nach dessen Lehre die Welt in einer durch Gott «*prästabilierten Harmonie*» ruhte.[55]

Üblicherweise wird das Erdbeben von Lissabon, bei dem 1755 ein Tsunami die portugiesische Hauptstadt zerstörte, als Testfall für den aufgeklärten Zukunftsoptimismus bezeichnet. In unserem Zusammenhang muss man auf den Extremwinter von 1739/40 verweisen, der auf dem Kontinent noch einmal zu einer großen Subsistenzkrise mit teilweise hoher Mortalität führte. Über diese Kälte wurde an den Akademien, in den gelehrten Zeitschriften, in der periodischen Presse und zahlreichen Publikationen debattiert.[56] Dabei betonte man immer wieder die «natürlichen» Ursachen des Klima-Extrems, was auch Folgen wie Brennholzmangel, Hypothermie, Unterernährung, Krankheiten und erhöhte Mortalität mit einschloss.[57]

Der Mühlstädter Pastor Johann Rudolph Marcus zieht in seiner «*Nachricht von dem im ietzigen 1740ten Jahre eingefallenen ausserordentlich strengen und langen Winter*» Bilanz über Kältekatastrophen der Vergangenheit und bietet damit eine Art Geschichte der Kleinen Eiszeit aus sächsischer Sicht. Er berichtet über zahlreiche Beispiele wie zersprungene Thermometer, zerborstene Brücken in Amsterdam, das Einfrieren des Weins im Keller und der Tinte im Tintenfass. Selbst in Russland war es kälter als sonst, und das Wild erfror in den Wäldern. In Persien starben Leute den Kältetod. In Skandinavien froren alle Seen und Ströme zu. Keine Wassermühle arbeitete mehr, und die industrielle Produktion kam zum Erliegen. Wer noch außer Haus gehen musste, hatte es schwer: Zu Amsterdam erfror der

Postillon von Süd-Holland samt Pferd, der Hamburger Bote kam steif und tot auf seinem Pferd sitzend an. Der Postillon nach Berlin erfror samt Passagier. In Polen erfroren Leute in ihren Häusern, viele Hungertote gab es auch in Schottland.[58] In Frankreich und England brachen tödliche Grippe-Epidemien aus.[59] In Paris und in den Provinzen sind «viele Leute an Sch[n]upfen und Flüssen gestorben. Man rechnet, dass in Paris seit dem Anfang dieses Jahrs bis in den May über 40 000 Menschen begraben worden, wie denn auch im Monat April allein in denen Hospitälern über 4000 Personen umgekommen. Man glaubet, dass dergleichen Seuchen, Kranckheiten und plötzliche Todesfälle von diesem allzuharten Winter als ein Nachlaß in denen Cörpern causiret worden, obschon sonsten die Kälte der Pestilentz Einhalt thut.»[60]

Der Große Winter sowie die Krise der frühen 1740er Jahre sind mittlerweile als interessantes Forschungsobjekt entdeckt worden.[61] Wir verfügen über vergleichende Untersuchungen und über Mikrostudien aus lokaler Perspektive.[62] Daher wissen wir, dass die Auswirkungen dieser Krise geringer waren als bei vergleichbaren früheren Krisen. Viele Regierungen hatten sich bei den ersten Anzeichen einer ungenügenden Ernte mit Getreidevorräten eingedeckt. Dabei reichte der Ankaufradius weit über Europa hinaus. England kaufte im russischen Baltikum, im osmanischen Ägypten sowie in den eigenen Kolonien in Nordamerika Getreide ein, neben Weizen und Roggen wurde auch Reis erworben. Preußen hatte in seinen Magazinen so viel Getreide gehortet, dass Friedrich II. – nach seinem völkerrechtswidrigen Angriffskrieg auf das österreichische Schlesien – Saatgut an die Bauern ausgeben konnte, um deren Loyalität zu erwerben. Auch 1740 gingen die Preise in die Höhe, und die Haushalte wurden wegen der Mehrausgaben für Brot strapaziert. Aber Hunger wurde gleichbedeutend mit schlechter, unvernünftiger Regierung. Dramatisch erhöhte Sterblichkeit gab es nur mehr in marginalen Gebieten, etwa den schottischen Highlands oder in Irland.[63] So gesehen, bildete der Extremwinter von 1740 nicht nur einen Testfall, sondern auch einen Triumph der Aufklärung.

## *Höhenrauch und große Furcht*

Die Klima-Ungunst der 1780er Jahre wurde durch den Ausbruch des Laki und anderer Vulkane in Island und Japan verursacht. Im japanischen Tokugawa-Reich explodierte im Frühjahr 1783 der Vulkan Asama, etwa 150 Kilometer von der Hauptstadt Edo entfernt, dem heutigen Tokyo. Dem Ausbruch fielen in der dicht besiedelten Region unmittelbar etwa 35 000 Menschen zum Opfer. Doch die Langzeitwirkungen waren noch dramatischer. Der Mount Asama bewirkte in Edo eine komplette Verdunkelung des Himmels. Die Emissionen führten zu einer weitflächigen Verseuchung der Böden, zu Starkregen und zu einer gravierenden Abkühlung im ganzen Land über mehrere Jahre hinweg. Die vulkanisch induzierte Klimaverschlechterung führte zu erheblichen Ernteausfällen bei Reis. Der Preis für dieses Grundnahrungsmittel verdreifachte sich, und es kam zu dramatischen Hungersnöten in den Jahren 1783–1787. Die ärmere Bevölkerung versuchte, sich von Wurzeln und Nüssen, von Katzen und Hunden zu ernähren. Es gab Fälle von Kannibalismus. Die regelmäßigen Volkszählungen zeigen, dass den Hungerjahren mehrere hunderttausend Menschen zum Opfer gefallen sein müssen, denn die Bevölkerungszahl fiel innerhalb weniger Jahre von ca. 26 auf ca. 23 Millionen, während sie sonst das gesamte Jahrhundert hindurch relativ konstant war.[64] Im Gefolge der Hungersnot kam es in den 1780er Jahren zu Bauernaufständen und bewaffneten Widerstandsaktionen, die im Mai 1787 um Osaka und Edo sowie in Nordjapan ihren Höhepunkt hatten. Bauern und Bürger verbrüderten sich und zerstörten die Häuser der privilegierten Händler und Wucherer. Zeitgenossen erschien es, «als sei die Welt aus den Fugen geraten». Nach dem Tod des Shoguns Ieharu (1737–1786, r. 1760–1786) wurde dessen Regierung gestürzt, weil man seine korrupte Liberalisierung des feudalen Systems für das Unglück verantwortlich machte. Unter dem neuen Shogun Ienari (1773–1837, r. 1786–1837) besserte sich die Situation rasch. Das Land kehrte zu den feudalen Strukturen zurück, weil man die Unglücksjahre als Strafe Gottes interpretierte.[65]

Vor dem Hintergrund der japanischen Ereignisse ist es interessant, die Reaktionen in Europa zu betrachten. Die Eruption der Laki-Spalte auf Island begann im Mai 1783 und dauerte auf einer Länge von 27

Kilometern acht Monate lang an. Die Eruption beförderte große Mengen an Gasen, vulkanischer Asche und Aerosolen in die Stratosphäre und führte zu einer anhaltenden Verdunkelung des Himmels. Der «Höhenrauch» wurde in Kopenhagen am 29. Mai beobachtet, in Paris am 6. Juni und in Mailand am 18. Juni.[66] Die Emissionen in die Atmosphäre bewirkten Schwefelgeruch, Augenreizungen, Atemnot und Kopfschmerzen bis nach Zentraleuropa hinein. In weiten Teilen Europas und des Osmanischen Reichs wurden dichter «trockener Nebel» sowie Sonnenverfinsterungen und -verfärbungen beobachtet. Mitglieder der *Societas Meteorologica Palatina* berichteten, dass man im Sommer 1783 wegen der Trübung des Himmels mit bloßem Auge in die Sonne schauen konnte. In Island führte der saure Regen zur Verwüstung weiter Landstriche, wo die Ernten vernichtet wurden und auf Jahre nichts mehr angebaut werden konnte. Saurer Regen beeinträchtigte die Umwelt in ganz Skandinavien. Aber selbst in den Niederlanden kam es noch zu direkten Pflanzenschäden. Mit zeitlicher Verzögerung führten Kälte und Dürre schließlich zu Missernten, Fieber- und Durchfallerkrankungen und erhöhter Sterblichkeit. Etwa 9000 Menschen, ein Viertel der Bevölkerung Islands, starben an den Folgen der Laki-Eruption.[67]

Von manchen Zeitgenossen wurde die Verfinsterung als böses Omen, als Vorbote apokalyptischer Veränderungen interpretiert. Aufgeklärte Zeitschriften schrieben gegen die abergläubischen Sichtweisen an, und die Wissenschaften dominierten den Diskurs. Schweizer Forscher maßen die Abschwächung der Sonneneinstrahlung, und in Sachsen fand man heraus, dass mit dem Brennglas keine Schmelzwirkung mehr bei Blei erreicht werden konnte. Der «Höhenrauch» wurde bereits von den Zeitgenossen mit den Starkregen und Pflanzenschäden dieses Sommers in Verbindung gebracht.[68] Infolge der Kommunikationsrevolution wurden der «Höhenrauch» und die allgemeine Abkühlung in wissenschaftlichen Journalen beschrieben und diskutiert. Man zog Vergleiche und schlug Erklärungen vor. Der Jenaer Professor für Mathematik Johann Ernst Basilius Wiedeburg wies darauf hin, dass angeblich den kalten Jahren von 1709 und 1740 ähnliche Himmelserscheinungen vorausgegangen waren.[69] Der amerikanische Naturwissenschaftler, Erfinder und Kommunikationsunternehmer Benjamin Franklin, der damals als amerikanischer Botschafter am französischen Hof weilte, stellte als Erster den Zusammenhang zwischen Vulkanausbrüchen in Island und seinem Augenbrennen her, erkannte also die weiträumigen Auswirkungen.[70]

In den 1780er Jahren verzeichnen wir eine Dichte der Extremereignisse wie zuletzt während des Maunder-Minimums. Diese werden neuerdings mit der Laki-Eruption in Verbindung gebracht. Die Getreidepreise lagen im Jahrzehnt ab 1784 um ein Drittel höher als zuvor. Die kumulativen Kälteperioden dieser Jahre führten zu heftigem Schneefall und tiefen Frösten, verbreitetem Misswuchs von Wein und Brotgetreide, zu Überschwemmungen und Viehseuchen – genau die Kombination von Unglück, die traditionelle Agrargesellschaften am härtesten trifft. Der Winter 1783/84 war außerordentlich schneereich und streng. Als die Schneeschmelze Ende Februar einsetzte, kam es zu gravierenden Überschwemmungen. Im Rhein-Main-Gebiet wurden oft die bis heute höchsten Hochwassermarken erreicht, mit entsprechenden Verheerungen der Wiesen und Felder und anschließenden Viehseuchen, die auf die Vergiftung der Weiden zurückzuführen waren. Viele Brücken brachen, und Straßen und Wege wurden unpassierbar. Auch der Winter 1784/85 war außerordentlich lang und kalt. In Bern lag Schnee an 154 Tagen – zum Vergleich: Im Kaltwinter 1962/63 lag er nur an 86 Tagen.[71]

### *Die Französische Revolution*

Die Auswirkungen der Klimaphänomene hingen vom gesellschaftlichen und kulturellen Kontext ab. Infolge der Vulkanausbrüche waren die Preise für Grundnahrungsmittel seit 1784 weltweit angestiegen, so auch in Frankreich. Und anders als in Japan gab es in Europa und Nordamerika nach 1787 keine Entspannung der Situation, denn auf Feuchtigkeit und Kälte folgte Trockenheit. Das Dürrejahr 1788 wirkte sich im zaristischen Russland anders aus als im aufgeklärten Frankreich in der Endphase des Feudalismus. In den USA blickten die vom Joch des Kolonialismus befreiten europäischen Siedler mit Mut in die Zukunft, während unter den indigenen Völkern Nordamerikas, welche die Not als Frucht der Unterdrückung durch die neue amerikanische Nation begriffen, sich nativistische Befreiungsbewegungen entwickelten.[72]

Beim Ausbruch der Französischen Revolution spielten viele Faktoren eine Rolle: langfristige und kurzfristige, politische, kulturelle, ökonomische und soziale. Bei der langfristigen Strukturkrise befinden wir uns auf der Ebene, die Jack Goldstone als die Ursache von Revolutionen ausfindig zu machen können glaubte. Allein in den zwanzig Jahren vor der Revolution stieg die Bevölkerungszahl Frankreichs um zwei Millionen bzw. 10 % der Einwohner des Königreichs.[73] Seit etwa 1770 hatte der Ausbau der landwirtschaftlichen Flächen nicht mehr Schritt gehalten mit der Bevölkerungsvermehrung. Die Agrarproduktion war im Vergleich zur englischen noch sehr traditionell bzw. in den Augen englischer Reisender wie Arthur Young rückständig. Die Wirtschaftsgebäude waren schlecht, es fehlte an Speicherkapazität für Getreide, an Bewässerung, Dünger und Futter, die traditionelle Dreifelderwirtschaft wurde betrieben wie seit der Zeit Karls des Großen, alle Arbeiten – Säen, Ernten, Dreschen – geschahen von Hand. Die bäuerliche Bevölkerung war innovationsfeindlich.[74] All dies zusammen führte zur Verknappung von Nahrungsmitteln und zu erhöhter Krisenanfälligkeit. Die Strukturkrise kündigte sich zunächst als Teil der europaweiten Hungerkrise von 1770 an, in der auch in Deutschland und der Schweiz sowie in anderen Teilen Kontinentaleuropas Mangelernährung und epidemische Krankheiten grassierten. Bereits die «goldenen Zeiten» Ludwigs XV. (1710–1774, r. 1715/23–1774) endeten in einer akuten Not.

Unter Ludwig XVI. (1754–1793, r. 1774–1792), dessen Regierungsantritt gleich mit der nächsten Hungerkrise begann, spitzte sich die Situation zu. Die gesamte Ökonomie begann zu stagnieren, und aufgrund des Kaufkraftschwunds setzte 1778 eine Rezession ein. Zur Eskalation der Krise trug entscheidend die liberale Wirtschaftspolitik bei. Aufgrund der aggressiven Freihandelspolitik verfügte die Monarchie seit 1785 über keine staatlichen Vorratsmagazine mehr, mit denen man die Folgen von Missernten hätte abfedern können. Zu allem Überfluss gab die Regierung 1787 zugunsten des Adels auch noch die Getreideausfuhr frei. Dies führte zu Extraprofiten bei den Getreideproduzenten, verschärfte jedoch den Mangel bei den Konsumenten. Durch die Verminderung der Kaufkraft um bis zu 50 % wurden billige Industrieprodukte aus England vermehrt nachgefragt, was im französischen Handwerk zu Entlassungen und Arbeitslosigkeit führte. Infolge der verfehlten Politik kam 1787/88 eine Industrie-, Agrar- und Sozialkrise zusammen.

Diese explosive Krisenmelange wurde durch einen der charakteristischen Krisencluster der Kleinen Eiszeit verschärft. 1788 war ein extremes Dürrejahr, und überdies verwüstete Mitte Juli ein Hagelsturm breite Landstriche. Der britische Botschafter Lord Dorset schätzte, dass in der Umgebung von Paris 1500 Dörfer schwer beschädigt wurden. In ganz Frankreich war der Ertrag der Getreideernte mehr als 20 % geringer als im Durchschnitt des vorhergehenden Jahrzehnts. Die Preise stiegen bis zum Ausbruch der Revolution über mehr als ein Jahr hinweg an. Auf den verhagelten Sommer folgte der bitterkalte Winter 1788/89, in dem das Wirtschaftsleben zum Stillstand kam. Das Tauwetter führte im Frühjahr 1789 zu Überschwemmungen mit dem nachfolgenden Ausbruch von Viehseuchen. In manchen Regionen kam es zu Hungerrevolten. Ganze Familien überfielen Getreidetransporte und beschlagnahmten die Fracht, manchmal bezahlten sie einen Preis, den sie für «gerecht» hielten und der nicht der aktuellen Marktlage entsprach, manchmal wurden die Lebensmittel einfach geplündert. Transporte mussten durch Militäreskorten geschützt werden, und in den Städten verbreitete sich Angst vor dem plündernden Mob und vor aggressiven Banden.

Die steigende Zahl von Bettlern führte zu großen Spannungen. Dabei waren weniger die traditionell Armen das Problem, die durch Almosen versorgt waren, als fremde Bettler. Gerüchte über das Auftauchen von sogenannten *Briganten* erzeugten solche Furcht, dass Waffen an die Bauern ausgegeben wurden, um das eigene Land zu verteidigen. Dieses Phänomen ist unter dem Begriff *La Grande Peur* in die Geschichte eingegangen. Dass auch 1789 ein Dürrejahr war, nährte die Furcht vor einer Verschlimmerung der Situation. Flussläufe trockneten aus, und Mühlen – der Motor der Industrie – kamen zum Stillstand, was zu Mehlknappheit und Preissteigerungen für Brot führte.[75] Man kann sicher nicht das Klima allein für den Ausbruch der Revolution verantwortlich machen, aber bereits Ernest Labrousse (1895–1988) schrieb, die Französische Revolution sei auch eine Revolution des Hungers gewesen, denn die städtischen und ländlichen Massen, die der Revolution zum Durchbruch verhalfen, hätten am meisten darunter gelitten.[76] Ein symbolisches Datum zeigt den Zusammenhang von Revolution und Hunger: Die Getreidepreise erreichten ihren Höchststand am 14. Juli 1789, dem Tag des Sturms auf die Bastille.[77]

### *Die Tambora-Kälte, die Demokratisierung der Gesellschaft und die Cholera*

Den interessantesten Fall einer Vulkanischen Abkühlung stellt der Ausbruch des *Tambora* dar, der als stärkster Vulkanausbruch der vergangenen 10 000 Jahre klassifiziert worden ist.[78] Der Ausbruch des Tambora am 10./11. April 1815 bewirkte eine weltweite mehrjährige Abkühlung um ca. 3–4 Grad, die so genannte Tambora-Kälte (*Tambora-Freeze*).[79] Infolge der Stärke der Explosion gelangten große Mengen Asche und Aerosole in die Stratosphäre und wurden in den Folgemonaten über weite Teile der Erde verteilt. Das Jahr 1816 ist in Nordamerika und Europa bekannt als «Jahr ohne Sommer». Zu den Folgen der Tambora-Explosion gehörten seltsame Himmelserscheinungen, das Verschwinden des Sonnenscheins in Island, Hungerkrisen in vielen Ländern Europas, die Auswanderungswellen verursachten, Missernten in den USA, Missernten und Seuchen in Indien,[80] eine Dürre in Südafrika und dramatische Hexenverfolgungen im Reich des Zulu-Herrschers Shaka (1789–1828, r. 1816–1828) und anderen Teilen des südlichen Afrika.[81] In Europa und den USA dominierte jener technokratisch-administrative Umgang mit der Krise, der so typisch für die westliche Kultur geworden ist. Die Regierungen und Verwaltungen der deutschen Territorien wahrten Distanz zu den Hungernden und dämmten Unruhen und Übergriffe notfalls mit militärischer Gewalt ein, etwa bei den antisemitischen Hep-Hep-Krawallen von 1819.[82]

Man sollte sich die vorindustrielle *Pauperisierung* unter dem Aspekt der Klimageschichte noch einmal ansehen, denn es könnte sich zeigen, dass die Herausbildung nichtbäuerlicher unterbürgerlicher Schichten nicht zuletzt auch das Resultat eines traditionellen, klimainduzierten Misserntezyklus gewesen ist. Mit der Erfahrung der Französischen Revolution und der Revolutionskriege im Hinterkopf reagierten die europäischen Politiker sensibel auf die Unruhen. Vor dem Hintergrund des Parlamentarismus in England, der Erklärung der Menschenrechte, der Unabhängigkeit der demokratisch verfassten Vereinigten Staaten von Amerika (USA), der Französischen Revolution und schließlich auch der französischen Konstitution von 1814 verweigerte das Bürgertum in Mitteleuropa die Rückkehr zur absoluten Monarchie. Es waren nicht zuletzt die Hungerunruhen im

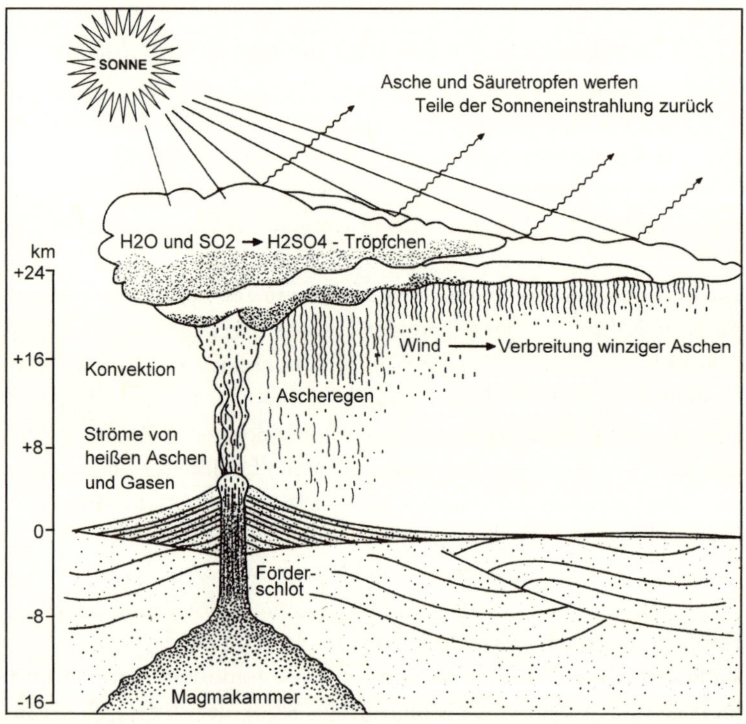


***Abb. 34*** Die Tambora-Explosion von 1815 bewirkte durch Gase und Aerosole, die in die Stratosphäre injiziert wurden, eine weltweite Abkühlung. Auf allen Kontinenten kam es in den beiden folgenden Jahren zu schweren sozialen und politischen Krisen.

Gefolge der Tambora-Kälte, welche die Kabinettsregierungen in Kleinstaaten wie Baden, Bayern oder Württemberg delegitimierten und oppositionellen Reformkräften Auftrieb verliehen.[83] Deshalb kann ein Zusammenhang mit den Reformbemühungen gesehen werden, die zwischen 1818 und 1820 zur Einführung von Verfassungen mit parlamentarischer Mitbestimmung führte, dem sogenannten *Frühkonstitutionalismus.*[84]

Wie die Hungerperioden in den 1330er und 1340er Jahren den Ausbruch der Großen Pest in Eurasien und Nordafrika nach sich zogen, so beförderte auch die Tambora-Kälte den Aufstieg einer spezifischen Seuche: der Cholera. Ausgelöst wird diese Krankheit durch das Bakterium *Vibrio Cholerae,* das zu starkem Durchfall mit Wasserverlust

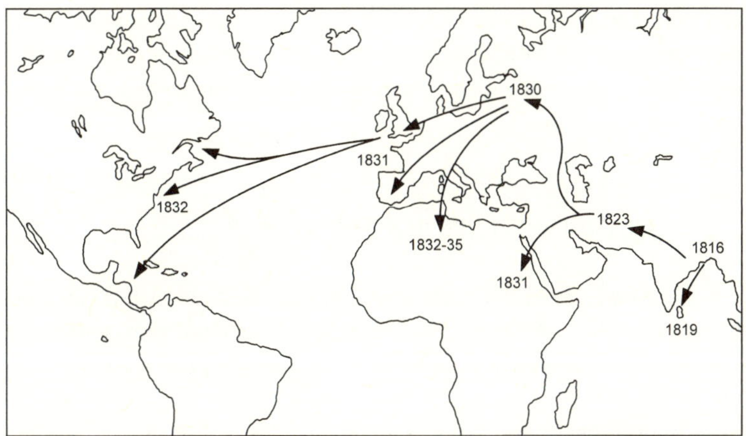


***Abb. 35*** Die Ausbreitung der ersten weltweiten Cholera-Pandemie im Gefolge der Tambora-Abkühlung. Von Indien aus verbreitete sich die Seuche über Russland nach Europa und von dort weiter nach Nordamerika.

führt. Die Cholera brach auf dem indischen Subkontinent aus, wo sie im Ganges-Delta bereits seit längerem endemisch war.[85] In den Jahren nach dem *Tambora-Freeze* breitete sich die Seuche über das Russische Reich bis Europa aus, wo sie bis dahin völlig unbekannt gewesen war. In Europa und Nordamerika trugen die starke Urbanisierung und die Tatsache, dass die hygienischen Bedingungen der Unterschichten ähnlich schlecht waren wie in indischen Großstädten, zum Ausbruch der Seuche bei. Da sich der Choleraerreger in der Darmflora ansiedelt, fielen insbesondere die sanitären Bedingungen und die hygienischen Mängel in der Trinkwasserversorgung und der Abwasserbeseitigung ins Gewicht. Die Armut des *Pauperismus* und ungenügende Ernährung spielten ebenfalls eine Rolle.

Die Auswirkungen der Cholera waren erheblich. In Warschau allein starben 2600 Menschen daran, in Berlin etwa 1500 Menschen (0,6 % der Bevölkerung), darunter der Philosoph Georg Wilhelm Friedrich Hegel (1770–1831). In Paris starben mit ca. 18 500 Toten etwa 2 % der Einwohner. Als sich das Gerücht verbreitete, vergiftete Lebensmittel seien schuld an der Seuche, kam es zu Angriffen auf Lebensmittel- und Getränkehersteller. Nach London wurde die Seuche vermutlich 1832 auf dem Seeweg über Hamburg eingeschleppt.[86] Anders als kontinentaleuropäische Städte verfügte die britische Hauptstadt bereits über ein eigenes Trinkwassernetz. Dies führte in manchen Vierteln zu einer sehr geringen Mortalität. Noch 1832 gelangte die Seuche von England nach Nordamerika, wo sie bis 1848 wütete und allein in New York über 4000 Opfer forderte.[87]

## *Hunger, Auswanderung und Revolution*

Eine Vielfalt an Grundnahrungsmitteln verringert die Anfälligkeit bei Missernten. Monokulturen wirken sich im Einzelfall verheerend aus. Das berühmteste Beispiel dafür ist die irische Hungerkatastrophe der 1840er Jahre.[88] Auch andere Länder waren von der Einschleppung der Pflanzenkrankheit *Phythophtora infestans* betroffen, deren Erreger vermutlich mit dem Import von Guano aus Südamerika eingeschleppt wurde. Auf dem Kontinent fiel der Pilz, der die Kartoffelfäule auslöste, einer Dürreperiode zum Opfer. Außerdem bildeten Kartoffeln hier nur ein Grundnahrungsmittel unter anderen. Der Ernteausfall konnte durch Import und vermehrten Konsum von Weizen- und Roggenprodukten, Reis und Mais kompensiert werden. Für Deutschland liegt eine ganze Reihe von Studien vor, die den erfolgreichen Umgang der Staatsverwaltungen mit der Krise nachzeichnen, wenn auch deutlich wird, dass die Krisenstimmung im Vorfeld der Revolution von 1848 eine Rolle spielte.[89]

In den schottischen Highlands nahm der Hunger dramatische Dimensionen an und führte wie in Irland zu einer Auswanderungswelle nach Amerika.[90] Die besondere Dramatik der *Irish Famine* ergab sich einerseits daraus, dass die Ernährung der Iren auf der Kartoffel als wichtigstem Grundnahrungsmittel beruhte und deren Ernte in mehreren aufeinanderfolgenden Jahren (1845, 1846, 1847, 1848) zu 30–60 % ausfiel. Das erste Hungerjahr wurde dank der Hilfe der englischen Regierung unter dem Premier Robert Peel (1788–1850, r. 1841–1846) einigermaßen gut überstanden, denn sie hatte vorsorglich große Mengen an Maismehl in den USA aufgekauft. Doch im zweiten Misserntejahr waren die Ersparnisse aufgebraucht, das Vieh geschlachtet und das Eigentum verkauft. Zudem wechselte in London die Regierung. Premierminister John Russell (1792–1878, r. 1846–1852) war mit seiner Freihandelspolitik der Ansicht, dass die Regelung der Krise dem Markt überlassen werden sollte. Die Versorgung mit Lebensmitteln brach darauf in Irland weitgehend zusammen, und die Ärmeren starben massenhaft an Hunger, Fieber, Magen- und Darmkrankheiten, Typhus oder Skorbut. Die Mortalität war so dramatisch, dass das englische Kolonialregime Ende 1847 kostenlose Massenspeisungen einrichtete, obwohl Anhänger Charles Darwins das große Sterben als natürliche Auslese begreifen wollten. Nach neueren Schätzungen erlitt Irland einen Bevölkerungsverlust von ca. 25 %, das war mehr als während aller früheren Seuchen in der Geschichte der Insel.[91] Kein anderes Ereignis hat sich so tief in das irische und wegen der zahlreichen Auswanderer und ihrer Nachkommen auch in das amerikanische Kollektivgedächtnis eingegraben wie der irische *Große Hunger.*[92]

Für viele europäische Länder brachte die Revolution von 1848 Reformen, die sich auf die Einführung bürgerlicher Freiheiten und besserer parlamentarischer Repräsentation beschränkten. In Japan führte hingegen eine Abkühlung wenig später zu einem kompletten Systemwechsel. Wie bereits in den Jahren 1783–1787 und 1833–1839 kam es erneut zwischen 1863–1869 zu dramatischen Missernten und Hungeraufständen. Kälte und Starkregen, welche die Reisernte verhinderten, wurden vermutlich durch einen *Super-El-Niño* ausgelöst.[93] Gleichzeitig spitzte sich der Konflikt mit den Westmächten zu, die an der Durchbrechung der japanischen Isolationspolitik und der Öffnung der Häfen interessiert waren. Der äußere Druck, der eine Mobilisierung und damit Steuererhöhungen in Japan erforderte, führte zusammen mit den verbreiteten Bürger- und Bauernaufständen im Land zum Kollaps des Tokugawa-Regimes. Steuern und der Militärdienst wurden in vielen Landesteilen verweigert. In Hauptstädten wie Kobe, Osaka und Edo wurden die Verwaltungsgebäude gestürmt und die Häuser von Geldverleihern zerstört, Grundbücher und Schuldscheine wurden verbrannt. Der letzte Militärdiktator Yoshinubu (1837–1913, r. 1866–1868) musste 1868 im Alter von erst 21 Jahren abdanken. Die Regierung fiel nach einem mehrmonatigen Bürgerkrieg an den minderjährigen Meiji Tenno (1852–1912. r. 1868–1912), in dessen Namen Reformkräfte das Kaiserreich nach westlichen Vorbildern reformierten.[94]

# *Globale Erwärmung: Die Moderne Warmzeit*

## *Die scheinbare Abkoppelung von den Kräften der Natur*

### *Die Agrikulturelle Revolution*

In der gegenwärtigen Diskussion werden die Ursachen für die Globale Erwärmung gerne in der Industrialisierung gesehen. Zunächst hatte die Industrialisierung jedoch eine ganz andere Bedeutung, nämlich die Befreiung der Menschen von Hunger und damit die scheinbare Abkoppelung von den Kräften der Natur. Bis zur Industrialisierung waren die Erträge in der Landwirtschaft weltweit so niedrig und der allgemeine Wohlstand so gering gewesen, dass steigende Lebensmittelpreise nach Missernten kaum bezahlt werden konnten. Auch waren die hygienischen Verhältnisse und die Wohnqualität bescheiden, öffentliche Gesundheitsvorsorge nur in Ansätzen vorhanden. Das Resultat war eine hohe Krankheitsanfälligkeit mit großer Mortalität in allen Lebensaltern. Die durchschnittliche Lebenserwartung lag, Säuglings- und Kindersterblichkeit eingerechnet, in Europa noch um 1700 bei nur 30 Jahren, also niedriger als heute in den ärmsten Entwicklungsländern.[1]

Für die Verbesserung der Ernährungssituation waren mehrere aktive Eingriffe in die Natur ausschlaggebend. Zum einen wurde die Landschaft zur Gewinnung von zusätzlichem Ackerland und zur Sicherung einer stetigen Bewässerung erneut deutlich verändert. So begann im 18. Jahrhundert die Trockenlegung großer Sumpfgebiete wie des Oderbruchs. Die großen Flüsse wurden begradigt, etwa der Rhein mit seinen endlosen Windungen und Altwässern, die keine geregelte Landwirtschaft erlaubt und große Flächen beansprucht hatten. Die Wasserregulierung mündete am Ende des 19. Jahrhunderts in große Dammbauprojekte, die den Sieg des Menschen über die Natur symbolisierten. Mit den Stauseen wollte man nicht nur Trinkwasser speichern und Hochwasser verhindern, sondern nach der Entdeckung der technischen Nutzung der Elektrizität auch in großem Stil Strom erzeugen. Natürlich waren diese Innovationen für alle Industrieländer charakteristisch. Wie der Historiker David Blackbourn hervorhebt, kommen die Veränderungen der Landschaft einer zweiten Eroberung der Natur gleich.[2]

Zum anderen wurde mit der Einführung neuer Anbaumethoden, Nahrungs- und Futterpflanzen, mit der Fruchtwechselwirtschaft sowie der künstlichen Düngung die Effektivität der Landwirtschaft in die Höhe getrieben. Mit der angewandten Biologie und der Agrarchemie hielt die Wissenschaft in die Landwirtschaft Einzug. Böden wurden gezielt verbessert, Tiere und Pflanzen durch Züchtung ihren Standorten angepasst und in der Leistung optimiert. Kulturpflanzen aus Asien und Amerika – wie Mais, Reis und Kartoffeln – waren bereits in der Frühen Neuzeit eingeführt worden. Doch erst zwischen 1750 und 1900 wurde ihr Anbau forciert. Die Bedeutung des «täglichen Brotes» ging mit der Diversifizierung der Grundnahrungsmittel zurück, sodass entsprechende Passagen in Gebeten («Unser tägliches Brot gib uns heute») heute in Europa kaum mehr verstanden werden. Zum Dritten wurden erstmals in größerem Ausmaß neue Techniken und Maschinen in der Landwirtschaft eingesetzt. Damit konnten immer größere Flächen in immer kürzerer Zeit bebaut und die Erträge gesteigert werden. Selbst die in der zweiten Hälfte des 19. Jahrhunderts rasch wachsende Bevölkerung konnte damit problemlos ernährt werden.[3]

## *Hygiene und Gesundheitsvorsorge*

Die Verbesserung der Ernährung war der sicherste Weg zu einem Anstieg der Lebenserwartung und damit einem Bevölkerungswachstum. Und da nach der ökonomischen Theorie des 17. und 18. Jahrhunderts Bevölkerungsreichtum gleichbedeutend war mit politischer Stärke, zählte die Vermehrung der Bevölkerung zu den Staatszielen. Zunächst führte die systematische Anwendung von Quarantänemaßnahmen seit dem 17. Jahrhundert zur Eindämmung von Epidemien aller Art und zu einer Reduzierung der Seuchen. Ein anderer wichtiger Ansatzpunkt war die Hygiene. Nach der Miasmentheorie waren es giftige Dämpfe, die zur Erkrankung führten. Solche Ausdünstungen traten überall dort auf, wo Faul- oder Verwesungsprozesse stattfanden, also zum Beispiel in Sümpfen oder an schmutzigen Orten aller Art. Schmutzvermeidung war also nicht nur eine Frage der Kultur,[4] sondern eine Frage des Überlebens. In vielen Städten achtete man seit dem Spätmittelalter auf Reinhaltung der Straßen und regelmäßige Leerung der Abortgruben, doch die durchgängige Pflasterung und regelmäßige Reinigung der Straßen setzte sich erst seit dem 18. Jahrhundert durch. Auch die Verbesserung des Hausbaus trug zum Rückgang der Seuchen bei. Nach dem Großen Feuer von 1666 kehrte die Pest nie mehr nach London zurück, da die Elendsquartiere abgebrannt waren und die neue Metropole in Stein erbaut wurde.

Neben der Verbesserung der Hygiene war die Verbesserung der ärztlichen Versorgung ein wichtiger Punkt. Dabei kann man allerdings nur von Tendenzen sprechen, denn oft war die Behandlung durch Ärzte beim damaligen Stand der Medizin lebensgefährlich. Da die Ursachen der meisten Krankheiten unbekannt waren, blieben ihre Therapien bestenfalls wirkungslos. Allerdings empfahlen Ärzte immer schon einen gemäßigten Lebensstil und rieten von übermäßigem Essen und Trinken sowie von exzessivem Alkoholkonsum und vom Tabakrauchen ab. Außerdem empfahlen sie im Krankheitsfall Bettruhe, die geregelte Versorgung der Kranken und – vielleicht am wichtigsten – Hygiene. Die langsam steigende Ärztedichte kann als Indiz für ein steigendes Problembewusstsein genommen werden.[5] Dazu wurden im Jahrhundert der Aufklärung verstärkt empirische Studien über Krankheitsursachen durchgeführt, deren Ergebnisse in neu gegründeten Fachzeitschriften diskutiert wurden. Außerdem schuf man neue Einrichtungen zur Behandlung und Erforschung der Krankheiten: die Krankenhäuser.

Das Krankenhaus ist eine typische Erfindung der Aufklärung. Während des hohen und späten Mittelalters gab es wohl Lepra- und Pesthäuser, die aber nur zur Isolation, nicht zur Behandlung dienten. Die Hospitäler des Spätmittelalters waren keine Krankenhäuser in engerem Sinn, dort fanden nur chronisch Kranke, deren Gebrechen nicht ansteckend waren, dauerhaft Aufnahme. Vielleicht das erste moderne Großkrankenhaus wurde 1784 in Wien durch Kaiser Joseph II. gegründet. Dort wurden alle Kranken der Metropole und ihrer Umgebung zusammengebracht, untersucht und behandelt. Das Wiener Allgemeine Kranken-Haus (AKH) existierte bis in die 1990er Jahre, als der innenstadtnahe Komplex wegen veralteter Baustandards geschlossen und durch ein gleichnamiges Großklinikum einige Kilometer weiter außerhalb ersetzt wurde. Die Kritik, das Wiener AKH habe mehr der Erforschung der Krankheiten als der Kurierung der Kranken gedient, verweist auf die Doppelfunktion der Klinik: Die Behandlung der Kranken findet hier in einem wissenschaftlichen Kontext statt. Sie dient unter anderem der Forschung und der Ausbildung des medizinischen Personals und führt potenziell zu einer Erweiterung der medizinischen Kenntnisse und zur Verbesserung der Behandlungsmethoden. Neben der ambulanten und stationären Behandlung dienen Krankenhäuser auch der Nachsorge und der Geburtshilfe.

Die Verbesserung der Ernährung, der Hygiene und der medizinischen Versorgung führten zusammen mit der Veränderung des Heiratsmusters zu einem in der Geschichte der Menschheit beispiellosen Bevölkerungsanstieg. Die Industrieländer kamen in ihre Periode der demographischen Transition.[6] Die Geburtenraten nahmen zu, die Sterblichkeit sank, und die Lebenserwartung stieg. Ergebnis war eine Bevölkerungsexplosion, wie wir sie heute noch in den Ländern der Dritten Welt sehen können. Der dynamische Bevölkerungsanstieg versorgte die junge Industrie mit so vielen Arbeitskräften, dass die Löhne nach dem Gesetz von Angebot und Nachfrage niedrig blieben und entsprechend billig produziert werden konnte. Die Bedingungen auf dem Arbeitsmarkt ermöglichten die rasche Expansion der Industrie und die Anhäufung großer Vermögen in den Händen eines rasch anwachsenden Bürgertums. Das Bürgertum des Industriezeitalters unterschied sich vom alteuropäischen Stadtbürgertum, das in sehr viel höherem Maße von staatlichen Mächten aller Art (Königtum, Stadtregierungen, Gilden und Zünften) abhängig gewesen war. Das Industriebürgertum war unabhängiger, reicher und selbstbewusster. Es nahm Einfluss auf Kultur und Politik der jeweiligen Nation, etwa in den konstitutionellen Parlamenten oder während der Revolution von 1848.

### *Die Industrielle Revolution und die Ausbeutung fossiler Energien*

Der Begriff der *Industriellen Revolution*, der in den 1840er Jahren auftauchte, bezeichnet eine fundamentale Umwälzung in der Geschichte der Menschheit. Von vielen wird dieser Umbruch der «*Neolithischen Revolution*» zur Seite gestellt, also dem Übergang vom Jägertum zum Ackerbau an der Schwelle zur Jungsteinzeit. Von Revolution sprechen wir in beiden Fällen, weil es sich um Entwicklungen handelte, die zwar lokal begannen, aber sich über die gesamte Welt verbreiteten und das Leben der Menschheit so grundlegend veränderten, dass eine Rückkehr zu früheren Zuständen nicht mehr vorstellbar ist.

Auch vorher bestand allerdings die Industrie nicht nur aus individueller Handarbeit. Vielmehr kannte man seit dem Hochmittelalter industriell genutzte Wind- und Wassermühlen. In der Textilproduktion gab es Stampfmühlen, Walkmühlen, Waidmühlen, Lohmühlen und Seidenzwirnmühlen, in der Metallherstellung Erzmühlen, Schleifmühlen, Drahtziehmühlen und Eisenhämmer.[7] Nicht umsonst bezeichnet der englische Begriff für Mühle (*mill*) nach der Industriellen Revolution in England den Fabrikbetrieb.[8] In den Industriemühlen, aber auch im Bergbau und in den Manufakturen waren auch vor 1750 schon Hunderte von Personen beschäftigt. Trotzdem stellte die Industrielle Revolution einen qualitativen Sprung bei der Entwicklung der Produktion dar, da sich die Produktivität rapide erhöhte und durch höhere Arbeitsteiligkeit eine Verbilligung der Waren möglich wurde. Mit der Industrialisierung beginnt die Entwicklung der modernen *Konsumgesellschaft*, in der sich auch einfache Menschen ordentlich kleiden und ernähren können.

Und wieder war es Großbritannien, das Mutterland der Gedankenfreiheit, wo der Transfer von den Wissenschaften zur Ökonomie gelang. Wir haben bereits die Pionierrolle der englischen Landwirtschaft in der *Agrarrevolution* gesehen,[9] ihr zur Seite stand die Pionierrolle in der Industrie. Die Industrielle Revolution markiert den Übergang von der Agrar- zur Industriegesellschaft, da ein immer höherer Anteil der Bevölkerung in der Industrie beschäftigt wurde. Schon seit Beginn des 18. Jahrhunderts hatten englische Unternehmer wie Thomas Newcomen (1663–1729) mit *Dampfmaschinen* experimentiert, und seit ihrer Patentierung durch James Watt (1736–1819) im Jahre 1769 hielten mit künstlicher Kraft betriebene Maschinen in die Industrie Einzug. Als Brennmaterial für die Dampfmaschinen diente neben Holz vor allem Kohle, mit der höhere Temperaturen erzeugt werden konnten. Da auf den Britischen Inseln die Wälder bereits in der Antike und erneut in der Frühen Neuzeit für den Schiffbau weitgehend abgeholzt worden waren, spielte für den Betrieb der Dampfmaschinen von Anfang an *Steinkohle* die Hauptrolle. Aus Holzmangel wurden sogar Privathaushalte mit Kohle beheizt. Deswegen begann bereits im 17. Jahrhundert die systematische Ausbeutung fossiler Energien. Zu Beginn der Industrialisierung war man in England längst an den Geruch der brennenden Kohle gewöhnt, doch nun beschleunigte sich der Kohleabbau. Steinkohle bzw. Koks brauchte man auch zur Eisenverhüttung, und im Zuge der Industrialisierung wurden zunehmende Mengen an Eisen und Stahl benötigt.[10]

Entgegen verbreiteten Vorstellungen ging die Industrielle Revolution gar nicht von den Dampfmaschinen aus, sondern verband sich erst später mit dieser neuen Errungenschaft. Leitsektor bei der Industriellen Revolution in England war die Textil- und speziell die Baumwollindustrie. Diese war 1585 nach England eingeführt worden, als einige Baumwollweber aus dem von einer spanischen Armee belagerten Antwerpen nach England ausgewandert waren. Die Rohstoffe wurden aus den Mittelmeerländern importiert. Die Produktion war aber noch im 17. Jahrhundert so gering, dass die meisten in London verkauften Baumwollstoffe aus Indien stammten. Mit dem Beginn des Baumwollanbaus in Amerika wurden jedoch die Textilimporte aus Asien im Jahr 1700 per Gesetz verboten. Baumwollstoffe wurden zunächst im Verlagssystem hergestellt, indem Unternehmer die Rohstoffe an Weber vergaben, die auf eigene Rechnung Baumwollspinner beschäftigten. Auf diese Weise entstand eine entwickelte Arbeitsteilung, die für die Phase der *Protoindustrialisierung* typisch war.

Der Produktionsprozess begann sich zu verändern, als John Kay 1733 das «fliegende Weberschiffchen» (*fly shuttle*) erfand. Noch in den 1730er Jahren wurde eine mechanische Spinnmaschine erfunden, die gebündelt mit mehreren anderen Maschinen mit Motorkraft betrieben werden konnte. Die Erfinder meinten, die Maschine könne mit Pferde-, Wasser- oder Windkraft betrieben werden und der Betrieb sei in einer *Mill* (Fabrik) am günstigsten. Die Fabrikgebäude, die Richard Arkwright (1732–1792) errichten ließ, wurden zu Geburtsstätten der modernen Massenproduktion. 1789 waren in England 2,4 Millionen Spinnmaschinen im Einsatz, die aus Kostengründen fast durchweg noch mit Wasserkraft angetrieben wurden. Die große Zahl von Maschinen, die in der Textilverarbeitung eingesetzt wurden, zog eine riesige Nachfrage nach standardisierten Holz- und Metallteilen nach sich, aus der sich eine eigene Maschinenindustrie entwickelte.[11]

## *Die Entwicklung der Dampfmaschine zum Universalmotor*

James Watt erhielt sein erstes Patent im selben Jahr wie Richard Arkwright, doch erst nach beinahe zwei Jahrzehnten hielten die ersten Dampfmaschinen Einzug in die *Arkwright Mills.* In der Zwischenzeit waren die Watt'schen Dampfmaschinen zu universal einsetzbaren Motoren weiterentwickelt worden. Dennoch blieben die meisten Fabriken im 18. und frühen 19. Jahrhundert bei ihrem Betrieb auf der Basis der natürlichen Wasserkraft. Der Grund dafür war, dass die Nutzung der Wasserkraft nicht nur billiger war: Aus Holz gefertigte Wassermühlen blieben außerdem bis in die 1820er Jahre leistungsfähiger als Dampfmaschinen. Zur Verbreitung der Dampfmaschinen seit 1800 trug allerdings bei, dass sie durch den Aufschwung der Metallindustrie billiger und zuverlässiger wurden.

Der Haupteinsatzort der Dampfmaschinen war seit den Tagen Thomas Newcomens der Kohlebergbau. Dort war bis zum Ende des 17. Jahrhunderts das Wasser mit Muskelkraft, durch mit Pferden betriebene Göpelwerke, abgepumpt worden. Newcomens Dampfpumpen waren im Betrieb sehr viel günstiger und setzten sich deswegen schnell durch. Bereits um 1780 waren annähernd 1000 Newcomen-Dampfmaschinen im Einsatz. Ihr hoher Kohleverbrauch interessierte die Zechenbesitzer verständlicherweise überhaupt nicht, da der Betriebsstoff – im Gegensatz zu Pferdefutter – ohnehin anfiel. Sie waren nicht einmal an der verbesserten Energieausnutzung interessiert, die Watts Dampfmaschine bot. Watt musste mangels Nachfrage in Konkurs gehen und wurde nur durch den Metallwarenhersteller Matthew Boulton (1728–1809) gerettet. Die Firma *Boulton & Watt* endeckte die Besitzer von Zinn- und Kupfergruben als Kunden, die Kohle ankaufen mussten. Der Durchbruch gelang erst, nachdem Watt die gerade Bewegung der Kolbenstange in eine Kreisbewegung umsetzen konnte. Damit war der Weg zur universal anwendbaren Kraftmaschine beschritten.

Die Maschinisierung dehnte sich um 1800 auf die Eisenverarbeitung und schließlich den Bergbau aus. Bolzen, Muttern, Zahnräder, Werkzeuge, Gestänge und Geleise wurden in immer größeren Mengen benötigt und konnten nicht mehr handwerklich hergestellt werden. Eine eigene Werkzeugmaschinenindustrie trug der Spezialisierung der

Metallbearbeitung Rechnung. Die Massengüterproduktion machte Transportkapazitäten nötig, die zunächst durch Kanalbau, dann jedoch durch eine vollkommene Revolutionierung des Verkehrswesens geschaffen wurden: Das Zeitalter der mobilen Dampfmaschinen begann. Zu Wasser waren dies Dampfschiffe und zu Land die Eisenbahnen. Die Produktion dieser Transportmaschinen vervielfachte – neben der Waffenproduktion – den Bedarf an Eisen und Brennmaterial und verschaffte der Industrialisierung den zweiten großen Anschub. Die neuen Transportmöglichkeiten ermöglichten eine Vervielfachung des Textilexports und damit der Textilproduktion.[12]

Mit seiner Industriellen Revolution rückte England in das Zentrum der Weltökonomie. Industrieregionen entstanden bald auch außerhalb Englands: in Schottland, Belgien, Nordfrankreich, im Rheinland und in Westfalen, in der Schweiz, in Sachsen und Schlesien, in Böhmen, im Wiener Becken, in Ungarn, in Norditalien und im Nordosten der USA. Diese alten europäischen und amerikanischen Industrieregionen zählen bis heute zu den Zentren der Weltwirtschaft, auch wenn sich im 20. Jahrhundert der Kreis der Konkurrenten erweitert hat.[13] Der Aufstieg der kohlebefeuerten Dampfmotoren begann in der ersten Hälfte des 19. Jahrhunderts. Bis 1838 war die Zahl der Dampfmaschinen auf über 3000 gestiegen. Mittlerweile war ihre Leistungsfähigkeit von etwa 10 auf 50 PS angewachsen und die Textilfabriken stiegen allmählich auf die neue Energieform um. Die Textilfabrikbesitzer deckten nun 75 % ihres Bedarfs an Antriebskraft mit Dampfmaschinen und standen an erster Stelle der Kunden, gefolgt von Bergwerken, Eisenhütten und der Eisenindustrie. Mittlerweile hatte auch die Nachfrage aus dem europäischen Ausland eingesetzt und *Boulton & Watt* belieferte Kunden in ganz Europa und in Indien. Allerdings standen auf dem gesamten Kontinent weniger Dampfmaschinen als in England, das in diesen Jahrzehnten zur «Werkstatt der Welt» aufstieg.[14]

Noch um 1880 dürften die Emissionen keine Auswirkungen auf das Weltklima gehabt haben. Zumindest waren sie so minimal, dass sie im Vergleich zu den «natürlichen» Klimaschwankungen nicht ins Gewicht fielen. Die Kleine Eiszeit steuerte einem neuerlichen Kältemaximum zu, verstärkt durch die Explosion der Vulkaninsel Krakatau in Indonesien, die aufgrund der rasanten Entwicklung der Fernmeldetechnik weltweit wahrgenommen wurde. Die Abkühlung führte 1884 zu einer Minderung der Ernten. Aber in den Industrieländern wurde dies wegen der allgemeinen Produktionsüberschüsse kaum mehr wahrgenommen.

## Kohleverbrauch in der Epoche des Eisenbahnbaus

Die Industrialisierung hatte von Anfang an großen Einfluss auf die Umwelt, allerdings zunächst nur in der näheren Umgebung. Neben der Abholzung der Wälder fielen vor allem die Abfälle, Abwässer und Abgase sowie der Lärm ins Gewicht. Hinzu kam der Bedarf an Bodenflächen für Industrieanlagen, Straßen, Eisenbahnen, Kanäle und Arbeiterwohnungen. Diese Entwicklungen waren unabhängig vom politischen System. Ob Frankreich gerade Kaiserreich, Monarchie oder Republik war, spielte für den Rohstoff- und Umweltverbrauch keine Rolle.

Während in Großbritannien die Industrielle Revolution im Textilsektor begonnen hatte, stand auf dem Kontinent der Eisenbahnbau im Zentrum. Mit der Erfindung der Eisenbahn hatten diese Länder erstmals die Möglichkeit, industriell zu England aufzuschließen. Der Flächenbedarf für den Bau von Eisenbahnen ist im Vergleich zu Straßen oder Kanälen gering, der Eisenbahntransport ist witterungsunabhängig, und Abläufe lassen sich standardisieren und automatisieren. Nachdem die erste dampfbetriebene Eisenbahn 1825 zwischen Stockton und Darlington eröffnet und 1830 die großen Industriestädte Manchester und Birmingham verbunden worden waren, verbreitete sich der Eisenbahnbau rasch auf dem Kontinent. Bereits 1835 wurde die erste deutsche Strecke zwischen Nürnberg und Fürth im Königreich Bayern in Betrieb genommen, 1839 wurden die sächsischen Städte Leipzig und Dresden verbunden. Seit der Jahrhundertmitte wuchsen die Strecken zu einem Streckennetz zusammen, was regelmäßig zur Verstaatlichung der zuvor privat finanzierten Eisenbahnen führte. Bald verband das Eisenbahnnetz über die Grenzen hinweg den Kontinent von Belgien bis Italien. Seinen Höhepunkt erreichte der Eisenbahnbau zwischen 1870 und 1910 bereits unter staatlicher Regie.

Produktion und Betrieb der Eisenbahnen hingen von Anfang an von kohlebasierten Dampfmaschinen ab. Der Kohleverbrauch hatte in England um 1800 etwa 11 Millionen Tonnen pro Jahr betragen und sich bis 1830 verdoppelt, doch die Einführung der Eisenbahnen beschleunigte die Steigerung bedeutend. Um 1870 lag der Verbrauch bei mehr als 100 Millionen Tonnen.[15] Mit dem Beginn der Ausbeutung von Kohlevorkommen in Belgien, Frankreich und Deutschland, später auch Polen und Russland stieg die Produktion rapide an.

***Weltweite Produktion von Kohle***[16]

| Jahr | Millionen Tonnen Kohle |
|---|---|
| 1860 | 132 |
| 1880 | 314 |
| 1900 | 701 |
| 1920 | 1193 |
| 1940 | 1363 |
| 1960 | 1809 |

## *Der Aufstieg des Erdöls*

Mittlerweile war nach der Kohle das Erdöl als zweiter fossiler Energieträger erschlossen worden. Bereits seit der Antike war *Steinöl,* griechisch *Petroleum,* das an manchen Orten natürlich an die Oberfläche tritt, für verschiedene Zwecke verwendet worden. Im antiken Mesopotamien diente es zum Abdichten von Schiffen, in China zur Beleuchtung, im Mittelalter wurde es in Heilmittelrezepten und in Bukarest 1857 zur Straßenbeleuchtung verwendet. Zwei Jahre später, 1859, führte der amerikanische Industrielle Edwin Laurentine Drake (1819–1880) bei Titusville in Pennsylvania die erste wirtschaftlich bedeutende Ölbohrung durch, die zu einem ersten *Ölfieber* führte und die industrielle Nutzung des Erdöls einleitete. Mit der Verbreitung der Elektrizität für die Beleuchtung drohte seine Bedeutung aber bereits in den 1890er Jahren wieder abzunehmen, als ein neuer Verwendungszweck gefunden wurde: seine Raffinierung zu *Benzin.*

Die Erfindung des Verbrennungsmotors durch Nikolaus Otto (1832–1891) gab dem Bedarf an Erdöl einen nachhaltigen Impuls. Verbrennungsmotoren ersetzten nach und nach die altertümlichen Dampfmotoren. Dazu trug vor allem die Erfindung des Automobils durch Gottlieb Daimler (1834–1900) und Carl Benz (1844–1929) in den späten 1880er Jahren bei. Die Massenproduktion von Automobilen begann 1908 mit Henry Fords *Tin Lizzy.* Nach der Einführung der

*Fließbandproduktion* wurden von diesem Automodell bis 1927 nicht weniger als 15 Millionen Stück gebaut. In den USA, dem führenden Erdölförderland, fuhren in der ersten Hälfte des 20. Jahrhunderts mehr Kraftwagen als in der ganzen restlichen Welt. In Europa etablierten sich zahlreiche Hersteller, die aber alle zusammen nicht Fords Stückzahlen erreichten. Der Rekord der *Tin Lizzy* wurde erst nach einem halben Jahrhundert, nämlich 1972 durch den *VW Käfer*, eingestellt.

### *Die 1950er Jahre als Epochenschwelle*

Wie man bereits an den Produktionszahlen für Kraftwagen ablesen kann, stieg der Kraftstoffverbrauch im 20. Jahrhundert nur allmählich an. Ein qualitativer Sprung im Energieverbrauch ereignete sich in den 1950er Jahren, als Erdöl die Kohle als primären fossilen Energieträger ablöste. Dies kann man an vielen Indikatoren ablesen, etwa an der Ladekapazität der Öltanker. Seit den 1930er Jahren vervielfachte sich nicht nur die Zahl der Tankschiffe, sondern auch die Kapazität jedes Tankers von anfangs etwa 20 000 Tonnen auf zuletzt beinahe 400 000 Tonnen. Der sprunghaft steigende Energiebedarf hing damit zusammen, dass man immer neue Verwendungszwecke für Erdöl fand. Dazu gehörte die petrochemische Industrie zur Herstellung von Kunststoffen, die in die Haushalte und in industrielle Fertigungsprozesse Einzug hielten. In den 1950er Jahren begann *Plastik* traditionelle Verpackungsmaterialien aus Papier, Holz, Glas oder Metall zu ersetzen. Zu den Gründen für den *Ölboom* gehörte auch die Produktion von Heizöl, das nach dem 2. Weltkrieg zunehmend die Kohle ersetzte. Öl war in der Produktion billiger und in der Verarbeitung sauberer und vielfältiger einsetzbar. Der hauptsächliche Verwendungszweck blieb jedoch die Produktion von Kraftstoffen.

Die militärstrategische Bedeutung des Erdöls war im 1. Weltkrieg offenbar geworden, wo erstmals Kraftfahrzeuge, Panzer und Flugzeuge eingesetzt wurden. Dies erhöhte im Verlauf des Krieges das Interesse der europäischen Großmächte an einer Zerschlagung des Osmanischen Reichs, auf dessen Staatsgebiet die meisten Ölvorkommen im Nahen Osten lagen. Nach dem Fund reicher Ölvorkommen in der Golfregion installierten die USA in den 1950er Jahren im Iran, im Irak, in den ara-

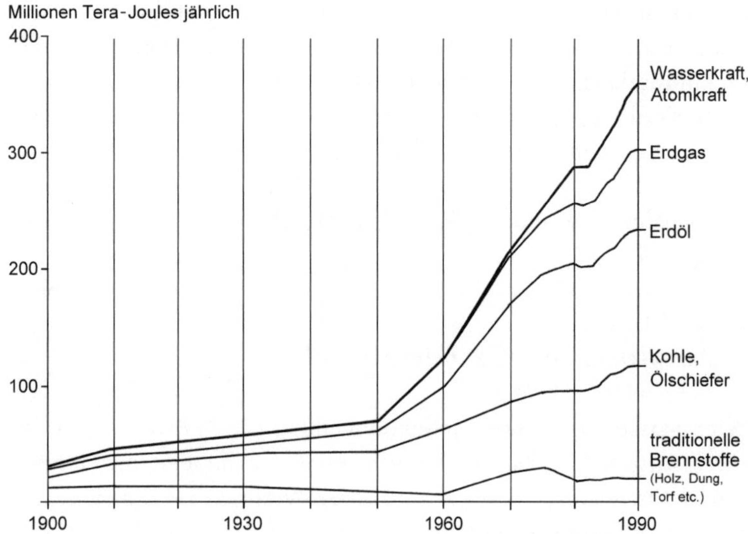


***Abb. 36*** Die Entwicklung des Welt-Energieverbrauchs 1900–1990.

bischen Emiraten und in Saudi-Arabien Regime, welche den Interessen der US-amerikanischen Ölkonzerne durch Vergabe von Lizenzen entgegenkamen. Dabei schreckte man auch nicht davor zurück, frei gewählte Präsidenten wie Mohammed Mossadegh (1882–1967, r. 1951–1953) zu stürzen, weil er das Fördermonopol der *Anglo-Iranian Oil Company* (später umbenannt in *British Petroleum*, BP) infrage gestellt und die Verstaatlichung der Ölförderung herbeigeführt hatte. Der Krieg um Erdöl bildet seither eine Konstante in den Kriegen des 20. Jahrhunderts, man denke nur an die drei Golfkriege und den Sturz des irakischen Diktators Saddam Hussein unter dem durchsichtigen Vorwand, er besitze Massenvernichtungswaffen.

In den 1950er Jahren begann der Aufschwung des Linienflugverkehrs. Zwar wurden zivile Luftfahrtgesellschaften wie die Lufthansa bereits in den 1920er Jahren gegründet, aber Fliegen blieb zunächst einer schmalen Oberschicht vorbehalten. Erst als das Fliegen zum Standard in der Geschäftswelt wurde, sanken die Preise, und es wurde für breitere Schichten erschwinglich. Mit dem Beginn des Massentourismus in den 1970er Jahren stiegen die Passagierzahlen, die geflogenen Entfernungen und die Kapazitäten der Flugzeuge rapide an. Der

Energieverbrauch pro Passagier stieg weit überproportional, da ein Flugzeug für 300 Passagiere so viel Kraftstoff verbraucht wie einige zehntausend *VW Käfer*.

Von 1860 bis 1985 hat sich der jährliche Energieverbrauch versechzigfacht, doch der größte Nachfragesprung ereignete sich in der 2. Hälfte des 20. Jahrhunderts. Nach dem Mannheimer Umweltwissenschaftler Jörn Sieglerschmidt stellten die 1950er Jahre *eine Epochenschwelle im Mensch-Umwelt-Verhältnis* dar.[17] Für einige Jahrzehnte hatte es den Anschein, als könne man den alten Zwängen der Ökonomie und der Ökologie entfliehen. Die billige Energie führte zu Zersiedelung, Streuung der gewerblichen Standorte, flächendeckender Versorgung mit Konsumgütern und Erreichbarkeit des flachen Landes durch Massenmotorisierung. Christian Pfister spricht von einer *«umweltgeschichtlichen Epochenschwelle von der Industrie- zur Konsumgesellschaft»*. Erst jetzt begannen energiefressende Konsumgüter die Privathaushalte zu bevölkern: Elektroherd und Waschmaschine, Kühlschrank und Toaster, Kühltruhe und Mikrowelle, Spülmaschine und Staubsauger, elektrisches Bügeleisen und elektrische Zahnbürste, Fön und Trockenhaube, Radio und Fernseher, Plattenspieler, Kassetten- und Videorekorder, Computer, Drucker, Scanner – jede Wohnung wurde seither zum Maschinenpark. Und die maschinelle Aufrüstung ging in Keller, Garage und Hobbyraum weiter: Bohrmaschine, Schraubendreher, Stichsäge, Rasenmäher, Heckenschneider etc. In jedem Zimmer ein Ofen und eine Vielzahl von Lampen – all das war noch zu Beginn des vorigen Jahrhunderts und für die meisten vor den 1950er Jahren – selbst wenn die Technik schon existierte – unbekannt.[18] Bis zur ersten Ölpreiskrise von 1973/74 spielte die Sparsamkeit des Verbrauchs bei Maschinen oder Geräten keine Rolle. Erst seit der schockartigen Preiserhöhung der OPEC-Staaten begann eine ernsthafte Diskussion um energiesparende Motoren, alternative Energien, Wärmedämmung etc.

Der *Ölboom* führte zu einer exponentiellen Steigerung der Umweltprobleme durch Verteilung der Immissionen. Die negativen Auswirkungen der Zersiedelung und Umweltverschmutzung sah man bald. An eine viel gravierendere Folge hatte man hingegen zunächst überhaupt nicht gedacht: Die Verfeuerung von Kohle, Öl und Gas setzte chemische Elemente frei, die vor Millionen von Jahren – nämlich während der erdgeschichtlichen Epoche des *Karbon* – in den Tiefen der Erde eingelagert worden waren. Die Energieträger waren keine Mineralstoffe, sondern ehemaliges Leben, organische Stoffe – oder in den suggestiven Begriffen des Umwelthistorikers Rolf Peter Sieferle: *Der unterirdische Wald.*[19] Während das Verbrennen von Holz Kohlenstoff aus dem aktuellen Kohlenstoffkreislauf freisetzt, der wieder in Pflanzenwachstum gebunden wird, setzt die Verbrennung fossiler Energieträger Kohlenstoff frei, der vor 300 Millionen Jahren gebunden und mit dem Absterben der *Karbonwälder* in der Erde abgelagert worden war. Dieser zusätzlich freigesetzte Kohlenstoff kann nicht wieder in nachwachsendem Wald gebunden werden, sondern reichert sich in verschiedenen Verbindungen in der Atmosphäre an, zum Beispiel in Form des Spurengases $CO_2$, *Kohlendioxid*. Seit den 1950er Jahren erleben wir eine exponentielle Steigerung der Anreicherung der Atmosphäre mit *Kohlendioxid, Methan* – $CH_4$ – und *Stickoxiden*. Die Produktion von *FCKWs*, den *Fluorchlorkohlenwasserstoffen,* begann überhaupt erst 1950. Diese Spurengase tragen zur Erwärmung der Erdatmosphäre bei und werden deswegen als *Treibhausgase* bezeichnet.[20]

## *Die Bevölkerungsexplosion*

Wenn es darum geht, den menschlichen Einfluss auf Umwelt und Klima in seiner historischen Entwicklung zu taxieren, genügt es nicht, sich allein auf die Entwicklung der klimawirksamen Spurengase in Gaseinschlüssen von Eisbohrkernen zu konzentrieren. Ein signifikanter Gradmesser ist die Entwicklung der Bevölkerungszahlen, weil daran der jeweilige Land- und Energieverbrauch hängt. Für die Entwicklung der Weltbevölkerung gibt es plausible Schätzungen, die zur Gegenwart hin immer genauer werden. Für den Vorabend der *Neolithischen Revolution* vor ca. 10 000 Jahren, also das Ende der Zeit, in der praktisch alle Menschen als Jäger und Sammler lebten, gibt Carlo Cipolla eine Untergrenze von 2 Millionen und eine Obergrenze von 20 Millionen Menschen an, welche in den bewohnbaren Zonen der Erde gelebt haben könnten. Für die Zeit um 1750 geht er von 750 Millionen Menschen aus. Diese 0,75 Milliarden Menschen stellten das historische Maximum der agrikulturellen Phase der Menschheitsentwicklung dar. Um 1850 lag die Weltbevölkerung bei geschätzten 1,2 Milliarden. Und die industrielle Nahrungsmittelproduktion sollte immer neue Wachstumsmöglichkeiten eröffnen. Im Jahr 1900 lebten 1,6 Milliarden Menschen, für das Jahr 1950 gibt das *Demographic Yearbook* der Vereinten Nationen die Zahl von ca. 2,5 Milliarden Menschen an, und 1975 lag sie bereits bei 4,0 Milliarden.[21]

Im Jahr 2000 lag die Weltbevölkerung etwas oberhalb 6,0 Milliarden. Doch der Scheitelpunkt der Wachstumsraten war 1970 mit weltweit 2,0 % überschritten worden. Damals wurde für das Jahr 2050 eine Weltbevölkerung von 12–15 Milliarden Menschen prophezeit. Doch gleichzeitig begannen einige Entwicklungsländer mit einer gezielten Bevölkerungspolitik. Im bevölkerungsreichsten Land der Erde, der Volksrepublik China, wurde auf Weisung der Kommunistischen Partei in den 1970er Jahren die *Ein-Kind-Politik* eingeführt. Seitdem sank die chinesische Geburtenrate um beinahe zwei Drittel (von 3,0 auf 1,2 %). Ebenso wurde das Bevölkerungswachstum in anderen Ländern Asiens und Lateinamerikas begrenzt. Lediglich in Afrika geht das Bevölkerungswachstum ungebremst weiter und wird allein durch Seuchen wie Malaria und Aids in Grenzen gehalten. Dagegen sinkt die Bevölkerungszahl in den Industrieländern Europas und Nordamerikas trotz Einwanderung leicht ab. Mit dem Rückgang der Wachstumsraten auf 1,4 % und einer weiter sinkenden Tendenz sind die früheren Voraussagen der Bevölkerungsentwicklung von den Vereinten Nationen auf ca. 9,0 Milliarden im Jahr 2050 korrigiert worden.[22]

### *Zivilisationskritik und die Entdeckung der Grenzen des Wachstums*

Die Kritik an der Industrialisierung ist so alt wie diese selbst. Gelegentlich hängt sie – wie bei den Maschinenstürmern des 18. Jahrhunderts oder bei den sozialistischen und kommunistischen Bewegungen – eng mit sozialen Fehlentwicklungen zusammen, gelegentlich führt sie – wie bei Romantikern oder Anarchisten – auch zu einer weiter reichenden Zivilisationskritik.[23] Zu denken wäre hier etwa an die «barfüßigen Propheten» der frühen Ökologiebewegung, die bereits vor dem Ersten Weltkrieg und in den 1920er Jahren durch persönlichen Ausstieg aus den sozialen Mechanismen der Industriegesellschaft ihren Protest gegen die Ausbeutung der Natur und der Men-

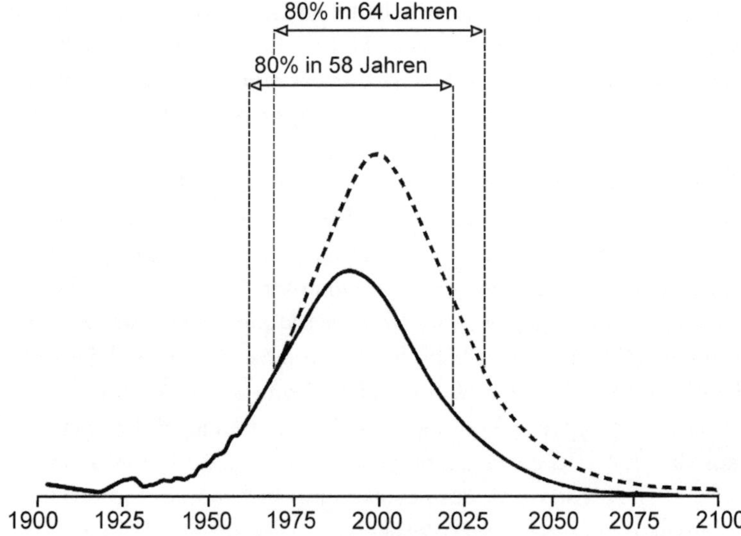


***Abb. 37*** Das Zeitalter des Erdöls in der Darstellung von M. King Hubbert, The Energy Resources of the Earth, 1971.

schen zum Ausdruck brachten.[24] Während der Vorherrschaft des Modernisierungsparadigmas verstärkte sich der Einfluss auf die Umwelt in einem solchen Ausmaß, dass Industrialisierung, Abholzung und Umweltverschmutzung globale Relevanz bekamen. Mit der Raumfahrt der 1960er Jahre gab es erste Fotos von der Erde aus dem Weltall, die drastisch vor Auge führten, wie fragil unsere Biosphäre im Vergleich zu den Weiten des Universums ist. Der Flug zum Mond war insofern von großer Bedeutung für die Entwicklung des Umweltbewusstseins.

Den wichtigsten Einwand gegen den ungebremsten Fortschrittsoptimismus der Modernisierer brachte Anfang der 1970er Jahre eine Vereinigung von Wissenschaftlern, Politikern und Wirtschaftsführern in die Diskussion ein, die sich *Club of Rome* nannte. Diese Gruppierung war 1968 auf Anregung des römischen Industriellen Aurelio Pecceri (1908–1984) gegründet worden.[25] Eine Gruppe von Wissenschaftlern unter Leitung des Zukunftsforschers Dennis L. Meadows legte dem *Club of Rome* 1972 einen Bericht vor, der mit zahlreichen Daten und Entwicklungsanalysen die *Grenzen des Wachstums* aufzeigte. Darin werden fünf globale Trends des *Weltsystems* hervorgehoben und in ihren Wechselwirkungen analysiert: die beschleunigte Industrialisierung, das rapide Bevölkerungswachstum, die weltweite Unterernährung, die übermäßige Ausbeutung der Rohstoffreserven und die zunehmende Zerstörung des Lebensraumes. Die Autoren stellten eindringlich die Endlichkeit der globalen Ressourcen vor Augen: Die Kohle- und Erdölvorräte des Planeten, die während der Periode des *Karbon* vor etwa 300 Millionen Jahren in einem langfristigen geologischen Vorgang entstanden waren, würden innerhalb von nur 200 Jahren aufgebraucht. Einmal verfeuert, waren sie verloren.

Daraus wurden weit gehende politische Konsequenzen abgeleitet: In den Augen des *Club of Rome* war es notwendig, das Wachstum bewusst zu begrenzen und eine neue Art von Gesellschaft zu schaffen, die durch soziale Gerechtigkeit, durch Menschenrechte und eine neue Harmonie zwischen Mensch und Natur gekennzeichnet ist. Die Berichterstatter konnten allerdings nicht sagen, wie dies im Zeichen des Wirtschaftsliberalismus und von annähernd 200 eigensüchtigen Nationalstaaten erreichbar sein solle. Abschließend heißt es im Bericht: «Jeder Tag weiter bestehenden exponentiellen Wachstums treibt das Weltsystem näher an die Grenzen des Wachstums. Wenn man sich entscheidet, nichts zu tun, entscheidet man sich in Wirklichkeit, die Gefahren des Zusammenbruchs zu vergrößern.»[26] Wie alle Zivilisationskritik war auch die des *Club of Rome* geprägt durch ein gewisses Maß an Sozialutopie. Neu war, dass diese aus der Mitte der Gesellschaft kam, von arrivierten Wissenschaftlern, Wirtschaftsleuten und Politikern.

Im Rückblick bietet die Diskussion um die Grenzen des Wachstums ein zwiespältiges Bild. Einerseits hat sich die Geschwindigkeit des industriellen Wachstums noch erhöht, seit immer mehr ehemalige Schwellenländer in Lateinamerika und Asien zu modernen Industriegesellschaften herangewachsen sind. Das Wachstum der Weltbevölkerung hat sich verlangsamt, und die Ernährungssituation hat sich verbessert. Der Umweltschutz ist in den entwickelten Ländern fester Bestandteil der Politik geworden. Der Raubbau an der Natur geht aber weiter, und die Ausbeutung der Rohstoffreserven hat sich noch beschleunigt. Da bisher immer neue Reserven gefunden wurden, ist das Ende der modernen Zivilisation nicht eingetreten. Paradoxerweise eröffnen gerade das Auftauen des Permafrosts und das Abschmelzen des

Meereises neue Fördermöglichkeiten von fossilen Energieträgern.[27] Im Rückblick scheint sich der *Club of Rome* in die Reihe der falschen Propheten einzureihen, die nicht eingetretene Katastrophen prophezeiten. Andererseits stimmt es nach wie vor, dass die Rohstoffreserven – und insbesondere die fossilen Energien – irgendwann erschöpft sein werden. Der Verdienst des *Club of Rome* besteht darin, eindringlich auf die Endlichkeit der natürlichen Ressourcen hingewiesen zu haben. Treibhausgase waren damals noch kein Thema.

## Die Entdeckung der globalen Erwärmung

### Frühe Treibhaustheorien

Nachdem man in den 1960er Jahren noch von den Gefahren einer kommenden neuen Eiszeit geraunt hatte, wurde nur ein Jahrzehnt später die Globale Erwärmung entdeckt oder, genauer gesagt: wiederentdeckt. Denn bereits zu Beginn des 19. Jahrhunderts hatte der französische Physiker Jean-Baptiste Joseph, Baron de Fourier (1768–1830), die Frage gestellt, worauf die Temperaturen der Erde basieren. Er erkannte die Bedeutung der Erdatmosphäre, die er mit einer Art Treibhaus verglich, da sie einen Teil der Wärme, die durch Sonnenstrahlen auf die Erde kommt, auf irgendeine Weise zurückhält. Die sogenannten Treibhausgase wurden 1859 durch den irischen Physiker John Tyndall (1820–1893) entdeckt, der feststellte, dass Sauerstoff und Stickstoff, die hauptsächlichen Bestandteile der Luft, strahlendurchlässig waren, aber Kohlendioxid nicht. Auf dieser Basis, schloss er, könne sich die Erde erwärmen und Leben ermöglichen. Bereits Tyndall hegte die Vision, man könne mit Hilfe dieses Effekts Klimaschwankungen in der Erdgeschichte erklären, wobei er an die großen Eiszeiten dachte, die damals gerade entdeckt und kontrovers diskutiert wurden. Tyndall meinte, ein Rückgang des Wasserdampfes in der Atmosphäre habe einen Rückgang des Treibhauseffekts und damit die Eiszeiten verursacht.[1]

1896 machte der spätere Nobelpreisträger für Chemie Svante August Arrhenius (1859–1927) auf die Problematik der steigenden $CO_2$-Emission im Zuge der Industrialisierung aufmerksam. Auch der Stockholmer Professor war eher an der Erklärung der Eiszeiten interessiert als an düsteren Zukunftsprognosen.[2] Kurz vorher hatte der englische Geologe James Croll eine *Feedback*-Theorie entwickelt: Die Zunahme von Gletschern erhöhe die Rückstrahlung von Sonnenlicht ins All und führe damit zu weiterer Abkühlung, dies wiederum führe zu einer Veränderung der Winde und der Ozeanströmungen. Croll hatte den *Albedo-Effekt* entdeckt und war in komplexe Klimamodelle

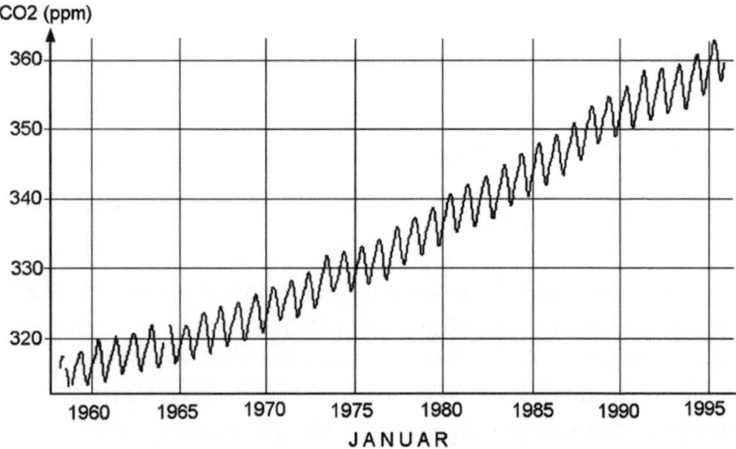


*Abb. 38* Die Keeling-Kurve ist eine Ikone der Klimaforschung, denn sie verdeutlichte zuerst die Anreicherung der Atmosphäre mit Kohlendioxid. Seit den 1960er Jahren wird sie durch immer weitere Messungen fortgeschrieben.

eingestiegen. Sobald eine Eiszeit begonnen hat, nährte sie sich selbst. Arrhenius berechnete, was passieren würde, wenn man den $CO_2$-Gehalt der Atmosphäre halbierte, und kam zu dem Ergebnis, dass dann die Temperatur um 5 Grad Celsius absinken würde. Das mochte wenig erscheinen, aber mit den Feedback-Effekten Crolls konnte eine Abwärtsspirale in Bewegung gesetzt werden.[3]

Die Berechnungen waren vor der Erfindung des Computers oder auch nur von Rechenmaschinen eine ermüdende Schreibarbeit. Arrhenius fragte einen Kollegen, ob größere Veränderungen in der Zusammensetzung der Atmosphäre überhaupt möglich waren. Arvid Högbom hatte damit begonnen, den Ausstoß von $CO_2$ durch Verbrennungsprozesse von Kohle in Fabriken und Haushalten zu berechnen. Dies war nicht viel im Vergleich zu seinem natürlichen Vorkommen, aber mit der Zeit musste es sich anreichern. Arrhenius stellte auch in dieser Richtung Berechnungen an und kam zu dem Ergebnis, dass eine Verdoppelung des $CO_2$-Gehalts in der Atmosphäre zu einem Anstieg der Erdtemperatur um 5–6 Grad Celsius führen müsste. Diese Vorstellung beunruhigte ihn keineswegs. Etwas mehr Wärme konnte in Skandinavien nicht schaden. Außerdem erwartete er eine solche Entwicklung allenfalls in Zeiträumen von mehreren tausend Jahren. Er teilte den Technikoptimismus seiner Zeit, der von der Findigkeit der Ingenieure die Lösung aller Probleme und die Schaffung einer besseren, gerechteren Zukunft erwartete. Arrhenius hatte ein kurioses theoretisches Konzept entworfen, ein Gedankenspiel. Er hielt sich nicht für den Entdecker des *Global Warming*.[4]

Ungefähr um die Zeit, als Arrhenius seine Berechnungen anstellte, ging die Kleine Eiszeit zu Ende. Nachdem die Themse ein letztes Mal zugefroren war, setzte eine generelle Erwärmung ein. Damals entwickelte Milankovic seine Begründung von Klimaänderungen mit Schwankungen der astronomischen Umlaufbahnen. In den 1930er Jahren, als der Süden der USA von einer Dürrekatastrophe heimgesucht und zur *Dust Bowl* wurde, begann man sich auch dort für den Trend zu interessieren. 1938 interessierte sich Guy Steward Callendar von Neuem für die globale Erwärmung.[5] 1956 berechnete Gilbert Plass erstmals mit Hilfe eines Klimamodells die *Kohlendioxid-Theorie des Klimawandels*.[6] Im Jahr 1957 legte Charles Keeling anlässlich des Internationalen Geophysikalischen Jahres, das den Geo- und Klimawissenschaften zu einem nachhaltigen Entwicklungssprung verhalf, eine langjährige Messreihe vor, die ihm Berühmtheit eintragen sollte. Keeling wollte mit seinen Messungen die jahreszeitlichen Schwankungen der $CO_2$-Konzentration in der Atmosphäre nachweisen und damit gewissermaßen das Ein- und Ausatmen der Biosphäre im Jahresrhythmus veranschaulichen. Als Messbasis wählte er mit dem *Mauna Loa* auf Hawaii einen Ort, der, abgelegen von großen Städten und weitab der Kontinente, ein Bild versprach, das nicht durch Umweltverschmutzung gestört war. Eher unerwartet wurde der Jahresrhythmus von einer zweiten Entwicklung überlagert: einem kontinuierlichen Aufwärtstrend in der Konzentration von $CO_2$ in der Atmosphäre. Die sogenannte *Keeling-Kurve* gehört heute zu den Ikonen der Klimaforschung, weist sie doch exemplarisch die Anreicherung des Treibhausgases in der Atmosphäre nach.[7]

Bei Beginn von Keelings Messreihe hatte die Konzentration des $CO_2$ bei etwa 315 ppm (parts per million) gelegen, bis 1970 war sie auf 325 ppm angewachsen, 1980 lag sie bei 335 ppm. Die Messungen werden seither ständig wiederholt, um die weitere Anreicherung der Atmosphäre mit diesem Treibhausgas sicher nachweisen zu können. Die Werte steigen kontinuierlich weiter: 1995 lag der Wert bei 360 ppm, im Jahr 2005 auf dem bisherigen Rekordwert von 380 ppm

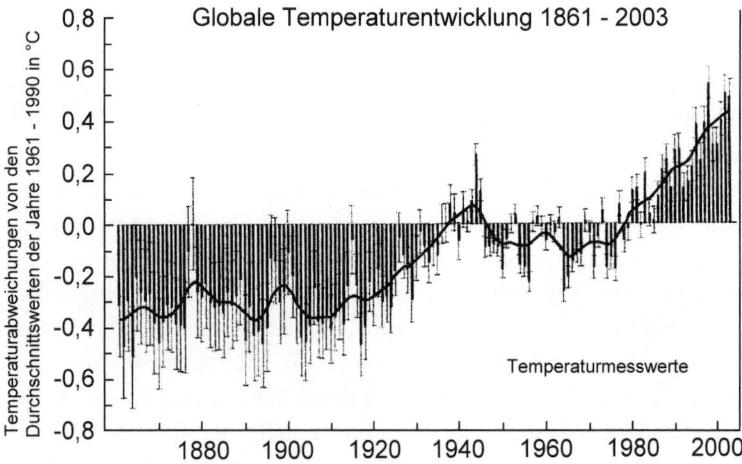


***Abb. 39*** Von der Kleinen Eiszeit zur globalen Erwärmung. Seit den 1890er Jahren ist ein Aufwärtstrend der Temperatur zu bemerken, der allerdings von einer neuerlichen Abkühlung zwischen 1945 und 1975 unterbrochen wurde.

(= 0,038 %). Inzwischen hat man versucht, diese Anreicherung auch längerfristig zu berechnen. Für 1870, also etwa Ende der Kleinen Eiszeit, berechnete man dafür einen Wert von 290 ppm, doch gibt es um die Richtigkeit dieser Berechnung einige Diskussionen.[8]

## *Global Cooling: Die Angst vor einer neuen Eiszeit*

Allerdings stimmte die Entwicklung der Temperaturen nicht mit den Vorhersagen überein. Gemäß der Treibhaustheorie hätte es in den 1960er Jahren wärmer werden müssen, doch das Gegenteil war der Fall. Zwar hatten sich die Temperaturen von einem Tiefpunkt um 1880 bis 1940 um ca. 0,6 Grad Celsius erhöht, doch aus irgendeinem Grund hatte sich dieser Prozess dann in sein Gegenteil verkehrt. Da die Temperaturen seit etwa 1940 kontinuierlich zurückgingen, wurde den frühen Berechnungen und Theorien des *Global Warming* keine besondere Beachtung mehr geschenkt.[9] Denn unversehens sah man sich mit einem Prozess konfrontiert, mit dem niemand gerechnet hatte und der weitaus gefährlicher schien: einem globalen

Abkühlungsprozess über mehrere Jahrzehnte hinweg, dem *Global Cooling.*[10]

Anfang der 1960er Jahre machte man sich Gedanken über kommende Eiszeiten, die Vorstellung einer dramatischen Erwärmung schien allen Messungen und dem Augenschein zuwiderzulaufen. Ausgangspunkt waren die Untersuchungen des Klimaexperten J. Murray Mitchell vom *US Weather Bureau,* der Klimadaten mit denen der zeitgenössischen Atombombenversuche und dann mit denen von Vulkanexplosionen verglichen hatte. Der Staub, der durch Atombomben aufgeworfen wurde, verblieb in derselben Hemisphäre. Vulkanasche in der Stratosphäre konnte globale Abkühlungen über einige Jahre hinweg weltweit bewirken. Die Erwärmung während der ersten Jahrzehnte des 20. Jahrhunderts hatte sie jedoch nicht verhindert, und sie erklärte nicht den Abkühlungstrend in der Mitte des Jahrhunderts. Dieser Rückgang der globalen Durchschnittstemperaturen lag außerhalb der Zufallsvariation. Was Mitchell bei seinen Untersuchungen vor Augen hatte, war die erst kurz zuvor entdeckte Klimafluktuation des *Jüngeren Dryas,* in der sich vor etwa 12 000 Jahren das Klima innerhalb weniger Jahre um 10 Celsiusgrade abgekühlt hatte. Die Folge war eine tausendjährige Kaltzeit gewesen. Stand eine solche Eiszeit unmittelbar bevor?[11]

In den 1960er Jahren waren Klimaforscher besessen von der Idee einer unmittelbar bevorstehenden Eiszeit. Dafür gab es außer der neuen Umweltforschung noch andere Gründe: Angesichts weltweit wachsender Gletscher emanzipierte sich die *Glaziologie* zu einer eigenen Subdisziplin. Gerade wurde die Methode der Eiskernbohrung an den Polkappen entwickelt. Sie zeigte, dass sich Eiszeiten und Warmzeiten nicht nur in geologischer Zeit ablösten, sondern dass selbst innerhalb der bestehenden Eiszeit Perioden größerer und geringerer Kälte – *Glaziale* und *Interglaziale* – abwechselten. Die Warmzeit des *Holozäns* schien mit ihren 10 0000 Jahren schon unverhältnismäßig lange anzudauern. Während des gesamten Quartärs hatten die Warmphasen scheinbar immer nur etwa 10 000 Jahre gedauert, während die restlichen 90 000 Jahre des Milankovic-Zyklus von mehr oder minder großer Kälte geprägt waren. Und seit zwei Jahrzehnten waren die Durchschnittstemperaturen auf der Erde gesunken, wie man nun dank eines weltumspannenden Netzes von Messstationen sicher sagen konnte. Machte dies nicht wahrscheinlich, dass die Zeit der Wärme abgelaufen war und die Welt in eine neue Kaltzeit stürzte?

Im Jahr 1972 traf sich eine Gruppe führender Gletscherforscher an der Brown University, um das bevorstehende Ende des bestehenden *Interglazials* und den Anbruch der nächsten Eiszeit zu diskutieren. Eine große Mehrheit der Experten war sich einig darüber, dass Zwischeneiszeiten in der Regel kurz waren und abrupt endeten. Auch mit Bezug auf die Milankovic-Zyklen stimmte sie in der Meinung überein, dass das «natürliche Ende unserer Warmzeit unzweifelhaft bevorsteht». Wichtigster Hinweis darauf war die aktuelle Abkühlung der klimatisch besonders sensiblen Polarregionen. Die führenden Klimaforscher waren sich in einem Punkt einig: «The present *global cooling*, which reversed the warm trend of the 1940s, is still under way.» Die Warmzeit des *Holozäns* sei am Ende, wenn es der Menschheit nicht gelinge, den Prozess der Globalen Abkühlung zu verhindern.[12]

## *Die Suche nach anthropogenen Ursachen der Abkühlung*

Auf der Suche nach Gründen für das *Global Cooling* begnügte man sich nicht mit natürlichen Ursachen, sondern suchte auch nach «anthropogenen» Gründen. Dabei stieß man auf die Verschmutzung der Luft als Folge der Industrialisierung und der Vermehrung des Individualverkehrs mit Verbrennungsmotoren. Der Bau von Last- und Personenkraftwagen hatte in den westlichen Industrieländern ungekannte Ausmaße angenommen, der Besitz eines Automobils gehörte bald zur Standardausstattung jedes Haushalts. Auch die Sowjetunion und einige Länder des damaligen Ostblocks waren in ihrer Industrialisierung weit vorangeschritten, und selbst einige Länder der sogenannten Dritten Welt – Indien, China, Brasilien – befanden sich auf dem Weg zur Industrialisierung. Kohle und Erdöl wurden in den 1960er Jahren in einem bislang völlig unbekannten Ausmaß verfeuert und die Abgase ungefiltert in die Umwelt abgegeben.[13]

Die globale Abkühlung, so meinten einige Forscher, sei im Wesentlichen von Menschen verursacht. Bevölkerungswachstum, die rapide Urbanisierung in Großstädten und die Industrialisierung hätten inzwischen genauso viel Einfluss auf das Klima wie «natürliche Prozesse». Für die Abkühlung wurde ein Filter-Effekt verantwortlich gemacht, der nicht mehr genügend Sonnenlicht auf die Erdoberfläche scheinen ließ: das *Global Dimming*. Die Trübheit (*turbidity*) der Luft überwiege den Einfluss des ebenfalls von Menschen verursachten Ausstoßes von Kohlendioxid. Staub in der Atmosphäre werde zwar von allen möglichen natürlichen Prozessen wie Wüstenstürmen oder Buschbränden verursacht. Wichtiger seien jedoch die Effekte der großen Städte und der Schwerindustrie sowie Auto- und Flugzeugabgase. Vor allem Letztere trügen zu einer messbaren Vermehrung der Wolkenbildung bei. Damit stach gewissermaßen eine anthropogene Ursache die andere aus und drängte «natürliche» Gründe ganz in den Hintergrund.[14]

Die Trübung der Luft durch vermehrten Nebel, Wolken und Smog vermindere die Sonneneinstrahlung und verursache dadurch eine globale Abkühlung, die von den 1940er Jahren bis 1970 ca. 0,3 Grad Celsius betrug. Mitchell – der «natürliche» Klimaänderungen im Verlauf der Erdgeschichte durchaus vor Augen hatte – hielt 1970 menschliche Aktivitäten für die Hauptursache von Temperaturschwankungen der letzten Jahrzehnte. Bis in die 1940er Jahre seien Treibhausgase wie das Kohlendioxid für die Erwärmung verantwortlich gewesen. Danach habe die Luftverschmutzung als Ursache der Abkühlung offenbar die Wirkung des Treibhausgases überholt. Mitchell stellte jedoch in Frage, ob diese verantwortlich sein könne für die Abkühlung von 0,3 Grad innerhalb von nur zwanzig Jahren, und verwies auf den Einfluss der Vulkanexplosionen. Für die Zukunft sagte er deswegen zur Überraschung mancher eine weitere Erwärmung voraus.[15]

## *Klimaforschung als politische Zukunftswissenschaft*

Mit der Einführung der elektronischen Datenverarbeitung versuchte man nicht nur das Wetter vorherzusagen, sondern Klimaentwicklungen zu prognostizieren.[16] Seit der ersten Mondlandung 1969 ermöglichte der *Nimbus-III-Satellit* weltweite Temperaturmessungen. Doch die Berechnung von komplexen Klimamodellen mit zahlreichen Variablen gibt es erst seit ca. 1970. 1971 warnten führende Wissenschaftler vor den Gefahren einer globalen Klimaänderung und verlangten nach organisierter Forschungsförderung. Etwa zu dieser Zeit zeigten Sedimentbohrkerne und Eisbohrkerne mit steigender Präzision, dass es in der Vergangenheit des Planeten rapide Klimaänderungen gegeben hatte. Von 1972 bis 1974 erhöhten Dürreperioden und andere «Anomalien» die Aufmerksamkeit für das Klima und das Anliegen der Klimaforscher, wobei immer noch die Sorge um eine bevorstehende Eiszeit die Furcht vor der globalen Erwärmung überwog. Die 1. Welt-Umweltkonferenz in Stockholm im Jahr 1972 beschloss aufgrund der Irritationen über die Klimaentwicklung in den 1960er Jahren – und die Diskussionen über *Global Cooling* – das *United Nations Environmental Program* (UNEP), zu dem unter anderem ein globales Überwachungssystem für die Umwelt gehören sollte, das *Global Environment Monitoring System* (GEMS), das den Einfluss von Treibhausgasen und Radioaktivität auf das Wetter, die menschliche Gesundheit und das Leben von Tieren und Pflanzen beobachten sollte.

Bestärkt in ihrer Aufmerksamkeit für das Klima wurden Politiker in den USA und anderen Ländern durch extreme Klimaereignisse in verschiedenen Teilen der Welt, die zu Ernteeinbußen, Hungersnöten und teilweise auch zu politischen Turbulenzen führten. So verursachten die Dürrejahre in den 1970er Jahren nicht nur verbreiteten Hunger in der Sahelzone, sondern auch die politische Revolution in Äthiopien, die das altehrwürdige christliche Kaiserhaus beiseitefegte und eine Gruppe marxistischer Offiziere an die Macht brachte. Weil man sich damals im Kalten Krieg befand und im globalen Ringen zwischen der Sowjetunion und den USA eine Machtverschiebung stattfand, wurde diesem Ereignis große Bedeutung beigemessen. Der damalige Außenminister der USA, Henry Kissinger, drängte in einer Rede vor den Vereinten Nationen am 15. April 1974, der drohenden Klimaänderung durch verstärkte Forschung zu begegnen.

Ein rasch gebildetes *Ad Hoc Panel on the Present Interglacial* kam noch im selben Jahr zu dem heute ziemlich erstaunlich klingenden Ergebnis, dass sich das natürliche Klima um 0,15 Grad Celsius pro Jahr abkühle und demzufolge bis zum Jahr 2015 eine Abkühlung auf 0 Grad Celsius (!) zu erwarten sei. Dann würden zwei oder drei Jahrzehnte mit einer leichten Erwärmung folgen, deren Höchstwert um 2030 mit 0,08 Grad Celsius pro Dekade anzusiedeln sei. Anschließend würde sich für hundert Jahre wenig ändern, bevor die Temperatur erneut absinke. Diese absurde Prognose zeigt die Schwierigkeiten, an denen alle Klimavorhersagen bis heute leiden: Ihre Ergebnisse hängen ab von den zugrunde liegenden Erwartungen und Konzepten, den verwendeten Variablen und den eingespeisten Daten. Die Prognose von

1974 konnte weder in methodischer noch inhaltlicher Hinsicht befriedigen.

Der US-Kongress verabschiedete 1978 ein nationales Klimaprogramm, und die USA drängten darauf, im Zeitraum von 1980 bis 2000 in internationaler Zusammenarbeit die Funktionsweise des Klimas zu erforschen, was zu einer breiten internationalen Zusammenarbeit führte. Klimaforscher hielten sich bereits damals zugute, dass sie trotz der Fehlerhaftigkeit ihrer Prognosen Gutes bewirkten: «denn sie haben die allgemeine Selbstgefälligkeit untergraben und die Weltöffentlichkeit vor möglichen Folgen gewarnt».[17]

Bei so viel Selbstgefälligkeit soll nicht versäumt werden, an die praktischen Maßnahmen zu erinnern, die infolge der «sicheren» Vorhersage der globalen Abkühlung diskutiert worden sind. Denn auch damals schien Gefahr im Verzug zu sein. Wenn das Klima die Welt in eine große Krise stürzen würde, war man da nicht verpflichtet, rasch mit technischen Mitteln einzugreifen? Pläne wurden entwickelt, das Weltklima durch einen Damm zur Absperrung der *Bering-Straße* zwischen Alaska und Russland zu regulieren. John F. Kennedy (1917–1963, r. 1960–1963) zeigte sich im Wahlkampf 1960 gegenüber solchen Maßnahmen aufgeschlossen. Das Bering-Damm-Projekt wurde während der Präsidentschaft von Richard M. Nixon (1913–1994, r. 1969–1974) ernsthaft erforscht und war Gegenstand eines Gipfeltreffens zwischen dessen Nachfolger Gerald Ford (1913–2006, r. 1974–1977) und Leonid Breschnew (1906–1982) in Wladiwostok im November 1974. Dabei gehörte die Diskussion des *Bering-Dammes* noch zu den harmloseren Vorschlägen zur Bekämpfung des *Global Cooling*.

Zur Debatte stand auch das Abdecken der Polkappen mit schwarzen Folien zur Senkung der *Albedo* oder – aus heutiger Sicht besonders originell – die vermehrte Erzeugung von $CO_2$ zur Verstärkung des Treibhauseffekts. Diskutiert wurden bereits damals die Einbringung von Metallstaub in die Atmosphäre, das Bauen eines Betondamms zwischen Norwegen und Grönland, die Verbringung großer Spiegel als «zusätzlicher Sonnen» in die Erdumlaufbahn oder die Schaffung eines künstlichen «Saturnrings» um die Erde aus Potassiumstaub. Und auch die Militärs fühlten sich inspiriert. Sie schlugen vor: die Sprengung unterseeischer Berge südwestlich der Färöer-Inseln mit Hilfe von Atombomben zur Verlängerung warmer Meeresströmungen in die Arktis, die Aufheizung Grönlands mit Hilfe von Atomreaktoren oder das Schmelzen des Poleises mit Wasserstoffbomben. Diese Pläne hören sich an wie aus der Gedankenwelt des Dr. Seltsam. Man hielt sie selbst damals für zu problematisch, um sie in der Öffentlichkeit zu diskutieren. Aber man hielt sie in Reserve für den Fall, dass sich das *Cooling* verstärke.[18]

## *Ein neuer Anlauf zur Erwärmung und der Streit um ihre Ursachen*

Inzwischen berechneten Syukuro Manabe und R. T. Wetherald, dass eine Verdoppelung des $CO_2$-Gehalts in der Atmosphäre einen Temperaturanstieg um mehrere Grad Celsius bewirken müsste.[19] 1970 war Manabe in seinen Berechnungen so weit vorangeschritten, dass er aufgrund des Anstiegs der Kohlendioxidemission bis zum Ende des Jahrhunderts eine Erwärmung um 0,6 Grad Celsius vorhersagen zu können glaubte.[20] Der steigende Flugverkehr mit seinen Abgasen und den nachfolgenden Dunstschleiern führte 1975 zu einer Untersuchung ihrer Umweltwirkung und der Spurengase in der Atmosphäre. Dabei wurden die Gefahren für die Ozonschicht durch Fluorchlorkohlenwasserstoff (FCKW) und sein möglicher Beitrag zu einem Treibhauseffekt entdeckt. Mit dem steigenden Umweltbewusstsein wurde man auch auf die Wirkung der Entwaldung und anderer menschlicher Eingriffe auf das Ökosystem aufmerksam. Während manche Forscher noch überlegten, wie man die Atmosphäre künstlich aufheizen konnte, formulierten andere schon die Frage, ob wir uns am Beginn einer *Globalen Erwärmung* befänden.[21]

Um 1977 zeichnete sich als neuer Konsens in der Wissenschaft ab, dass *Global Warming* das größere Risiko darstellte. Bereits im Jahr darauf wurde in den USA mit dem *National Climate Program Act* ein Forschungsprogramm mit sprunghaft erhöhter finanzieller Ausstattung aufgelegt. Im selben Jahr gründete Stephen H. Schneider mit *Climatic Change* eine erste Fachzeitschrift, die sich ausschließlich dem Klimawandel widmet.[22] Die *National Academy of Sciences* in den USA fand es 1979 glaubhaft, dass eine Verdoppelung des $CO_2$-Gehalts eine Erwärmung um weltweit 1,5–4,5 Grad Celsius mit sich bringen würde.

Mit dem Amtsantritt Ronald Reagans begann die Feindschaft zwischen der Gemeinde der Klimaforscher und der US-Regierung, die den Voraussagen einer Globalen Erwärmung skeptisch gegenüberstand. Die Klimaforscher blieben jedoch immun gegen politische Vorgaben und machten Treibhausgase und insbesondere das Kohlendioxid als Ursache der Erwärmung aus,[23] zumal 1981 das wärmste Jahr seit Einführung der Instrumentenmessung war und besonders in Grönland starke Temperaturanstiege verzeichnet wurden. Damit wurde die Globale Erwärmung als unumstößlicher Trend angesehen.[24] Einige Regierungen, insbesondere die der Vereinigten Staaten von Amerika, Australiens und Englands, begannen mit Planungen von Reaktionen auf den Klimawandel, zum Beispiel in Bezug auf Veränderungen für den Wasserhaushalt, den Schiffsverkehr und die Landwirtschaft.[25]

Seit den 1980er Jahren schockieren die Medien das Publikum mit immer neuen Horrorszenarien, aber auch mit ernsthafter Information über die Anzeichen des laufenden Klimawandels, etwa den Rückgang der Gletscher in den Hochgebirgen und an den Polkappen sowie die Veränderungen von Flora und Fauna. Die Medien verstärkten Ende der 1980er Jahre ihren Einsatz, als erneut einige Dürrejahre und Rekordhitzen zu signalisieren schienen, dass etwas mit dem Klima nicht in Ordnung war. Konkreter Anlass waren regionale Dürreperioden wie etwa auf den Britischen Inseln in den Jahren 1988–1992.[26] Eine Schlüsselrolle nahm die Aussage Stephen H. Schneiders vom *National Center for Atmospheric Research* vor dem amerikanischen Kongress ein, der öffentlich bekräftigte, dass die Globale Erwärmung begonnen habe. Seither wird die Lehre vom anthropogenen Ursprung der globalen Erwärmung von angesehenen Naturwissenschaftlern in Lehrbüchern vorgetragen.[27] Die Diskussion über die Ursachen der Globalen Erwärmung wurde in die Öffentlichkeit getragen wie kaum eine andere Streitfrage innerhalb der Wissenschaften.[28] Und natürlich haben das öffentliche Interesse und die steigenden Investitionen in die Erforschung des Klimawandels zu einer beispiellosen Ausweitung der wissenschaftlichen Beschäftigung damit geführt.[29]

## *Reaktionen auf den Klimawandel*

### *Die Klimaforschung und Global Warming auf der internationalen Agenda*

Die Einführung des GEMS blieb nicht ohne Folgen. Die weltweit gesammelten Daten ergaben, dass die Verbrennung fossiler Energieträger, die Abholzung großer Waldflächen und die veränderte Landnutzung den $CO_2$-Gehalt der Atmosphäre Jahr für Jahr erhöhten. Zur Beratung dieser Ergebnisse wurde 1988 die *1. Weltklimakonferenz* in Toronto einberufen. Dort wurde ausgiebig vor den Gefahren des *Global Warming* aufgrund des steigenden $CO_2$-Gehalts und anderer Treibhausgase in der Atmosphäre gewarnt und in der Schlusserklärung ein sofortiges Gegensteuern gefordert. Um die weltweiten Aktivitäten zur Klimaforschung und zum Klimaschutz zu bündeln, gründeten UNEP und WMO im Auftrag der UNO 1988 den «Zwischenstaatlichen Ausschuss über den Klimawandel» (*Intergovernmental Panel on Climate Change,* IPCC) mit Sitz in Genf.[1] Aufgabe des IPCC ist es nicht, selbst Klimaforschung zu betreiben, sondern etwa alle fünf Jahre einen umfassenden, unparteiischen und transparenten Bericht über den Wissensstand zur Klima- und Klimafolgenforschung zu erstatten und dabei zu einem Konsens zu kommen. Bereits der erste *1. IPCC-Bericht von 1990* fand große Beachtung.[2]

Nicht alle Wissenschaftler teilten allerdings zunächst die Ansicht, dass man Teil eines neuen langfristigen Trends geworden war. Immerhin gab es weiterhin Gletscher, die nicht schmolzen, oder solche, die aufgrund zunehmender Niederschläge sogar wuchsen. Die Gletscherforschung wurde somit zu einer politischen Angelegenheit. Dabei ergab sich in den USA eine zunehmende Schieflage zwischen Klimaforschern, liberaler Öffentlichkeit und der Regierung des 41. Präsidenten George Herbert Walker Bush (geb. 1924, r. 1989–1993). Zur Gegenstimme gegen die etablierte *US Academy of Sciences* wurde die regierungsnahe *US Environmental Protection Agency.* Mit dem Amtsantritt des 42. US-Präsidenten Bill Clinton (geb. 1946,

r. 1993–2001) verbesserte sich die Stimmung für Umweltschützer und Klimaforscher, zumal mit Vizepräsident Albert «Al» Gore (geb. 1948) ein führender amerikanischer Politiker umweltpolitische Initiative entwickelte.[3] Noch Mitte der 1990er Jahre waren die Ansichten über die Tatsache bzw. die Ursachen der globalen Erwärmung geteilt, Apokalyptiker und Skeptiker standen sich in erbitterter Konfrontation gegenüber.[4]

Der erste IPCC-Report von 1990 bildete die Grundlage für die «UN-Konferenz für Umwelt und Entwicklung» 1992, den sogenannten *Erdgipfel* in Rio de Janeiro, an dem 10 000 Delegierte aus 178 Staaten teilnahmen. Dort wurde als eines von fünf Dokumenten eine «UN-Rahmenkonvention zum Klimawandel» (*United Nations Framework Convention on Climatic Change*) verabschiedet. Diese *Klimarahmenkonvention* von Rio, die am 21. März 1994 in Kraft trat, bildet als internationales Abkommen einen Wendepunkt in der Klimapolitik. Die Unterzeichner erklärten darin ihre Bereitschaft, das Klimasystem der Erde zum Nutzen der gegenwärtigen und der künftigen Generationen zu schützen, um die Versorgung mit Nahrungsmitteln nicht zu gefährden und eine natürliche Anpassung der Arten an den Klimawandel sowie eine nachhaltige wirtschaftliche Entwicklung zu ermöglichen. Die Produktion von Treibhausgasen sollte eingeschränkt oder verringert werden. Ziel war eine Stabilisierung der Treibhausgase bis zum Ende des Jahrzehnts auf dem Niveau von 1990.

Nach Inkrafttreten der *Klimarahmenkonvention* beschlossen die Vertragsstaaten auf ihrer ersten Folgekonferenz (*Conference of Parties*, COP 1) in Berlin 1995, dass die Vorgaben von Rio nicht ausreichten und die Industriestaaten die Hauptverantwortung für den Klimaschutz trügen. Eine Kommission wurde beauftragt, innerhalb von zwei Jahren konkrete Vorgaben und Fristen für die Verringerung der Treibhausgas-Emissionen auszuarbeiten. Auf der zweiten Folgekonferenz in Genf 1996 (COP 2) wurde der *2. IPCC-Bericht von 1995* beraten.[5] Regierungsvertreter erkannten erstmals einen «erkennbaren menschlichen Einfluss auf das globale Klima» an. Der bislang größte Schritt zu einer völkerrechtlich verbindlichen Begrenzung der Treibhausgas-Emissionen wurde auf der dritten Folgekonferenz im Dezember 1997 in Kyoto (COP 3) getan.

Im *Kyoto-Protokoll* verpflichten sich die Unterzeichnerstaaten zur Senkung der Emissionen von Kohlendioxid und anderen Treibhausgasen um 5,2 % gegenüber dem Stand von 1990 bis zum Zeitraum 2008–2012. Einige Teilnehmerstaaten akzeptierten wie Indien und China wegen ihres Entwicklungsrückstands keine Beschränkungen, doch die Europäische Union erlegte sich eine Reduktion um 8 % auf, die USA um 7 % und Japan und Kanada um 6 %. Ausgehend von der Überlegung, dass Treibhausgase global wirken, sollten Industriestaaten, die ihre Grenzwerte überschritten, Verschmutzungsrechte von Entwicklungsländern, die ihre Quoten nicht ausschöpften, kaufen können. Das *Kyoto-Protokoll* sollte in Kraft treten, sobald es von 55 Staaten ratifiziert war, die zusammen für mindestens 55 % des 1990 emittierten anthropogenen Kohlendioxids verantwortlich waren.[6] Der Prozess der Ratifizierung nahm allerdings mehr Zeit in Anspruch, als vorgesehen.

## *Der IPCC-Report von 2001*

Im Jahr 2001 legte das *Intergovernmental Panel on Climate Change* (IPCC) auftragsgemäß seinen dritten Lagebericht über den Stand der Klimaforschung (*Third Assessment Report*) vor, der auf der Arbeit von 426 Experten beruht, deren Ergebnisse von weiteren 440 Gutachtern in zwei Durchgängen kontrolliert und von 33 Herausgebern überwacht wurden. Es gibt keine andere wissenschaftliche Publikation, an der vergleichbar viele Experten beteiligt sind. Die Mitglieder des IPCC setzen sich aus Naturwissenschaftlern und Regierungsvertretern zusammen, darunter auch den Regierungen der USA (größter Erdölverbraucher) und Australiens, die das *Kyoto-Protokoll* nicht unterzeichnet hatten. Auch die Vertreter Saudi-Arabiens (größter Erdölexporteur) und Chinas (größter Kohlekonsument) konnten ihre Bedenken gegen einzelne Formulierungen einbringen, was deswegen von Gewicht ist, weil IPCC-Berichte der einstimmigen Verabschiedung bedürfen. Gerade wegen des politischen Meinungsausgleichs genießen IPCC-Reports eine besonders hohe Reputation.[7]

Dem Report war ein Sonderbericht mit Emissionsszenarien vorangeschaltet, der vierzig verschiedene ökonomisch plausible Entwicklungsmodelle bis zum Ende des 21. Jahrhunderts präsentiert. Die optimistischste Variante geht von einem geringfügigen Anstieg des $CO_2$-Ausstoßes aus, gefolgt von einem allmählichen Rückgang auf einen

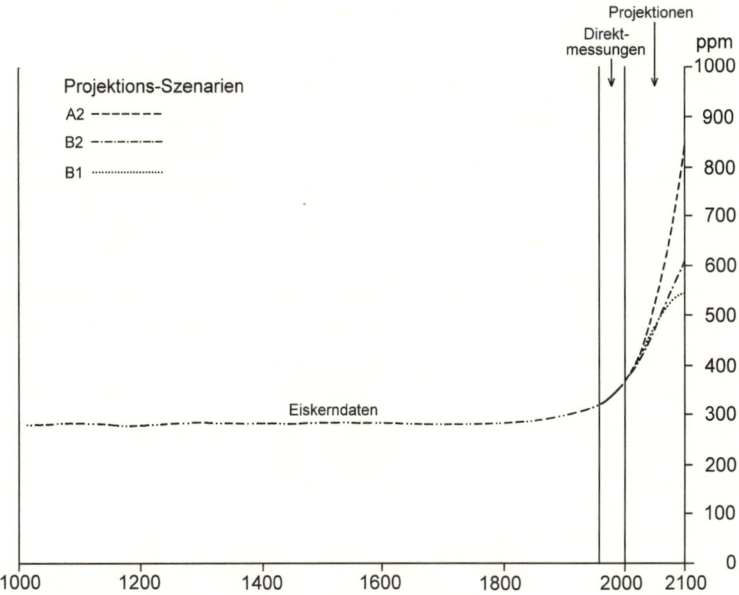


***Abb. 40*** Zum Hockeyschläger des IPCC-Reports von 2001 ein kleines Rätsel: Wenn der $CO_2$-Anteil der Atmosphäre die Temperatur bestimmt und der vorindustrielle $CO_2$-Anteil konstant bei 280 ppm lag, woher kamen dann die Temperaturschwankungen des letzten Jahrtausends? Ist die Hypothese falsch? Sind die Messdaten falsch? Oder wurde nur die Statistik gefälscht, um den Klimawandel zu dramatisieren?

Bruchteil der heutigen Werte. Am pessimistischen Ende steht eine Modellrechnung, die von einer Vervierfachung des $CO_2$-Ausstoßes bis 2100 ausgeht. Die Projektionen gehen von einem Anstieg des $CO_2$-Anteils an der Atmosphäre zu diesem Zieldatum zwischen 540 und 970 ppm aus. Bei einer negativen Rückkopplung der Ozeane und der Biosphäre könnten diese Werte allerdings noch stärker ansteigen. Umgerechnet in Temperaturwerte, bedeuteten die Modelle, dass die globalen Mittelwerte um 1,4 bis 5,8 Celsiusgrade steigen würden.[8] Manchen Klimaforschern waren selbst diese Projektionen noch zu optimistisch. So halten Vertreter des Potsdamer Instituts für Klimafolgenforschung eine Erwärmung um weniger als 2 Celsiusgrade für völlig unwahrscheinlich, aber eine um 8–9 Grad für durchaus noch möglich. Eine am unteren Ende der IPCC-Projektionen gelegene Erwärmung von «nur»

2 Grad, die sich die EU zum Ziel gewählt hat, halten sie deswegen für unrealistisch.[9]

Dabei läge selbst eine solche Erwärmung weit jenseits dessen, was in den letzten Jahrhunderten an Temperaturvariationen erfahren wurde. Die Erwärmung im ganzen 20. Jahrhundert hat global 0,6 Grad betragen. Die mittlere Erwärmung während des Römischen Optimums bzw. der Hochmittalterlichen Warmzeit dürfte kaum mehr als 1–2 Grad betragen haben. Ebenso dürfte die mittlere Abkühlung während der Kleinen Eiszeit kaum 1–2 Grad überschritten haben. Wir haben gesehen, wie groß die Auswirkungen so geringer Temperaturvariationen waren. Eine globale Erwärmung um 6 Celsiusgrade hätte Auswirkungen in einer Größenordnung, die man sich kaum vorstellen kann. Deswegen zeichnet der 3. IPCC-Report von 2001 ein dramatischeres Bild der Entwicklung als die Vorgängerberichte. Er stellt sowohl den Erwärmungstrend als auch politische Schuldzuweisungen an die Umweltsünder stärker heraus. Der anthropogene Anteil an der Erwärmung wird ausdrücklich bestätigt und gegenüber natürlichen Variationen in den Vordergrund gehoben.[10]

## *Anzeichen des Bewusstseinswandels*

Nicht zuletzt aufgrund des IPCC-Reports von 2001 nahm der Kyoto-Prozess bis zur Folgekonferenz in Marrakesch 2001 wieder Schwung auf, obwohl die USA ihren Ausstieg aus dem Prozess bekannt gaben. Bei den Präsidentschaftswahlen hatte sich nicht – wie von vielen erhofft – der Umweltschützer Gore durchgesetzt, sondern der Vertreter der Öl- und Rüstungsindustrie George W. Bush. Damit war klar, dass eine Verringerung der Treibhausgasemissionen nicht zu den Prioritäten der amerikanischen Politik gehören würde. Mit dem terroristischen Angriff auf das *World Trade Center* in New York im September 2001 rückte vielmehr der Kampf gegen den internationalen Terrorismus an die erste Stelle der politischen Ziele. Dennoch ging der *Kyoto-Prozess* nun zügig voran. Mit der Ratifizierung durch Island unterzeichnete am 23. Mai 2002 der 55. Staat das Protokoll. Nach längeren Verhandlungen entschloss sich schließlich auch der russische Präsident Wladimir Putin am 18. November 2004 zu diesem Schritt. Drei Monate später trat das *Kyoto-Protokoll* am 16. Februar 2005 in Kraft, unterzeichnet von 141 Staaten, die 85 % der Weltbevölkerung repräsentieren. Die Vertragsstaatenkonferenz in Montreal (COP 11) im November/Dezember 2005 mit rund 10 000 Delegierten und Beobachtern aus 188 Ländern war die erste nach Inkrafttreten des Protokolls und damit die 1. Konferenz der Vertragsstaaten (*Meeting of the Parties of the Protocol,* MOP 1). Mit ihr begannen die Verhandlungen über die Maßnahmen zum Klimaschutz für die Zeit nach 2012.

Die internationalen Verhandlungen zum Klimaschutz gehören zu den interessantesten politischen Vorgängen einer Weltgesellschaft, die sich auf der politischen Ebene immer stärker als solche zu begreifen lernt. Zum Vergleich für eine derart weit reichende internationale Verständigung kann man nur die Verhandlungen der Vereinten Nationen (UN) oder den Integrationsprozess der Europäischen Union (EU) heranziehen. Letztlich verweigerten jedoch ausgerechnet die USA als weltweit größter $CO_2$-Emittent ihre Unterschrift unter das Dokument. Daher wurden Zweifel am Nutzen der Vereinbarung angemeldet.[11] Andere Staaten stehen wie Australien, China, Saudi-Arabien und die Gruppe der Entwicklungsländer einer Fortschreibung des *Kyoto-Protokolls* über 2012 hinaus aus unterschiedlichen Gründen ablehnend gegenüber. Trotzdem machte die Montrealer Konferenz den Weg frei für Verhandlungen über genau diesen Gegenstand. Der Präsident der Konferenz, Kanadas Umweltminister Stéphane Dion, sprach gar von einem in die Zukunft weisenden *Montreal Action Plan* (der MAP von MOP). Nachdem die USA bereits ihren Ausstieg erklärt hatten, zeigte sich der amerikanische Delegationsleiter am Ende der Konferenz doch noch zu einem strategischen Dialog bereit. Dies war nicht zuletzt ein Ergebnis des Hurrikans *Katrina,* der im August 2005 New Orleans und Teile der amerikanischen Golfküste zerstört und zu sinkenden Umfrageergebnissen für Präsident Bush geführt hatte.[12]

## *Der 4. IPCC-Report von 2007*

Am Samstag, dem 3. Februar 2007 gehörten erstmals weltweit die Titelseiten der seriösen Zeitungen der *Globalen Erwärmung.* Ausführlich berichtet wurde auch im politischen Teil, auf den Kommentarseiten und im Feuilleton, Letzteres vermutlich zur Darlegung der kulturellen Relevanz. Denn am Nachmittag des vorigen Tages endete die jüngste Weltklimakonferenz in Paris mit der offiziellen Vorstellung des wichtigsten Teiles des 4. *IPCC-Berichts* über den Stand der internationalen Forschungen zum Klimawandel: Der gegenwärtige Vorsitzende des *Intergovernmental Panel on Climate Change*, der 2002 gewählte Inder Rachendra Pachauri (geb. 1940), präsentierte auf einer Pressekonferenz das von über 500 Forschern erarbeitete Ergebnis der *Working Group I*, welches die wissenschaftlichen Basisaussagen des Gesamtreports beinhaltet.[13]

Gegenüber dem letzten Klimabericht von 2001 gibt es im *Summary for Policymakers* – das man aus dem Internet herunterladen kann – interessante Akzentverschiebungen: Die Klimaforscher lassen kaum mehr Zweifel am *anthropogenen Anteil* an der globalen Erwärmung zu, sie halten ihn für zu 90 % gesichert, nicht aber für «unzweifelhaft», wie in Zeitungsberichten behauptet, denn absolute Sicherheit gibt es in den Wissenschaften selten. Die Regierungsvertreter von 113 mitwirkenden Staaten, die auf die Formulierungen des einstimmig zu verabschiedenden IPCC-Berichts Einfluss nehmen können, stimmten dieser Einschätzung zu. Anders als bei den Beratungen der früheren Berichte waren die Formulierungen der Entwürfe nicht abgemildert oder verwässert, sondern in der Endfassung sogar noch verschärft worden.[14] In seinem Fazit hielt der Brasilianer Achim Steiner (geb. 1961) fest, nun sei eine entschlossene Reaktion der politisch und ökonomisch Verantwortlichen gefordert. Der gegenwärtige Direktor des Umweltprogramms der UNO, der UNEP, meinte, wegen der endgültigen Klärung der Frage der *Anthropogenen Erwärmung* werde der 2. Februar 2007 in die Geschichtsbücher eingehen.[15]

Die Klimaforscher halten daran fest, dass die wichtigste Ursache für den Klimawandel die von Menschen verursachten, also *anthropogenen Treibhausgase* sind: in erster Linie $CO_2$, dann $CH_4$ und $N_2O$ und troposphärisches Ozon. Das wichtigste Treibhausgas *Kohlendioxid* sei seit den 1990er Jahren noch einmal erheblich vermehrt ausgestoßen worden. Damals betrug die jährliche Emission 23,5 Milliarden Tonnen, gegenwärtig sind es bereits 26,4 Milliarden Tonnen $CO_2$, die jährlich in die Atmosphäre gelangen. Hinzu kommen indirekte Emissionen von 1,8 bis 9,9 Milliarden Tonnen aus Waldrodung und veränderter Landnutzung. Natürliche Ursachen der Erwärmung – wie etwa die leicht gesteigerte Aktivität der Sonne – fallen dagegen kaum ins Gewicht. Der Er-

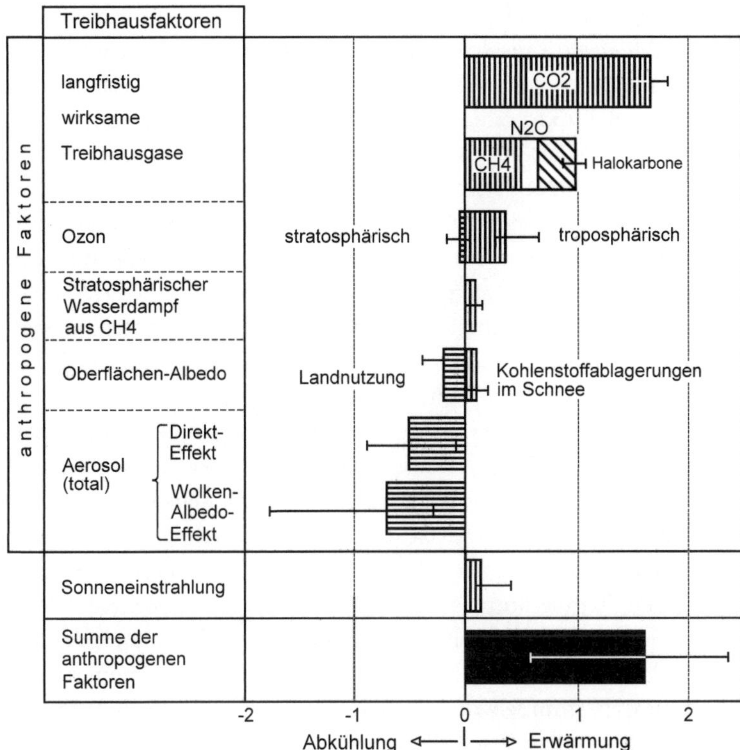


***Abb. 41*** Anthropogene Faktoren haben eine ambivalente Klimawirkung. Nach dem IPCC-Report von 2007 überwiegen seit den 1970er Jahren die Faktoren, die zu einer Erwärmung des Planeten beitragen.

wärmung entgegen steht die *anthropogene Luftverschmutzung durch Kleinstpartikel*, die sogenannten *Aerosole*, die ihrerseits zu einer vermehrten Wolkenbildung anregen, was insgesamt die *Albedo* erhöht. Ohne diesen *anthropogenen Abkühlungseffekt* wäre die Erwärmung noch weit größer. Der *anthropogene Erwärmungseffekt* insgesamt übertrifft nach der Einschätzung des IPCC bei weitem die natürlichen Einflüsse auf den gegenwärtigen Klimawandel. Interessanterweise bezieht der IPCC-Bericht an dieser Stelle einige Daten zur *Paläoklimageschichte* mit ein. Aus den Einschlüssen in Eisbohrkernen glauben die Klimaforscher die Zusammensetzung der Luft in den letzten 800 000 Jahren zu kennen, damit auch den Anteil von Spurengasen und darunter der sogenannten Treibhausgase $CO_2$, $CH_4$ und $N_2O$. Kombiniert man die Messwerte aus den Eisbohrkernen für die letzten 10 000 Jahre, also die Warmzeit des *Holozäns,* mit instrumentell gemessenen Werten der letzten 100 Jahre, so zeigen sich für lange Zeiträume relativ konstante Werte, etwa bei $CO_2$ um 275 ppm (vgl. jedoch Abb. 10).

In den letzten 200 Jahren, vor allem aber in den letzten 50 Jahren, sehen wir dagegen einen rapiden Anstieg dieser Werte bis zum heutigen Tag bzw. auf dem Diagramm bis 2005. Mit der gegenwärtigen Konzentration von 359 ppm $CO_2$ sei das höchste bekannte Niveau der vergangenen 650 000 Jahre bereits bei weitem überschritten. Gemäß der Theorie, welche den Temperaturanstieg an den Anstieg der Treibhausgaskonzentration koppelt, sei von daher ein gravierender Anstieg der globalen Mitteltemperaturen zu erwarten. Gegenüber dem Durchschnitt der Jahre 1901–1950 beträgt der Anstieg der globalen Mitteltemperatur etwa + 0,6 Celsiusgrade, auf dem Land etwas mehr als an der Oberfläche der Ozeane. Gegenüber dem Durchschnitt der Jahre 1850–1899 – also den letzten Ausläufern der *Kleinen Eiszeit* – beträgt dagegen der Temperaturanstieg der Erdoberfläche + 0,76 Grad. Dieser höhere Betrag wird in der Presse lieber zitiert, weil er die globale Erwärmung drastischer vor Augen führt. Die tatsächlich gemessenen Temperaturen stimmen dem Report zufolge für den Zeitraum von 1906–2005 auf allen Kontinenten in hohem Maße mit den Modellrechnungen überein. In allen Fällen zeigt sich, dass sich der Temperaturanstieg seit den 1970er Jahren und vor allem in den letzten 20 Jahren erhöht hat. Die beschleunigte Erwärmung hat inzwischen auch tiefere Wasserschichten erreicht und ist bis in Tiefen von 3000 Metern unter dem Meeresspiegel nachweisbar.

Mit der Erwärmung hängt ein messbarer Anstieg des Meeresspiegels zusammen. Über das 20. Jahrhundert gerechnet, stieg der Meeresspiegel pro Jahr um ca. 1,5 Millimeter, insgesamt also um 15 Zentimeter. Innerhalb dieses relativ undramatischen Rahmens zeichnet sich aber eine Beschleunigung in den 1990er Jahren ab. Gegenwärtig steigt der Meeresspiegel jährlich um etwa 3,1 Millimeter, also in den letzten 10 Jahren etwa um 3 Zentimeter. Dass er steigt, ist trotz der Schwierigkeiten der satellitengestützten Berechnung – aufgrund der kartoffelartigen Form der Erde und Unterschieden in der Erdanziehung ist die Ermittlung eines Durchschnittswertes methodisch diffizil – nicht umstritten. Weniger bekannt ist dagegen, was genau den Anstieg bewirkt.

Bereits durch die Erwärmung selbst dehnt sich das Meerwasser aus und bewirkt höhere Pegelstände. Welchen Anteil das Abschmelzen von Gebirgsgletschern und Polkappen bewirkt, kann nur näherungsweise berechnet werden. Umstritten ist, wie sehr der Meeresspiegel in den kommenden Jahrzehnten weiter ansteigen wird. Gegenüber dem IPCC-Bericht von 2001 hat der neue Report die Erwartungen nach unten korrigiert. Ging man damals von Steigerungen bis zu 88 cm bis zum Jahr 2100 aus, so rechnet der IPCC-Bericht von 2007 nur mehr mit einem Anstieg des Meeresspiegels um 18–59 Zentimeter. Der Grund dafür ist unter anderem, dass am Südpol keine größeren Schmelzvorgänge beobachtet und auch in Zukunft nicht erwartet werden, weil die Temperaturen dort insgesamt zu tief sind. Wegen zunehmender Niederschläge wird sogar ein Anwachsen des antarktischen Eisschilds erwartet. Nimmt man einen Mittelwert, so landet man etwa bei 35 cm Meeresanstieg, was für die nächsten drei Generationen alle Befürchtungen über den Untergang der pazifischen Inseln, Floridas und Bangladeschs gegenstandslos macht.

Für das 21. Jahrhundert wurden im Auftrag des IPCC etwa 40 Modellrechnungen angestellt, welche nach verschiedenen Szenarien aufgrund der erwarteten weiteren Entwicklung der Treibhausgas-Emissionen Zukunftsprognosen anstellen. Sie stellen die erwartete Erderwärmung in Relation zu den Durchschnittstemperaturen des Zeitraums 1980–1999 dar. Am wichtigsten sind dabei aufgrund ihrer höheren Wahrscheinlichkeit die Modellrechnungsfamilien B 1, A 1 B und B 2. *Modell A 1* geht von einem rapiden Wachstum der Weltwirtschaft und einem weiteren Wachstum der Weltbevölkerung bis zur Mitte des 21. Jahrhunderts und ihrem anschließenden Rückgang aus sowie von der raschen Einführung neuer und effizienterer Technologien. Die A-1-Gruppe differenziert sich in drei Modelle, die entweder weiter auf fossile Energie setzen (A1FI), die nichtfossile Energien nutzt (A1T) oder die einen Energiemix aus allen möglichen Quellen nutzt (A1B). *A-2-Szenarien* beschreiben eine völlig andere Welt. Sie gehen von einem weiteren stetigen Anwachsen der Weltbevölkerung und heterogenen regionalen Entwicklungen aus. Das Wachstum der Wirtschaft ist sehr ungleich und insgesamt langsamer. Dieses Szenario wird auch kurz als *Weitermachen wie bisher* bezeichnet. *B-1-Modelle* gehen dagegen von einer wirtschaftlichen Konvergenz aus, einer Bevölkerungsentwicklung wie in B 1, aber einem raschen ökonomischen Strukturwandel zu einer Service- und Informationsökonomie mit der Einführung sauberer Technologien. Dies ist das Szenario der *Bioindustriellen Technikrevolution. B-2-Modelle* gehen von einer ständig, aber langsamer wachsenden Weltbevölkerung aus, mittleren ökonomischen Wachstumsraten, langsamerem Technologiewandel und einem steigenden Umweltbewusstsein, das regional durchgesetzt wird.

Alle Modelle werden als gleichermaßen wahrscheinlich betrachtet. Im globalen Mittel kommen sie auf eine Erwärmung von 1,5 bis 4 Celsiusgrade bis zum Jahr 2100, das ist offenbar weniger, als von *Apokalyptikern* erwartet. In ihren Auswirkungen kann die Erwärmung um die 2 Celsiusgrade freilich immer noch erheblich sein, wenn wir an die Auswirkungen der *Kleinen Eiszeit* denken. Die Erwärmung betrifft in allen Modellen zunächst vornehmlich die nördliche Hemisphäre, da die Antarktis mit ihren konstant tiefen Temperaturen vermutlich bis 2030 keine gravierenden Einbußen an Eis hinnehmen muss. Aufgrund vermehrter Niederschläge könnte dort das Eis sogar zunehmen. Erst in der 2. Hälfte des 21. Jahrhunderts steigen die Temperaturen auch in der südlichen Hemisphäre und sogar auf dem Kontinent *Antarctica* – nach Klimamodell B 1 um etwa 2 Grad, nach B 2 um etwa 4 Grad. Bei Temperaturen unter –30 Grad besteht dabei immer noch keine Gefahr des Auftauens. Ganz anders sieht es aber am Nordpol aus. Dort sollen die Temperaturen bereits bis 2030 im jährlichen Mittel um über 2 Grad ansteigen, bis zum Ende des 21. Jahrhunderts aber – je nach Modellrechnung – um 6–9 Grad. Deswegen kommt das IPCC zu dem Schluss, dass mit einem Auftauen des Meereises im Sommer gerechnet werden muss, langfristig möglicherweise sogar mit einem Abschmelzen des Inlandgletschers von Grönland. In den gemäßigten Zonen sieht das Bild freilich schon wieder anders aus. Für Westeuropa wird bis 2030 nur mit einer Erwärmung von einem Grad gerechnet, bis 2099 mit einer Erwärmung um 2–4 Grad. Mit stärkeren Erwärmungen wird für Nordamerika und Nordasien gerechnet, in Modell B 2 auch für Südamerika, Südafrika und Australien.

## *Die große Wanderung hat begonnen*

Von früheren Erwärmungen kennen wir deren Folgen: Die Gletscher gehen zurück, die Baumgrenze steigt, die Vegetation rückt polwärts voran, und die Tiere folgen: Insekten, Amphibien, Vögel, Fische und Säugetiere. Das Austreiben der Bäume und die Baumblüte, die Ankunft und der Abflug der Zugvögel, der Nestbau einheimischer Vogelarten verschiebt sich. Das Meer erwärmt sich, der Meeresspiegel steigt, Flutkatastrophen werden häufiger, und die Siedlungsmuster verändern sich. All dies war der Fall bei der großen globalen Erwärmung des *Holozäns* vor ca. 10 000 Jahren, und es war der Fall bei geringfügigeren Erwärmungen wie zu Beginn des *Atlantikums* oder während des kleinen *Römischen Optimums*. Die gegenwärtige Erwärmung hat erst in den 1890er Jahren oder – rechnet man die Abkühlung in der Mitte des 20. Jahrhunderts ab – sogar erst in den 1970er Jahren begonnen. Sie dauert also wenig mehr als eine Generation und hat bisher erst zu einer Erwärmung von 0,6 Grad Celsius im weltweiten Durchschnitt geführt. Trotzdem können wir bereits heute Auswirkungen des *Global Warming* bzw. des *Modernen Optimums* sehen. In einer zusammenfassenden Studie, die das Verhalten von 677 Tierarten untersuchte, stellte sich heraus, dass 62 % dieser Arten eine Erwärmung des Klimas in den letzten beiden Jahrzehnten indizierten, 27 % zeigten keine signifikanten Veränderungen, während 9 % reagierten, als ob der Frühling sich verzögerte.[16]

Wanderungsbewegungen sind in einer dicht bevölkerten Welt mit eingezäunten Grundstücken und Tierschutzreservaten nicht mehr so leicht möglich wie im *Paläolithikum*. Doch in der Luft und im Wasser der Weltmeere ist ungehinderte Bewegung möglich, und die Bewohner dieser Elemente folgen dem Nahrungsangebot. Wenn im Norden Alaskas und Sibiriens eine Wiederbewaldung einsetzt, folgen Insekten und Waldtiere. Die *Anopheles-Mücke* findet nördlich der Alpen wieder eine Lebensgrundlage und breitet sich in Nordamerika aus. Die Schmetterlinge bewegen sich polwärts.[17] Nur selten erregen sie so viel Aufmerksamkeit wie das *Taubenschwänzchen*. Der Schmetterling aus der Familie der Schwärmer, der in Größe und Verhalten einem Kolibri ähnelt und unübersehbar mit seinem Saugrüssel Garten- und Balkonblumen bearbeitet, war bisher im Mittelmeerraum beheimatet. Er kann aber bis zu 2000 Kilometer weit fliegen und ohne größere

Schwierigkeiten die Alpen überqueren. Seit einigen Jahren beginnt das Taubenschwänzchen mit der Ansiedlung nördlich der Alpen. Manche Exemplare überwintern und legen im März Eier, aus denen Mitte Juni der Nachwuchs schlüpft.[18]

Ebenso steigt die Artenvielfalt im Hochgebirge. Dies bedeutet einen Nachteil für Arten, die sich auf die besonders ungünstigen Lebensbedingungen in großer Höhe oder im hohen Norden spezialisiert haben. Der Lebensraum der Eisbären schrumpft zugunsten der waldbewohnenden Bärenarten. Wanderungsbewegungen kann man auch in den Meeren feststellen. So folgte ein Schwarm tropischer Mondfische offenbar einem schmackhaften Schwarm von Quallen bis vor die Küste von Cornwall. Tropische Fischarten wagen sich ins Mittelmeer oder in den Nordatlantik vor, die Kabeljaubestände wandern weiter nach Norden ab und können befischt werden, wo dies zuletzt im Hochmittelalter der Fall war.[19] Die Anbaugrenzen für Kulturpflanzen wandern wieder nach Norden. Zu Beginn des 21. Jahrhunderts wurden neue Anbaugebiete für Qualitätswein in Belgien und in Mecklenburg ausgewiesen. Damit liegt die Weinbaugrenze noch nicht so weit nördlich wie im Hochmittelalter, noch wird auf Grönland weder Getreide angebaut noch Vieh gezüchtet. Die Gräber der Wikinger liegen noch im Permafrost, aber es scheint nur eine Frage der Zeit, bis sie wieder mühelos ausgegraben werden können.

Nicht überall ist in der modernen Welt Migration möglich. Tierschutzgebiete könnten sich als Fallen erweisen, denn ihre Bewohner sind nicht aus eigener Kraft zum Wechsel des Standorts fähig. Dasselbe gilt für viele Pflanzen, deren Samen außerhalb von Schutzgebieten oder ökologischen Inseln nicht lebensfähig sind. Inselbewohner sind im Nachteil, wenn sich die Inseln nur knapp oberhalb des Meeresspiegels befinden. Zwar ist es heute noch übertrieben, von Klimaflüchtlingen zu sprechen, wie die seltsame Geschichte des untergegangenen Dorfes auf dem zu *Vanuatu* gehörenden Atoll *Tegua* beweist. Es wurde von einem Erdbeben, einem Tsunami und einem Hurrikan heimgesucht, doch hätte dies jederzeit passieren können und hat nichts mit dem bisherigen Anstieg des Meeresspiegels um 2 Zentimeter zu tun. Mit diesem Beispiel sollte man sich vorsehen: Nachdem die Inselbewohner ihre Hilfsgelder aus einem Klimafonds kassiert hatten, wollten sie nicht einmal innerhalb des Atolls auf eine höhere Geländestufe umziehen.[20] Das besagt aber nicht, dass es in Zukunft keine ernsthafteren Probleme geben wird. Sollte der Meeresspiegel um 1–2 Meter ansteigen, wie von Apokalyptikern vorhergesagt, dann werden tief liegende Länder wie Bangladesch und vielleicht sogar die Niederlande Probleme bekommen.[21]

## *Folgenabschätzung der Globalen Erwärmung*

Die gesellschaftlichen und politischen Folgen der Globalen Erwärmung werden enorm sein. Wie bei den Tieren werden bei den Volkswirtschaften die Reaktionen ganz unterschiedlich ausfallen: Manche werden begünstigt, und andere leiden. Dabei ist noch gar nicht absehbar, wie die zukünftige Chancenverteilung aussehen wird. Eine vermehrte Sonneneinstrahlung kann sowohl größere Schwierigkeiten bei der Landwirtschaft als auch größere Vorteile bei der Gewinnung von Solarenergie bedeuten. Gegenwärtig werden für manche Gebiete aufgrund der Erwärmung Dürreperioden vorhergesagt, von denen wir wissen, dass sie von früheren Warmzeiten profitiert haben – man denke nur an die gut bewässerte Sahara während des *Atlantikums* [vgl. Abb. 15]. Wohin sich die Waagschale neigt, wird möglicherweise von der wirtschaftlichen Anpassung abhängen, also einem Faktor, der nur mittelbar mit dem Klima zu tun hat. In der Vergangenheit bestimmte sich der Aufstieg und Niedergang von Zivilisationen nach Faktoren wie Innovationsleistung und Anpassung an die Markterfordernisse. Es wäre eine Übertreibung zu behaupten, die erste Industrienation der Erde, Großbritannien, sei klimatisch begünstigt gewesen. Vielmehr spielten ganz andere Faktoren wie kulturelle Traditionen, politische, soziale und religiöse Rahmenbedingungen eine Rolle. Zu den Errungenschaften der industriellen Zivilisation gehört es, dass sie die Menschheit in höherem Maße unabhängig von klimatischen Einflüssen gemacht hat als je zuvor in ihrer langen Geschichte.

Die *Globale Erwärmung* wird daran in absehbarer Zeit nichts ändern. Die großen Industrienationen werden vermutlich keine erheblichen Schwierigkeiten bei ihrer Bewältigung haben. Die Vereinigten Staaten von Amerika, die Europäische Union, Russland, China, Japan, Australien und Brasilien werden eine verstärkte Binnenmigration und eine Umschichtung des Immobilienmarktes zu verkraften haben, aber dass sich an ihrer Rolle in der Welt viel verändern wird, ist unwahrscheinlich. Die anderen Nationen werden wie bisher ihre Nischen finden. Bei der Bewältigung der notwendigen Anpassungsleistungen werden materieller Reichtum und kulturelle Offenheit eine Rolle spielen. Sicherlich wird es zu Veränderungen im Verhalten von Touristen kommen, die ihre Reiseziele anpassen werden,[22] sicher wird es auch Auswirkungen auf den Immobilienmarkt und generell auf Entscheidungen von Investoren geben.[23]

Zu den Leidtragenden gehören die Angehörigen indigener Völker, die aufgrund der Verwestlichung des Lebens einem starken Anpassungsdruck ausgesetzt sind und deren eigene Kulturen oft nicht die Ressourcen bieten, um unter veränderten klimatischen Bedingungen zu überleben. Zu den Leidtragenden werden auch die sozial benachteiligten Schichten zählen, die nicht so ohne Weiteres den Verlust ihres Häuschens verkraften und von Friesland nach Mallorca umsiedeln können – oder umgekehrt. Heimatliebende Menschen werden den Verlust ihrer Heimat immer bedauern. Allerdings darf man die Fähigkeit, in einer anderen Region Wurzeln zu schlagen, auch nicht unterschätzen. Gerade Europa mit seiner Vielzahl an Vertreibungen hat erfahren, dass bei allem Leid auch ein Neuanfang möglich ist, zumal wenn die Gesellschaft die Vertriebenen durch Kredite oder auf andere Weise unterstützt. Womöglich darf eine solche Unterstützung in Zukunft nicht mehr an der Zugehörigkeit zur eigenen Sprachgemeinschaft oder Ethnie festgemacht werden. Bei der Steuerung der Migrationsströme könnten den Vereinten Nationen neue Aufgaben zuwachsen. Allerdings sollte man die daraus entstehenden Probleme nicht übertreiben. Die Bevölkerung pazifischer Atolle oder des nördlichen Alaska ist nun einmal weniger zahlreich als die amerikanischer, asiatischer oder europäischer Kleinstädte. Stärker ins Gewicht fallen die Opfer von Trockenheit in Afrika oder Asien. Langfristig erwartet man als Folge der genannten Wüstungsvorgänge großräumige Migrationsbewegungen.[24]

## *Die «Weltrettungsgesellschaft» und Plan B*

Wie ein namhafter Journalist bemerkte, hat «*die globale Erwärmung*, die Mutter aller Umweltkrisen, in den vergangenen zwanzig Jahren eine politische Bewegung in Gang gesetzt, die bislang quasi nur eine Richtung kannte: Herunter mit den Treibhausgas-Emissionen … Um jeden Preis und unter Aufbietung des globalen wissenschaftlichen Sachverstandes in einer Art Meta-Gutachtergremium, dessen Mitglieder seither fest entschlossen von einer Konferenz zur nächsten pendeln, hat man den Kampf gegen die Kohlendioxydemittenten aufgenommen. Die Klima-Rahmenkonferenz und das Kyoto-Protokoll stehen immerhin zu Buche.» Unter den Klimaforschern gebe es «seit Jahren so etwas wie ein politökologisches Ethos, das jede nennenswerte Ablenkung vom Leitbild der Emissionsminderung verbietet». Für ein wirksames Bremsen der Erwärmung wäre aber bis zur Jahrhundertmitte ein Vielfaches der Kyoto-Ziele notwendig, heroische bzw. utopische Zahlen, die unter den gegebenen politischen Verhältnissen unmöglich zu erreichen seien. «Demgegenüber gelten Maßnahmen der Anpassung, Wege, wie die vom Klimawandel betroffenen Staaten sich auf Erwärmung, Verwüstung oder drohende Überflutung umzustellen und zu investieren haben, bei vielen als zweitrangig, ja kommunikationstechnisch als unproduktiv. Ebenso wie technische Lösungen jenseits der Energietechnik. Die Industriestaaten, so will es die *political correctness*, sind das Problem und können deshalb nicht die Lösung sein.»[25]

Allerdings ist bisher trotz der Ratifizierung des Kyoto-Protokolls die Welt weit von einer Reduzierung der Treibhausgase entfernt. Tatsächlich steigen die Emissionen sogar weiter an, weil führende Industriestaaten wie die USA am Kyoto-Prozess nicht teilhaben und die Entwicklungsländer Indien, China und Brasilien sich unbegrenzte Verschmutzungsrechte ausgehandelt haben. Selbst Umweltschützer aus diesen Ländern vertreten die Ansicht, dass allein die Reichen für den Klimaschutz bezahlen sollen, während die unterentwickelten Staaten ein Recht auf nachholende Industrialisierung besäßen. Die indische Umweltschützerin Sunita Narain: «Beim Klimawandel geht es um Gerechtigkeit. Darum, die Ressourcen fair zu verteilen.»[26] Auch Industriestaaten wie Spanien, die das Kyoto-Protokoll von Anfang an unterstützt haben, halten sich nicht an ihre Verschmutzungsobergrenzen. «Da aber die *Weltrettungsgesellschaft* nun trotz alledem vor einem Scherbenhaufen steht, weil die Lösung der Energiefrage zu langsam greift und die globale Freisetzung des klimaprägenden Kohlendioxyds stattdessen ungebremst vonstatten geht, schielt die Wissenschaft – oder wenigstens ein Teil davon – jetzt offenbar festentschlossen auf Plan B.»[27]

***Abb. 42*** Für die neue «Sintflut» eine Arche, doch selbst das Rettungsschiff stößt noch $CO_2$ aus. Und statt der Tiere retten wir unser schönes Auto.

Dieser *Plan B* sieht anstelle bzw. zusätzlich zu einer Abgasreduzierung eine technische Lösung des Treibhausproblems vor. Das Schlagwort für diesen Ansatz lautet *Geo-Engineering*. Dazu zählt der Vorschlag der amerikanischen Geologen Klaus Lackner und Kurt Zenz House aus Harvard zur *Sequestrierung* von $CO_2$. Das Treibhausgas, das bei der Nutzung fossiler Brennstoffe anfällt, soll dazu im großen Stil ausgefiltert und in geeigneter Form endgelagert werden, zum Beispiel in ausgeförderten Kohleflözen, in der Tiefsee oder sogar in Sedimenten unter dem Meeresboden. Solche Vorschläge zur Ausbremsung des Klimawandels werden ernsthaft in einem Sonderbericht des IPCC diskutiert und von Klimaforschern befürwortet.[28] Die erwartete Politik der *Geosequestration* hat bereits eine Art «grünen Goldrausch» unter geologischen Dienstleistern ausgelöst, die sich große Geschäftsmöglichkeiten versprechen. Ergebnis dieser Politik wäre eine emissionsfreie Nutzung fossiler Energien.[29]

Noch extravaganter muten Vorschläge an, die globale Erwärmung durch eine Verstärkung des *Albedo*-Effekts in der Stratosphäre aufzuhalten. Dazu sollten hauchfeine, hell reflektierende Schwefelpartikel eingebracht werden, die in einer Höhe von 15 Kilometern das einfallende Sonnenlicht ins Weltall zurückstrahlen sollten. Seitdem dieser Vorschlag durch den Nobelpreisträger Paul Crutzen befürwortet wird, diskutiert man ernsthaft, mit Hilfe von Ballonen, Raketen oder Kanonen Sulfatpulver in die Stratosphäre einzubringen, um den Treibhauseffekt zu verringern. Nach den Berechnungen Crutzens genügen für die künstliche Stratosphärenverschmutzung fünf Millionen Tonnen Sulfatpulver pro Jahr, weniger als ein Zehntel der weltweiten Sulfatemissionen. Dies sei für einen Preis von weniger als 50 $ für jeden Einwohner eines Industriestaates zu erlangen. Der Schwefelschleier würde auch das Naturerlebnis nicht wesentlich beeinträchtigen, farbenprächtige Sonnenuntergänge blieben erhalten, sie sähen lediglich etwas bleicher aus als gewohnt – kein hoher Preis für die Erhaltung der gewohnten Umgebungstemperatur und des gewohnten Klimas.[30]

Erwartungsgemäß fand dieser technokratische Vorstoß keine große Zustimmung bei denen, die bereits die globale Erwärmung weitgehend auf menschliche Einflüsse zurückführen. Ähnlich sieht es mit anderen extravaganten Vorschlägen aus, etwa der Eisendüngung des Planktons in den Weltmeeren zur Entfernung von $CO_2$ aus dem planetarischen Kohlenstoffkreislauf, der großflächigen Aufforstung und der Herstellung genmodifizierter Pflanzen zur verstärkten Kohlenstoffbindung, zur Installierung von Riesenspiegeln im Weltall oder zur Bewässerung der Wüste zur Herabsetzung der *Albedo*. Schellnhuber und Rahmstorf bezeichnen diese Vorschläge zum Technologie-Einsatz in planetarischem Maßstab als Versuche der *Erdsystem-Manipulation*.[31] Die Vorstellung, das Weltklima einem Dr. Frankenstein zu Experimenten zu überlassen, verbreitet erhebliches Unbehagen, da ein Fehlschlag weit reichende Folgen hätte.[32] Erinnert sei daran, wie absurd die Vorschläge zur technischen Bekämpfung der vermeintlichen globalen Abkühlung aus den 1970er Jahren im Abstand von nur einer Generation wirken.

# *Umweltsünden und Treibhausklima: Ein Epilog*

## *Klimadeutung als neue Religion*

Der amerikanische Umweltaktivist und Präsidentenenkel Robert F. Kennedy jr.[1] schrieb kurz nach dem Durchzug des Hurrikans *Katrina,* dass daran der Gouverneur des Staates Mississippi, Harley Barbour, Mitschuld trage. Dieser Mitarbeiter in Präsident Bushs Wahlkampfteam habe den Präsidenten bedrängt, von der Umweltpolitik Bill Clintons abzurücken. Als Vertreter der Ölindustrie habe er den US-Präsidenten dazu gebracht, das *Kyoto-Protokoll* nicht zu unterzeichnen und die Aussagen der Wissenschaft über den laufenden Klimawandel zu missachten. Eine in der Zeitschrift «Nature» veröffentlichte Studie von Mitarbeitern des *Massachusetts Institute of Technology* (MIT) habe jedoch bewiesen, dass die Frequenz zerstörerischer Hurrikane auf die von Menschen verursachte Erderwärmung zurückgehe. Die Abhängigkeit der USA vom Öl habe nicht nur in den verheerenden Irak-Krieg geführt, sondern auch zu *Katrina,* die eine Ahnung davon vermittle, welches klimatische Chaos wir unseren Kindern hinterlassen werden. Zum Schluss bemühte der Enkel des Präsidenten John F. Kennedy einen Vertreter der christlichen Fundamentalisten als Kronzeugen: «Pat Robertson, eine Ikone der republikanischen Partei, warnte im Jahr 1998, dass Hurrikane vor allem jene Gemeinden und Städte heimsuchen werden, *die Gott für ihre Sünden bestrafen will.* Vielleicht ist es ja Barbours Memo gewesen, das *Katrina* dazu bewegt hat, im letzten Moment von New Orleans abzudrehen und ihre größte Zerstörungskraft für die Küste von Mississippi aufzusparen.»[2] Die Denkfigur der Rache Gottes für die Sünden der Menschen ist auch im 21. Jahrhundert noch nicht vergessen.

Die *Umweltsünden,* die uns so sehr an die Sündenökonomie des Spätmittelalters und der Frühen Neuzeit erinnern, sind kein wissenschaftlicher Terminus, sondern eine religiöse Metapher. Diese kehrt selbst in Publikationen namhafter Naturwissenschaftler wieder, etwa im Beitrag des Geowissenschaftlers Richard B. Alley über Klimawechsel in der Vergangenheit. Obwohl es rapide Umschwünge immer wieder gegeben hat und Alley konkret von der abrupten Abkühlung der *Jüngeren Dryaszeit* berichtet, heißt es in einem erklärenden Kasten dazu: «Noch wissen die Klimaexperten nur ansatzweise, was solche Umschwünge auslöst. Allerdings ist ziemlich sicher, dass *Umweltsünden* wie der massive Ausstoß von Treibhausgasen das Risiko einer plötzlichen, lang anhaltenden Klimaänderung erhöhen.»[3] Dabei gibt es nicht einmal eine exakte Definition dessen, was mit *Umweltsünden* gemeint sein soll, auch nicht in Publikationen, die den Begriff im Titel tragen.[4] Es ist klar, dass wir uns hier nicht mehr auf dem Feld der Wissenschaft, sondern auf dem der Religion bewegen. In theologischer Hinsicht ist eine Sünde ein Verstoß gegen Gottes Gebot und verdient deswegen Strafe. In früheren Gesellschaften war es die Aufgabe der Priester, auf Gesetzesverstöße hinzuweisen. Diese Rolle scheinen heute die Klimaforscher übernommen zu haben.

## *Die Mär vom verlorenen Gleichgewicht der Natur*

Neben der Versündigung an Gottes Schöpfung spielt eine andere Denkfigur eine prominente Rolle in der Argumentation: die Mär vom «Gleichgewicht der Natur» oder wahlweise dem «Gleichgewicht des Klimas». So schreibt James E. Hansen, der Direktor des *Goddard-Instituts für Weltraumforschung* der NASA und Professor am *Earth Institute* der Columbia University (New York), die globale Erwärmung bringe die Energiebilanz der Erde «aus dem Gleichgewicht».[5] Nun hat Hansen anzugeben vergessen, wann genau seiner Ansicht nach das Klima im Gleichgewicht war. Meint er wie der selige Ellsworth Huntington das gemäßigte Klima an der Ostküste der USA, das allein komplexe Zivilisationen erlaube? Selbst während des *Holozäns* ist das Klima niemals konstant gewesen. Das Klima war in den letzten fünf Milliarden Jahren – seit der Entstehung der Erde – immer im Wandel und wird es auch in Zukunft sein. Man könnte deswegen auch sagen, es ist immer im Gleichgewicht, weil alle Klimafaktoren interagieren und das Resultat *per definitionem* nur ein Gleichgewichtszustand sein kann.

Mit dem Bild vom verlorenen Gleichgewicht bewegen wir uns im Bereich der *medizinischen Metaphern*, die sich bei Klimaforschern und Journalisten großer Beliebtheit erfreuen.[6] Wie in der antiken Krankheitslehre des Galenus, der Gesundheit als Gleichgewichtszustand der vier Körpersäfte darstellte, soll das angebliche Ungleichge-

***Abb. 43*** Alptraum der Apokalyptiker: Das Klima wird zum Partygespräch und niemand möchte sich aufregen.

wicht in der Natur zu ihrer Erkrankung geführt haben. Zwei Physiker, die in verschiedenen Funktionen die Zusammenarbeit mit der IPCC koordiniert haben, behaupten, dass die jüngste Erwärmung am besten mit dem Fieber vergleichbar sei: Die Temperatur nehme zu, die globalen Niederschläge ebenfalls, es gebe eine Zunahme extremer Wettersituationen, der Meeresspiegel steige, wenn auch langsam. Ihre sonst recht differenzierte Argumentation fassen sie im Bild der Krankheit zusammen: «Die wichtigste Feststellung des IPCC ist: Die Krankheit Klimawandel wird fortschreiten und nützliche und schädliche Wirkungen auf ökologische und sozioökonomische Systeme haben …»[7]

Die Erde ist also krank und braucht einen Arzt. Sie hat die Klimakrankheit, gekennzeichnet durch ein Ungleichgewicht ihrer Säfte und hohes Fieber – bzw. leicht erhöhte Temperatur und eine hohe Fiebererwartung aufseiten der Ärzte. Dass diese Metapher an groben Unfug grenzt, ist auch dem Herausgeber des Dossiers *«Die Erde im Treibhaus»* aufgefallen. Denn in einem redaktionellen Kommentar schreibt er entschuldigend: «Das Verständnis wissenschaftlicher Zusammenhänge lebt von Bildern, Vergleichen, Metaphern ... Doch Bilder bergen auch Gefahren. Metaphern können schief und unvollständig sein, sie können überzogen werden, zu falschen Schlüssen führen und unzulässig vereinfachen ... Vorsicht daher mit Vergleichen. Das gilt übrigens auch für die ‹*Klimakrankheit*› des Planeten Erde. Wenn auch das Bild ein Verständnis erleichtern mag – die Realität ist im Zweifel viel komplexer als die Vorstellung.»[8]

## *Das «Anthropozän»*

Im Jahr 2000 behauptete der niederländische Nobelpreisträger Paul Crutzen (geb. 1933), ehemaliger Direktor des Max-Planck-Instituts für Chemie in Mainz und bekannt wegen seiner Forschungen zur Atmosphärenchemie und zum Ozonloch, dass das Klima mittlerweile so stark durch den Menschen beeinflusst werde, dass man nicht mehr von einer «natürlichen» Klimaperiode sprechen könne. Seit Beginn der Industrialisierung – Crutzen setzt an ihren Anfang die Erfindung der Dampfmaschine 1784 – habe der Mensch mit der künstlichen Produktion von Spurengasen – insbesondere des $CO_2$ – die Erdatmosphäre so weit verändert, dass man den Beginn eines neuen Zeitalters ansetzen müsse. Das *Holozän* sei beendet, und ein neues, durch den Menschen bestimmtes Zeitalter habe begonnen: das «*Anthropozän*» (engl. *Anthropocene*).[9] Crutzens Interpretation knüpft an die Vorstellung an, dass Zwischeneiszeiten selten länger als 10 000 Jahre gedauert hätten. Sein Konzept des *Anthropozäns* impliziert, dass dieser «natürliche» Rhythmus durch menschliche Eingriffe außer Takt gebracht worden sei. Anstelle einer Abkühlung komme es nun zu einer weiteren Erwärmung.

Die Vorstellung des menschengemachten Klimas wurde bald in eine Richtung weitergesponnen, die ihren Urheber überraschte. William F. Ruddiman (University of Virginia, Charlottesville) stellte die These auf, der natürliche Zyklus sei weit früher außer Takt gebracht worden, nämlich bereits mit dem Aufkommen der Landwirtschaft. Ruddiman entdeckte anhand von Eisbohrkernen, dass der Methananteil an der Atmosphäre sich durch diese Eingriffe verändert habe und daher ein früher Einfluss auf das Klima vorliege. Nach dieser Lesart folgt der Methananteil bis vor ca. 8000 Jahren der von Milankovic vorhergesagten Intensität der Sonneneinstrahlung. Methan ($CH_4$) wird in großen Mengen von Sümpfen produziert, sodass in warmen, feuchten Zeiten mehr Methan entsteht als in trockenen, kälteren Phasen. Nach dem Ende des Wärmemaximums des *Holozäns* wäre ein allmählicher Rückgang des Methananteils zu erwarten gewesen, der sich vor etwa 5000 Jahren hätte beschleunigen müssen. Stattdessen finden sich in den Eisbohrkernen nur eine flache Delle und ein anschließender Wiederanstieg. Ebenso glaubt Ruddiman, im $CO_2$-Gehalt der Atmosphäre Irregularitäten entdeckt zu haben. Darin sieht er den Beweis, dass die Menschen seit dem *Mesolithikum* der Natur die Kontrolle über das Klima entrissen hätten.

Die Entwaldung weiter Gebiete Eurasiens und Amerikas durch Brandrodung und insbesondere der Beginn des Reisanbaus in Ostasien sowie die systematische Viehzucht hätten große Mengen der Spurengase produziert und die Atmosphäre damit angereichert. Der Bau von Wehren und Dämmen habe mit der Wasserregulierung jahreszeitlich riesige künstliche Sümpfe erzeugt. Ruddiman berechnet den klimatischen Effekt der anthropogenen Einwirkungen über die Jahrtausende bis zum Hochmittelalter auf bis zu 2 Celsiusgrade. Diese seien teilweise durch einen globalen Abkühlungstrend «maskiert» worden, eine schwer zu beweisende und ebenso schwer zu widerlegende These. Bei Ruddiman, so könnte man zusammenfassen, ist die Epoche des *Holozäns* im Grunde identisch mit dem *Anthropozän*.[10]

Die These eines signifikanten menschlichen Einflusses auf das Klima seit dem Beginn des *Holozäns* erscheint auf den ersten Blick absurd, denn die Größe der Weltbevölkerung war vor 10 000 Jahren verschwindend gering im Vergleich zu heute. Für die Anfangsphase wird sie auf lediglich ca. 7,5 Millionen Menschen geschätzt. In den nächsten acht Jahrtausenden wuchs sie auf 300 Millionen Menschen an.[11] Die Veränderung der Landschaft, die in diesem Zeitraum mit einfachen technischen Mitteln bewerkstelligt wurden, hat die Oberflächenstruktur des Planeten jedoch enorm verändert. Durch Rodung und Kultivierung wurde der größte Teil des europäischen Waldes bereits in der Bronzezeit beseitigt, dasselbe gilt für den Nahen Osten und Nordafrika, für den Fernen Osten und für Teile Nordamerikas, wo die indianischen Ackerbauern in großem Stil Sümpfe trockenlegten – was allerdings der Methanthese zuwiderläuft. Die durchgreifende Veränderung der Erdoberfläche war ein großes Klimaexperiment, denn sie veränderte die *Albedo* und die Zusammensetzung der Atmosphäre.

In seiner Antwort auf Ruddiman griff Crutzen dessen Vorschläge auf und schärfte seine eigene Argumentation. Im Grunde sei es egal, wann das *Anthropozän* beginne, ob 8000 oder 5000 Jahre v. Chr., denn zweifellos habe die Menschheit seit der *Neolithischen Revolution* mehr Einfluss auf die Umwelt genommen als jemals zuvor. Ebenso klar sei jedoch, dass seit etwa 200 Jahren mit der Industriellen Revolution dieser Einfluss noch einmal sprunghaft angestiegen sei, nicht sofort, sondern in der Konsequenz. Seitdem habe sich die Weltbevölkerung verzehnfacht auf 6 Milliarden, und vermutlich gebe es mit geschätzten 1,4 Milliarden Rindern auch mehr Vieh als jemals zuvor auf der Erde. Dann gebe es aber noch einmal eine scharfe Zäsur um 1950. Seither habe menschlicher Einfluss die Natur in einem Ausmaß verändert, der bis dahin unvorstellbar gewesen sei. Am Ende des 20. Jahrhunderts seien geschätzte 30–50 % der Landflächen des Planeten durch Abholzung, Landwirtschaft, Viehzucht und Bebauung verändert worden. Bis zur Mitte des 20. Jahrhunderts habe der Mensch die Umwelt und das Klima beeinflusst, doch seitdem würde das Erdsystem (*Earth System*) in allen Komponenten – Atmosphäre, Land, Ozean und Küstenzonen – von menschlichen Einflüssen dominiert. Dies gelte auch für das Klima. Durch Landwirtschaft, die Verwendung von Stickstoffdüngern und die Verbrennung fossiler Energien würden mehr Treibhausgase in die Atmosphäre eingebracht, als dies durch natürliche Prozesse möglich gewesen wäre. Wollte man ein Stufenmodell des *Anthropozäns* aufstellen, dann könnte eine erste Stufe mit der *Neolithischen Revolution* beginnen, eine zweite Stufe mit der *Industriellen Revolution*, eine dritte Stufe beginne jedoch um 1950 mit der «sehr signifikanten Beschleunigung» vieler Einflüsse auf das Erdsystem. Eine vierte Stufe könnte im 21. Jahrhundert beginnen, von der zu hoffen sei, dass sie nicht von einer weiteren Plünderung der natürlichen Ressourcen und der Verschmutzung der Umwelt, sondern von einem verantwortlichen Umgang mit dem Erdsystem gekennzeichnet sein wird, von Kontrolle des Bevölkerungswachstums und bewusstem Umweltmanagement.[12]

Ruddimans Ausdehnung des *Anthropozäns* hat den Blick von den irritierenden Erscheinungen der Gegenwart und der Fixierung auf unsichere Zukunftsprognosen auf die Diskussion der menschlichen Geschichte gelenkt. Sie hat eine lebhafte Debatte um den Beginn der globalen Erwärmung ausgelöst[13] und um die Frage, ob der langfristige Anstieg von Treibhausgasen seit dem Beginn der Landbewirtschaftung bereits in der weiteren Vergangenheit das Abgleiten in eine Eiszeit verhindert habe.[14] Im Verlauf der Debatte zeigte sich, dass diese Diskussion von so grundsätzlichem Charakter ist, dass sie sich nicht so leicht beilegen lässt.[15]

## *Naturschutz oder Menschenschutz?*

Geschichtsschreibung und Klimaforschung haben seit der Mondlandung von 1969 einen Impuls empfangen, da die große Fragilität des Ökosystems Erde sichtbar wurde. Der Natur- und Umweltschutz hat seitdem steigende Bedeutung erlangt und selbst den Charakter einer Industrie angenommen. Die Umweltverbände und -institutionen arbeiten mit Kampagnen, die denen internationaler Konzerne an Professionalität kaum nachstehen. Dabei hat seit den 1990er Jahren die Angst vor dem *Global Warming* frühere ökologische Ängste wie jene vor dem *Waldsterben* oder dem *Ozonloch* in den Hintergrund gedrängt. Erstmals steht nicht allein die Industrie am Pranger, sondern jeder Endverbraucher. Praktisch jeder Erdenbewohner ist schuldig: der südafrikanische Buschmann, der mit Hilfe von Buschfeuern Land rodet oder jagt, ebenso wie der argentinische Großfarmer, dessen Rinder Methan produzieren, jeder Reisbauer auf Bali und der chinesische Banker, der in einem klimatisierten Büro Finanzgeschäfte macht.

Wenn in diesem Zusammenhang von Umwelt- oder Klimaschutz die Rede ist, muss man sich vor Augen führen, worum es überhaupt geht. Die Erde existiert seit mehr als fünf Milliarden Jahren, und vieles spricht dafür, dass sie noch einmal so lange Bestand haben wird, egal, was die Menschen auf ihr anstellen. Während ihrer Existenz waren Klimaänderungen die Regel. Die Skala der Veränderungen reicht vom heißen Höllenplaneten («Hadaisches Zeitalter») bis zur Eiskugel («Snowball Earth»). Während der längsten Zeit ihrer Milliarden Jahre dauernden Existenz war es auf der Erde sehr viel wärmer als heute. Erst während der letzten Jahrmillionen war das Klima wechselhafter, sowohl erheblich wärmer als auch – in der Regel – weitaus kälter. Jede Klimaänderung hat Folgen für das Leben auf der Erde. Die Natur ist allerdings kein moralisches System. Manche Pflanzen- und Tierarten gedeihen besser unter wärmeren, andere unter kühleren Bedingungen, manche benötigen mehr Feuchtigkeit, andere weniger. Soweit es die Natur betrifft, sind Veränderungen des Ökosystems neutral, denn was einer Art schadet, bietet einer anderen Vorteile. Wer möchte sich hier zum Richter aufschwingen?

Die Bestrebungen zum Schutz der Natur sind konservativer Art: «Naturschützer» möchten nicht «die Natur» erhalten, sondern eine gewohnte Art von Natur, einen ökologischen Zustand, der so viel oder so wenig «natürlich» ist wie jeder andere Zustand. Beim «Naturschutz» geht es weniger um die Natur als um menschliches Wohlbefinden. Dass dabei eine gehörige Portion Inkonsequenz mitschwingt, kann man daran sehen, dass ein großer Teil der klimabesorgten Mitteleuropäer, die sich vor einer Erwärmung fürchten, den Urlaub am liebsten in wärmeren Weltgegenden verbringt, um der Kälte und dem Regen zu Hause zu entgehen. Die Rückkehr der Natur, etwa in Gestalt des Braunbären «Bruno» im Sommer 2006, löst bei den direkt Betroffenen vor allem Abwehrreaktionen aus. Nicht anders ist es beim Klima. Das große Wort vom «Klimaschutz» verdeckt nur die Angst vor Veränderung. In den bisher benachteiligten Gebieten, in den Hochgebirgen und den Polarregionen, wird sich eine enorme Artenvielfalt ausbreiten. Überspezialisierte Spezies werden aussterben. Dies ist keine Frage der Moral, sondern der Evolution.

Wohlgemerkt soll hier nicht die Notwendigkeit des Naturschutzes bestritten werden. Doch sollte man sich darüber im Klaren bleiben, was geschützt werden soll und warum. Dass der Artenschutz angesichts des Artensterbens eine hohe Priorität besitzen muss, dürfte jedem einleuchten. Dabei darf man aber fragen, ob Eisbären wegen der Erwärmung zu den bedrohten Arten gehören oder wegen der Erschließung der Arktis durch menschliche Besiedelung, Landwirtschaft und Industrie. Dass man beides nicht wirklich aufhalten kann, mag man aus der sicheren Ferne bedauern. Vor Ort ist der Eisbär am Müllcontainer aber so gefährlich wie «Bruno» im Vorgarten. Die Tiere der Arktis werden so bedroht sein wie die Tiere in Afrika oder im Amazonasbecken, und es bedarf ernsthafter Konzepte, wie man ihr Überleben außerhalb von zoologischen Gärten durch eine Koexistenz mit der sich ausbreitenden menschlichen Besiedelung sichern kann.

Die Bekämpfung der Luftverschmutzung ist ganz unabhängig von der Frage, ob Abgase einen Treibhauseffekt bewirken oder Aerosole zu einer Abkühlung beitragen, sinnvoll. Aber bei der dichten Besiedlung des Planeten werden Siedlungsverschiebungen nicht mehr so einfach sein wie im *Neolithikum* und zu Konflikten führen. Deswegen muss die Weltgemeinschaft ein Interesse daran haben, den Klimawandel in Grenzen zu halten. Sie muss sich auf den Klimawandel vorbereiten (*adaptation*) und einen zu großen Klimawandel verhindern (*mitigation*). Beide Strategien gegeneinander auszuspielen, wie dies manchmal geschieht, ergibt keinen Sinn.[16]

## Klimapolitik als Herausforderung des 21. Jahrhunderts

Über die Tatsache der globalen Erwärmung und den anthropogenen Anteil daran herrscht nach einer Generation der Forschung unter den Wissenschaftlern weitgehender Konsens.[17] Unterschiede gibt es bei der Interpretation dieses Befundes. Die «optimistische Ökologie» des James Lovelock, dessen *Gaia-Hypothese* besagt, dass die Erde gleich einer Art Göttin automatisch immer den natürlichen Thermostat richtig einstelle,[18] findet keinen Anklang mehr. Manche Klimaforscher sind nach wie vor der Ansicht, dass wir uns auf eine Eiszeit zubewegen. Der Geologe Richard B. Alley stellt immer noch die Frage, ob nicht die *Kleine Eiszeit*, die kälteste Periode der letzten 10 000 Jahre, der erste Schritt auf dem Weg zu einer neuen großen Eiszeit war, da keine der letzten Zwischeneiszeiten länger als 10 000 Jahre gedauert habe.[19] Daraus ist bereits der politisch unkorrekte Schluss gezogen worden, dass die anthropogene Erwärmung einen Segen darstelle, weil sie dem Absturz in eine Eiszeit entgegenwirke. Umgekehrt wird aber auch die Frage gestellt, ob die Erwärmung nicht eigentlich sehr viel dramatischer sei als vermutet, wenn sie nicht nur das langjährige Temperaturmittel überschreitet, sondern auch noch eine schleichende Abkühlung kompensiert.

Die meisten Forscher sehen in der globalen Erwärmung *das* Problem der kommenden Generationen. Dabei muss man für die praktische Tagespolitik nicht klären, wie hoch der anthropogene Anteil ist. In erster Linie ist es notwendig, gegen die Ursachen der Erwärmung vorzugehen und Vorkehrungen für ihre Folgen zu treffen. Viele der möglichen Maßnahmen sind nicht allzu teuer und sogar unabhängig von einer Klimaänderung sinnvoll. Dazu gehört der Abbau von versteckten Subventionen für das Verbrennen fossiler Energien, die Reduzierung von ungesunden Abgasen, der Schutz der Wälder, die Verbesserung der Wärmedämmung. Einige dieser Maßnahmen müssen nicht Weltorganisationen oder Regierungen überlassen werden, sondern können auf regionaler oder lokaler Ebene oder sogar von einzelnen Firmen und Privathaushalten durchgeführt werden. Viele amerikanische Städte haben das erkannt und entgegen den Vorgaben aus Washington ihre eigene Klimapolitik implementiert. Andererseits ist die Wirksamkeit der billigen und einfachen Veränderungen begrenzt und die internationale Koordination klimawirksamer Maßnahmen dringend erforderlich. Der Einstieg in diese Verhandlungen wird die internationale Gemeinschaft auf eine Zeit vorbereiten, in der noch einschneidendere Maßnahmen notwendig sein könnten.[20]

Auch eine relativ geringe Erwärmung wird – wie der Blick auf das Exempel der *Kleinen Eiszeit* zeigt – die Lebensumstände erheblich verändern. Es wird zwingend notwendig bleiben, den Anstieg der Kohlendioxidemissionen so weit zu reduzieren, dass sich der weltweite Ausstoß wenigstens auf hohem Niveau stabilisiert. Der *Wissenschaftliche Beirat der Bundesregierung Globale Umweltveränderungen* hat dieses Niveau bei 450 ppm angesetzt, was rechnerisch einem globalen Anstieg der mittleren Bodentemperatur um 2 Celsiusgrade entspricht. Unterhalb dieser Marken wird nicht mit größeren Katastrophen gerechnet. Oberhalb sind der Phantasie kaum Grenzen gesetzt.[21] Die Politik steht also vor einer Herausforderung. Dass die Probleme nicht auf nationalstaatlicher Ebene gelöst werden können, macht es nicht einfacher. Aber wenn die Menschen schon Einfluss auf das Klima des Systems Erde haben, müssen sie auf diese Herausforderung gemeinsame Antworten finden. *Challenge and Response* – das waren die Kategorien, mit deren Hilfe Arnold Toynbee den Aufstieg und Niedergang von Zivilisationen in seinem *Gang der Weltgeschichte* konzipiert hatte.[22] Sie ergeben auch heute noch Sinn. Der Klimawandel ist die Herausforderung unserer Generation. Von unserer Antwort hängt nicht das Wohlergehen der Welt, wohl aber unser eigenes ab.

## *Die Erde verglüht – noch nicht*

Bei einem Buch, das mit der Entstehung des Sonnensystems beginnt, bietet sich der ultimative Abschluss gewissermaßen an. In geologischen Maßstäben ist die menschliche Geschichte kurz – was sind 30 000 Jahre im Verhältnis zu fünf Milliarden Jahren? Und was sind die drei Generationen, die wir in die Zukunft planen, im Vergleich zu den restlichen fünf Milliarden Jahren, die Geologen unserem Planeten noch einräumen? Folgender Fahrplan für den Untergang wird vom *Potsdam Institut für Klimafolgenforschung* vorgeschlagen: In etwa 800 Millionen Jahren wird die durchschnittliche Temperatur auf 30 Grad Celsius angestiegen sein, allerdings bei $CO_2$-Werten, die weit unter den heutigen und selbst denen der letzten großen Eiszeit liegen. Alle höheren Lebensformen sterben ab. In etwa 1,25 Milliarden Jahren steigt die Temperatur auf 40 Grad, in 1,6 Milliarden Jahren auf 70 Grad. Damit ist keine Photosynthese mehr möglich, und Leben, wie wir es kennen, verliert seine Basis. Auf den Kontinenten gibt es nur noch nacktes Gestein. Sobald die Durchschnittstemperatur den Siedepunkt von Wasser übersteigt, verdunsten die Ozeane. Bei noch höheren Temperaturen endet die Plattentektonik. In 3,5–6 Milliarden Jahren wird sich unser Zentralgestirn so weit aufgebläht haben, dass die Temperaturen auf der Erde 1000 Grad übersteigen. Unter solchen Bedingungen entweicht die Atmosphäre, die Gesteine schmelzen. Der Planet endet, wie er begonnen hat: als heißer Höllenplanet.[23]

Doch so weit sind wir noch nicht und im Vergleich zu solchen Dimensionen sprechen wir über eine geringfügige Erwärmung. Die Kulturgeschichte des Klimas ist voll von Beispielen, in denen sich Kälte und Dürre als die größeren Feinde der Zivilisation erwiesen. Anhand der *Kleinen Eiszeit* haben wir gesehen, dass bereits geringe Veränderungen der Durchschnittstemperatur zu gewaltigen Folgen führen. Dabei sind Glück und Unglück ungleich verteilt. Während die Kultur der Renaissance in Italien erblühte, starben auf Grönland die Wikinger. Während des Jahrhundertsommers 2003 starben in Frankreich einige tausend alter Menschen an Überhitzung und Dehydrierung. Mit besserer Vorsorge wäre dies vermeidbar gewesen, vergleichbare Folgen gab es in Österreich, Deutschland oder der Schweiz nicht. Und in klimatisierter Umgebung oder am Strand hatten die heißen Tage

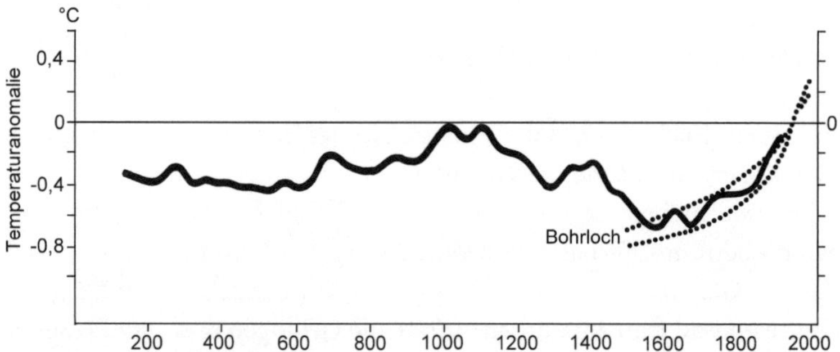


***Abb. 44*** Globale Temperaturentwicklung der letzten 200 Jahre nach den letzten Tiefseebohrkernen. Wo bleibt hier der Hockeyschläger (vgl. Abb. 2) und was bedeutet dies für die schöne Theorie von der Determinierung der Temperatur durch den $CO_2$-Gehalt (vgl. Abb. 40)? Der hier berechnete Temperaturverlauf ähnelt frappierend der IPCC-Schätzung von 1990 (vgl. Abb. 1).

nichts Schreckliches. Die *Globale Erwärmung* wird einiges an Anpassung erfordern und an Veränderung bewirken. Dabei würden wir auch gerne die Gegenrechnung hören, wie viele Menschen weniger sterben, arbeitslos werden oder nicht an Krankheiten leiden müssen, weil die Winter milder werden. Die Aporie der Umweltschützer fasst Harald Martenstein treffend zusammen: «Wenn in der einen Ecke der Erde die Zahl der Arten schrumpft, wird Zeter und Mordio gerufen. Wenn aber in einer anderen Ecke die Zahl der Arten wächst, ist es auch wieder falsch.»[24]

Joachim Radkau schreibt über seine Kollegen: «Die unbehaglichste Unbekannte ist für viele Umwelthistoriker der Klimafaktor. Für den, der in der Umweltgeschichte eine Moral und eine *Message* sucht, ist es ein Störfaktor ohne Sinn, jedenfalls für die längste Zeit der Geschichte, wo ein menschlicher Einfluss auf das Klima auszuschließen ist.»[25] Aber selbst für die Zeit der anthropogenen Erwärmung ist die Frage der Moral nicht so einfach zu lösen. Die Priester des Bestehenden sprechen von Umweltsünden – doch Viehzüchter in Argentinien und Reisbauern in Indonesien gehören in dieselbe Kategorie der Klimasünder wie Ölfirmen in Texas oder Kohlekraftwerkbetreiber in China. Die Ideologen der Schuldkultur verlangen nicht nur Reue und Buße, sondern Strafen im Namen der Opfer des Klimawandels. Aber rechtlich dürfte das nur bei einem universalen Konsens oder mit Hilfe einer ökostalinistischen Weltregierung möglich sein – also hoffentlich nie. Die größten Emittenten sind bisher nicht einmal in den Emissionshandel einbezogen. Die einsichtigen Länder reduzieren ihre Emissionen, und dieser Kreis wird sich erweitern.

Wunder sollten wir nicht erwarten, wenn die Klimaforscher mit der Trägheit des Klimasystems Recht haben. Die Erde wird sich auch dann weiter erwärmen, wenn sich alle Länder der Welt vorbildlich verhalten und die Abgase drastisch reduzieren. Dies ist vielleicht irritierend. Es ist aber eine bessere Nachricht als vergangene Prognosen über eine bevorstehende Eiszeit. Abkühlung mündete immer in schwere Erschütterungen der Gesellschaft. Erwärmung bewirkte hingegen manchmal kulturelle Blüte. Wenn wir etwas aus der Kulturgeschichte lernen können, dann dieses: Die Menschen waren wohl «Kinder der Eiszeit» – die Zivilisation ist aber ein Produkt der Warmzeit. Die *Neolithische Revolution* und die Entstehung der alten Hochkulturen wurden in Perioden möglich, in denen es um einiges wärmer war als in unserer Gegenwart. Stimmen die jüngsten Prognosen des IPCC, werden wir diese Werte irgendwann im 21. Jahrhundert wieder erleben. Dann werden die Alpengletscher schmelzen, aber nicht die der Antarktis. Wir werden Heizkosten sparen und weniger fossile Energie verbrauchen. Was wird aus den Wüsten? Werden sie sich wirklich ausdehnen? Während des *Atlantikums* zirkulierte mehr Wasser in der Atmosphäre, und die Sahara war fruchtbar (vgl. Abb. 15).

Die Zukunft ist schwer vorhersagbar. Seriöse Wissenschaftler sollten sich hüten, in die Rolle des *Nostradamus* zu schlüpfen. Computersimulationen sind nicht besser als die Prämissen, unter denen die Daten eingegeben werden, sie bilden Erwartungen ab, nicht Zukunft. Die Geschichte der Naturwissenschaften ist auch eine Geschichte der falschen Theorien und der Fehlprognosen. Es ist interessant, die Ungenauigkeit der naturwissenschaftlichen Datierungsmethoden kennenzulernen. Exakte Datierungen mit der C14-Methode oder anderen physikalischen Verfahren müssen «kalibriert» werden, damit sie in den Status der Brauchbarkeit überführt werden können. Konkret: Nur über die historische Chronistik ist es möglich, die «exakten» Naturwissenschaften auf die richtige Bahn zu bringen. Geisteswissenschaftler – das sei zum Jahr der Geisteswissenschaften gesagt – sind ein solches Ausmaß an Unexaktheit nicht gewöhnt. Für Zeiträume, wo Naturwissenschaftler mit +/– 100 Jahren rechnen, datieren Historiker auf den Tag, auf die Stunde oder auf die Minute genau. Über die Exaktheit der Naturwissenschaften sollte man sich keine Illusionen machen.

Eine «Kulturgeschichte des Klimas» – und eine Beschäftigung mit den kulturellen oder gesellschaftlichen Folgen des Klimawandels – bedeutet, dass man die methodischen Prämissen der Kulturwissenschaften kennt.[26] Und sie bedeutet auch, dass man Daten ernst nimmt, die nicht aus Eis und Schlamm, sondern aus den Archiven der Gesellschaft gewonnen werden. Dass eine Kombination historischer und naturwissenschaftlicher Methoden gewinnbringend ist, kann man immer wieder sehen.[27] Die Kulturgeschichte des Klimas zeigt, dass das Klima immer im Wandel war und die Gesellschaft darauf reagieren musste. Apokalyptische Prognosen waren dabei niemals nützlich. Man muss nicht bis zu den Hexenverfolgungen oder dem Sturz altägyptischer Dynastien zurückgehen, um dies zu erkennen. Man muss nur die Maßnahmen, die in den 1970er Jahren zur Bekämpfung der globalen Abkühlung geplant wurden, mit denen vergleichen, die heute zur Bekämpfung der globalen Erwärmung diskutiert werden. Klimaforschern sei zur Moderation geraten, wenn sie über die Geschichte des Klimas sprechen, und zur Vorsicht, wenn es um Kultur und Gesellschaft geht.

Das Klima ändert sich. Das Klima hat sich immer geändert. Es ist eine Frage der Kultur, wie wir darauf reagieren. Dabei kann uns die Kenntnis der Geschichte helfen. Klimaänderungen sind oft als bedrohlich empfunden worden. Falsche Propheten und moralische Unternehmer haben stets versucht, ihren Nutzen daraus zu ziehen. Überlassen wir die Interpretation des Klimawandels nicht kulturgeschichtlichen Ignoranten. Menschen sind keine Tiere, die Veränderungen ihrer Lebenswelt passiv ausgeliefert sind. Klimawandel hat in der jüngeren Geschichte zu positiven Entwicklungen geführt. Wenn der gegenwärtige Klimawandel langfristig sein sollte – und danach sieht es momentan aus –, kann man nur Gelassenheit empfehlen. Die Welt wird nicht untergehen. Wenn es wärmer wird – wir werden uns darauf einstellen. Erinnern wir uns an eine klassische lateinische Weisheit, die da lautet: *Tempora mutantur, et nos mutamur in illis.* Die Zeiten ändern sich und wir uns in ihnen.

# *Anhang*

## *Anmerkungen*

*Vorwort zur 6. Auflage*

1 Die Arbeit an diesem Projekt war aufwändiger als erwartet, denn viele Disziplinen tragen heute zu unseren Kenntnissen bei. Die Auseinandersetzung mit ihren Paradigmen erfordert Zeit, Geduld und Unterstützung. Die Zusammenarbeit mit Prof. Dr. Hartmut Lehmann, Prof. Dr. Christian Pfister und den Teilnehmern unserer Klimakonferenz am *Max-Planck-Institut für Geschichte* war eine Quelle der Inspiration. Besonders gedankt sei meiner Universität, den Präsidenten Frau Prof. Dr. Margaret Wintermantel und Prof. Dr. Volker Linneweber für die Gewährung eines vorgezogenen Forschungsfreisemesters und die fortdauernde finanzielle Ausstattung der *Arbeitsstelle für Historische Kulturforschung*. Von meinen Mitarbeitern möchte ich Mareike Kern, Annika Lauer und Stephan Rosenke danken, die das Projekt mitdenkend begleitet haben. Bei meiner Familie muss ich mich dafür entschuldigen, dass ich selbst im jüngsten Jahrhundertsommerurlaub mit dem Thema beschäftigt war. Aber man konnte ja keine Zeitung aufschlagen, ohne auf seine Relevanz zu stoßen.

*Einleitung*

1 James Lovelock, Unsere Erde wird überleben. Gaia. Eine optimistische Ökologie, München 1982.
2 Climate of Distrust (anonym), in: Nature 436 (2005) 1.
3 James J. McCarthy et al. (Hg.), Climate Change 2001: Impact, Adaptation and Vulnerability. Contribution of the Working Group II to the Third Assessment of the IPCC, Cambridge UP 2001.
4 Spencer Abraham, The Bush Administrations's Approach to Climate Change, in: Science 305 (2004) 616–617.
5 Michael E. Mann/Raymond S. Bradley/Malcolm K. Hughes, Global-Scale temperature patterns and climate forcing over the past six centuries, in: Nature 392 (1998) 779–787.
6 Michael E. Mann et al., Northern Hemisphere temperatures during the past millennium: Interferences, Uncertainties, and Limitations, in: Geophysical Research Letters 26 (1999) 759–762.
7 Brockhaus Enzyklopädie in 30 Bänden, 21., völlig neu bearbeitete Auflage, Bd. 16, Mannheim 2006, 127.
8 John T. Houghton et al. (Hg.), Climate Change 1995. The Science of Cli-

mate Change. Contribution of Working Group I to the Second Assessment of the IPCC, Cambridge UP 1996.

9 Robert F. Kennedy, Crimes against Nature, New York 2004, 46.

10 Paul Andrew Mayewski/Frank White, The Ice Chronicles, London 2002, 44–49.

11 Stephen H. Schneider, Global Warming, New York 1990. – Schneider hatte in den 1960er Jahren zu den Propagandisten der anthropogenen Abkühlung gehört, seine Konversion zur globalen Erwärmung erfolgte bereits Anfang der 1970er Jahre.

12 Zitiert in: The Economist, Editorial, 2. Februar 2002. – Sinngemäß genauso in Stephen H. Schneider, Global Warming, New York 1990, xi: «… capture the public's attention, if not its imagination, in order to create positive change. Often this means simple and dramatic statements – the easiest way to get media coverage».

13 Stefan Rahmstorf, Klimawandel – rote Karte für die Leugner, in: Bild der Wissenschaft (2003) – PDF-Datei von der Homepage Rahmstorfs: www.pik-potsdam.de.

14 Ulrich Cubasch/Dieter Kasang, Anthropogener Klimawandel, Gotha 2000.

15 Quirin Schiermeier, Past Climate comes into focus but warm forecast stays put, in: Nature 433 (2005) 562 f.

16 Christopher Schrader, Der Wandel bleibt. Ein politischer Großangriff auf die Klimaforschung endet als Scharmützel, in: Süddeutsche Zeitung, 4. August 2006, S. 16.

17 Hermann Flohn, Das Problem der Klimaänderungen in Vergangenheit und Zukunft, Darmstadt 1985, 120.

### *Was wissen wir über das Klima?*

*Quellen zur Klimageschichte*

1 Rolf Meissner, Geschichte der Erde, München 2004, 54 ff.

2 John Imbrie/Katherine Palmer-Imbrie, Die Eiszeiten, Düsseldorf 1981, 161 f.

3 Cesare Emiliani, Pleistocene Temperatures, in: Journal of Geology 63 (1955) 538–578.

4 Libby erhielt für die Erfindung der Radiokarbonmethode 1960 den Nobelpreis für Chemie.

5 Wilhelm Lauer/Jörg Bendix, Klimatologie, Braunschweig 2004, 280 f.

6 Eugen Seibold, Das Gedächtnis des Meeres: Boden, Wasser, Leben, Klima, München 1991.

7 Richard Alley, The Two-Mile Time Machine, Princeton 2002.

8 Claus U. Hammer et al., Past volcanism and climate revealed by Greenland ice cores, in: Journal of Volcanology and Geothermal Research 11 (1981) 3–10.

9 Willi Dansgaard et al., One thousand Centuries of Climatic Record from Camp Century on the Greenland Ice Sheet, in: Science 166 (1969) 377–381.

10 Debra A. Meese et al., The Accumulation of Record from GISP2 core as an indicator of climate change throughout the Holocene, in: Science 266 (1994) 1680–1685.

11 J. R. Petit et al., Climate and atmospheric history of the past 420 000 years from the Vostok ice core, Antarctica, in: Nature 399 (1999) 429–436.

12 EPICA, Eight Glacial Cycles from an Antarctic Ice Core, in: Nature 429 (2004) 623–628.

13 Paul Andrew Mayewski/Frank White, The Ice Chronicles, London 2002.

14 Stefan Winkler, Von der «Kleinen Eiszeit» zum «globalen Gletscherrückzug», Stuttgart 2002.

15 Fritz H. Schweingruber, Der Jahrring, Bern/Stuttgart 1983.

16 George J. Gumerman, The Anasazi in a Changing Environment, New York 1988, 279.

17 Regiomontanus, Ephemerides ab anno 1475–1506, Nürnberg 1474.

18 Christian Pfister, Wetternachhersage, Bern 1999, 18 f.

19 Jean M. Grove/A. Battagel, Tax records from western Norway as an index of the Little Ice Age environmental and economic deterioration, in: Climatic Change 3 (1983) 265–282.

20 Walter Bauernfeind/Ulrich Woitek, The Influence of Climatic Change on Price Fluctuations in Germany during the 16th century price revolution, in: Climatic Change, Vol. 43 (1999), 303–321.

21 Wilhelm Lauer/P. Frankenberg, Zur Rekonstruktion des Klimas im Bereich der Rheinpfalz seit Mitte des 16. Jahrhunderts mit Hilfe der Weinquantität und Weinqualität, Stuttgart 1986.

22 Christian Pfister, Klimageschichte der Schweiz 1525–1860, Bern/Stuttgart 1988.

23 Rüdiger Glaser, Klimageschichte Mitteleuropas, Darmstadt 2001.

24 Christian Pfister, Wetternachhersage, Bern 1999.

25 Karl Brunner, Ein buntes Klimaarchiv – Malerei, Graphik und Kartographie als Klimazeugen, in: Naturwissenschaftliche Rundschau 56 (2003) 181–186.

26 Gordon Manley, Central England temperatures: monthly means 1659 to 1973, in: Quarterly Journal of the Royal Meteorological Society 100 (1974) 389–405.

27 Christian Pfister, Wetternachhersage, Bern 1999, 26–29.

*Ursachen von Klimawandel*

1 Die Übertragung des Namens aus der kyrillischen Schrift hat zu verschiedenen Schreibweisen geführt. In Deutschland publizierte er als Milankowitsch, in Amerika als Milankovitch oder Milankovic.
2 W. H. Berger/T. Bickert/E. Jansen/M. Yasuda/G. Wefer, Das Klima im Quartär – Rekonstruktion aus Tiefseesedimenten mit Hilfe der Milankovitch-Theorie, in: Geowissenschaften 12 (1994) 258–266.
3 N. H. Shackleton/N. D. Opdyke, Oxygen Isotope and Palaeomagnetic Stratigraphy of Equatorial Pacific Core V28–238, in: Journal of Quaternary Research 3 (1991) 39–55.
4 Paul Andrew Mayewski/Frank White, The Ice Chronicles, London 2002, 97–110.
5 Jean-Marc Barnola et al., Reconstruction des variations du CO2 atmosphérique en relation avec le climat au cours des derniers 160 000 ans à partir de la carotte de Vostok (Antarctique), in: Burkhard Frenzel (Hg.), Klimageschichtliche Probleme der letzten 130 000 Jahre, Stuttgart/New York 1991, 225–230.
6 Stefan Rahmstorf/Hans Joachim Schellnhuber, Der Klimawandel, München 2006, 17 f.
7 Nico Stehr/Hans von Storch, Klima, Wetter, Mensch, München 1999, 73.
8 Steven M. Stanley, Krisen der Evolution, Heidelberg 1988.
9 Hugh C. Owen, Atlas of Continental Displacement, 200 Million Years to the Present, Cambridge 1983.
10 Josef Klostermann, Das Klima im Eiszeitalter, Stuttgart 1999, 224 f.
11 Henry Stommel/Elizabeth Stommel, Volcano Weather, Newport 1983.
12 Tom Simkin/Lee Siebert, Volcanoes of the World. A Regional Directory, Gazetteer, and Chronology of Volcanism During the Last 10 000 Years, Tucson/Arizona 1994, 23–34.
13 Michael R. Rampino et al., Volcanic Winters, in: Annual Revue of Earth and Planetary Science 16 (1988) 73–99.

*Das Paläoklima seit Entstehung der Erde*

1 Rolf Meissner, Geschichte der Erde, München 2004, 12, 17–21.
2 Brockhaus Enzyklopädie in 30 Bänden, 21. Auflage, Bd. 10, Mannheim 2006, p. 498, mit der neuen Nomenklatur der *International Commission on Stratigraphy* von 2004.
3 Peter Hupfer/Wilhelm Kuttler (Hg.), Witterung und Klima, Wiesbaden 2005, 280.
4 Rolf Meissner, Geschichte der Erde, München 2004, 49 ff.
5 Lazarus J. Salop (Hg.), Geological Evolution of the Earth during the Precambrian, Berlin 1983.
6 Rolf Meissner, Geschichte der Erde, München 2004, 54.

7 Gabrielle Walker, Schneeball Erde, Berlin 2005.
8 Bestehend aus den Perioden *Kambrium, Ordovizium, Silur, Devon, Karbon* und *Perm.*
9 Bestehend aus den Perioden *Trias, Jura* und *Kreide.*
10 Bestehend aus den Epochen *Paläozän, Eozän, Oligozän, Miozän, Pliozän, Pleistozän* und *Holozän.* Die traditionelle Periodisierung *Quartär – Tertiär* setzt die Zäsur nach dem *Pliozän* (vor 1,8–2 Millionen Jahren). Die neuere Periodisierung *Paläogen – Neogen* lässt die Periode des *Neogens* dagegen nach dem *Oligozän* (vor 24 Millionen Jahren) beginnen.
11 Rolf Meissner, Geschichte der Erde, München 2004, 53 f.
12 P. M. Sheehan, The Late Ordovizian mass extinction, in: Annual Review of Earth and Planetary Science 29 (2001) 331–364.
13 M. M. Joachimski/W. Buggisch, Conodont apatite delta O18 signatures indicate climatic cooling as a trigger of the Late Devonian mass extinction, in: Geology 30 (2002) 711–714.
14 Douglas H. Erwin, The Great Paleozoic Crisis. Life and Death in the Permian, New York 1993.
15 G. Bloos, Untergang und Überleben am Ende der Trias-Zeit, in: Wolfgang Hansch (Hg.), Katastrophen der Erdgeschichte – Wendezeiten des Lebens, Heilbronn 2003, 128–143.
16 J. David Archibald, Dinosaur Extinction and the End of an Era, New York 1996.
17 Steven M. Stanley, Krisen der Evolution, Heidelberg 1988, 101–116, Zitat 101.
18 W. M. Kürschner/H. Visscher, Das Massenaussterben an der Perm/Trias-Grenze: die «Mutter» aller Naturkatastrophen, in: Wolfgang Hansch (Hg.), Katastrophen der Erdgeschichte – Wendezeiten des Lebens, Heilbronn 2003, 118–127.
19 Steven M. Stanley, Krisen der Evolution, Heidelberg 1988, 119–139.
20 V. Moosbrugger, Das große Sterben vor 65 Millionen Jahren, in: Wolfgang Hansch (Hg.), Katastrophen der Erdgeschichte – Wendezeiten des Lebens, Heilbronn 2003, 144–153.
21 Kenneth J. Hsü, Die letzten Jahre der Dinosaurier, Basel 1990.
22 Steven M. Stanley, Krisen der Evolution, Heidelberg 1988, 51, 141–178.
23 Nach der traditionellen Nomenklatur zerfällt die Erdneuzeit, die «Ära» des *Känozoikums,* in die «Perioden» *Tertiär* (65–2 Millionen Jahre) und *Quartär* (2 Millionen Jahre bis heute, bestehend aus *Pleistozän* und *Holozän*). Nach der neueren Periodisierung wird derselbe Zeitraum in das *Paläogen* (65–23 Millionen Jahre) und *Neogen* (23 Millionen Jahre bis heute) unterteilt. Die «Epochen» des Paläogen sind *Paläozän, Eozän* und *Oligozän,* die Epochen des Neogen sind *Miozän, Pliozän, Pleistozän* und *Holozän.*
24 Rolf Meissner, Geschichte der Erde, München 2004, 100 ff.
25 Hans-Jürgen Müller-Beck, Die Eiszeiten, München 2005, 36.

26 Brockhaus Enzyklopädie, 21. Aufl., Bd. 7 (2006), 646–649.
27 Hans-Jürgen Müller-Beck, Die Eiszeiten, München 2005, 60–68.
28 Josef Klostermann, Das Klima im Eiszeitalter, Stuttgart 1999, 192 f.
29 Richard Leakey/Roger Lewin, Der Ursprung des Menschen, Frankfurt/Main 1993, 99 f., 174.
30 Josef H. Reichholf, Das Rätsel der Menschwerdung, München 2004, 142–149.
31 Richard Leakey/Roger Lewin, Der Ursprung des Menschen, Frankfurt/Main 1993, 174 f.
32 Hans-Jürgen Müller-Beck, Die Eiszeiten, München 2005, 70.
33 Göran Burenhult, Dem Homo Sapiens entgegen. Vor 2,5 Millionen bis 35 000 Jahren. Habilinen, Erectinen und Neandertaler, in: Göran Burenhult (Hg.), Menschen der Urzeit. Die Frühgeschichte der Menschheit von den Anfängen bis zur Bronzezeit, Köln 2004, 55–73.
34 R. Said/Hugues Faure, Chronological Framework: African pluvial and glacial epochs, in: Joseph Ki-Zerbo (Hg.), General History of Africa, I: Methodology and African Prehistory, Paris 1989, 146–166.

### *Globale Erwärmung: Das Holozän*

#### *Kinder der Eiszeit*

1 John Gribbin/Mary Gribbin, Kinder der Eiszeit, Basel 1992.
2 William I. Rose/Craig A. Chesner, Worldwide dispersal of ash and gases from earth's largest known eruption: Toba, Sumatra, 75 ka, in: Palaeogeography, Palaeoclimatology, Palaeoecology 89 (1990) 269–275.
3 Michael R. Rampino/Stanley H. Ambrose, Volcanic Winter in the Garden of Eden: The Toba Supereruption and the late Pleistocene human population crash, in: Floyd W. McCoy/Grant Heiken (Hg.), Volcanic Hazards and Disasters in Human Antiquity, Boulder/Colorado 2000, 71–82, p. 75.
4 Ann Gibbons, Pleistocene Population Explosions, in: Science 262 (1993) 27–28.
5 Stanley H. Ambrose, Late Pleistocene human population bottlenecks, volcanic winter, and differentiation of modern humans, in: Journal of Human Evolution 34 (1982) 623–651.
6 Michael S. Rampino/Stephen Self, Volcanic winter and accelerated glaciation following the Toba super-eruption, in: Nature 359 (1992) 50–52.
7 R. Said/Hugues Faure, Chronological Framework: African pluvial and glacial epochs, in: Joseph Ki-Zerbo (Hg.), General History of Africa, I: Methodology and African Prehistory, Paris 1989, 146–166.
8 Göran Burenhult, Dem Homo Sapiens entgegen. Vor 2,5 Millionen bis 35 000 Jahren. Habilinen, Erectinen und Neandertaler, in: Göran Burenhult (Hg.), Menschen der Urzeit, Köln 2004, 55–73.
9 Brian Fagan, Die ersten Indianer, München 1990.

10 Göran Burenhult, Der moderne Mensch in Afrika und Europa. Vor 200 000 bis 10 000 Jahren. Außerhalb Afrikas: Die Anpassung an die Kälte, in: Göran Burenhult (Hg.), Menschen der Urzeit, Köln 2004, 77–95.
11 Gerhard Bosinski, Die Anfänge der Kunst. Das Jungpaläolithikum in Deutschland, in: Menschen, Zeiten, Räume. Archäologie in Deutschland, Stuttgart 2003, 113–118.
12 H. Kirchner, Ein archäologischer Beitrag zur Urgeschichte des Schamanismus, in: Anthropos 47 (1952) 244–286.
13 Jean Marie-Chauvét, Grotte Chauvet, Sigmaringen 1995.
14 Göran Burenhult, Der moderne Mensch in Afrika und Europa. Vor 200 000 bis 10 000 Jahren. Außerhalb Afrikas: Die Anpassung an die Kälte, in: Göran Burenhult (Hg.), Menschen der Urzeit, Köln 2004, 77–95.
15 Ebd.
16 Paul S. Martin, Prehistoric Overkill: The Global Model, in: Paul S. Martin/ R. G. Klein (Hg.), Quaternary Extinctions: A Prehistorical Revolution, Tucson/Arizona 1984, 354–403.
17 R. Musil, Das Aussterben der Pleistozänen Großsäuger, in: Hansch (2003) 154–165.

*Globale Erwärmung und Zivilisation*

1 Max Frisch, Der Mensch erscheint im *Holozän*. Eine Erzählung, Frankfurt 1979.
2 Stephen H. Schneider/Randi Londer, The Co-evolution of Climate and Life, San Francisco 1984, 92.
3 Thomas J. Cronin, Principles of Palaeoclimatology, New York 1999, 259.
4 Georg W. Oesterdiekhoff, Geographische Bedingungen der Weltgeschichte. Die Wechselwirkung von Klima, Bevölkerungswachstum und Landnutzung in der Evolution der Hochkulturen, in: Zeitschrift für Agrargeschichte und Agrarsoziologie 47 (1999) 123–132, p. 125.
5 Gerhard Bosinski, Die Anfänge der Kunst. Das Jungpaläolithikum in Deutschland, in: Menschen, Zeiten, Räume. Archäologie in Deutschland, Stuttgart 2003, 113–118.
6 Klaus Schmidt, Sie bauten die ersten Tempel, München 2006.
7 Stephen Mithen, After the Ice. A Global Human History, 20.000–500 BC, London 2003, 56–61.
8 Achim Brauer et al., High Resolution Sediment and Vegetation Responses to Younger Dryas Climate Change in varved lake sediments from Meerfelder Maar, Germany, in: Quaternary Science Reviews 18 (1999) 321–329.
9 Michael Baales, Zwischen Kalt und Warm. Das Spätpaläolithikum in Deutschland, in: Menschen, Zeiten, Räume. Archäologie in Deutschland, Stuttgart 2003, 121–123.
10 Daniel Schwemer, Die Wettergottgestalten Mesopotamiens und Nordsyriens im Zeitalter der Keilschriftkulturen. Wiesbaden 2001, 11–16.

11 John F. B. Mitchell, Greenhouse Warming: Is the mid-Holocene a Good Analogue?, in: Journal of Climate 3 (1990) 1177–1192.
12 Stephen Mithen, After the Ice. A Global Human History, 20.000–5 00 BC, London 2003, 153 f.
13 Claus Joachim Kind, Die letzten Jäger und Sammler. Die Mittelsteinzeit, in: Menschen, Zeiten, Räume. Archäologie in Deutschland, Stuttgart 2003, 124–127. Die Datierungen erscheinen hier um 2000 Jahre verschoben, vermutlich wegen Verwechslung von BP- (before present) mit AD- (Anno Domini) Datierungen. – Vgl. Wilhelm Lauer/Jörg Bendix, Klimatologie, Braunschweig 2004, 285.
14 Alfred Rust, Der primitive Mensch, in: Golo Mann/Alfred Heuß, Propyläen Weltgeschichte. Eine Universalgeschichte, 10 Bde., Berlin 1960–1964, Bd. 1, 135–226, 218.
15 Hansjörg Küster, Geschichte der Landschaft in Mitteleuropa, München 1995, 66 ff.
16 Helmut Jäger, Einführung in die Umweltgeschichte, Darmstadt 1994, 25, datiert das *Atlantikum* hingegen auf den Zeitraum von 5500–250 v. Chr.
17 R. Said/Hugues Faure, Chronological Framework: African pluvial and glacial epochs, in: Joseph Ki-Zerbo (Hg.), General History of Africa, I: Methodology and African Prehistory, Paris 1989, 156 ff.
18 Wilhelm Lauer/Jörg Bendix, Klimatologie, Braunschweig 2004, 286 f.
19 Andreas Zimmermann, Der Beginn der Landwirtschaft in Mitteleuropa. Evolution oder Revolution?, in: Menschen, Zeiten, Räume. Archäologie in Deutschland, Stuttgart 2003, 133–134.
20 Stephen Mithen, After the Ice. A Global Human History, 20.000–500 BC, London 2003, 62–79.
21 Norbert Benecke, Der Mensch und seine Haustiere, Stuttgart 1994, 77–94, 143 ff.
22 Neil Roberts, The Holocene. An Environmental History. Oxford 1998.
23 Peter Bellwood/Gina Barnes, Steinzeitliche Bauern in Süd- und Ostasien, in: Göran Burenhult (Hg.), Menschen der Urzeit, Köln 2004, 335–354.
24 Hubert H. Lamb, Klima und Kulturgeschichte, Reinbek 1989, 149–154.
25 Herbert Jankuhn, Der Ursprung der Hochkulturen, in: Golo Mann/Alfred Heuß (Hg.), Propyläen Weltgeschichte. Eine Universalgeschichte, 10 Bde., Berlin 1960–1964, Bd. 2, 573–600, 576 f.
26 Georg W. Oesterdiekhoff, Geographische Bedingungen der Weltgeschichte. Die Wechselwirkung von Klima, Bevölkerungswachstum und Landnutzung in der Evolution der Hochkulturen, in: Zeitschrift für Agrargeschichte und Agrarsoziologie 47 (1999) 123–132, 126.
27 Norbert Benecke, Der Mensch und seine Haustiere, Stuttgart 1994.
28 Martin A. J. Williams/Hugues Faure (Hg.), The Sahara and the Nile, Rotterdam 1980.
29 Richard G. Klein, Jäger, Sammler und Bauern in Afrika. 1000 v. Chr. bis 200

nach Christus, in: Göran Burenhult (Hg.), Menschen der Urzeit, Köln 2004, 251–269, 255 f.

30 Ägypten, in: Brockhaus Enzyklopädie 1 (2006) 335–358, Sp. 341 ff.

31 Nil, in: Der Neue Pauly 8 (2000) Sp. 942–944.

32 Irenäus Matuschik/Johannes Müller/Helmut Schlichtherle, Technik, Innovation und Wirtschaftswandel. Die späte Jungsteinzeit, in: Menschen, Zeiten, Räume. Archäologie in Deutschland, Stuttgart 2003, 156–161.

33 Konrad Spindler, Der Mann im Eis, Innsbruck 1993.

34 John Baines/Jaromir Málek, Weltaltlas der Alten Kulturen: Ägypten, München 1980, 14.

35 Barbara Bell, The Dark Ages in Ancient History: I. The First Dark Age in Egypt, in: American Journal of Archaeology 75 (1971) 1–26.

36 Der Garten in Eden. 7 Jahrtausende Kunst und Kultur an Euphrat und Tigris, Mainz 1978, 8.

37 Claus Wilcke (Hg.), Das Lugalbandaepos, Wiesbaden 1969, 119.

38 Norman Yoffe, The Collapse of Ancient Mesopotamian States and Civilization, in: Norman Yoffee/George L. Cowgill (Hg.), The Collapse of Ancient States and Civilizations, Tucson/Arizona 1988, 44–68.

39 Peter B. DeMenocal, Cultural Responses to Climate Change during the Late Holocene, in: Science 292 (2001) 667–673, 669 f.

40 H. M. Cullen et al., Climate Change and the Collapse of the Akkadian Empire: Evidence from Deep Sea, in: Geology 28 (2000) 379–382.

41 Paul Andrew Mayewski/Frank White, The Ice Chronicles, London 2002, 102 f.

42 Herbert Kaufman, The Collapse of Ancient States and Civilizations as an Organizational Problem, in: Norman Yoffee/ George L. Cowgill (Hg.), The Collapse of Ancient States and Civilizations, Tucson/Arizona 1988, 219–235.

43 Harvey Weiss et al., The Genesis and Collapse of Third Millennium North Mesopotamiam Civilization, in: Science 261 (1993) 995–1004.

44 Daniel Schwemer, Die Wettergottgestalten Mesopotamiens und Nordsyriens im Zeitalter der Keilschriftkulturen, Wiesbaden 2001, 436.

45 Michael Jansen/G. Urban (Hg.), Mohenjo Daro, Leiden 1985.

46 G. Singh, The Indus Valley Culture, in: Archaeology and Physical Anthropology in Oceania 6 (1971) 177–189.

47 Hermann Kulke/Dieter Rothermund, Geschichte Indiens, München 1998, 9–13, 25–44.

48 Barbara Bell, Climate and the History of Egypt: The Middle Kingdom, in: American Journal of Archaeology 79 (1975) 223–269.

49 Anthony F. Harding, Häuptlingstümer der Bronzezeit und das Ende der Steinzeit in Europa. 4500 bis 750 vor Christus, in: Göran Burenhult (Hg.), Menschen der Urzeit, Köln 2004, 315–333.

50 Klaus-Dieter Jäger/Vojen Lozek, Environmental conditions and land culti-

vation during the Urnfield Bronze Age in Central Europa, in: A. F. Harding (Hg.), Climatic Change in later prehistory, Edinburgh 1982, 162–178.

51 Mykene, in: Der Neue Pauly. Enzyklopädie der Antike, Bd. 8 (2000) Sp. 571–587.

52 William A. Ward/Martha Sharp Joukowsky, The Crisis Years: The 12[th] Century B. C. From Beyond the Danube to the Tigris, Dubuque/Iowa 1989.

53 Aristoteles Werke in deutscher Übersetzung, Hg. Ernst Grumbach, Bd. 12, Teil I Meteorologie, Darmstadt 1970, 34 f. (= Meteorologica, 1. Buch, Kapitel 15), 36.

54 Reid A. Bryson et al., Drought and the Decline of Mycenae, in: Antiquity 48 (1974) 46–50.

55 Reid A. Bryson/Thomas J. Murray, Climates of Hunger. Mankind and the World's Changing Weather, Madison/Wisc. 1977, 3–17.

56 Horst Klengel, Hungerjahre in Hatti, in: Altorientalische Forschungen 1 (1974) 165–174.

57 Hattusa, in: Der Neue Pauly. Enzyklopädie der Antike, Bd. 5 (1998) Sp. 185–198.

58 Juda und Israel, Judentum, in: Der Neue Pauly, Bd. 5 (1998) Sp. 1187–1200.

59 Hadad und Jahwe, in: Der Neue Pauly 5 (1998) Sp. 50–51, 841–843.

60 S. Grätz, Der strafende Wettergott. Erwägungen zur Traditionsgeschichte des Adad-Fluchs im Alten Orient und im Alten Testament [= Bonner Biblische Beiträge], Bodenheim 1998.

61 Stichworte Baal, Blitz, Dürre, Fieber, Finsternis, Flut, Hagel, Hunger, Korn, Pest, verdorren, vernichten, Wetter, in: Neue Konkordanz zur Einheitsübersetzung der Bibel. Bearbeitet von Franz Josef Schiersee. Neu bearbeitet von Winfried Bader, Darmstadt 1996.

62 Hubert H. Lamb, Reconstruction of the Course of the Postglacial Climate over the World, in: Anthony F. Harding (Hg.), Climatic Change in later prehistory, Edinburgh 1982, 11–32, Diagramm p. 30.

63 Kevin D. Pang et al., Climatic and Hydrologic Extremes in Early Chinese History: Possible Causes and Dates (abstract), in: Eos 70 (1989) 1095.

64 William W. Hallo, From Bronze Age to Iron Age in Western Asia: Defining the Problem, in: William A. Ward/Martha Sharp Joukowsky, The Crisis Years: The 12[th] Century B. C. From Beyond the Danube to the Tigris, Dubuque/Iowa 1989, 1–9.

65 B. Weiss, The Decline of Late Bronze Age Civilizations as a Possible Response to Climatic Change, in: Climatic Change 4 (1982) 172–198.

66 Bernd Zolitschka et al., Humans and Climatic Impact on the Environment as Derived from Colluvial, Fluvial and Lacustrine Archives – Examples from the Bronze Age to the Migration Period, Germany, in: Quaternary Science Review 22 (2003) 81–100, p. 97.

67 Günter Smolla, Der «Klimasturz» um 800 vor Chr. und seine Bedeutung

für die Kulturentwicklung in Südwestdeutschland, in: Festschrift Peter Goessler, Stuttgart 1954, 168–186.

*68* Bernd Zolitschka et al., Humans and Climatic Impact on the Environment as Derived from Colluvial, Fluvial and Lacustrine Archives – Examples from the Bronze Age to the Migration Period, Germany, in: Quaternary Science Review 22 (2003) 81–100, p. 96.

*69* Ludwig Pauli, Die Alpen in Frühzeit und Mittelalter, München 1981, 42–45.

*70* M. Stuiver/B. Becker, High Precision decadal calibration of radiocarbon time-scale, AD 1950 – BC 6000, in: Radiocarbon 35 (1993) 35–66.

*71* John Baines/Jaromir Málek, Weltaltlas der Alten Kulturen: Ägypten, München 1980, 49.

*Vom Optimum der Römerzeit zur Mittelalterlichen Warmzeit*

*1* Wilhelm Lauer/Jörg Bendix, Klimatologie, Braunschweig 2004, 287.

*2* B. D. Shaw, Climate, Environment and History: the case of Roman North Africa, in: T. M. L. Wigley/M. J. Ingram/G. Farmer (Hg.), Climate and History, Cambridge 1981, 379–403.

*3* Hubert H. Lamb, Klima und Kulturgeschichte, Reinbek 1989, 173 f.

*4* Georg W. Oesterdiekhoff, Geographische Bedingungen der Weltgeschichte. Die Wechselwirkung von Klima, Bevölkerungswachstum und Landnutzung in der Evolution der Hochkulturen, in: Zeitschrift für Agrargeschichte und Agrarsoziologie 47 (1999) 123–132, p. 126.

*5* Bernd Zolitschka et al., Humans and Climatic Impact on the Environment as Derived from Colluvial, Fluvial and Lacustrine Archives – Examples from the Bronze Age to the Migration Period, Germany, in: Quaternary Science Review 22 (2003) 81–100, p. 98.

*6* Christian-Dietrich Schönwiese, Klimaänderungen, Berlin 1995, 91.

*7* Hubert H. Lamb, Klima und Kulturgeschichte, Reinbek 1989, 174 ff.

*8* Herbert Franke/Rolf Trauzettel, Das Chinesische Kaiserreich, Frankfurt 1968, 74–116.

*9* Franz Altheim, Geschichte der Hunnen, 5 Bde., 1962–1975.

*10* Ulrich Fellmeth, Brot und Politik, Stuttgart 2001, 156 f.

*11* Andreas Alföldi, Studien zur Geschichte der Weltkrise des 3. Jahrhunderts, Darmstadt 1967.

*12* Severinus von Noricum, in: Lexikon des Mittelalters 7 (1999) Sp. 1805–1806.

*13* Eugippius, Das Leben des Heiligen Severin, Essen 1986, 35.

*14* Hubert H. Lamb, Klima und Kulturgeschichte, Reinbek 1989, 185 f.

*15* Kenneth J. Hsü, Klima macht Geschichte, Zürich 2000, 43 f.

*16* Herbert Franke/Rolf Trauzettel, Das Chinesische Kaiserreich, Frankfurt 1968, 117–187.

*17* Helmut Jäger, Einführung in die Umweltgeschichte, Darmstadt 1994, 26.

*18* Christian-Dietrich Schönwiese, Klimaänderungen, Heidelberg 1995, 81–86 passim.

19 Hubert H. Lamb, Reconstruction of the Course of the Postglacial Climate over the World, in: Anthony F. Harding (Hg.), Climatic Change in later prehistory, Edinburgh 1982, 11–32, Übersicht p. 21.
20 Hubert H. Lamb, Klima und Kulturgeschichte, Reinbek 1989, 182 f.
21 Christian-Dietrich Schönwiese, Klimaänderungen, Heidelberg 1995, 83 und 86.
22 Franz Georg Maier, Die Verwandlung der Mittelmeerwelt, Frankfurt 1968.
23 Bernd Zolitschka et al., Humans and Climatic Impact on the Environment as Derived from Colluvial, Fluvial and Lacustrine Archives – Examples from the Bronze Age to the Migration Period, Germany, in: Quaternary Science Review 22 (2003) 81–100, p. 96 ff.
24 Richard B. Stothers, Mystery cloud of AD 536, in: Nature 307 (1984) 344–345.
25 Gregor von Tours, Historiarum libri decem. Zehn Bücher Geschichten. Darmstadt 1977.
26 Georges Duby, The Early Growth of the European Economy, London 1974, 11 f.
27 Ebd., 8.
28 Pierre Riché, Die Welt der Karolinger, Stuttgart 1981, 42.
29 Ebd., 294 f.
30 Arno Borst, Lebensformen im Mittelalter, Frankfurt/Main 1973, 373 f.
31 Ebd., 374.
32 Annales Regni Francorum, (Hg.) Reinhold Rau, 124 f., nach: Hans-Werner Goetz, Leben im Mittelalter vom 7. bis zum 13. Jahrhundert, München 1986, 26.
33 Hans-Werner Goetz, Leben im Mittelalter vom 7. bis zum 13. Jahrhundert, München 1986, 27 f.
34 Hubert H. Lamb, Klima und Kulturgeschichte, Reinbek 1989, 189 f.
35 D. A. Hodell et al., Possible Role of Climate in the Collapse of Classic Maya Civilization, in: Nature 375 (1995) 391–394.
36 T. Patrick Culbert, The Collapse of the Classic Maya Civilization, in: Norman Yoffee/George L. Cowgill (Hg.), The Collapse of Ancient States and Civilizations, Tucson/Arizona 1988, 69–101.
37 Richardson B. Gill, The Great Maya Droughts: Water, Life, and Death, Albuquerque/NM 2000.
38 Larry C. Peterson/Gerald H. Haug, 150 Jahre Trockenheit. Waren langjährige Dürren der Grund für den Niedergang der Maya?, in: Spektrum der Wissenschaft, Januar 2006, 42–48.
39 Gerald H. Haug et al., Southward Migration of the Intertropical Convergence Zone Through the Holocene, in: Science 293 (2001) 1304–1308.
40 B. G. Hunt/T. I. Elliot, A Simulation of the Climatic Conditions Associated with the Collapse of the Maya Civilization, in: Climatic Change 69 (2005) 393–407.

41 Henry F. Diaz/Vera Markgraf (Hg.), El Niño. Historical and Paleoclimatic Aspects of the Southern Oscillation, Cambridge 1992, 315.
42 Allison C. Paulsen, Environment and Empire. Climatic Factors in Pre-Historic Andean Culture Change, in: World Archaeology 8 (1976) 121–132.
43 Yoshshito Shimada et al., Cultural Impacts of severe Droughts in the prehistoric Andes: application of a 1500-year ice core precipitation record, in: World Archaeology 22 (1991) 247–270.
44 L. G. Thompson et al., Reconstructing interannual climate variability from tropical and subtropical ice-core records, in: Henry F. Diaz/Verena Markgraf, El Niño, Cambridge 1992, 295–322, p. 318.
45 Roger Y. Anderson, Long-Term Changes in the Frequency of Occurrence of El Niño Events, in: Henry F. Diaz/Vera Markgraf (Hg.), El Niño, Cambridge 1992, 193–200.
46 Hermann Flohn, Das Problem der Klimaänderungen in Vergangenheit und Zukunft, Darmstadt 1985, 131.
47 Hubert H. Lamb, The Early Medieval Warm Epoch and Its Sequel, in: Palaeogeography, Palaeoclimatology, Palaeoecology 1 (1965) 13–37.
48 Malcolm K. Hughes/Henry F. Diaz, Was there a «Medieval Warm Period», and if so, where and when?, in: Climatic Change 26 (1994) 109–142.
49 Raymond S. Bradley et al., Climate in Medieval Time, in: Science 302 (2003) 404–405.
50 Jean M. Grove/Roy Switsur, Glacial Geological Evidence for the Medieval Warm Period, in: Climatic Change 26 (1994) 143–169.
51 Pierre Alexandre, Le Climat en Europe au Moyen Age, Paris 1987, 775–808.
52 J. L. Jirikowic/P. E. Damon, The Medieval solar activity maximum, in: Climatic Change 26 (1994) 309–316.
53 Hubert H. Lamb, Klima und Kulturgeschichte, Reinbek 1989, 182.
54 Dario Camuffo, Freezing of the Venezian Lagoon since the 9th Century AD in Comparison to the Climate of Western Europe and England, in: Climatic Change 10 (1987) 43–66, besonders pp. 58–64.
55 Rüdiger Glaser, Klimageschichte Mitteleuropas, Darmstadt 2001, 61–92.
56 Hubert H. Lamb, Klima und Kulturgeschichte, Reinbek 1989, 158.
57 Wilfried Weber, Die Entwicklung der nördlichen Weinbaugrenze in Europa, Trier 1980.
58 Hubert H. Lamb, Klima und Kulturgeschichte, Reinbek 1989, 198 f.
59 Andreas Holmsen, Norges Historie, Oslo 1961.
60 Zhang De'er, Evidence for the Existence of the Medieval Warm Period in China, in: Climatic Change 26 (1994) 289–297.
61 Hubert H. Lamb, Klima und Kulturgeschichte, Reinbek 1989, 201 f.
62 Paul C. Buckland/Pat E. Wagner, Is There an Insect Signal for the «Little Ice Age»? in: Climatic Change 48 (2001) 137–149.

63 Hans-Werner Goetz, Leben im Mittelalter vom 7. bis zum 13. Jahrhundert, München 1986, 21.
64 Jan Dhondt, Das frühe Mittelalter, Frankfurt 1968, 272–279.
65 Jacques Le Goff, Das Hochmittelalter, Frankfurt 1965, 187–200.
66 Christian-Dietrich Schönwiese, Klimaänderungen, Berlin 1995, 2.
67 Jacques Le Goff, Kultur des Europäischen Mittelalters, Zürich 1970.
68 C. T. Smith, An Historical Geography of Western Europa, 2. Aufl. London 1969, 129–182.
69 Jacques Le Goff, Das Hochmittelalter, Frankfurt 1965, 39.
70 Heinz Stoob, Forschungen zum Städtewesen in Europa, Köln/Wien 1970.
71 Peter Thorau, Die Kreuzzüge, München 2004.
72 James Graham-Campbell (Hg.), Cultural Atlas of the Viking World, Oxford 1994, 164–184.
73 Richard F. Tomasson, Millennium of Misery, in: Population Studies 31 (1977) 405–427.
74 Willi Dansgaard et al., Climate changes, Norsemen and modern man, in: Nature 255 (1975) 24–28.
75 James Graham-Campbell (ed.), Cultural Atlas of the Viking World, Oxford 1994.

### *Globale Abkühlung: Die Kleine Eiszeit*

*Das Konzept «Kleine Eiszeit»*

1 François E. Matthes, Report of Committee on Glaciers, in: Transactions of the American Geophysical Union 20 (1939) 518–523.
2 François E. Matthes, The Little Ice Age of Historic Times, in: F. Fryxel (Ed.), The Incomparable Valley. A Geological Interpretation of the Yosemite, Berkeley 1950, 151–160.
3 Gustaf Utterström, Climatic Fluctuations and Population Problems in Early Modern History, in: Scandinavian Economic History Review 3 (1955) 3–47.
4 Eric J. Hobsbawm, The General Crisis of the European Economy in the 17th Century, in: Past & Present, Nr. 5 (1954) 33–53.
5 Trevor Aston (Hg.), Crisis in Europe 1560–1660, London 1965.
6 Émile Durkheim, Die Regeln der soziologischen Methode, ed. René König, Frankfurt/Main 1984.
7 Emmanuel Le Roy Ladurie, Histoire et climat, in: Annales ESC 14 (1959) 3–34.
8 Peter Burke, Offene Geschichte. Die Schule der ‹Annales›, Berlin 1991.
9 Emmanuel Le Roy Ladurie, Times of Feast, Times of Famine, New York 1971.
10 Hubert H. Lamb, Climate. Present, Past and Future, 2 Bde., London 1972/1977.

11 Christian Pfister, Klimageschichte der Schweiz 1525–1860, Bern/Stuttgart 1988.
12 Rudolf Brázdil (Hg.), Climatic Change in the historical and instrumental Periods, Brünn 1990.
13 Rüdiger Glaser, Die Temperaturverhältnisse in Württemberg in der frühen Neuzeit, in: Zeitschrift für Agrargeschichte und Agrarsoziologie 38 (1990) 129–144.
14 Christian Pfister, Klimawandel in der Geschichte Europas. Zur Entwicklung und zum Potenzial der Historischen Klimatologie, in: Erich Landsteiner (Hg.), Klima Geschichten, Wien 2001, 7–43.
15 Gisli Gunnarson, A Study of Causal Relations in Climate and History, Lund 1980, 7.
16 Hermann Flohn, Das Problem der Klimaänderungen in Vergangenheit und Zukunft, Darmstadt 1985, 126.
17 Pierre Alexandre, Le Climat en Europe au Moyen Age, Paris 1987, 807 f.
18 Axel Steensberg, Archaeological Dating of Climatic Change in North Europe about A. D. 1300, in: Nature 168 (1951) 672–674.
19 John A. Eddy, The «Maunder Minimum». Sunspots and Climate in the Reign of Louis XIV., in: Geoffrey Parker/Lesley M. Smith (Hg.), The General Crisis of the Seventeenth Century, London 1978, 226–268.
20 George C. Reid, Solar Forcing of Global Climate Change since the Mid-Seventeeth Century, in: Climatic Change 37 (1997) 391–405.
21 Claus U. Hammer et al., Past volcanism and climate revealed by Greenland ice cores, in: Journal of Volcanology and Geothermal Research 11 (1981) 3–10.
22 Kevin D. Pang, Climatic Impact of the Mid-Fifteenth Century Kuwae Caldera Formation, as Reconstructed from Historical and Proxy Data, in: Eos 74 (1993) 106.
23 Chaochao Gao et al., The 1452 or 1453 A. D. Kuwae Eruption Signal Derived from Multiple Ice Core Records: Greatest Volcanic Sulfate Event of the Past 700 Years, in: Journal of Geophysical Research, Januar 2006, 1–29 (Online-Version).
24 Anne S. Palmer et al., High Precision Dating of Volcanic Events (AD 1301–1995), Using Ice Cores from Law Dome, Antarctica, in: Journal of Geophysical Research 106 (2001) 1953.
25 Shanaka L. de Silva/J. Alzueta/G. Salas, The socioeconomic consequences of the A. D. 1600 eruption of Huaynaputina, southern Peru, in: Floyd W. McCoy/Grant Heiken (Hg.), Volcanic Hazards and Disasters in Human Antiquity, Boulder/Colorado 2000, 15–24.
26 Shanaka L. de Silva/Gregory A. Zielinski, Global Influence of the A. D. 1600 eruption of Huaynaputina, Peru, in: Nature 393 (1998) 455–458.
27 Keith R. Briffa et al., Influence of volcanic eruptions on Northern Hemisphere summer temperature over the past 600 years, in: Nature 393 (1998) 450–455.

*Veränderung der Umwelt*

1 Jean M. Grove, The Little Ice Age, London/New York 1988.

2 Jean M. Grove, The Initiation of the Little Ice Age in Regions around the North Atlantic, in: Climatic Change 48 (2001) 53–82.

3 Jean M. Grove, The Onset of the Little Ice Age, in: Phil D. Jones et al., History and Climate. Memories of the Future?, Dordrecht 2001, 153–187.

4 John F. Richards, The Unending Frontier, Berkeley 2003, 79–82, Karten S. 62/63.

5 Ignacio Olagüe, La decadencia de España, Madrid 1950, Bd. 4, Kap. 25.

6 Jean M. Grove/Annalisa Conterio, The Climate of Crete in the Sixteenth and Seventeenth Centuries, in: Climatic Change 30 (1995) 223–247.

7 Von einem grosen tüfen Schnee und wie vil lüth erfroren und im schnee erstickt und umbkommen [1571], in: Matthias Senn (Hg.), Die Wickiana, Zürich 1975, 187.

8 Hartmann Braun, Nix altissima, d. i. Der große tieffe Schnee, so an etzlichen Orthen im Anfang des 1611 Jahrs gefallen, in forma concionis für Augen gestellet, über Syrach 43, 14, Darmstadt 1611.

9 Martin Pezold, Gottes weisser Mann und Winterkleid/Das ist: Schöne Anmuthige Christliche Schneegedancken/von den überauß grossen gefallenen Schneen/sonderlich dieses 1624. Jahres: Mit vielen schönen geistlichen und weltlichen Historien versetzet/sampt einem Catalogo Wunder [...] Geschichten/so sich von Anno 400. bis auff das [...] 1614. Jahr begeben, Jena 1624.

10 Emmanuel LeRoy Ladurie, Writing the History of Climate, in: The Territory of the Historian, Chicago 1979, 287–291, p. 287.

11 Topographia Helvetiae, Frankfurt 1654, 31 f.

12 Chia-cheng Chang, The Reconstruction of Climate in China for Historical Times, Peking 1988.

13 Werner Dobras, Wenn der ganze Bodensee zugefroren ist, Konstanz 1983.

14 W. Gregory Monahan, Years of Sorrows. The Great Famine of 1709 in Lyon, Columbus/Ohio 1993, 72 f.

15 Fernand Braudel, Das Mittelmeer und die mediterrane Welt in der Epoche Philipps II., Frankfurt 1990, 394.

16 Henry S. Lucas, The Great European Famine of 1315, 1316, and 1317, in: Speculum 5 (1930) 343–377.

17 Dario Camuffo, Freezing of the Venezian Lagoon since the 9$^{th}$ Century AD in Comparison to the Climate of Western Europe and England, in: Climatic Change 10 (1987) 43–66, pp. 58–64.

18 Daniel Schaller, Herold, Magdeburg 1595, 156 f.

19 Erich Landsteiner, Wenig Brot und saurer Wein, in: Wolfgang Behringer et al. (Hg.), Kulturelle Konsequenzen der «Kleinen Eiszeit», Göttingen 2005, 87–148.

20 Wilfried Weber, Die Entwicklung der nördlichen Weinbaugrenze in Europa, Trier 1980.

21 Wilhelm Lauer/Peter Frankenberg, Zur Rekonstruktion des Klimas im Bereich der Rheinpfalz seit Mitte des 16. Jahrhunderts mit Hilfe der Weinquantität und Weinqualität, Stuttgart 1986.

22 Das Buch Weinsberg. Kölner Denkwürdigkeiten aus dem 16. Jahrhundert, Bd. 5, Bonn 1926, 316.

23 Fernand Braudel, Das Mittelmeer und die mediterrane Welt in der Epoche Philipps II., Frankfurt 1990.

24 Christian Pfister, Klimageschichte der Schweiz 1525–1860, Bern/Stuttgart 1988.

25 Harald Bugmann/Christian Pfister, Impacts of Interannual Climate Variability on Past and Future Forest Composition, in: Regional Environmental Change 1 (2000) 112–125.

26 Daniel Schaller, Herold, Magdeburg 1595, 156 ff.

27 Brian Fagan, The Little Ice Age, New York 2000, 69–77.

28 H. Haller, Die Thermikabhängigkeit des Bartgeiers *Gypaetus barbatus* als mögliche Mitursache für sein Aussterben in den Alpen, in: Ornithologische Beobachtungen 80 (1983) 263–272.

29 Korrespondenz Bullinger, in: Matthias Senn (Hg.), Die Wickiana, Zürich 1975, 186 f.

30 Harald Bugmann/Christian Pfister, Impacts of Interannual Climate Variability on Past and Future Forest Composition, in: Regional Environmental Change 1 (2000) 112–125.

31 Martin Körner, Geschichte und Zoologie interdisziplinär. Feld- und Schermäuse in Solothurn 1538–1543, in: Jahrbuch für Solothurnische Geschichte 66 (1993) 441–454.

32 James R. Busvine, Insects, Hygenie and History, London 1976. – James C. Riley, Insects and the European Mortality Decline, in: American Historical Review 91 (1986) 833–858.

33 Hans Zinsser, Rats, Lice and History, London 1935.

34 Johann Fischart, Flöh Haz, Weiber Traz, Straßburg 1573.

35 Floia, cortum versicale, de flois schwartibus, illis deiriculis, quae omnes fere Minschos, Mannos, Weibras, Jungfras etc. behuppere et spitzibus suis schnaflis steckere et bitere solent. Autore Gripholdo Knickknackio ex Floilandia, Anno 1593.

36 Willi Dansgaard et al., Climate changes, Norsemen and modern man, in: Nature 255 (1975) 24–28.

37 Wolfgang Behringer, Witches and Witch Hunts. A Global History, Cambridge 2004.

38 James Graham-Campbell (Hg.), Cultural Atlas of the Viking World, Oxford 1994, 222–223.

39 Jens Peder Hart Hansen et al., The Greenland Mummies. The British Museum, London 1991.
40 Bent Fredskild, Agriculture in a marginal Area: South Greenland from the Norse Landnam (A. D. 985) to the Present (1985), in: Hilary H. Birks et al. (Hg.), The Cultural Landscape, Cambridge 1988, 381–394.
41 Kirsten A. Seaver, The Frozen Echo, Stanford/Cal. 1996.
42 Gisli Gunnarson, A Study of Causal Relations in Climate and History, Lund 1980, 13–15.
43 Gudrun Sveinbjarnardottir, Farm Abandonement in Medieval and Post-Medieval Iceland: an Interdisciplinary Study, Oxford 1992.
44 D. P. Willis, Sand and Silence. Lost Villages of the North, Aberdeen 1986.
45 Svend Gissel et al., Desertion and Land Colonisation in the Northern Countries, c. 1300–1600, Stockholm 1981.
46 Jean M. Grove, The Incident of Landslides, Avalanches and Floods in Western Norway during the Little Ice Age, in: Arctic and Alpine Research 4 (1972) 131–138.
47 K. J. Allison, Deserted Villages, London 1970.
48 Maurice W. Beresford, The Lost Villages of England, Gloucester 1987.
49 Trevor Rowley/John Wood, Deserted Villages, Buckinghamshire 1995, 16 und 19.
50 Maurice W. Beresford/J. W. Hurst, Wharram Percy. Deserted Medieval Village, 1990.
51 Wilhelm Abel, Die Wüstungen des ausgehenden Mittelalters, 3. Aufl. 1976.
52 Louis Gollut, Mémoires historiques de la République séquanoise, Dole 1592, lib. 2, cap. 18.
53 Fernand Braudel, Das Mittelmeer und die mediterrane Welt in der Epoche Philipps II., Frankfurt 1990, I, 390 f.

*Tanz des Todes*

1 William Chester Jordan, The Great Famine, Princeton 1996, 7 f.
2 David Arnold, Famine. Social Crisis and Historical Change, Oxford 1988.
3 Pierre Alexandre, Le Climat en Europe au Moyen Age, Paris 1987, 781–785.
4 Rüdiger Glaser, Klimageschichte Mitteleuropas, Darmstadt 2001, 64 f.
5 Henry S. Lucas, The Great European Famine of 1315, 1316, and 1317, in: Speculum 5 (1930) 343–377.
6 Rüdiger Glaser, Klimageschichte Mitteleuropas, Darmstadt 2001, 65.
7 William Chester Jordan, The Great Famine, Princeton 1996,127–150.
8 Klaus Bergdolt, Der schwarze Tod in Europa, München 1994, 209.
9 Rüdiger Glaser, Klimageschichte Mitteleuropas, Darmstadt 2001, 65 f.
10 Trevor Rowley/John Wood, Deserted Villages, Buckinghamshire 1995, 14.
11 Rüdiger Glaser, Klimageschichte Mitteleuropas, Darmstadt 2001, 65 f.

12 Klaus Bergdolt, Der schwarze Tod in Europa, München 1994, 208 und 212.
13 J.-L. Biraben, Les Hommes et la Peste en France et dans les Pays Européenne et Mediterrannées, 2 Bde., Paris 1975.
14 David Herlihy, The Black Death and the Transformation of the West, Cambridge/Mass. 1997.
15 Neithard Bulst, Der Schwarze Tod. Demographische, wirtschafts- und kulturgeschichtliche Aspekte der Pestkatastrophe 1347–1352, in: Saeculum 30 (1979) 45–67.
16 Heinrich Dormeier, Pestepidemien und Frömmigkeitsformen in Italien und Deutschland (14.–16. Jahrhundert), in: Manfred Jakubowski-Tiessen/Hartmut Lehmann (Hg.), Um Himmels Willen. Religion in Katastrophenzeiten, Göttingen 2003, 14–50.
17 William Chester Jordan, The Great Famine, Princeton 1996,185 f.
18 Rüdiger Glaser, Klimageschichte Mitteleuropas, Darmstadt 2001, 66 f., 84 f., 89.
19 Neidhart Bulst, Pest, in: Lexikon des Mittelalters 6 (2003) Sp. 1915–1918.
20 Moritz John Elsas, Umriß einer Geschichte der Preise und Löhne vom ausgehenden Mittelalter bis zum Beginn des 19. Jahrhunderts, 2 Bde., Leiden 1936/1949.
21 Wilhelm Abel, Agrarkrisen und Agrarkonjunkturen in Mitteleuropa vom 13. bis zum 19. Jahrhundert, 3. Aufl. Hamburg 1978.
22 Immanuel Wallerstein, The Modern World System, New York 1974.
23 Dietrich Saalfeld, Die Wandlungen der Preis- und Lohnstruktur während des 16. Jahrhunderts in Deutschland, in: Wolfram Fischer (Hg.), Beiträge zu Wirtschaftswachstum und Wirtschaftsstruktur im 16. und 19. Jahrhundert, Berlin 1971, 9–28.
24 Edward A. Eckert, The Structure of Plagues and Pestilences in Early Modern Europe, Basel 1996.
25 Carlo M. Cipolla, Christophano and the Plague, London 1973.
26 Edward A. Eckert, The Structure of Plagues and Pestilences in Early Modern Europe, Basel 1996, 150.
27 John D. Post, Famine, Mortality and Epidemic Disease in the Process of Modernization, in: Economic History Review 29 (1976) 14–37. Dazu: Andrew B. Appleby, Famine, Mortality and Epidemic Disease: A Comment, in: EcHR 30 (1977) 508–512.
28 Massimo Livi-Bacci, Population and Nutrition, Cambridge 1991.
29 S. R. Duncan/Susan Scott/C. J. Duncan, The Dynamics of Smallpox Epidemics in Britain, 1550–1800, in: Demography 30 (1993) 405–423.
30 Jean Dubos, The White Plague. Tuberculosis, Man and Society, Boston 1952.
31 Andrew B. Appleby, Disease or Famine? Mortality in Cumberland and Westmoreland, 1580–1640, in: Economic History Review 26 (1973) 403–432.

32 Ernst Woehlkens, Pest und Ruhr im 16. und 17. Jahrhundert, Uelzen 1954.
33 Emmanuel LeRoy Ladurie, L'Aménhorrée de Famine (XVIIe-XXe siècles), in: AESC 24 (1969) 1589–1597.
34 Helmut Wurm, Körpergröße und Ernährung der Deutschen im Mittelalter, in: Bernd Hermann (Hg.), Mensch und Umwelt im Mittelalter, Stuttgart 1986, 101–108.
35 Christoph Schorer, Memminger Chronik, Memmingen 1660, 101.
36 Wolfgang Behringer, Die Hungerkrise von 1570. Ein Beitrag zur Krisengeschichte der Neuzeit, in: Manfred Jakubowski-Tiessen/Hartmut Lehmann (Hg.), Um Himmels Willen. Religion in Katastrophenzeiten, Göttingen 2003, 51–156.
37 Frederic Wakeman, China and the Seventeenth-Century Crisis, in: Late Imperial China 7 (1986) 1–26.
38 Anthony Reid, The Seventeenth Century Crisis in Southeast Asia, in: Modern Asian Studies 24 (1990) 639–659.
39 Das Gesamtwerk von Brueghel. Einführung Charles de Tolnay. Wissenschaftlicher Anhang Piero Bianconi, Zürich 1967, Tafeln X–XIII.
40 Wolfgang Behringer, Mörder, Diebe, Ehebrecher. Verbrechen und Strafen in Kurbayern vom 16. bis 18. Jahrhundert, in: Richard van Dülmen (Hg.), Verbrechen, Strafen und soziale Kontrolle. Studien zur historischen Kulturforschung III, Frankfurt/Main 1990, 85–132, 287–293.
41 Edward Peters, Folter. Geschichte der peinlichen Befragung, Hamburg 1991.
42 Richard van Dülmen, Theater des Schreckens, München 1985.
43 Günter Franz, Der Dreißigjährige Krieg und das deutsche Volk, Leipzig 1940.
44 Wolfgang Behringer, Von Krieg zu Krieg. Neue Perspektiven auf das Buch von Günther Franz «Der Dreißigjährige Krieg und das deutsche Volk» (1940), in: Benigna von Krusenstern/Hans Medick (Hg.), Zwischen Alltag und Katastrophe. Der Dreißigjährige Krieg aus der Nähe, Göttingen 1999, S. 543–591.
45 Edward A. Eckert, The Structure of Plagues and Pestilences in Early Modern Europe, Basel 1996, 150.
46 Kenneth J. Hsü, Klima macht Geschichte, Zürich 2000, 33 ff.

*Winter-Blues*

1 Ettlich Hundert Herrlicher und schönner Carmina oder gedicht/von der Lanngwürigen schweren gewesten Theuerung/ grossen Hungers Not/und allerlay zuvor unerhörten Grausamen Straffen/und Plagen/so wir (Gott Lob) zum tail ausgestanden haben […], in: Stadtarchiv Augsburg, Memorbuch Paul Hektor Mairs, fol. 800–834.
2 Pitirim Sorokin, Man and Society in Calamity. The Effects of War, Revolu-

tion, Famine, Pestilence upon Human Mind, Behavior, Social Organization and Cultural Life, New York 1942.

3 R. W. Perry, Environmental Hazards and Psychopathology: Linking natural disasters with mental health, in: Environmental Management 7 (1983) 331–339.

4 R. Jay Turner/Blair Wheaton/Donald A. Lloyd, The Epidemiology of Social Stress, in: American Sociological Review 60 (1995) 104–125.

5 Robert Burton, The Anatomy of Melancholy, Oxford 1621 [6. Aufl. 1651, danach die gekürzte Übersetzung: Anatomie der Melancholie, Zürich/München 1988].

6 Norman Rosenthal, Winter Blues, New York 1993.

7 Dazu die Homepage der SAD-Association: www.sada. org. uk/sadassociation. htm.

8 Raymond W. Lam, Major Depressive Disorder: Seasonal Affective Disorder, in: Current Opinion in Psychiatry, January 1994.

9 Jelle Zeilinga de Boer/Donald Theodore Sanders, Das Jahr ohne Sommer, Essen 2004.

10 Vilhjalmar Bjarnar, The Laki Eruption [1783/84] and the Famine of the Mist, in: Carl F. Bayerschmidt/Erik J. Friis (Hg.), Scandinavian Studies, Seattle 1965, 410–421.

11 Michel de Montaigne, Über die Traurigkeit, in: Essays [1580], Frankfurt/Main 1998, 11–12.

12 Simon Musaeus, Melancholischer Teufel nützlicher Bericht/ wie man alle Melancholische Teufflische gedancken von sich treiben soll, Tham in der Neumark 1572.

13 Daniel Schaller, Herold, Magdeburg 1595, 129 f.

14 David Lederer, Verzweiflung im Alten Reich. Selbstmord während der «Kleinen Eiszeit», in: Wolfgang Behringer et al. (Hg.), Kulturelle Konsequenzen der «Kleinen Eiszeit», Göttingen 2005, 255–282.

15 David Lederer, Aufruhr auf dem Friedhof. Pfarrer, Gemeinde und Selbstmord im frühneuzeitlichen Bayern, in: Gabriela Signori (Hg.), Trauer, Verzweiflung und Anfechtung, Tübingen 1994, 189–209, p. 201 f.

16 Andres Velasquez, Libro de la Melancholia, s. d. 1585. – André de Laurens, Des Maladies Melancholiques, Paris 1597. – Alonso de Santa Cruz, De Melancholia, s. d. 1613.

17 Lawrence Babb, The Elizabethan Malady, East Lansing/Michigan 1951.

18 Michael Macdonald, Sleepless Souls. Suicide in Early Modern England, Oxford 1990.

19 Paul S. Seaver, Wallington's World. A Puritan Artisan in Seventeenth Century London, Stanford 1985.

20 Robert J. W. Evans, Rudolf II. Ohnmacht und Einsamkeit, Graz 1980.

21 Gertrude von Schwarzenfeld, Rudolf II. Der saturnische Kaiser, München 1961.

22 Felix Stieve, Die Verhandlungen über die Nachfolge Kaiser Rudolfs II. in den Jahren 1581–1602, München 1879, 48.
23 Erik Midelfort, Mad Princes of Renaissance Germany, Charlottesville/Va. 1994, 132–170.
24 Erik Midelfort, Mad Princes of Renaissance Germany, Charlottesville/Va. 1994, 178.
25 Raymond Klibansky/Fritz Saxl/Erwin Panofsky, Saturn und Melancholie. Studien zur Geschichte der Naturphilosophie und Medizin, der Religion und der Kunst, Frankfurt/Main 1992.
26 Andreas Planer [praes.]/Johann Faber [resp.], De morbo Saturnino seu melancholia, Tübingen 1593, nach: Erik Midelfort, A History of Madness in Sixteenth-Century Germany, Stanford/Calif. 1999, 162.
27 Johann Weyer, De Praestigiis Daemonum, Basel 1563. – Frankfurt/Main 1986. – Ediert in: Wolfgang Behringer (Hg.), Hexen und Hexenprozesse in Deutschland, 5., verbesserte Auflage, München 2001, 144.
28 Richard L. Kagan, Lucrecia's Dreams. Politics and Prophecy in Sixteenth Century Spain, Berkeley 1990.

### *Kulturelle Konsequenzen der Kleinen Eiszeit*

*Der zürnende Gott*

1 Von einer grusamen und erschrohenlicher gesicht, die am himmel wyt und breyt gesähen am 28. Decemb. dess verschinen 1560. iars, 1561, in: Matthias Senn (Hg.), Die Wickiana, Zürich 1975, 55.
2 Von dem grossen fhürigen zeichen, welches an unschuldigen kindlinen tag [28. 12. 1560] gesähen an vilen Orten, 1561, in: Ebd. 58.
3 Uff den fhürigen Himmel ist ein unsagliche grose kelte gefolget, 1561, in: Ebd. 58 f.
4 Manfred Jakubowski-Tiessen, Das Leiden Christi und das Leiden der Welt. Die Entstehung des lutherischen Karfreitags, in: Wolfgang Behringer et al. (Hg.), Kulturelle Konsequenzen der «Kleinen Eiszeit», Göttingen 2005, 195–214.
5 Carlos M. Eire, From Madrid to Purgatory, Cambridge 1995.
6 Allein für die Jahre 1564–1566 findet man in den Buchmesskatalogen Dutzende solcher Trostschriften, wie z. B.: Nikolaus Selnecker, Bericht vom sterben/und von sterbenden leuffen/und wie man sich Christlich darinn halten und trösten soll, Leipzig 1565.- Johann Lang, Trostbüchlein. Wie man die krancken und sterbenden besuchen und trösten soll, Lauingen 1566.
7 Leonhard Lenk, Augsburger Bürgertum im Späthumanismus und Frühbarock, Augsburg 1968, 82–86.
8 Andreas Gryphius, Gesamtausgabe der deutschsprachigen Werke, 8 Bde., Tübingen 1963–1972.
9 Heinz Schilling, «Geschichte der Sünde» oder «Geschichte des Verbre-

chens»?, in: Annali dell' istituto storico italo-germanico in: Trento 12 (1986) 169–192.

10 William Monter, Sodomy and Heresy in Early Modern Switzerland, in: Journal of Homosexuality 8 (1980/81) 41–53.

11 Richard van Dülmen, Theater des Schreckens, München 1985.

12 Günter Pallaver, Das Ende der schamlosen Zeit. Die Verdrängung der Sexualität in der frühen Neuzeit am Beispiel Tirols, Wien 1987.

13 Heinrich Richard Schmidt, Dorf und Religion, Stuttgart 1995.

14 Das Buch Weinsberg. Kölner Denkwürdigkeiten aus dem 16. Jahrhundert, Bd. 5, Bonn 1926, 193 f.

15 Howard S. Becker, Outsiders, New York 1963, 147–163, 148.

16 Michel de Montaigne, Essays [1580], Frankfurt/Main 1998, 520.

17 Will-Erich Peuckert, Religiöse Unruhe um 1600, in: Richard Alewyn (Hg.), Deutsche Barockforschung. Dokumentation einer Epoche, Köln/Berlin 1968, 75–93.

18 Winfried Schulze, Untertanenrevolten, Hexenverfolgungen und «Kleine Eiszeit»? Eine Krise um 1600, in: Bernd Roeck/Klaus Bergdolt/Andrew John Martin (Hg.), Venedig und Oberdeutschland in der Renaissance. Beziehungen zwischen Kunst und Wirtschaft, Sigmaringen 1993, 289–312.

19 Judenfeindschaft, in: Lexikon des Mittelalters 5 (1999) Sp. 790–792.

20 Friedrich Battenberg, Das europäische Zeitalter der Juden. Bd. 1, Darmstadt 1990, 91 f.

21 Malcolm Barber, Lepers, Jews and Moslems: The Plot to Overthrow Christendom in 1321, in: History 66 (1981) 1–17.

22 František Graus, Pest – Geißler – Judenmorde, Göttingen 1987, 155–274, 299–334.

23 Friedrich Battenberg, Das europäische Zeitalter der Juden, Bd. 1, Darmstadt 1990, 123 f.

24 Norman Cohn, Europe's Inner Demons: An Enquiry inspired by the Great Witch-Hunt, London 1975.

25 Wolfgang Behringer, Climatic Change and Witch-Hunting. The Impact of the Little Ice Age on Mentalities, in: Climatic Change 43 (1999) 335–351.

26 Richard Golden (Hg.), The Encyclopedia of Witchcraft, 4 Bde., Santa Barbara/Ca. 2006.

27 Johannes Franck, Geschichte des Wortes Hexe, in: Joseph Hansen (Hg.), Quellen und Untersuchungen zur Geschichte des Hexenwahns und der Hexenverfolgung im Mittelalter, Bonn 1901, 614–670.

28 Wolfgang Behringer, Weather, Hunger and Fear. The Origins of the European Witch Persecution in Climate, Society and Mentality, in: German History 13 (1995) 1–27.

29 Wolfgang Behringer, Neun Millionen Hexen. Entstehung, Tradition und

Kritik eines populären Mythos, in: Geschichte in Wissenschaft und Unterricht 49 (1998) 664–685.

30 Günter Jerouschek/Wolfgang Behringer (Hg.), Heinrich Kramer (Institoris), Der Hexenhammer. Malleus maleficarum. Neu aus dem Lateinischen übertragen von Wolfgang Behringer, Günter Jerouschek und Werner Tschacher, München 2000.

31 Johann Weyer, De Praestigiis Daemonum, Basel 1563, Vorwort und Anhang.

32 Wolfgang Behringer, Witches and Witch-Hunts. A Global History, Cambridge 2004.

*Die Sündenökonomie als Motor der Veränderung*

1 Caspar Macer, Drei Bittpredigten: 1. Von der großen Theuerung, 2. Vom Krieg und Blutvergießen, 3. Von der Pestilentz, gehalten zu Regensburg, München 1572.

2 Otto Ulbricht, Extreme Wetterlagen im Diarium Heinrich Bullingers (1504–1574), in: Wolfgang Behringer et al. (Hg.), Kulturelle Konsequenzen der «Kleinen Eiszeit», Göttingen 2005, 149–178.

3 Jacobus Feucht, Fünf Predigten zur Zeit der grossen Theuerung/Hungersnoth und Ungewitter/darinn die fünff fürnembsten ursachen des Göttlichen Zorns angezeigt werden, Köln 1574.

4 Ludwig Lavater, Von thüwre und hunger dry Predigen […], Zürich 1571.

5 Thomas Rorarius, Fuenff und zwentzig Nothwendige Predigten von der Grausamen regierenden Thewrung, Frankfurt/Main 1572. – Zwo Predig, wie man sich Christlich halten soll, wann grosse Ungewitter oder Hagel sich erheben, mit […] Underrichtung von dem Leutten gegen Wetter […]. Die erst D. Johannes Brentzen. Die ander Thoman Roerers. Das dritt M. Christoffen Vischers, Nürnberg 1570.

6 Predigt über Hunger- und Sterbejahre, von einem Diener am Wort, sine loco 1571.

7 Neue Konkordanz zur Einheitsübersetzung der Bibel. Erarbeitet von Franz Joseph Schierse, neu von Winfried Bader, Darmstadt 1996, pp. 632 f. (Hagel), 782 ff. (Hunger), 1241 (Pest), 2024–2031 (Zorn Gottes).

8 Gordon Manley, Climatic Fluctuations and Fuel Requirements, in: Scottish Geographical Magazine 73 (1957) 19–28.

9 Das Buch Weinsberg. Kölner Denkwürdigkeiten aus dem 16. Jahrhundert, Bd. 5, Bonn 1926, 354.

10 Daniel Schaller, Herold, Magdeburg 1595, 156 f.

11 Richard van Dülmen, Kultur und Alltag in der Frühen Neuzeit, Bd. 1, München 1990, 56–68.

12 Bernd Roeck, Lebenswelt und Kultur des Bürgertums in der Frühen Neuzeit, München 1991, 15 f.

13 Michel de Montaigne, Tagebuch einer Badereise, Gütersloh 1963.

14 Das Buch Weinsberg. Kölner Denkwürdigkeiten aus dem 16. Jahrhundert, Bd. 5, Bonn 1926, 213.
15 Ebd. Bd. 3, Bonn 1897, 256–258.
16 Ernst Walter Zeeden, Deutsche Kultur in der Frühen Neuzeit, Frankfurt/Main 1968, 308.
17 Das Buch Weinsberg, Bd. 5, Bonn 1926, 121 (Schlafanzug), 213 (neuer Schlafanzug), 360 f. (Essen).
18 Andreas Musculus, Vermahnung und Warnung vom zerluderten, zucht- und ehrverwegenen pludrigten Hosenteufel, Leipzig 1555.
19 Theatrum Diabolorum, Frankfurt/Main 1569, 388 ff.
20 Johann Strauß, Wider den Kleider/Pluder/Pauß/und Krauß Teuffel, Freiberg 1581. – Lukas Osiander, Ein Predig von Hoffertigen/ungestalter Kleydung der Weibs und Mannspersonen, Tübingen 1586.
21 Ludmila Kybalova et al., Das große Bilderlexikon der Mode, Gütersloh/Berlin 1975, 139–162.
22 Das Buch Weinsberg. Kölner Denkwürdigkeiten aus dem 16. Jahrhundert, Bd. 5, Bonn 1926, 256 f., 269.
23 John Vanderbank, Francis Bacon, National Portrait Gallery, London.
24 Das Buch Weinsberg. Kölner Denkwürdigkeiten aus dem 16. Jahrhundert, Bd. 2, Köln 1887, 377.
25 R. an der Heiden, Die Porträtmalerei des Hans von Aachen, in: Jahrbuch der Kunsthistorischen Sammlungen 66 (1970) 135–226.
26 Ludmila Kybalova et al., Das große Bilderlexikon der Mode, Gütersloh/Berlin 1975, 163–189.
27 Prag um 1600. Kunst und Kultur am Hofe Kaiser Rudolfs II., 2 Bde., Freren/Emsland 1988.
28 J. Anderson Black/Madge Garland, A History of Fashion, London 1975, 165 f.
29 Das Buch Weinsberg, Bd. 3 257.
30 Johann Reinhold, Predig wider den unbändigen Putzteufel, Frankfurt/Main 1609, 3.
31 Aegidius Albertinus, Luzifers Königreich und Seelengejaid, München 1616, 106 f.
32 Thomas Da Costa Kaufmann, Arcimboldo and Propertius. A Classical Source for Rudolf II. as Vertumnus, in: Zeitschrift für Kunstgeschichte 48 (1985) 117–123.
33 Arnold Hauser, Der Manierismus, München 1964.
34 Andreas Tönnesmann, Der europäische Manierismus 1520–1610, München 1997.
35 Hans Neuberger, Climate in Art, in: Weather 25 (1970) No. 2, 46–56.
36 Johann Georg Prinz zu Hohenzollern (Hg.), Von Greco bis Goya, München 1982, 52 f., 156–167.
37 Das Gesamtwerk von Bruegel, Zürich 1967, 6 und Tafeln XXXII und XXXIII.

38 F. Groissmann, Pieter Bruegel, 3. rev. ed. London/New York 1973.
39 Das Gesamtwerk von Bruegel, Zürich 1967, 6 und Tafeln XXVIII bis XXXI.
40 Ebd., Tafeln XL bis XLIII und XLVII.
41 Lawrence Otto Goedde, Tempest and Shipwreck in Dutch and Flemish Art, London 1989.
42 Knut Frydendahl/H. H. Lamb, Historic Storms of the North Sea, Cambridge 1991.
43 Hans Khevenhüller, Geheimes Tagebuch, 1548–1605, Graz 1971, 89.
44 Orlando di Lasso, Bußpsalmen, München 1572.
45 Patrice Veit, «Gerechter Gott, wo will es hin/Mit diesen kalten Zeiten?». Witterung, Not und Frömmigkeit im evangelischen Kirchenlied, in: Wolfgang Behringer et al. (Hg.), Kulturelle Konsequenzen der «Kleinen Eiszeit», Göttingen 2005, 283–310.
46 Paul Münch, Das Jahrhundert des Zwiespalts, Stuttgart 1999, 139 ff.
47 Karl G. Fellerer, Der Stilwandel in der europäischen Musik um 1600, Opladen 1972.
48 Johannes Janssen, Geschichte des deutschen Volkes seit dem Ausgang des Mittelalters, Bd. 6: Kunst und Volksliteratur bis zum Beginn des dreißigjährigen Krieges, Freiburg/Breisgau 1893, 425–457.
49 Bernd Roeck, Renaissance – Manierismus – Barock. Sozial- und klimageschichtliche Hintergründe künstlerischer Stilveränderungen, in: Wolfgang Behringer et al. (Hg.), Kulturelle Konsequenzen der Kleinen Eiszeit, Göttingen 2005, 323–347.
50 Eliska Fucíková, The Collection of Rudolf II at Prague: Cabinet of Curiosities or Scientific Museum?, in: Oliver Impey/Arthur MacGregor (Hg.), The Origins of the Museum, Oxford 1986, 49–53.
51 Sigmund Feyerabend (Hg.), Theatrum Diabolorum, Frankfurt/Main 1569.
52 Peter Schmidt (Hg.), Erster und ander Theil Theatri Diabolorum, Frankfurt/Main 1587.
53 Abraham Sawr (Hg.), Theatrum de Veneficis, Frankfurt/Main 1586.
54 James VI. of Scotland, Daemonologie, in forme of a dialoge, Edinburgh 1597.
55 Stuart Clark, Thinking with Demons, Oxford 1999.
56 Hans Rupprich, Die deutsche Literatur vom Spätmittelalter zum Barock, Bd. 2, München 1973, 191–198.
57 Gustav René Hocke, Manierismus in der Literatur, Reinbek 1959.
58 Richard Newald, Die deutsche Literatur vom Späthumanismus zur Empfindsamkeit 1570–1750, München 1967, 18 f.
59 Andreas Gryphius, Gesamtausgabe der deutschsprachigen Werke., 8 Bde., Bd. 1, Tübingen 1963, 33.
60 Marian Szyrocki, Die deutsche Literatur des Barock, Stuttgart 1979, 147.
61 Klaus Garber, Der locus amoenus und der locus terribilis, Köln/Wien 1974.

62 Martin Opitz, Buch von der deutschen Poeterey [Breslau 1624], Stuttgart 1970.
63 Marian Szyrocki, Die deutsche Literatur des Barock, Stuttgart 1979, 170 ff.
64 Wolfram Mauser, Was ist dies Leben doch? Zum Sonett «Thränen in schwerer Kranckheit» von Andreas Gryphius, in: Volker Meid (Hg.), Gedichte und Interpretationen, Bd. 1, Stuttgart 1982, 222–230.
65 Ferdinand von Ingen, Vanitas und Memento Mori in der deutschen Barocklyrik, Groningen 1966.

*Die kühle Sonne der Vernunft*

1 Susan Reynolds Whyte, Questioning Misfortune. The Pragmatics of Uncertainty in Eastern Uganda, Cambridge 1997.
2 Charles Tilly (Hg.), The Formation of National States in Western Europe, Princeton 1975.
3 Jan de Vries, Analysis of historical Climate-Society Interactions, in: Robert W. Kates/Jesse H. Ausubel/Mimi Berberian (Hg.), Climate Impact Assessment, Chichester 1985, 273–292, p. 286 f.
4 Theodore K. Rabb, The Struggle for Stability in Early Modern Europe, New York 1975.
5 Immanuel Wallerstein, The Modern World-System, New York 1974.
6 Thomas Hobbes, Leviathan, London 1651.
7 Thomas Robisheaux, Rural Society and the Search for Order in Early Modern Germany, Cambridge 1989.
8 Markus Raeff, The Well-Ordered Police State, New Haven 1983.
9 Michael Stolleis, Staat und Staatsräson in der frühen Neuzeit, Frankfurt/M. 1990.
10 Norbert Elias, Über den Prozeß der Zivilisation, 2 Bde., Frankfurt/Main 1978.
11 Post-Ordnung, in: Johann Heinrich Zedler (Hg.), Großes vollständiges Universal-Lexicon aller Wissenschaften und Künste, 64 Bde., Halle/Leipzig 1732–1754, Bd. 28 (1741) Sp. 1812–1827.
12 Johannes Kepler, Harmonices mundi, Frankfurt/Main 1619.
13 Henning Eichberg, Geometrie als barocke Verhaltensnorm, Fortifikation und Exerzitien, in: Zeitschrift für Historische Forschung 4 (1977) 17–50.
14 Marian Szyrocki (Hg.), Poetik des Barock, Stuttgart 1977.
15 Willer, Herbstmesse 1570. – Edition von: Fabian (1972) I, 308–311.
16 Konrad Heresbach, Rei rusticae libri quatuor. Vier Bücher über Landwirtschaft [1570], hg. von Wilhelm Abel. Nach der Köln. Originalausg. übers. v. Helmut Dreitzel, Meisenheim 1970.
17 Konrad Heresbach, Fovre bookes of Husbandry, London 1577.
18 Charles Estienne, L' Agriculture & Maison rustique, Paris 1572 [Erstausgabe von 1564, 2. Aufl. 1567. – Spätere Ausgaben 1576, 1583, 1589, 1598, 1602, 1625, 1653, 1677. – Deutsche Übersetzung: Sieben Bücher von dem Feldbau, Straßburg 1579.

**19** Martin Grosser, Kurtze und einfeltige anleytung Zu der Landtwirtschafft; beyder im Ackerbaw, und in der Viehzucht, s. l. 1590. – Johannes Colerus, Oeconomia ruralis et domestica, 1593. – Deutsch: Oeconomia oder Haussbuch, Wittenberg 1593.

**20** Klaus Herrmann, Pflügen, Säen, Ernten. Landarbeit und Landtechnik in der Geschichte, Reinbek 1985, 112.

**21** Bartholomäus Scultetus, Ein ewigwerend Prognosticon/von aller Witterung in der Lufft/und der Wercken der andern Element, Görlitz 1572.

**22** Tobias Lotter, Gründlicher und nothendiger Bericht, was von denen ungestümen Wettern, verderblichen Hägeln und schädlichen Wasserfluten, mit welchen Teutschland an sehr vielen orten in dem 1613. Jar ernstlich heimgesucht worden, zuhalten seye […], Stuttgart 1615.

**23** Johann Georg Sigwart, Ein Predigt Vom Reiffen und Gefröst, den 25. Aprilis […] 1602 (als die nächste Tag zuvor, nemblich den 21., 22., und 23. gemelten Mondts das Rebwerck erfroren), […], Tübingen 1602. – Johann Georg Sigwart, Ein Predigt Vom Hagel und Ungewitter, Im Jahr Christi 1613, den 30 May […] als am Sambstag Abends zuvor Nachmittag vor 5 Uhren ein schröcklicher Hagel gefallen […], Tübingen 1613.

**24** Wolfgang Behringer, Climatic Change and Witch-Hunting. The Impact of the Little Ice Age on Mentalities, in: Climatic Change 43 (1999) 335–351.

**25** Wolfgang Behringer, Im Zeichen des Merkur. Reichspost und Kommunikationsrevolution in der Frühen Neuzeit, Göttingen 2003.

**26** Günter Abel, Stoizismus und Frühen Neuzeit, Berlin 1978.

**27** Galileo Galilei, Dialogo sopra i due massimi sistemi [1632]. Dialog über die beiden hauptsächlichsten Weltsysteme, ed. R. Sexl, Darmstadt 1982.

**28** Francis Bacon, Novum Organon scientarum [1620]. Neues Organ der Wissenschaften, Darmstadt 1981.

**29** Eveline Cruikshanks, The Glorious Revolution, London 2000.

**30** Lynn Thorndike, A History of Magic and Experimental Science, 8 vols., New York 1923–1958.

**31** Benvenuto Cellini, Leben des Benvenuto Cellini, München 1993.

**32** Girolamo Cardano, Des Girolamo Cardano von Mailand eigene Lebensbeschreibung, Kempten 1969.

**33** Gianbattista della Porta, Magia naturalis in libri XX, Neapel 1589.

**34** Peter J. French, John Dee. The World of an Elizabethan Magus, New York 1989.

**35** Bruce T. Moran, The Alchemical World of the German Court. Occult Philosophy and Chemical Medicine in the Circle of Moritz of Hessen (1572–1632), Stuttgart 1991.

**36** Isaac Newton, Philosphiae Naturalis Principia Mathematica, London 1687.

**37** Herbert Butterfield, The Origins of Modern Science, London 1965.

**38** E. J. Dijksterhuis, Die Mechanisierung des Weltbildes, Berlin 1956.

39 Thomas S. Kuhn, Die Struktur wissenschaftlicher Revolutionen, Frankfurt am Main 1973.
40 Roy Porter, The Creation of the Modern World, New York 2000, 149.
41 Samuel E. Finer, State- and Nation-Building in Europe: The Role of the Military, in: Tilly (1975) 84–163.
42 Peter Burke, Die Inszenierung des Sonnenkönigs, Berlin 1993.
43 Burkhard Frenzel (Hg.), Climatic Trends and Anomalies in Europe 1675–1715, Stuttgart 1994.
44 Marcel Lachiver, Les Années de Misère: la Famine au Temps du Grand Roi, 1680–1720, Paris 1991.
45 S. Lindgren/J. Neumann, The cold wet year 1695, in: Climatic Change 3 (1981) 173–187
46 Eeino Jutikkala, The great Finnish famine in 1696/97, in: Scandinavian Economic History Review 3 (1955) 48–63.
47 Patrice Berger, French Administration in the Famine of 1693, in: European Studies Review 8 (1978) 101–127.
48 W. Gregory Monahan, Years of Sorrows. The Great Famine of 1709 in Lyon, Columbus/Ohio 1993.
49 Jonathan Israel, The Dutch Republic. Its Rise, Greatness, and Fall 1477–1806, Oxford 1995, 334 f.
50 Klaus Herrmann, Pflügen, Säen, Ernten, Reinbek 1985, 115–138.
51 Jonathan I. Israel, The Dutch Republic. Its Rise, Greatness, and Fall, 1477–1806, Oxford 1995.
52 Michael Budde (Hg.), Die «Kleine Eiszeit», Berlin 2001.
53 Paul Hazard, Die Herrschaft der Vernunft, Hamburg 1949.
54 Mark Overton, Agricultural Revolution in England, Cambridge 1996.
55 L. C. Madonna, Christian Wolff und das System des klassischen Rationalismus, 2001.
56 Kurtze zufällige und vermischte Gedancken, über den hefftigen Schnee und Frost-Winter, Tübingen 1740.
57 Observationes Meteorologicae, Wießenburg am Nordgau 1740, 42 f.
58 M. G. Pearson, The Winter of 1739–40 in Scotland, in: Weather 28 (1973) 20–24.
59 John Barker, An Inquiry into the Nature, Cause and Cure of the present Epidemic Fever, London 1742.
60 Johann Rudolph Marcus, Nachricht von dem im ietzigen 1740ten Jahre eingefallenen ausserordentlich strengen und Langen Winter …, Leipzig s. d. [1740], 15 f.
61 Gordon Manley, The Great Winter of 1740, in: Weather 13 (1958) 11–17; K. L. Gruffyd, The Vale of Clwyd Corn Riots of 1740, in: Flintshire Publications 27 (1975/76) 36–42; B. W. Alexander, The Epidemic Fever (1741–42), in: Salisbury Medical Bulletin 11 (1971) 24–29; Michael Drake, The Irish Demographic Crisis of 1740–41, in: Historical Studies 6 (1968) 101–124.

62 M. Deutsch et al., Der Winter 1739/40 in Halle/Saale, Berlin 1996.
63 John D. Post, Food Shortage, Climatic Variability, and Epidemic Disease in Preindustrial Europe. The Mortality Peak in the early 1740s, Ithaca/London 1985.
64 H. Arakawa, Meteorological Conditions of the Great Famines in the Last Half of the Tokugawa Period, Japan, in: Papers in Meteorology and Geophysics (Tsukuba) 6 (1955) 101–115.
65 Kiyoshi Inoue, Geschichte Japans [1963], Frankfurt/Main 1993, 261 ff., 266 f.
66 Vilhjalmar Bjarnar, The Laki Eruption and the Famine of the Mist, in: Carl F. Bayerschmidt/Erik J. Friis (Hg.), Scandinavian Studies, Seattle 1965, 410–421.
67 Sigurd Thorarinsson, The Lakagigar eruption of 1783, in: Bulletin Volcanologique 33 (1969) 910–929.
68 Gaston R. Demarée et al., Bons Baisers d'Islande: Climatic, Environmental and Human Dimensions Impacts of the Lakagigar Eruption (1783–1784) in Iceland, in: Phil D. Jones et al. (Hg.), History and Climate. Memories of the Future?, Dordrecht 2001, 219–246.
69 Johann Ernst Basilius Wiedeburg, Über die Erdbeben und den allgemeinen Nebel von 1783, in: Göttingische Anzeigen von gelehrten Sachen 47 (1784) 470–472.
70 Benjamin Franklin, Meteorological Imaginations and Conjectures, in: Memoirs of the Manchester Literary and Philosophical Society 2 (1785) 373–377.
71 Manfred Vasold, Die Eruptionen des Laki von 1783/84. Ein Beitrag zur deutschen Klimageschichte, in: Naturwissenschaftliche Rundschau 57 (2004) 602–608.
72 Alan Taylor, «The Hungry Year»: 1789 on the Northern Border of Revolutionary America, in: Alessa Johns (Hg.), Dreadful Visitations. Confronting Natural Catastrophe in the Age of Enlightenment, New York/London 1999, 145–181.
73 Jack A. Goldstone, Revolution and Rebellion in the Early Modern World, Berkeley 1991.
74 Chris E. Paschold/Albert Gier (Hg.), Die Französische Revolution, Stuttgart 1989, 47 f.
75 George Lefebvre, La Grande Peur de 1789, Paris 1970.
76 Eberhard Weis, Der Durchbruch des Bürgertums 1776–1847, Berlin/Wien 1982, 300.
77 Eberhard Weis, Frankreich von 1661 bis 1789, in: Theodor Schieder (Hg.), Handbuch der Europäischen Geschichte, Bd. 4, Stuttgart 1968, 166–307, p. 270.
78 Tom Simkin et al. (Hg.), Volcanoes of the World, Stroudsberg/Pennsylvania 1981, 112–131.

79 Henry Stommel/Elizabeth Stommel, Volcano Weather, Newport/R. I., 1983.
80 C. R. Harrington (Hg.), The Year Without a Summer? World Climate in 1816, Ottawa 1992.
81 Wolfgang Behringer, Witches and Witch-Hunts. A Global History, Cambridge 2004.
82 Jacob Katz, Die Hep-Hep-Verfolgungen des Jahres 1819, Berlin 1994.
83 Jörn Sieglerschmidt, Untersuchungen zur Teuerung in Südwestdeutschland 1816/17, in: Festschrift Hans-Christoph Rublack, Frankfurt/Main 1992, 113–144.
84 Gerald Müller, Hunger in Bayern, 1816–1818. Politik und Gesellschaft in einer Staatskrise des frühen 19. Jahrhunderts, Frankfurt/Main 1998.
85 James Jamson, Report on the Epidemic Cholera Morbus as It Visited the Territories Subject to the Presidency of Bengal in the Years 1817, 1818, and 1819, Calcutta 1820.
86 Richard Evans, Tod in Hamburg. Stadt, Gesellschaft und Politik in den Cholerajahren, 1996.
87 Wolfgang U. Eckart, Cholera, in: Enzyklopädie der Neuzeit 2 (2005) Sp. 717–720.
88 Cecil-Blanche Woodram-Smith, Great Hunger: Ireland 1845–1849, London 1962.
89 Joachim Schaier, Verwaltungshandeln in einer Hungerkrise. Die Hungersnot 1846/47 im badischen Odenwald, Wiesbaden 1988.
90 Thomas Martin Devine/Willie Orr, The Great Highland Famine, Edinburgh 1988.
91 Michael Maurer, Kleine Geschichte Irlands, Stuttgart 1998, 219–226.
92 Christine Kinealy, A Death-dealing Famine: the Great Hunger in Ireland, London 1997.
93 H. Arakawa, Meteorological Conditions of the Great Famines in the Last Half of the Tokugawa Period, Japan, in: Papers in Meteorology and Geophysics (Tsukuba) 6 (1955) 101–115, pp. 112 ff.
94 Kiyoshi Inoue, Geschichte Japans [1963], Frankfurt/Main 1993, 309 ff.

### *Globale Erwärmung: Die Moderne Warmzeit*

#### *Die scheinbare Abkoppelung von den Kräften der Natur*

1 Josef Ehmer, Bevölkerung, in: Enzyklopädie der Neuzeit 2 (2005) Sp. 94–119.
2 David Blackbourn, The Conquest of Nature, London 2006.
3 Frank Konersmann, Agrarrevolution, in: Enzyklopädie der Neuzeit 1 (2005) Sp. 131–136.
4 Mary Douglas, Reinheit und Gefährdung, Berlin 1985.
5 Robert Jütte, Ärzte, Heiler und Patienten. Medizinischer Alltag in der frühen Neuzeit, München 1991.

6 Josef Ehmer, Demographische Krisen, demographische Transition, in: Enzyklopädie der Neuzeit, Bd. 2, Stuttgart 2005, Sp. 899–914.
7 Karl Heinz Ludwig/Volker Schmidtchen, Metalle und Macht, 1000–1600 [=Propyläen Technikgeschichte, 6 Bde., hg. von Wolfgang König, Bd. 2], Berlin 1992, 76–106.
8 Paul Mantoux, The Industrial Revolution in the Eighteenth Century, London 1928, 224.
9 Mark Overton, Agricultural Revolution in England, Cambridge 1996.
10 David S. Landes, Der entfesselte Prometheus, Köln 1973, 98 ff.
11 Paul Mantoux, The Industrial Revolution in the Eighteenth Century, London 1928, 189–219.
12 Akos Paulinyi/Ulrich Troitzsch, Mechanisierung und Maschinisierung, 1600 bis 1840, Berlin 1991.
13 Felix Butschek, Europa und die Industrielle Revolution, Wien 2002.
14 Akos Paulinyi/Ulrich Troitzsch, Mechanisierung und Maschinisierung, 1600 bis 1840 [= Propyläen Technikgeschichte, 6 Bde., hg. von Wolfgang König, Bd. 3], Berlin 1991, 353–368.
15 David S. Landes, Der entfesselte Prometheus, Köln 1973, 99.
16 Carlo Cipolla (Hg.), Die Industrielle Revolution, Stuttgart 1976, 4.
17 Jörn Sieglerschmidt (Hg.), Der Aufbruch ins Schlaraffenland. Stellen die Fünfziger Jahre eine Epochenschwelle im Mensch-Umwelt-Verhältnis dar? [= Environmental History Newsletter 2], Mannheim 1995.
18 Christian Pfister, Das 1950er Syndrom – die umweltgeschichtliche Epochenschwelle zwischen Industriegesellschaft und Konsumgesellschaft, in: Jörn Sieglerschmidt (Hg.), Der Aufbruch ins Schlaraffenland, Mannheim 1995, 28–71.
19 Rolf Peter Sieferle, Der unterirdische Wald. Energiekrise und Industrielle Revolution, München 1982.
20 Donella und Dennis Meadows, Die neuen Grenzen des Wachstums, Stuttgart 1992, 123.
21 Carlo M. Cipolla, The Economic History of World Population, New York 1978, 113–117.
22 Bevölkerungsentwicklung, in: Brockhaus Enzyklopädie Bd. 3 (2006) 789–794.
23 Rolf Peter Sieferle, Fortschrittsfeinde? Opposition gegen Technik und Industrie von der Romantik bis zur Gegenwart, München 1984.
24 Ulrich Linse, «Barfüßige Propheten». Erlöser der zwanziger Jahre, Berlin 1983.
25 Club of Rome, in: Brockhaus Enzyklopädie 5 (2006) 761–762.
26 Dennis Meadows/et al., Die Grenzen des Wachstums, Bericht des Club of Rome zur Lage der Menschheit, Stuttgart 1972, 164.
27 Silvia Liebrich, Grönland hofft auf Ölreichtum, in: Süddeutsche Zeitung, 25. Juli 2006, 26.

*Die Entdeckung der globalen Erwärmung*

1 Spencer R. Weart, The Discovery of Global Warming, Cambridge/Mass. 2003, 3 f.

2 Svante Arrhenius, On the Influence of Carbonic Acid in the Air upon the Temperature of the Ground, in: Philosophical Magazine 41 (1896) 237–276.

3 Henning Rohde/Robert Charlson (Hg.), The Legacy of Svante Arrhenius, Stockholm 1998.

4 Spencer R. Weart, The Discovery of Global Warming, Cambridge/Mass. 2003, 6 f.

5 Guy Steward Callendar, The Artificial Production of Carbon Dioxide and Its Influence on Climate, in: Quarterly Journal of the Royal Meterological Society 64 (1938) 223–240.

6 Gilbert N. Plass, The Carbon Dioxide Theory of Climatic Change, in: Tellus 8 (1956) 140–154.

7 James Rodger Fleming, Historical Perspectives in Climate Change, New York 1998, Diagramm 9–5.

8 Stefan Rahmstorf/Hans Joachim Schellnhuber, Der Klimawandel, München 2006, 33.

9 Spencer R. Weart, The Discovery of Global Warming, Cambridge/Mass. 2003, 68 f.

10 Paul Andrew Mayewski/Frank White, The Ice Chronicles, London 2002, 24 f.

11 J. Murray Mitchell jr., Recent Secular Changes of Global Temperature, in: Annals of the New York Academy of Sciences 95 (1961) 247–249.

12 George J. Kukla/R. K. Matthews, When will the Present Interglazial End?, in: Science 178 (1972) 190–191.

13 A. C. Stern (Hg.), Air Pollution, 2 Bde., New York 1962.

14 Reid A. Bryson/Wayne M. Wendland, Climatic Effects of Atmospheric Pollution, in: S. Fred Singer (Hg.), Global Effects of Environmental Pollution, New York 1970, 130–138.

15 J. Murray Mitchell jr., A Preliminary Evaluation of Atmospheric Pollution as a Cause of the Global Temperature Fluctuation of the Past Century, in: S. Fred Singer (Hg.), Global Effects of Environmental Pollution, New York 1970, 139–155.

16 Tor Bergeron, Richtlinien einer dynamischen Klimatologie, in: Meteorologische Zeitschrift 47 (1930) 246–262.

17 Hubert H. Lamb, Klima und Kulturgeschichte, Reinbek 1989, 28 f., 404 f., 426.

18 Lowell Ponte, The Cooling, Englewood Cliffs/NJ 1976, 217–233, 239 f.

19 Syukuro Manabe/R. T. Wetherald, Thermal Equilibrium of the Atmosphere with a given distribution of relative humidity, in: Journal of Atmos. Science 24 (1967) 241–259.

20 Syukuro Manabe, The Dependence of Atmospheric Temperature on the Concentration of Carbon Dioxide, in: S. Fred Singer (Hg.), Global Effects of Environmental Pollution, New York 1970, 25–29.
21 Wallace S. Broecker, Are We on the Brink of a Pronounced Global Warming?, in: Science 189 (1975) 460–464.
22 Stephen H. Schneider, Editorial for the First Issue of Climatic Change, in: Climatic Change 1 (1977) 3–4.
23 W. W. Kellogg/R. Schware, Climate Change and Society, Westview Press 1981.
24 R. E. Dickinson/R. J. Cicerone, Future Global Warming from atmospheric trace gases, in: Nature 319 (1986) 109–115.
25 H. L. Pearman (Hg.), Greenhouse. Planning for Climatic Change, Melbourne 1988.
26 T. J. Marsh/R. A. Monkhouse/N. Arnell u. a., The 1988–92 Drought, Wallingford 1994.
27 Stephen H. Schneider, Global Warming, New York 1990, Vorwort und 13 ff.
28 Robert Lichter, A Study of National Media Coverage of Global Climate Change 1985–1991, Washington D. C. 1992.
29 G. Stanhill, The Growth of Climate Change Science: A Scientometric Study, in: Climatic Change 48 (2001) 515–524.

*Reaktionen auf den Klimawandel*

1 Karl Heinz Ludwig, Eine kurze Geschichte des Klimas, München 2006, 136 ff., 154 ff.
2 John T. Houghton et al., (Hg.), Climate Change. The IPCC Scientific Assessment, Cambridge 1990.
3 Albert Gore, Earth in Balance. Ecology and the Human Spirit, Boston 1992.
4 Roger Bate/Julian Morris, Global Warming. Apocalypse or Hot Air, London 1994.
5 John T. Houghton et al., Climate Change. The Science of Climate Change, Cambridge 1995.
6 Karl Heinz Ludwig, Eine kurze Geschichte des Klimas, München 2006, 156 ff.
7 Tim Flannery, Wir Wettermacher, Frankfurt/Main 2006, 275 f.
8 IPCC (Hg.), Special Report on Emission Scenarios. A Special Report of Working Group III of the IPCC, Cambridge 2000.
9 Stefan Rahmstorf/Hans Joachim Schellnhuber, Der Klimawandel, München 2006, 49.
10 John T. Houghton et al. (Hg.), Climate Change 2001: The Scientific Basis. Contribution of Working Group I to the Third Assessment Report of the IPCC, Cambridge 2001.

11 Dick Tavern, Vergesst Kyoto! in: Frankfurter Allgemeine Sonntagszeitung, 28. August 2005, S. 37.
12 Karl Heinz Ludwig, Eine kurze Geschichte des Klimas, München 2006, 168 ff.
13 Süddeutsche Zeitung, 3./4. Februar 2007, S. 1, 2, 4. – Frankfurter Allgemeine Zeitung, 3./4. Februar 2007, S. 1, 2, 33.
14 Richard Alley et al., IPCC Climate Change 2007: The Physical Science Basis – Summary for Policymakers, 2. Februar 2007.
15 Christian Schwägerl, Wir müssen das Fossilzeitalter beenden, in: FAZ v. 3. Feb. 2007, 33.
16 Camille Parmesan/Gary Yohe, A globally coherent fingerprint of climate change impacts across natural systems, in: Nature 421 (2003) 37–42.
17 Camille Parmesan et al., Poleward Shifts in Geographical Ranges of Butterfly Species Associated with Global Warming, in: Nature 399 (1999) 579–584.
18 Heiko Lehmann, Flinker Falter aus dem Süden. Taubenschwänzchen wird bei uns heimisch, in: Saarbrücker Zeitung, 19./20. August 2006, S. B6.
19 T. L. Root et al., Fingerprints of Global Warming on Wild Animals and Plants, in: Nature 421 (2003) 57–60.
20 Peter Boehm, Global Warming – Devastation of an Atoll, in: The Independent, 30. August 2006, 24–25.
21 Joe Barnett/Neil Adger, Climate Dangers and Atoll Countries, in: Climatic Change 61 (2003) 321–337.
22 Andrea Bigano et al., The Impact of Climate on Holiday Destination Choice, in: Climatic Change 76 (2006) 389–406.
23 J. Jason West et al., Storms, Investor Decisions, and the Economic Impacts of Sea Level Rise, in: Climatic Change 48 (2001) 317–342.
24 R. McLeman/B. Smit, Migration as an Adaptation to Climate Change, in: Climatic Change 76 (2006) 31–53.
25 Joachim Müller-Jung, Schleusen auf und weg damit, in: FAZ, 9. August 2006, 31.
26 Christiane Grefe, «Die Reichen sollen bezahlen», in: Die Zeit Nr. 33, 10. August 2006, 19.
27 Joachim Müller-Jung, Schleusen auf und weg damit, in: FAZ, 9. August 2006, 31.
28 IPCC (Hg.), Special Report on Carbon Dioxide Capture and Storage, Genf 2005.
29 Stefan Rahmstorf/Hans Joachim Schellnhuber, Der Klimawandel, München 2006, 109 ff.
30 Paul J. Crutzen, Albedo Enhancement by Stratospheric Sulfur Injection: A Contribution to Resolve a Policy Dilemma?, in: Climatic Change 77 (2006) 211–220.
31 Stefan Rahmstorf/Hans Joachim Schellnhuber, Der Klimawandel, München 2006, 133 f.

32 Joachim Müller-Jung, Schleusen auf und weg damit, in: FAZ, 9. August 2006, S. 31.

### *Umweltsünden und Treibhausklima: Ein Epilog*

1 Robert F. Kennedy, Crimes against Nature, New York 2004.
2 Robert F. Kennedy jr., Wer Wind sät, wird Sturm ernten, in: SZ vom 3./4. September 2005, 2.
3 Richard B. Alley, Temperatursprünge. Das instabile Klima, in: Spektrum der Wissenschaft. Dossier 2 (2005), 6–13, 8.
4 Andreas Mihailescu, Umweltsünden-Katalog, München 1983.
5 James E. Hansen, Earth's Energy Imbalance: Confirmation and Implications, in: Science 308 (2005) 1431–1435.
6 Richard C. J. Somerville, Medical Metaphors for Climate Issues, in: Climatic Change 76 (2006) 1–6.
7 Harald Kohl/Helmut Kühr, Treibhausszenario. Klimawandel der Erde – die planetare Krankheit, in: Spektrum der Wissenschaft, Dossier 2 (2005) 24–31, p. 28.
8 Spektrum der Wissenschaft, Dossier 2 (2005): Die Erde im Treibhaus, p. 30.
9 Paul J. Crutzen et al., The Anthropocene, in: IGBP Newsletter 41 (2000) 12.
10 William F. Ruddiman, The Anthropogenic Greenhouse Era began Thousands of Years Ago, in: Climatic Change 61 (2003) 261–293.
11 Brockhaus Enzyklopädie, Bd. 3 (2006) 790.
12 Paul J. Crutzen/Will Steffen, How long have we been in the Anthropocene Era?, in: Climatic Change 61 (2003) 251–257.
13 Thomas J. Crowley, When did Global Warming Start?, in: Climatic Change 61 (2003) 259–260.
14 Martin Claussen et al., Did Humankind prevent a Holocene Glaciation? Comment on Ruddiman's Hypothesis of a Pre-Historic Anthropocene, in: Climatic Change 69 (2005) 409–417.
15 William F. Ruddiman, The Early Anthropocenic Hypothesis a Year Later, in: Climatic Change 69 (2005) 427–434.
16 Stefan Rahmstorf/Hans Joachim Schellnhuber, Der Klimawandel, München 2006, 124.
17 Naomi Oreskes, The Scientific Consensus on Climate, in: Science 306 (2004) 1686.
18 James Lovelock, Unsere Erde wird überleben. Gaia. Eine optimistische Ökologie, München 1982.
19 Richard Alley, The Two-Mile Time Machine, Princeton 2002, 4.
20 Spencer R. Weart, The Discovery of Global Warming, Cambridge/Mass. 2003, 199 ff.
21 WBGU (Hg.), Welt im Wandel – Energiewende zur Nachhaltigkeit, Berlin 2003.

22 Arnold Toynbee, Der Gang der Weltgeschichte, 2 Bde., München 1970.
23 Karl Heinz Ludwig, Eine kurze Geschichte des Klimas, München 2006.
24 Harald Martenstein, Hamburg: ein Phänomen wie die Kalahariwüste, in: Geo kompakt: Wetter und Klima (2006) 152–153.
25 Joachim Radkau, Natur und Macht. Eine Weltgeschichte der Umwelt, München 2000, 48.
26 Z. B.: Thomas S. Kuhn, The Structure of Scientific Revolutions, Chicago 1962.
27 Augusto Mangini, Ihr kennt die wahren Gründe nicht, in: FAZ (5. April 2007), 35.

## *Literaturauswahl*

Guido Alfani/Cormac O Gráda (Hg.), Famine in European History, Cambridge 2017.

Trevor Aston (Hg.), Crisis in Europe 1560–1660, London 1965.

Wolfgang Behringer, Witches and Witch Hunts. A Global History, Cambridge 2004.

Wolfgang Behringer/Hartmut Lehmann/Christian Pfister (Hg.), Kulturelle Konsequenzen der «Kleinen Eiszeit», Göttingen 2005.

Wolfgang Behringer, Tambora und das Jahr ohne Sommer. Wie ein Vulkan die Welt in die Krise stürzte, München 2015.

Wolfgang Behringer, Der große Aufbruch. Globalgeschichte der Frühen Neuzeit, München 2023.

Timothy Brook, The Troubled Empire. China in the Yuang and Ming Dynasties, Cambridge/Mass. 2010.

John Brooke, Climate Change and the Course of Global History. A Rough Journey, Cambridge 2014.

Chantal Camenisch, Endlose Kälte. Witterungsverlauf und Getreidepreise in den Burgundischen Niederlanden im 15. Jahrhundert, Basel 2015.

César N. Caviedes, El Niño. Klima macht Geschichte, Darmstadt 2014.

Dominik Collet, Die doppelte Katastrophe. Klima und Kultur in der europäischen Hungerkrise 1770–1772, Göttingen 2019.

Dominik Collet/Maximilian Schuh (Hg.), Famines during the «Little Ice Age» (1300–1800). Socionatural Entanglements in Premodern Societies, Cham 2018.

Dagomar Degroot, The Frigid Golden Age. Climate Change, the Little Ice Age, and the Dutch Republic, 1560–1720, Cambridge 2018.

Mark Elvin/Liu Ts'ui-jung (Hg.), Sediments of Time. Environment and Society in Chinese History, Cambridge 1998.

Rüdiger Glaser, Klimageschichte Mitteleuropas. 1200 Jahre Wetter, Klima, Katastrophen, 3. Auflage, Darmstadt 2013.

Richard Grove/George Adamson, El Nino in World History, London 2018.

Kyle Harper, Das Klima und der Untergang des Römischen Reiches, München 2020.

John T. Houghton et al. (Hg.), Climate Change. The IPCC Scientific Assessment, Cambridge 1990.

IPCC (Hg.), Climate Change 2021. The Physical Science Basis (Sixth Assessment Report, Working Group I), 2021 (online).

IPCC (Hg.), Climate Change 2022: Impacts, Adaptation and Vulnerability (Sixth Assessment Report, Working Group II), 2022 (online).

IPCC (Hg.), Climate Change 2022: Mitigation of Climate Change. Summary for Policymakers (Sixth Assessment Report, Working Group III), 2022 (online).

Manfred Jakubowski-Tiessen/Hartmut Lehmann (Hg.), Um Himmels Willen. Religion in Katastrophenzeiten, Göttingen 2003.

William Chester Jordan, The Great Famine. Northern Europe in the Early Fourteenth Century, Princeton 1996.

Christian Jörg, Teure, Hunger, Großes Sterben. Hungersnöte und Versorgungskrisen in den Städten des Reiches während des 15. Jahrhunderts, Stuttgart 2008.

Emmanuel LeRoy Ladurie, Naissance de l'histoire du climat, Paris 2013.

Claus Leggewie/Franz Mauelshagen (Hg.), Climate Change and Cultural Transition in Europe, Leiden 2018.

Franz Mauelshagen, Klimageschichte der Neuzeit, Darmstadt 2010.

Paul Andrew Mayewski/Frank White, The Ice Chronicles. The Quest to Understand Global Climate Change, London 2002.

Harald Meller/Thomas Puttkammer (Hg.), Klimagewalten. Treibende Kraft der Evolution, Halle/Salle 2017.

Steven Mithen, After the Ice. A Global Human History, 20 000–5000 BC, London 2003.

Joel Mokyr, A Culture of Growth. The Origins of the Modern Economy, Princeton 2016.

Clive Oppenheimer, Eruptions that Shook the World, Cambridge 2011.

Geoffrey Parker, Global Crisis. War, Climate Change and Catastrophe in the Seventeenth Century, New Haven 2013.

Christian Pfister, Klimageschichte der Schweiz 1525–1860. Das Klima der Schweiz von 1525–1860 und seine Bedeutung in der Geschichte von Bevölkerung und Landwirtschaft, Bern/Stuttgart 1988.

Uwe Christian Plachetka, Die Inka – das Imperium, das aus der Kälte kam. Eine kriminalistische Spurensuche nach der mittelalterlichen Warmperiode, Frankfurt/Main 2011.

Johannes Preiser-Kapeller, Die erste Ernte und der große Hunger. Klima, Pandemien und der Wandel der Alten Welt bis 500 n. Chr., Wien 2021.

Johannes Preiser-Kapeller, Der Lange Sommer und die Kleine Eiszeit. Klima, Pandemien und der Wandel der Alten Welt von 500 bis 1500 n. Chr., Wien 2021.

Joachim Radkau, Natur und Macht. Eine Weltgeschichte der Umwelt, München 2000.

Stefan Rahmstorf/Hans Joachim Schellnhuber, Der Klimawandel. Diagnose, Prognose, Therapie, 9. Auflage, München 2019.

Gerrit Jasper Schenk (Hg.), Historical Disaster Experiences. Towards a Comparative and Transcultural History of Disasters across Asia and Europe, Heidelberg 2017.

Lee Siebert/Tom Simkin/Paul Kimberley, Volcanoes of the World. A Regional Directory, Gazetteer, and Chronology of Volcanism during the Last 10,000 Years, 3. Auflage, Berkeley 2010.

Frank Sirocko, Geschichte des Klimas, Stuttgart 2013.

Steven M. Stanley, Historische Geologie, Heidelberg 2001.

Nico Stehr/Hans von Storch, Klima, Wetter, Mensch, München 1999.

Gabrielle Walker, Schneeball Erde. Die Geschichte der globalen Katastrophe, die zur Entstehung der Artenvielfalt führte, Berlin 2005.

Heinz Wanner, Klima und Mensch. Eine 12 000-jährige Geschichte, Bern 2016.

Spencer R. Weart, The Discovery of Global Warming, Cambridge/Mass. 2003.

Sam White, The Climate of Rebellion in the Early Modern Ottoman Empire, Cambridge 2011.

Sam White, A Cold Welcome. The Little Ice Age and Europe's Encounter with North America, Cambridge/Mass. 2017.

David Wootton, The Invention of Science. A New History of the Scientific Revolution, Harmondsworth 2015.

## *Bildnachweis*

***Seite***

*10* Umzeichnung nach: IPCC 1990: C. K. Folland et al., Observed Climate Variations and Change, in: John T. Houghton et al., Climate Change. The Scientific Assessment, Cambridge 1990, 195–238. *(Wolfgang Behringer/Raimund Zimmermann – im folgenden abgekürzt WB/RZ)*

*13* Umzeichnung nach: IPCC 2001: J. J. McCarthy et al. (Hg.), Climate Change 2001: Impact, Adaptation and Vulnerability. Contribution of the Working Group II to the Third Assessment of the IPCC, Cambridge UP 2001. *(WB/RZ)*

*21* Aus: Richard B. Alley, The Two-Mile Time Machine. Ice Cores, Abrupt Climate Change and Our Future, Princeton 2002, Tafel 3.3 (p. 20).

*22* Umzeichnung nach: Willi Dansgaard et al., A New Grenland Deep Ice Core, in: Science 24. Dez. 1982, 1273–1277. *(WB/RZ)*

*28* Umzeichnung nach: Richard B. Alley, The Two-Mile Time Machine. Ice Cores, Abrupt Climate Change and Our Future, Princeton 2002, Tafel 10.2 (p. 96). *(WB/RZ)*

*29* Umzeichnung nach: Richard B. Alley, The Two-Mile Time Machine. Ice Cores, Abrupt Climate Change and Our Future, Princeton 2002, Tafel 11.2 (p. 106). *(WB/RZ)*

*32* Umzeichnung nach: Jelle Zeilinga de Boer/Donald Theodore Sanders, Das Jahr ohne Sommer. Die großen Vulkanausbrüche der Menschheitsgeschichte und ihre Folgen. Aus dem Englischen von Manfred Vasold, Essen 2004

*34* Umzeichnung nach: Stephen H. Schneider/Randi Londer, The Coevolution of Climate and Life, San Francisco 1984, Tafel 1.1. *(WB/RZ)*

*36* Umzeichnung nach: Christopher Essex/Ross McKitrick, Taken by Storm. The Troubled Science, Policy and Politics of Globale Warming, Toronto 2002, p. 211. *(WB/RZ)*

*39* Umzeichnung nach: Wilhelm Lauer/Jörg Bendix, Klimatologie, Braunschweig 2004, p. 282. *(WB/RZ)*

*42* Umzeichnung nach: Rolf Meissner, Geschichte der Erde. Von den Anfängen des Planeten bis zur Entstehung des Lebens, München 2004, p. 110. *(WB/RZ)*

*44* Umzeichnung nach: Wilhelm Lauer/Jörg Bendix, Klimatologie, Braunschweig 2004, p. 283. *(WB/RZ)*

*63* Umzeichnung nach: Stephen Mithen, After the Ice. A Global Human History, 20 000–5000 BC, London 2003, p. 12. *(WB/RZ)*

*67* Aus: Neil Roberts, The Holocene. An Environmental History, 2nd ed. Oxford 1998, 114.

*83* Umzeichnung nach: Hubert H. Lamb, Klima und Kulturgeschichte. Der Einfluß des Wetters auf den Gang der Geschichte. Aus dem Englischen von Elke Linnepe und Elke Smolan-Härle, Reinbek 1989., p. 158. *(WB/RZ)*

*104* Umzeichnung nach: Rüdiger Glaser, Klimageschichte Mitteleuropas. 1000 Jahre Wetter, Klima, Katastrophen, Darmstadt 2001, pp. 56. *(WB/RZ)*

*125* Aus: Topographia Helvetiae, Frankfurt 1654.

*130* Christian Pfister, Klimageschichte der Schweiz 1525–1860. Das Klima der Schweiz von 1525–1860 und seine Bedeutung in der Geschichte von Bevölkerung und Landwirtschaft, Bern/Stuttgart 1988, Tafel 2.25 (Bd. II, S. 83). *(WB/RZ)*

*134* Kunsthistorisches Museum, Wien

*137* Umzeichnung nach: Svend Gissel/Eino Jutikkala/Eva Österberg, Desertion and Land Colonisation in the Nordic Countries, c. 1300–1600, Stockholm 1981, p. 103. *(WB/RZ)*

*149* Umzeichnung nach: David Hackett Fischer, The Great Wave. Price Revolutions and the Rhythm of History, Oxford 1996, p. 6. *(WB/RZ)*

*174* Johann Vintler, Pluemen deer Tugend, Augsburg 1486, fol. 153 verso.

*190* Matthäus Merian, Topographia Helvetiae, Frankfurt 1654

*218* Umzeichnung nach: Jelle Zeilinga de Boer/Donald Theodore Sanders, Das Jahr ohne Sommer. Die großen Vulkanausbrüche der Menschheitsgeschichte und ihre Folgen. Aus dem Englischen von Manfred Vasold, Essen 2004, S. 30. *(WB/RZ)*

*219* Umzeichnung nach: Jelle Zeilinga de Boer/Donald Theodore Sanders, Das Jahr ohne Sommer. Die großen Vulkanausbrüche der Menschheitsgeschichte und ihre Folgen. Aus dem Englischen von Manfred Vasold, Essen 2004, S. 30., Tafel 5.3. *(WB/RZ)*

*236* Umzeichnung nach: Jörn Sieglerschmidt (Hg.), Der Aufbruch ins Schlaraffenland. Stellen die fünfziger Jahre eine Epochenschwelle im Mensch-Umwelt-Verhältnis dar?, Mannheim 1995, p. 31. *(WB/RZ)*

*244* Umzeichnung nach: James Rodger Fleming, Historical Perspectives in Climate Change, New York 1998. *(WB/RZ)*

*246* Umzeichnung nach: John T. Houghton (Hg.), Global Warming. The Complete Briefing, Cambridge 1997. *(WB/RZ)*

*257* Umzeichnung nach: IPCC 2001.

*261* Umzeichnung nach: IPCC 2007.

*270* Horsch, Kurz vor Schluss, Süddeutsche Zeitung, 28. 4. 2007

*277* Til, Partygespräch, Der Stern, 2007; Partygespräch © Mette

***286*** Umzeichnung nach: Anders Moberg et al., Highly Variable Northern Hemisphere Temperatures Reconstructed From Low- and High-Resolution Proxy Data, in: Nature 433 (2005) 613–617. *(WB/RZ)*

# Register


Aachen, Hans von 186
Aas 41, 54
Abel, Wilhelm 140
Aberglaube 192, 205, 208, 213
Abgasreduzierung 12, 255 f., 270, 284, 287
Abholzung 69, 98, 141, 229, 233, 240, 252, 254, 279 f.
Abkühlung 123 f., 126, 128, 130, 132 ff., 136, 138, 140, 144, 146, 148, 150, 152, 154 f., 158, 160, 162, 176, 212 f., 217 ff., 221, 232, 243, 246–251, 258, 261, 265, 271, 275, 278 f., 283, 287 f.
Abkühlung, anthropogene 174, 248 f., 261, 291
Aborigines 51
Acheuléen 43 f.
Ackerbau 59, 61, 63, 66, 68–74, 84, 93, 107 f., 110, 113, 123, 129, 135 f., 139 f., 225, 228, 279
Adaptation 16, 44 f., 50, 84, 136, 142, 196, 253, 255, 267 ff., 283, 286
Adel 96, 98, 109, 140, 151, 178, 203, 215
Aerosole 31, 50, 95, 213, 217 f., 261, 282
Affen 41
Afrika 30, 37, 40 f., 43 f., 49, 51, 54, 57, 64, 66, 69, 72, 78, 80, 86 f., 90 f., 93, 102, 108, 123, 133, 141, 217 f., 239, 264, 268, 279, 281 f.
Agobard von Lyon 96 f.
Agrargesellschaft 8, 71 f., 76–82, 84, 91, 98 f., 107, 110 f., 130, 133, 139 f., 196, 210, 214 f., 238
Agrarkrise 100, 139 f., 155, 158, 215, 217
Agrarrevolution 199, 208, 210, 225 f., 229
Ägypten 71–77, 79 f., 84, 102, 211, 288
Akademien 11, 201, 204, 209 f., 252, 254
Akkad 75 f.
Alarmismus 9, 14, 168
Alaska 37, 51 f., 251, 265, 268
Albedo 30, 35, 62, 243, 251, 261, 270 f., 280
Alexandre, Pierre 103, 143
Alley, Richard B. 275, 283
Alltag 78, 124
Almwirtschaft 110, 131, 133, 140
Alpen 30, 37 f., 40, 54, 74, 78, 83, 86 ff., 93, 95, 104, 106, 110, 119, 130, 132 f., 265 f.
Alpengletscher 287
Alpenseen 126 f., 132
Altersbestimmung 49, 72, 92, 287, 297
Altsteinzeit 51, 54, 60, 62, 64
Ambrose, Stanley H. 50
Amphibien 40, 265
Amsterdam 141, 210
Anatolien 60, 64, 80, 91
Andreae, Johann V. 201
Angst, Ängste 157–162, 172, 193, 195, 216, 281 f.
Annales-Schule 120
Anpassung, siehe: Adaptation
Antarktis 21, 28 f., 37 ff., 121, 263 f., 287

Antike 82, 88, 92 f., 102, 108, 111, 121, 131, 170, 203, 229, 234, 276
Anthropologie 50
Anthropozän 278 ff.
Äonen 34 f.
Äquator 30 f., 35, 38, 72, 102, 123
Apokalypse 14, 167, 209, 213, 255, 264, 277, 288
Arbeiter 138, 183, 233
Arbeitsteilung 70 f., 198, 229 f.
Archaikum 34
Archäologie 23, 52, 61, 66, 69, 77, 82 f., 93, 98, 100, 108, 139
Architektur 79, 182, 198, 205
Archive der Gesellschaft 23, 288
Archive der Natur 19, 22, 40, 94
Arcimboldo, Giuseppe 160, 187
Ära, geologische 34 f., 294
Ära, historische 26, 159
Arabien 37, 91, 112, 235 f., 256, 259
Arbeitsteiligkeit 70 f., 198, 229 f.
Aridität 123
Aristoteles 79, 161, 200, 203
Arktis 54, 58, 135, 252, 282
Arkwright, Richard 230 f.
Armenfürsorge 162, 207, 216
Armut 75, 219
Arrhenius, Svante 243 ff.
Artensterben 57, 60, 282
Ärzte 26, 148, 158, 162, 227, 277
Asama 212
Asche 21, 31, 50, 82, 122, 194, 213, 217
Asien 91, 93 f., 102, 107, 112, 141, 218, 226, 230, 239, 241, 264, 268, 279
Assyrien 76
Astrologie 24, 202
Astrometeorologie 24
Astronomie 23, 27, 70, 98, 121, 198, 200–203, 245
Äthiopien 73, 250
Atlantik 131, 266
Atlantikum 65 f., 74 f., 265, 267, 287, 297
Atmosphäre 11, 28, 34–37, 62, 213, 238, 243 ff., 249, 251 f., 254, 257, 260, 278 ff., 285, 287
Atoll 266, 268
Atombombe 247, 251 f.
Atomkraft 252
Aufklärung 127, 152, 203, 205, 207–211, 213 f., 227
Aufstand 88, 91, 144, 155, 212, 221
Aurignacien 54
Aussaat 24, 67, 97, 215
Australien 12, 26, 37 f., 43, 51, 64, 68, 101 f., 253, 256, 259, 264, 267
Austrocknen 72, 77–81, 101, 105
Auswanderung 44 f., 173, 217, 220 f.
Automobil 234 f., 248 f., 270
Averkamp, Hendrik 209

Baal 80, 299
Baden 55, 218
Bacon, Francis 185, 200 ff.
Bakterien 34 f.
Bali 31, 281
Ballon 204 f., 271
Baltikum 70, 144, 211
Bären 54 f., 57, 266, 282
Barock 183, 187, 191, 193 f.
Barton, Joe 11
Bauern 24, 63, 66, 69–72, 81, 97, 107, 113 f., 124, 136, 138 ff., 151, 155, 176, 178, 211 f., 216, 221, 279, 286
Bauernaufstand 155, 176, 212, 221
Bäume 22 f., 41, 51 f., 63, 81, 105, 107, 114, 125, 127, 131, 146, 188, 265
Baumgrenze 83, 92, 106 f., 131, 265
Bayern 106, 120, 143, 151, 169, 178, 186, 218, 233
Becker, Howard S. 169
Bedrohung 41, 92 f., 170, 172, 184, 194, 197, 205
Beile 66, 73, 84
Belgien 107, 232 ff., 266
Bell, Barbara 77
Bergbau 78, 84, 87, 110, 141, 229, 231

Bergsturz 138, 189
Berichterstattung 23 ff., 95, 103, 123, 127, 133, 135, 138, 143, 159, 184, 189, 191, 200, 213, 240 f., 254, 259 f.
Bering, Vitus 51
Beringia 51 ff., 64
Beringstraße 51, 64, 251
Berlin 111, 211, 219, 255
Bern 124, 130, 133, 214
Bettler 155, 158, 172, 216
Bevölkerung 73, 76, 113, 135, 147, 149–152, 154, 158, 167 f., 176, 207, 209, 226
Bevölkerungsdichte 56 f., 66, 70, 73, 84, 86, 88, 98, 110–113, 141, 238 f., 263 f., 268, 279 f., 283
Bevölkerungsexplosion 228
Bevölkerungspolitik 226, 239, 280
Bevölkerungsverlust 90, 93, 95 f., 98, 113, 136, 138 ff., 144, 147, 152, 154 f., 158, 212 f., 219, 221, 239
Bevölkerungswachstum 50, 59, 61 f., 66, 70–74, 84, 88, 93, 108–111, 140 ff., 150, 154, 215, 226, 228, 238 f., 241, 248, 263 f.
Bewässerung 69, 71 f., 76, 78, 91, 208, 215, 225, 267, 271
Bibliothek 23, 161
Biosphäre 240, 245, 257
Blackbourn, David 225
Blitze 80, 204, 299
Blühen, Blüte 24, 130, 146 f., 265
Blut 155, 161, 171, 173, 191
Blütezeit, kulturelle 72, 76, 79, 87 f., 100, 147, 167 f., 287
Bodensee 126, 146
Bodin, Jean 192
Boccaccio, Giovanni 145
Böhmen 106, 146, 148, 172, 200, 232
Bosporus 53, 63, 105
Boulton, Matthew 231 f.
Bradley, Raymond S. 11, 103
Brandrodung 68, 110 f., 279, 281
Brasilien 52, 54, 267, 269
Braudel, Fernand 119, 131
Brázdil, Rudolf 120
Brennstoffe 141, 183, 210, 229 f., 232, 234, 238, 244, 248, 254, 270, 280, 284
Briefwechsel 23, 204
Bronzezeit 70, 78 f., 81–84, 106, 279
Brot 24, 69, 96, 143, 149, 211, 226
Brotgetreide 24, 151, 207, 214
Brotpreise 24, 148–151, 169, 211 f., 214, 216, 225
Brücken 106, 143, 146, 210, 214
Brueghel, Pieter 154, 187 f.
Buch, Buchdruck 23, 123, 142, 167, 192, 199 f., 253, 260
Buddhismus 91
Buffalmacco, Buonamico 145
Bullinger, Heinrich 133, 180
Bürger, Bürgertum 172, 178, 183 f., 209, 212, 217, 221, 228
Bürgerkrieg 85, 99, 142, 150, 155, 166, 197, 221
Bürokratie 197, 207
Burton, Robert 156
Büsche 52, 65, 68, 249, 281
Bush, George W. 11 f., 258 f., 275
Buße 90, 286
Byzanz 90, 93 f., 170

Callendar, Guy S. 245
Calvin, Johannes 167, 169, 176
Cardano, Girolamo 201 f.
Carolus, Johann 200
Cellini, Benvenuto 201 f.
Cervantes, Miguel de 194
Chemie 19, 204, 226, 235, 237, 243, 278
Childe, Gordon 66
China 66, 69 ff., 76, 81, 86, 88 f., 91, 97, 102, 121, 126, 147, 154 f., 234, 239, 248, 256, 259, 267, 269, 286
Christentum 80, 89, 113, 136, 170–173, 187
Cipolla, Carlo 238

Clinton, Bill 11, 254, 275
Cholera 218 f.
Chronistik 23, 106, 113, 124, 126, 142 f., 153, 178, 193, 199, 287
Clovis-Kultur 53
Club of Rome 240 ff., 321
Computer 11, 26, 237, 244, 249, 287
Cro Magnon 53, 55
Crutzen, Paul J. 271, 278, 280

Dach, Simon 194
Daimler, Gottlieb 234
Dampfmaschine 229–234, 278
Dänemark 112, 128, 136, 144
Dansgaard, Willi 20, 22, 56
Dansgaard-Oeschger-Event 56
Darwin, Charles 41, 221
Datierung 69, 72, 92, 287, 297
Dee, John 201 f.
Dendrochronologie 22, 80, 182
Dependenztheorie 151
Descartes, René 203
Desertifikation 79, 81, 86, 123, 125, 136 f., 139 f., 268 f., 287
DNS 49, 67
Deutschland 55, 61, 88, 107, 120, 131, 140, 143, 146, 148, 151, 153, 173, 183, 215, 220, 234, 285
Devon 34, 37
Dinosaurier 29, 35, 37, 294
Distickstoffoxid 29
Disziplin 197 f.
Dolni Vestonice 56
Domestikation 56 f., 66 f., 73
Donner 80, 96
Donau 63, 91, 105, 143, 146
Dordogne 53, 55 f.
Dryas 61
Dryas-Zeit, Jüngere 62 f., 247, 275
Duby, Georges 95
Düngung 73, 130, 199, 215, 226, 271, 280
Dunkle Jahrhunderte 77, 79
Durkheim, Émile 119
Dürre 23 f., 42, 75 f., 80 f., 91, 96, 98–102, 106, 123, 133, 143, 146, 172, 196, 213 f., 216 f., 220, 245, 249 f., 253, 267, 285, 299
Dust Bowl 245
Dynastien 70, 72 f., 75, 77, 81, 88, 112, 144, 155, 159, 161, 288
Dysenterie 152

*Eem-Interglazial* 22, 44, 58
Eisbohrkern 20 ff., 27 ff., 44, 50, 94, 100, 102, 121, 238, 249, 261 f., 278 f.
Eisenbahnbau 232 f.
Eisenzeit 81 f., 84, 130
Eiszeitalter 9, 35–39, 55, 57, 59
Eiszeitzyklen 22, 27 f., 40, 248
Elefant 40, 52–58
Elektrizität 26, 204, 225, 234, 237, 249
Elias, Norbert 197 f., 200
El Niño, ENSO 100 ff., 221
Emissionen 12 f., 212 f., 232, 243, 252, 255 f., 258, 260, 263, 268–271, 284
Emissionshandel 12, 287
Energie 27 f., 141, 183, 230 ff., 234–238, 242, 254, 263, 267, 269 f., 276, 280, 284, 287
Energie, fossile 230, 234 f., 238, 242, 254, 263, 270, 280, 284, 287
England 26, 69 f., 88, 92 f., 107 f., 111 f., 120, 127, 131, 133, 139 f., 143 f., 146, 148, 159, 171 f., 175, 177, 186, 192, 199, 201 f., 208, 211, 215, 217, 220, 229 f., 232 f., 253
Entwicklung, biologische 20, 41 ff., 45, 49, 67
Entwicklung, kulturelle 42, 44, 59, 62, 66 f., 70, 72 f., 94, 198, 205, 229, 238 ff.
Entwicklungsländer 225, 228, 239, 241, 248, 256, 259, 269
Eozän 34, 293 f.
EPICA 22, 292
Epidemien 89, 93, 95–98, 147 f., 151 f., 154 f., 158, 167, 172, 176, 211, 217–221, 226

Erbauungsliteratur 167, 192, 199
Erdaltertum 33, 35, 37
Erdbahn 27 f.
Erde (Planet) 5, 19, 20 f., 26–30, 32–39, 44, 57, 67, 72, 80, 95, 203, 217, 237–240, 243, 247, 251, 255, 262, 267, 276 ff., 280 f., 283–287, 290
Erdgas 37, 236 f.
Erdgeschichte 7, 33 ff., 243, 249
Erdmantel 30
Erdmittelalter 37
Erdneuzeit 35, 38, 294
Erdöl 37, 234 ff., 248
Erdumlaufbahn 251
Erfrieren 106, 127, 132, 147, 178, 210 f.
Erik der Rote 113 f., 136
Ernährung 40, 50, 61, 65, 73, 84, 96, 135, 151, 153, 196, 210, 215, 219 f., 225 f., 228, 241
Ernte 23 f., 32, 61, 67, 77, 81, 84, 91 ff., 95–100, 106, 108 f., 113, 122, 124, 130, 133, 135, 138, 142 f., 146 f., 150, 153 f., 158, 165, 167, 170 f., 175 f., 178, 180, 200, 205, 207, 210–213, 215 ff., 220 f., 225, 232, 250
Ernteertrag 75, 95, 107, 210
Erosion 135, 141
Erwärmung, anthropogene 12, 14 f., 103, 105, 249, 253, 256, 258, 260 f., 279, 283, 286
Erwärmung, globale 7 ff., 11 f., 14 ff., 28, 33, 36, 50, 52, 59–85, 87–103, 105 f., 108, 110, 131, 223–271, 275–278, 281–288
Etrusker 78, 86 f.
Eurasien 30, 40, 51, 53, 57, 68, 218, 279
Europa 11, 22 f., 25 f., 31, 39 f., 43 ff., 49, 53–57, 61, 63 f., 66, 69, 73 f., 77–80, 82 ff., 86, 88 f., 91 f., 94–98, 100, 103 f., 106, 108, 110–113, 120 f., 124, 126 f., 130 f., 133 ff., 137, 141 ff., 145, 147–152, 154, 157, 161, 165, 170–176, 178, 187, 196 ff., 204 f., 207 f., 210–215, 217, 219, 221, 225 f., 228, 232, 235, 239, 264, 268, 279, 282
Europäische Union 256, 259, 267
Evolution 40, 282
Explosion, vulkanische 31 f., 36, 38, 50, 121 f., 217, 228, 232, 247, 249
Extrembedingungen 40, 58, 71
Extremniederschläge 190
Extremereignis, klimatisches 24, 75, 99, 120 f., 131 f., 143, 174, 180, 200, 210, 214, 216, 250, 277
Extremwinter 96, 105, 112, 124, 128, 132, 143, 188, 210 f.

Fabrik 229–232, 244
Fachzeitschriften 11, 152, 204, 210, 213, 227, 252, 275
Fanatismus 170 f., 199, 209
Faustkeil 43 f., 66
Fernhandel 78, 81, 88, 208
Feucht, Jakob 180
Feuchtigkeit 39, 44, 56, 58, 60, 65 f., 72, 82, 84, 86, 92, 95 ff., 101 f., 120, 130, 140, 143, 146, 151, 214, 279, 282
Feudalismus 24, 113, 151, 196, 212, 214
Feuer 38, 42 f., 51, 60, 68, 127, 156, 165, 227, 232, 237, 241, 248, 281
Feuerstein 51
Fieber 133, 152, 213, 221, 277, 299
Fische 37, 63, 67, 71, 101, 131 f., 135 f., 265 f.
Fleisch 41, f., 52, 84, 96, 153
Flöhe 133 f.
Flora und Fauna 30, 38, 40, 52, 56, 61 f., 100, 130, 253
Florenz 25, 127, 141, 146, 148
Flugverkehr 174, 235 ff., 240, 249, 252
Flut 37 f., 52 f., 63 f., 66, 73, 76 f., 81, 85, 92, 102, 110, 134, 138, 143, 146, 156, 180, 189, 265, 269 f.

Flutkatastrophe 37 f., 52 f., 63 f., 66, 81, 92, 99 f., 110, 134, 138, 143, 146, 156, 180, 189, 265, 269 f., 299
FCKW 29, 238, 252
Forschungsförderung 11, 13 ff., 249 f., 252 f., 290
Fortschritt 74, 82, 200, 202 f., 209, 240
Fossilien 20, 35 f., 52
Fourier, Jean-Baptiste Joseph, Baron de 243
Franken 93, 95, 97, 111 f.
Franklin, Benjamin 204, 213
Frankreich 54 ff., 93, 111 f., 127, 143 f., 148, 159, 161, 167, 171 f., 177, 185, 194, 205 ff., 211, 214 ff., 232 ff., 285
Frauen 55, 57, 60, 71, 152 f., 162, 169, 174 f., 178, 185 f., 209
Frömmigkeit 97, 147, 186
Frost 24, 54, 58, 81, 88, 90 f., 95 f., 103, 105 ff., 114, 135, 175, 178, 188, 194, 207, 214, 241, 266
Fruchtbarkeit 44, 55, 61, 65, 75, 79, 94, 107, 129, 136, 138 f., 153, 156, 160, 173, 178, 187, 205, 287
Fruchtbarer Halbmond 68, 76
Fruchtwechsel 109, 199, 208, 226
Frühe Neuzeit 24, 26, 119, 123, 133, 136, 149, 151, 153 f., 165, 169, 180, 187, 196 f., 199 f., 226, 229, 275
Frühkapitalismus 200
Frühkonstitutionalismus 218
Frühmittelalterliches Pessimum 92
Fürsten
  Ernst Erzherzog von Österreich 161
  Johann Wilhelm von Jülich-Kleve 161
  Kurfürst Karl Theodor 26
  Matthias Erzherzog von Österreich 161
  Schöneberg, Fürstbischof Johann VII. von 178
  Waldburg-Zeil 181
Gaia-Hypothese 9, 283
Galenus 161 f., 276
Galilei, Galileo 25, 200–203
Ganges 69, 219
Gase 12, 20, 28 f., 31, 37, 69, 204, 213, 218, 233, 237 f., 242 f., 245, 248 ff., 252–256, 260–263, 268 ff., 276, 278–282, 284, 287
Gebirge 30, 33, 38, 53, 68 f., 84, 110, 131, 133, 253, 266, 282
Gebirgspässe 70, 83
Gehirn 41 ff.
Geisteswissenschaften 199, 287
GEMS 250, 254
Genf 176, 180, 254 f.
Geologie 124, 241, 243, 245, 247, 270, 275, 283, 285
Geometrie 60, 186, 198
Geosequestration 270
Gerechtigkeit 169, 205, 216, 241, 245, 269
Geschichtswissenschaft 7 f., 23 ff., 64, 94, 119 ff., 148, 151, 185, 216, 237, 260, 280 f., 284–288
Gesellschaft 7, 23, 53, 57, 59, 70 f., 76, 78, 89, 96, 108, 119, 133, 149–152, 154, 159, 162, 168, 180, 183, 187, 196, 198 f., 204 f., 209, 214, 229, 237, 239, 241, 259, 267 ff., 276, 287 f.
Gesundheit 131, 151, 162, 187, 196, 225, 250, 276, 284
Getreide 23 f., 61, 68 f., 76, 84, 92, 96 f., 107, 109, 114, 130, 135, 138, 142, 149 ff., 169, 178, 187, 207 f., 211, 214 ff., 266
Gewalt 90, 96, 100, 155 f., 168, 170, 201, 207, 217
Glaser, Rüdiger 25, 104, 120
Glaubensvorstellungen 7, 15, 55, 96, 170, 174, 192, 205, 208 f., 261
Glaziologie 119, 123 f., 247 f., 254
Gletscher 20 ff., 33, 38 ff., 53, 56, 63 ff., 74, 83, 87, 92, 95, 100, 102 f., 105, 110, 113, 119, 123 ff., 136, 138, 243, 247 f., 253 f., 263 ff., 287

Global Cooling 15, 246 ff., 250 f.
Global Warming 9, 15, 245 f., 252, 254, 265, 281
Globale Erwärmung, siehe: Erwärmung, globale
Glorious Revolution 201, 203
Göbekli Tepe 60, 68
Goldenes Zeitalter 70, 78, 151, 215
Goldstone, Jack 215
Golfstrom 31, 108
Gondwanaland 37 f.
Gore, Al 255, 258
Goten 88 ff., 93
Gotik 109
Gott, Götter 7, 9, 61 f., 75 f., 80, 90, 98, 100, 112, 142, 158 ff., 165–169, 177, 180, 187, 191, 194, 200, 202 f., 207, 210, 212, 275 f., 283
Grabenbruch, ostafrikanischer 40, 49
Grande Peur 216
Gras 40 f., 52, 107
Grindelwald 92, 124 f.
GISP 13, 21
Grenzen des Wachstums 65, 240 f.
Griechenland 79 f., 87, 91, 141
GRIP 21
Grippe 152 f., 211
Grönland 21, 61, 94 f., 103, 113 ff., 121, 128, 133–136, 148, 251 ff., 264, 266, 285
Großbauten 71, 73, 88 f., 98 f., 109, 146, 182 f.
Großbritannien 26, 229, 233, 267
Großreiche 26, 73, 80, 87 f., 91
Großwildjäger 49, 52, 54 f., 60, 66
Grove, Jean 123
Grundnahrungsmittel 69, 149, 212, 214, 220, 226
Gryphius, Andreas 168, 194

Hadaikum 33 f.
Hadrianswall 89
Hagel 25, 80, 96, 166, 172, 174 f., 177, 181, 216
Hallein-Dürrnberg 84
Haller, Wolfgang 24
Hallstatt 84
Hallstatt Disaster 84
Hallstatt-Kultur 82
Hamburg 111, 148, 211, 219
Hammer, Claus U. 121
Han-Dynastie 88
Hansen, James 276
Harappa-Kultur 77
Hausbau 60, 227
Hebriden 70, 112
Hegel, Georg Friedrich Wilhelm 219
Heilige 90, 100, 112, 126, 152, 167, 170, 189, 200
Heilige Schrift/Bibel 167, 180, 202
Heiliges Römisches Reich 144, 151, 171 ff., 186
Heizung 141, 182 ff.
Heresbach, Konrad von 199
Hethiter 80
Heuss, Alfred 64
Hexe 170, 173–178, 180 f., 191, 200, 208
Hexenhammer 176
Hexenverbrennung 135, 176
Hexenverfolgung 170, 173, 175–178, 192, 199 f., 209, 217, 288
Hexerei 161 f., 169 f., 173–176, 208
Highlands 211, 220
Himalaya 38
Himmelserscheinung 213, 217
Hitze 71, 105, 120, 196
Hobbes, Thomas 197, 203
Hobsbawm, Eric J. 120
Hochalmen 74, 83, 110
Hochkultur 8, 23, 59 f., 64, 70 ff., 74 f., 79, 81, 87, 98 ff., 110, 207, 287
Hochkulturen, Alte 8, 23, 70–73, 74–77, 86–92, 97–100, 207, 287
Hochmittelalterliche Warmzeit 74, 82, 102 f., 105 f., 108 f., 111–114, 128, 142, 150

Hochmittelalterliches Optimum 9, 12, 111
Hochwasser 143, 146, 241, 225
Hockeyschläger 11–15, 103, 257, 286
Högbom, Arvid 244
Höhenrauch 213
Höhenwind 31
Holland 194, 211
Holozän 9, 22, 31, 53, 57, 58 ff., 62, 63–67, 69, 82 f., 247 f., 262, 265, 276, 278 f.
Holozän Optimum/Maximum 83
Homer 79
Hominiden 41 ff., 49, 51
Homo sapiens 15, 20, 49–51, 53, 60
Hooke, Robert 25
Huaynaputina 122
Hudson Bay 64
Hughes, Malcolm K. 12
Humidität 66
Hunger 61, 90, 95 f., 100, 105 f., 113, 133, 135, 142, 144, 153, 173, 181, 197, 205, 207, 211, 216 f., 220 f., 225, 250
Hungerjahr 32, 96, 199, 212, 218, 220
Hungerkatastrophe 142, 146, 220
Hungerkrise 98, 138 f., 147, 151, 153, 156, 158, 168, 178, 187, 190, 207 f., 215, 217
Hungerödem 158
Hungerrevolte 89, 216 f., 221
Hungersnot 75 ff., 80 f., 89, 91, 95, 97 ff., 108, 122, 129, 142, 146, 154 f., 171, 181, 206, 212, 250
Hungerstress 147
Hungertote 211
Hungerzeit 207
Hunnen 89, 93
Huntington, Ellsworth 276
Hurrikan 259, 266, 275
Hypothermie 184, 210

Indien 26, 37 f., 43, 57, 64, 66, 69, 71, 86, 89, 102, 124, 217, 219, 230, 233, 249, 256, 269
Indonesien 31, 50, 64, 69, 95, 101, 122, 145, 232, 286
Induskultur 76 f.
Industrialisierung 16, 103, 141, 225, 229, 230, 232 f., 239 ff., 243, 248, 269, 278
Industrielle Revolution 229, 230, 233
Industriestaaten 12, 169, 255 f., 271
Infrastruktur 96, 143, 197, 208, 210
Inka 100
Innovation, technische 50, 82, 225
Insekten 23, 107 f., 133, 165
Instrumentenmessung 25 f., 253
Interglazial 9, 22, 58, 247 f.
Inuit 135 f.
IPCC 9–15, 254–258, 260 f., 263 f., 270, 277, 287 f.
Irak 61, 68, 133, 235 f., 275
Iran 235
Irland 64, 69 f., 112, 144, 211, 220 f.
Islam 91, 112, 172 f.
Island 31, 103, 105, 112–115, 128, 130 f., 133, 136, 148, 157, 212 ff., 217, 258
Israel 61, 68, 80
Italien 57, 64, 88, 91 ff., 141, 145 f., 148, 151 ff., 157, 173, 176, 185, 191, 194, 199, 232 f.

Jäger 41, 45, 49, 52 f., 55 ff., 59–66, 68, 74, 96, 188, 228, 238, 297
Jahre ohne Sommer 57, 217
Jahreszeit 104, 139, 145, 162, 187 f., 279
Jakubowski-Tiessen, Manfred 167
Japan 24, 43, 64, 69, 97, 102, 121, 212, 214, 221, 256, 267
Java 43, 122, 154
Jericho 71
Jerusalem 112
Johannes von Ephesus 94
Juden 170–173, 208
Judenpogrom 170–173, 209
Judenverfolgung 174

Jüngeres Dryas 62, 247, 275
Jura 199

Kabeljau 131 f., 136, 266
Kairo 102
Kaiser, chinesische
  Tai-Tsu 155
Kaiser, deutsch-römische
  Joseph II. 209, 227
  Karl der Große 96 f., 215
  Ludwig I. der Fromme 97
  Ludwig IV. der Bayer 143 f.
  Rudolf II. 159, 161, 187, 200, 202
Kaiser, römische
  Augustus 86 f.
  Probus 88
  Romulus Augustulus 90
  Theodosius I. 90
  Trajan 87
  Valerian 89
Kälte 11, 19 f., 23, 35, 44, 71, 81 f., 90 ff., 95 f., 102, 104, 106, 112, 120, 124, 128, 130, 132 f., 135, 142, 146 f., 155, 162, 172, 178, 182, 184 ff., 188, 194, 196, 205, 210 f., 213 f., 216 ff., 221, 247, 281 f., 285
Kälteeinbruch 41, 95, 178, 205
Kältetod 210
Kältemaximum 50, 55 f., 127, 132, 143, 147, 232, 283
Kaltzeit/Kältephase 37, 87, 92, 121, 126, 143, 150, 205, 214, 279
Kambrium 33, 36, 293
Kanada 52, 114, 256, 259
Kannibalismus 96, 144, 155, 212
Känozoikum 35, 38, 294
Karbon 34, 237 f., 241
Karfreitag 167
Karlsefni, Thorfinn 114
Karolinger 170
Karpaten 89
Karthago 87
Kartoffel 98, 220, 226
Kartoffelfäule 220
Katrina 259, 275
Kay, John 230
Keeling, Charles 245
Keeling-Kurve 244 f.
Kennedy, John F. 251, 275
Kennedy, Robert jr. 13, 275
Kepler, Johannes 198, 202
Keramik, siehe: Mykenische Keramik
Khevenhüller, Hans 159, 189
Kirschblüte 24
Kissinger, Henry 250
Kleidung 56 f., 90, 111, 133, 135, 182, 184, 185 f.
Kleinasien 53, 91, 94, 112, 141
Kleine Eiszeit 7, 103, 119, 120 f., 123, 125, 127 f., 150, 157, 173, 178, 232, 245, 283
Klima 12–15, 20, 24 f., 28, 31, 33, 35 f., 39, 41, 51 ff., 56, 59, 60–63, 66, 70, 82, 86, 88, 90, 92, 101, 105, 119, 124, 134 f., 140, 143, 150, 158, 176 f., 181, 184 f., 200, 210, 212, 216 f., 238, 247 f., 250 f., 253, 255, 267, 269, 276 f., 278–284, 286, 288
Klimaänderung 15, 38, 40, 62, 84, 136, 205, 245, 249 f., 276, 281, 283, 288
Klimadeterminismus 71
Klimafaktor 276, 286
Klimaflüchtlinge 266
Klimafolgenforschung 254, 257, 285
Klimaforscher/Klimaforschung 7 ff., 11–15, 23, 25, 29, 100 ff., 127, 244 f., 247 f., 250 f., 253 ff., 256 f., 260 f., 269 f., 276, 281, 283, 287 f., 291
Klimakatastrophe 23, 38
Klimakonferenz 8, 254, 260, 290
Klimakrankheit 277 f.
Klimakrise 7
Klimamodell 26, 99, 121, 143, 145, 149, 264
Klimaoptimum 12, 66, 70, 88, 111
Klimapessimum 16, 98
Klimapolitik 255, 284
Klimarahmenkonvention 255

Klimaschadstoffe 12
Klimaschutz 254 f., 259, 269, 281 f.
Klimasturz 82, 84
Klimawandel, anthropogener 7 f., 15, 174, 245, 252–255, 257, 260 f., 269 f., 275, 277, 283 f., 286, 288
Klimawandel, natürlicher 44, 51, 57 f., 61, 75, 77, 81 f., 84 f., 99, 111, 129, 131, 133, 139, 182, 187, 191, 196
Knappheit 80, 144, 170, 182, 216
Kohle 12, 229 ff., 234 f., 237, 241, 244, 248
Kohlebergbau 231
Kohlendioxid 28 f., 34 f., 68, 238, 243 ff., 249, 252 f., 255 f., 260, 269, 284
Kohlenstoff 20, 238, 271
Köln 127, 131, 143, 169, 171
König(in)
  Elisabeth I. 159, 202
  Harald Blauzahn 112
  Harald Schönhaar 112
  Heinrich III. von Frankreich 161
  Heinrich IV. 161
  Karl IV. von Frankreich 144
  Ludwig X. 144
  Ludwig XIV. 205 f.
  Ludwig XV. 215
  Ludwig XVI. 215
  Philipp IV. von Frankreich 143, 171
  Philipp V. von Frankreich 144
  Victoria I. 26
Kommunikation 8, 26, 197 f., 204, 213, 269, 317
Konstrukt, soziales 173
Konsumgesellschaft 229, 237
Kontinentaldrift 30, 38
Kontinente 30, 34 f., 37 ff., 51, 62, 64, 92, 101, 151, 154, 210, 215, 218 ff., 232 f., 245, 262, 264, 285
Kopenhagen 213
Korea 69, 121
Kornspeicher 75
Körpergröße 153
Krakatau 32, 232
Kramer, Heinrich 176
Krankenhaus 227 f.
Krankheit 38, 51, 58, 72, 84, 90, 92, 97, 106, 108, 113, 135 f., 147 f., 150, 152–159, 161, 165, 167, 172 f., 175, 178, 183, 191, 194, 205, 210, 215, 218, 220 f., 225, 227, 276 ff., 286
Kreide 29, 37
Kreta 123
Kreuzzug 112, 169 ff., 209
Krieg 15, 57, 79 ff., 84 f., 88, 90 f., 93, 95, 98 f., 112, 142 ff., 147 f., 150 f., 153 ff., 158, 161, 166, 176, 197, 199 f., 205, 207, 209, 211, 217, 221, 235 f., 239, 250, 275
Krim 147
Kriminalität 168
Krise 8, 15 f., 74, 90, 140, 146, 150, 154 f., 161, 173, 211, 215, 217, 220, 251
Krise des 14. Jahrhunderts 139
Krise des 17. Jahrhunderts 119 f., 150
Kuhn, Thomas S. 204
Kultivierung 66, 69, 71, 107, 110, 208, 279
Kultplätze 55, 60
Kultur 7, 42 ff., 53–57, 59–62, 64, 66, 70–73, 75, 77–80, 82, 92, 98 ff., 135, 138, 147, 157, 180, 217, 226, 228, 285, 288
Kulturgeschichte 7 f., 42, 59, 285, 287 f.
Kulturlandschaft 59, 65, 73
Kulturpflanzen 72, 98, 106, 208, 226, 266
Kulturwandel 81 f.
Kunst 25, 43, 54 f., 79, 145, 161, 167
Kurbrandenburg 178
Küsten 91, 98, 100 f., 113, 266, 275
Küstenkulturen 64
Küstenlinien 63, 75, 92
Küster, Hansjörg 65
Kyoto-Protokoll 12, 255 f., 258 f., 269, 275

Labrousse, Ernest 216
Lackner, Klaus 270
Lagerhaltung 59, 196 f., 208
Laki 113, 157, 212 ff.
Lamb, Hubert Horace 92, 103 f., 120, 192
Landbrücken 30, 51 ff., 64
Landnutzung 254, 260
Landwirtschaft 71 f., 77 f., 81, 84, 91, 94, 98 ff., 102, 107, 109 f., 123, 130, 139 f., 142, 150, 155, 196, 199, 210, 215, 225 f., 229, 253, 267, 278, 280, 282
Langobarden 93
Lasso, Orlando di 190
Lavater, Ludwig 180
Leben 34, 36, 52, 127, 169, 189, 193, 195, 229, 238, 243, 250, 281, 285
Lebenserwartung 57, 225 f., 228
Lebensmittel 90, 142, 197, 216, 219
Lederer, David 159
Leib, Kilian 24, 158
Leiden 39, 171, 196, 250, 267 f.
Leif Eriksson (Leif der Glückliche) 114
Leipzig 233
LeRoy Ladurie, Emmanuel 120
Li Zicheng 155
Libby, Willard Frank 20
Licht 94, 109, 157, 165
Limes 89
Lindau 146
Linden, Johann 178
Lissabon 210
Literatur 16, 25, 35, 37, 57, 79, 82, 84, 120, 153, 167, 172 f., 176, 191 ff., 198, 200
Little Dark Age 77
Little Ice Age 119
Livi-Bacci, Massimo 153
Londer, Randi 59
London 25, 127, 129, 140, 192, 208, 219 f., 227, 230
Lonetal 55
Lovelock, James E. 9, 283
Luft 21, 28 f., 97, 131, 174, 184, 243, 248 f., 261, 265
Luther, Martin 167, 176
Luthertum 167, 180, 191
Lybien 73
Lydus von Konstantinopel 94

Madagaskar 43, 64, 102
Magdalenien 56, 60
Magdalensberg 84
Magie 173, 201
Magier 201 ff.
Mailand 25, 140, 152, 213
Main 107, 146 f., 171, 214, 278
Mainz 171, 278
Malaria 51, 108, 133, 239
Malaysia 69
Malthus, Thomas Robert 150
Malthusianische Krise 150
Mammut 40, 52–58
Manabe, Syukuro 252
Manchester 233
Mandschu-Dynastie 155
Mangel 5, 97, 105, 133, 136, 139, 153, 205, 207, 210, 215, 219, 229
Mangelernährung 61, 84, 153, 215
Manierismus 187, 191, 193
Mann, Golo 64
Mann, Michael 11, 103
Marcus, Johann Rudolph 210
Marlowe, Christopher 192
Marrakesch 258
Marseille 127, 148
Martenstein, Harald 286
Massenaussterben 30, 32, 35, 37
Massensterben 1, 71
Matthes, François 119
Maunder, Edward W. 121
Maunder-Minimum 132, 205, 214
Mauser, Wolfram 194
Maya 98 f.
Mayewski, Paul Andrew 13
Meadows, Dennis L. 240
Mecklenburg 107, 266
Medici, Ferdinando de 25

Medizin 152, 161, 196 f., 199, 201 f., 208, 227 f.
Meer, Meere 30, 34, 53, 63 f., 75, 87, 98, 265
Meeresboden 270
Meereshöhe 30
Meeresorganismen 19
Meeresspiegel 30, 37, 39 f., 52 f., 62 ff., 66, 75, 87, 110 f., 262 f., 265 ff., 277
Meeresströmung 30, 38 f., 101
Meerwasser 19, 30, 53, 63, 263
Megafauna 41, 54, 57, 65
Megalithkultur 70
Melancholie 157, 159–161
Mensch 7, 12, 20, 33, 40 f., 43, 45, 49, 51 ff., 55, 57, 59, 61, 64 f., 67–71, 77 f., 80, 86, 90, 96, 100, 105, 111, 126, 133, 135, 139 f., 143 f., 146, 152 f., 155, 157 f., 162, 168 f., 175, 178, 180, 183, 188, 197, 205, 209, 211 ff., 219, 225, 229, 237 ff., 241, 248 f., 260, 275, 280, 278 f., 281, 284–288, 293, 295 ff.
Menschheit 8, 39, 41, 44, 49, 53, 66, 68 f., 203, 208, 229, 238, 248, 267, 280
Menschheitsgeschichte 39
Merian, Matthäus 124 f., 200
Mesolithikum (Mittlere Steinzeit) 64 f., 279
Mesopotamien 71, 75 f., 94, 234
Mesozoikom 35, 37 ff.
Messinstrumente 204
Metall 82, 194, 230 ff., 235, 251
Metallverhüttung 78, 141, 230
Metallwerkzeuge 78
Metaphern, medizinische 276
Meteoriten 32, 38
Methan 29, 69, 238, 278 f., 281
Methode 11, 19–22, 39, 72, 84, 93, 100, 120, 141, 144, 200, 226, 247, 287 f.
Metz 144, 171
Mexiko 71, 98
Midelfort, H. C. Erik 161
Migration 84, 93, 155, 266 ff.
Milankovic, Milutin 27 f., 245, 278
Milankovic-Zyklen 247 f.
Milch 131, 153, 175
Milichius, Ludwig 192
Ming-Dynastie 155
Miozän 39
Missernte 32, 81, 91 ff., 95–99, 106, 108 f., 113, 122, 133, 135, 142, 153 f., 158, 165, 167, 170 f., 175 f., 178, 180, 205, 207, 210, 213, 215, 217, 220 f., 225
Mitchell, J. Murray 247, 249
Mithen, Stephen 61, 68
Mittelalter 23, 69, 93, 97, 106, 108, 128, 149, 182, 234
Mittelalterliche Warmzeit 5, 86 f., 89, 91, 93, 95, 97, 99, 101, 103, 105, 111, 113, 115, 139, 171
Mittelmeer 55, 62 f., 70 f., 76, 78, 79 f., 87, 92, 104 f., 123, 127, 141 f., 230, 265 f.
Moche 99 f.
Mode 185 f.
Modell 61, 130, 263 f.
Modernisierung 196, 240
Mond 94, 184, 188, 240
Mondlandung 240, 249, 281
Monotheismus 80
Monsun 67, 77, 81, 98, 102
Montaigne, Michel de 158, 170
Montreal 259
Moral 8, 168 f., 182 f., 186, 192, 281 f., 288
Morin, Louis 26
Mortalität 144, 147 f., 152 f., 155, 205, 210, 220 f. 225,
Mosel 107, 131, 147
Moskau 26, 108
Mossadegh, Mohammed 236
München 111, 180
Münsterlingen 126 f.
Mur 143
Musculus, Andreas 185
Musik 189, 191

Mykene 79 f.
Mykenische Keramik 79
Mythologie 25

Naogeorgus, Thomas 176
Narain, Sunita 269
Nashorn 40, 54, 57 f.
National Academy of Sciences 11, 252
National Center for Atmospheric Research 253
National Climate Program Act 252
Natufien 61 f.
Natur 40, 59, 65, 68, 74, 83, 91, 93 f., 96, 110, 141, 166 f., 178, 180, 187, 191 f., 201 f., 205, 208 f., 225 ff., 229, 231, 233, 235, 237, 239, 241, 276 f., 279–282
*Nature* 11, 275
Naturkatastrophen 37, 64,134, 142
Naturschutz 281 f.
Naturschützer 74, 282
Naturwissenschaft 135, 193, 199–205, 287 f.
Neandertaler 49, 51
Neapel 140
Nebel 25, 81, 95, 213, 249
Neogen 33
Neolithikum 59, 66, 68 ff., 283
Neozoikum 35
Neuberger, Hans 187
Neufundland 115
Neuguinea 43, 51, 64
Newcomen, Thomas 229, 231
Newton, Isaac 203
New Orleans 259, 275
New York 50, 63, 220, 258
Niagarafälle 63
Niederlande 127, 143 f., 151, 172 f., 186, 189, 199, 208, 210, 213, 267
Niederrhein 90
Niederschläge 30, 44, 62, 81 f., 86, 99 f., 104, 189 f., 196, 254, 263 f., 277
Niger 123
Nil 66, 72 ff., 77, 85, 102, 105
Nixon, Richard M. 251
Nomaden 55, 57, 62
Nordafrika 66, 72, 78, 80, 86, 90 f., 93, 133, 141, 218, 279
Nordamerika 40, 52, 68, 102 f., 114, 119, 135, 204, 211, 214, 217, 219, 220, 239, 264 f., 279
Nordatlantik 131, 266
Nordchina 69, 71
Nordindien 69, 71
Norditalien 232
Nordmesopotamien 75
Nordpol 21, 37, 53, 264
Nordsee 64, 92, 110, 143, 148
Noricum 87
Normalperioden 9, 103
Normandie 112, 143
Northumberland 107
North Yorkshire 139
Norwegen 107, 112, 114 f., 128, 131, 135, 138, 144, 148, 251
Nostradamus 287
Not 133, 144, 153, 162, 168, 171 f., 188, 193 f., 196, 207 f., 213 ff.
Nubien 73
Nürnberg 105, 141, 193, 233

Oase 86
Oberdevonkrise 37
Oberflächentemperatur 39 f.
Oberrhein 90
Obsidian 41, 61
Obstblüte 24, 130
Obsternte 24, 178
Oderbruch 225
Ofen 183, 237
Öffentlichkeit 15, 23, 32, 38, 200, 207, 251–254
Ökologie 237, 239, 283, 290
Ökosystem 107, 131, 252, 281 f.
Ölboom 235, 237
Ölfieber 234
Ölindustrie 12, 275
Ölpreiskrise/Ölkrise 237

Oeschger, Hans 56
Österbygd 114
Österreich 55, 84, 106, 143, 146, 178, 207, 285
Österreichisch Schlesien 211
Olduvai 42
Oligozän 38 f., 293 f.
OPEC-Staaten 237
Opitz, Martin 194
Optimistische Ökologie 283
Optimum der Römerzeit 86, 90, 108, 258, 265
Ordovizium 37, 82, 293
Organismen 19 f., 35, 133
Orient, Mittlerer 88
Orient, Vorderer 60, 62, 65 f., 78
Orkney-Inseln 70, 112
Ortsnamen 80, 110
Osaka 212, 221
Osmanisches Reich 173, 213, 235
Osnabrück 25
Ostafrika 40, 41, 43, 49, 54, 102
Osteuropa 44, 89, 151
Ostgoten 89, 93
Ostpreußen 107
Ostsee 64, 128, 131, 143
Ottonen 170
Ötzi 74
Ozean 26, 28, 34, 98, 101, 243, 257, 262, 280, 285
Ozon 260
Ozonloch 278, 281
Ozonschicht 252

Pachauri, Rachendra 260
Paläoanthropologie 43
Paläobotanik 20, 93
Paläogen 38, 39, 294
Paläoklima 15, 20, 33 f., 261
Paläoklimatologie 13
Paläolithikum 54, 57, 62, 64, 68, 265
Paläozän 38, 293 f.
Paläozoikum 35, 37, 38
Paläozoologie 20
Palästina 51, 53, 61, 73, 80, 91
Palenque 98 f.
Palestrina, Giovanni Pierluigi da 191
Palladio, Andrea 152
Palmyra 91
Pangäa 37
Panik 124
Pannonien 93
Papua-Neuguinea 95
Paris 25, 140, 148, 185, 211, 213, 216, 219, 260
Parma 25
Paulsen, Allison C. 100
Pauperismus 219
Peche-Merle 56
Peel, Robert 220
Peking-Mensch 43
Pennsylvania 11, 234
Periodizität 28
Perm 37, 293
Permafrost 58, 103, 114, 135, 241, 266
Permkatastrophe 37
Persischer Golf 64, 75 f., 87
Peru 71, 99, 100 ff., 122
Pessimum der Völkerwanderungszeit 92 f., 138
Petroleum 234, 236
Pest 90, 95, 133, 139, 140, 145–148, 151 ff., 160, 167, 172 ff., 208, 218, 227
Pestilenz 144, 166, 180
Pezold, Martin 124
Pferd 40, 55, 57 f., 60, 77, 96, 108, 143, 145, 211, 230 f.
Pfister, Christian 25, 120, 130, 237
Pflanzen 20, 24, 35, 40 f., 45, 50, 54, 67, 107, 109, 131, 191, 213, 220, 226, 238, 250, 266, 271, 281
Phanerozoikum 32–36
Pharao
  Echnaton 79
  Pepi II. 75
  Takeloth II. 84
Philippinen 43, 101, 154
Philosophie 91, 200, 203, 210
Phönizier 87

Photosynthese 20, 34, 40, 285
Pisa 145
Planet 15, 24, 28, 30, 33 f., 71, 86, 202, 241, 249, 261, 278 ff., 283, 285
Platon 198
Plattentektonik 30 f., 37, 285
Pleistozän 27, 39 f., 294
Plinius der Ältere 31, 88
Pliozän 293 f.
Pluvial 44, 51
Po 105, 127
Pocken 152 f., 158
Pole 30, 33, 35, 37
Poleis 252
Polen 61, 144, 172, 211, 234
Politik 11, 87 f., 141, 161, 169, 200, 215, 220 f., 228, 239, 241, 258, 270, 275, 283 f.
Politiker 8, 217, 240 f., 250, 255
Polkappen 20, 36, 247, 251, 253, 263
Pollen 22, 52, 57, 69, 81, 83 f., 93, 107
Pommern 107
Portą, Giambattista della 201 f.
Potsdamer Institut für Klimafolgenforschung 257, 285
Prado 154
Prag 171, 183, 202
*Prähistorischer Overkill* 57
Präkambrium 33
Prediger 7, 124, 176, 180, 185, 194, 199, 209
Preisrevolution 149
Preußen 211
Priester 70, 76, 80, 98, 135, 169, 276, 286
Prokobius von Kaisarea 94
Prophet, Prophetentum 8, 239, 242, 288
Proterozoikum 34 f.
Proxydaten 13, 24 f., 103
Ptolemaios, Claudius 86, 89
Putin, Wladimir 258

Quartär 33, 247, 294
Quelccaya-Gletscher 100, 102
Quellen, historische 7, 24 f., 96, 104, 105, 114, 121 f., 128, 131, 133, 153, 171, 199

Rabaul 95
Radioaktivität 19, 250
Radiokarbonmethode 20 f., 72, 95, 100, 291
Radkau, Joachim 286
Raetia 87
Rätien 93
Rahmstorf, Stefan 271
Rampino, Michael R. 50
Raumfahrt 240
Raung 122
Reagan, Ronald 253
Realität 278
Rebellion 75, 98, 170, 205, 207
Regen 25, 34, 44, 66, 73, 75 f., 81 ff., 95, 97 f., 100 f., 104, 123 f., 127, 138, 142 f., 146, 157 f., 171, 175, 182, 212 f., 221, 282
Regengott 98
Regensburg 106, 146
Regenwald 44
Regenzeiten 76
Regiomontanus, Johannes 23
Rekordhitze 253
Religion 91, 168, 170, 205, 209, 276
Religionskriege 161, 199, 209
Reid, George C. 121
Reis 69, 70, 211 f., 220, 226
Reisanbau 69 f., 279
Renaissance 23, 146, 151, 193, 205, 285
Rentier 52, 60 f.
Revolte 170, 216
Revolution, Französische 119, 214, 216 f.
Revolution, Industrielle 66, 205, 228–230, 232 f., 280
Revolution, Landwirtschaft/Agrarrevolution 199, 208, 229
Revolution, Neolithische 59, 66–70, 81, 135, 228, 238, 280, 287

Revolution, Städtische 70
Reykjavik 128
Reynmann, Leonhard 200
Rhein 105, 107, 127, 131, 146 f., 194, 214, 225
Rheinland 178, 232
Rheintal 133, 184
Rhone 127, 194
Riché, Pierre 96
Rift Valley 40
Rinder 40, 57, 66, 74, 77, 96, 133, 280, 281
Rio de Janeiro 255
Risiko 161, 252, 276
Rist, Johannes 194
Robertson, Pat 275
Rocky Mountains 37 f.
Rodung 68 f., 73, 98, 109 ff., 260, 279
Rörer, Thomas 180
Rohstoffe 70, 109
Rom 26, 87, 89 ff., 94
Römisches Reich 86 f., 89–93
Rotes Meer 64
Rouen 171
Rousseau, Jean-Jacques 209
Royal Society 25, 201, 203
Rückkopplung 30, 62, 257
Ruddiman, William F. 278, 279, 280
Ruiz 122
Russell, John 220
Russisches Reich 112, 219
Russland 12, 56 f., 88 f., 142, 210, 214, 219, 234, 251, 267

Sachsen 96, 105, 178, 213, 232
Sahara 44, 66 f., 72, 123, 133, 267, 287
Sahelzone 123, 250
Sahul-Schelf 51
Salz 46, 63, 73, 84, 141
Sammler 60, 63, 65, 238
Satellit 26, 249, 262
Saudi-Arabien 236, 256, 259
Sauerstoff 28, 35, 243
Sauerstoffisotopen 19 f., 20, 22, 39, 63, 105
Säugetier 35, 37, 57, 265
Saurer Regen 158, 213
Saurier, siehe: Dinosaurier
Savanne 40 f., 44, 51, 54, 123
Savoyen 90, 124, 171 f., 174
Schaller, Daniel 129, 131, 158, 182
Schamanismus 55, 296
Schellnhuber, Joachim 271
Schiffbau 229
Schiffbruch 189
Schifffahrt 127
Schlesien 211, 232
Schmetterling 265
Schmidt, Klaus 60
Schnee 8, 25, 30, 83, 124, 132, 140, 146 f., 182, 184, 189, 194, 214
Schneeball Erde (*Snowball Earth*) 35, 281
Schneegrenze 40
Schneider, Stephen 14, 59, 252 f.
Schönwiese, Dietrich 92
Schottland 69, 87, 107, 112, 144, 169, 192, 211, 220, 232
Schrift 62, 73, 88, 98, 138, 177, 192, 203
Schuld 172, 175, 182, 219, 258, 281, 286
Schwaben 84, 106
Schwäbische Alb 84
Schwarzes Meer 53, 63
Schweden 112, 144, 148
Schwefel 31, 213, 270 f.
Schweißdrüsen 41
Schweiz 92, 120, 126, 144, 174, 190, 213, 215, 232, 285
Schwerkraft 204
Scultetus, Bartholomeus 200
Seasonal Affective Disorder (SAD) 157
Sediment 34, 270
Sedimentationsanalyse 19, 20, 44
Seespiegel 20, 83
Seevölkersturm 80
Selbstdisziplinierung 198
Selbstmord 158 f.

Seuche 89, 93, 95 ff., 147 f., 151 f., 176, 211, 217–221, 226 f., 239
Severin von Noricum 90
Sexualität 134, 161, 168 f.
Shaka 217
Shakespeare, William 194
Shang-Dynastie 81
Shetlands 112
Shogun 212
Siam 154
Sibirien 52, 265
Siebert, Lee 31
Sieferle, Rolf Peter 238
Sieglerschmidt, Jörn 237
Sigwart, Johann Georg 200
Silur 293
Similaunspitze 74
Simkin, Tom 31
Sittenreform 169, 186
Sizilien 64, 112
Skandinavien 112, 119, 133, 136 ff., 140, 142, 144, 210, 213, 244
Skelett 53, 57, 61, 153
Skepsis, Skeptizismus 23, 253, 255
Solutré, La 55
Solarenergie 267
Sonnenflecken 27, 121
Sonnenkonstante 27
Sonnenstrahlung 28, 30, 105
Sonnensystem 33, 285
Sorokin, Pitirim 156
Soziologie 119
Spanien 56, 93, 112, 123, 127, 141, 159, 172, 186, 191, 269
Spindler, Konrad 74
Spitzbergen 26, 128
Sprache 167 f., 186, 198, 202
Spurengas 28 f., 238, 252, 261, 278 f.
Staatsbildung 197
Stanley, Steven 30
Statistik 111, 134, 137, 154 f., 257
Staudamm 66
Steiner, Achim 260
Steinkohle 229 f.
Steinwerkzeug 44, 52, 54, 60, 65
Steinzeit 51 f., 54 f., 59–64, 66, 68, 70, 73 f., 228, 297 f.
Steppe 40, 93
Sterblichkeit 84, 92, 96, 105, 144 f., 150–155, 211, 213, 225, 228
Stickoxid 238
Stickstoff 28, 243
Stieve, Felix 159
Stockholm 250
Stockton 250
Stothers, Richard B. 94
Strada, Jacopo 161
Strada, Katharina 161
Strafe Gottes 90, 142, 165, 180, 212
Strahlung 19, 27 f., 30, 38, 54, 105, 122, 213, 243, 249, 267, 279
Straßburg 105, 146, 172, 200
Stratosphäre 31, 38, 50, 122, 213, 217 f., 247, 270 f.
Sturm, Stürme 56, 62, 70, 74, 80, 92, 114, 143, 146, 155, 162, 166, 176 f., 180, 184, 188 f., 216, 249
Subatlantikum 82 f.
Subboreal 74 f., 80
Subsistenzkrise 210
Südafrika 217, 264
Südamerika 30, 37, 101, 220, 264
Südpol 21, 37 f., 263
Sumatra 32, 50, 295
Sunda 64
Sunda-Inseln 31
Sunda-Schelf 51
Sünde 7, 90, 159, 168 f., 180, 186, 192, 275 f.
Sündenbock 7 f., 16, 170–173, 175, 177, 181 f., 196
Sündendiskussion 16
Sündenökonomie 169, 180, 182, 196, 275
Syrien 61, 68, 80

Taiwan 69, 88
Tambora 31, 95, 121, 217 ff.
Tambora-Kälte 217 f.
Tanz 169, 198

Tanzania 42
Tegua 266
Telegraphie 26
Temperatur 19 f., 25 f., 28 ff., 34 f., 39 ff., 54, 56, 58, 61 ff., 65, 76, 83, 86, 92, 104, 106, 108, 120, 126, 128, 132, 143, 229, 234 f., 246 f., 249 f., 257, 262 ff., 271, 277, 285 ff.
Temperaturmaximum 9, 37
Temperaturschwankungen 9, 13, 249, 257
Tertiär 38 f., 294
Teuerung 106, 129, 146, 165, 171, 180
Thailand 69, 154
Thar-Wüste 81
Thermometer 25, 204, 210
Thüringen 106, 146
Tiefsee 270
Tierzucht, siehe: Viehzucht
Tikal 98 f.
Timbuktu 123
Tirol 176
Tisenjoch 74
Titusville 234
Toba 32, 50
Todesstrafe 154 f.
Tokugawa-Reich 212
Tokyo 212
Toronto 254
Torricelli, Evangelista 25
Totentanz 147, 167
Toulon 172
Toynbee, Arnold 284
Trauer 145
Treibhauseffekt 34 ff., 243, 251 f., 271, 282
Treibhausgase 12, 28, 238, 242 f., 245, 249 f., 253–256, 260, 262, 269, 276, 280 f.
Trias 37, 293 f.
Trockenheit 44, 54, 75, 80, 91, 100, 105 f., 141, 146, 155, 214, 268
Trondheim 107
Tropen 71 f., 101
Trost 91, 158, 188
Tschadsee 66
Tsunami 210, 262
Tundra 54, 57 f.
Tunis 172
Türkei 61, 68
Tyndall, John 243
Typhus 133, 152 f., 221

Überschwemmung 24, 73, 80, 95 f., 100, 102, 133, 141, 143, 146, 165, 189, 214, 216
Ugarit 76, 80
Umwelt 50, 61 f., 68 f., 95, 98, 140, 205, 213, 233, 238, 240, 248, 250, 280
Umweltkonferenz 250
Umweltschutz 241, 255, 258, 269, 281, 286
Umweltsünde 7, 180, 258, 275 f., 286
Umweltverschmutzung 237, 240, 245
Unglück 96, 142 f., 156, 165, 175, 212, 214, 285
Unterernährung 96, 153, 196, 210, 241
Unternehmer, industrielle 229 f.
Unternehmer, moralische 169, 288
Upton 139
Ur 75
Uratmosphäre 34
Urbanisierung 71, 81, 140, 208, 219, 248
Urey, Harold C. 19
Urknall 33
Urkontinente 30, 34
Urnenfelderkultur 82
Urnenfelderzeit 78, 82
Uruk 75
USA 12, 26, 214, 217, 220, 232, 235, 245, 250–254, 256, 258 f., 259, 267, 269, 275 f.
Utterström, Gustaf 119
Uxmal 99

Val des Bagnes 92
Valerian 89

Vanuatu 121, 266
Vassy 166
Vegetation 22, 40, 44, 50, 54, 62, 65, 96, 76, 105, 107, 265
Venedig 105, 127 f., 141, 148, 152
Vereinigte Staaten von Amerika, siehe: USA
Vereisung 24, 30, 33, 35, 74, 126 ff., 136
Vergletscherung 38 f., 53
Vernunft 196
Versailles 208
Versicherung 134, 187, 189, 197
Verwaltung 23, 70, 80, 92, 138, 178, 196 ff., 208, 217, 220 f.
Verzweiflung 158, 207
Vesuv 31
Viehhaltung 133, 135
Viehseuche 95, 97, 133, 175, 214, 216
Viehsterben 97, 158
Viehzucht 61, 68, 84, 113, 135, 279 f., 286
Vietnam 69
Vilgardson, Floke 112
Villafranca 189
Vinland 114
Vögel 37, 95, 107, 127, 131, 133, 265
*Volcanic Explosivity Index (VEI)* 31
Völkerwanderung 89, 91, 93, 138
Vorrat 183, 207, 211, 215
Vostok 21, 28 f.
Vulkane
  Asama 212
  Billy Mitchell 122
  Gunung Agung 31
  Huaynaputina 122
  Kelut 122
  Krakatau 232
  Kuwae 121
  Laki 113, 157, 212 ff.
  Rabaul 95
  Ruiz 122
  Tambora 31, 95, 121, 217 ff.
Vulkanismus 31, 121
Wadi Natuf 61
Waffen 65, 82, 110, 216, 232, 236
Wahrheit 12, 176, 202
Wald 40 f., 44, 50 f., 57, 60, 65, 68 f., 73, 78, 94, 110, 127, 131 f., 141, 154, 182, 194, 210, 229, 233, 238, 254, 256 f., 284
Waldburg-Zeil 181
Waldsterben 281
Wallerstein, Immanuel 151, 197
Wallington, Nehemiah 159
Wanderung 30, 55, 88, 93, 126
Wärme 28, 31, 44, 72, 97, 108, 146, 243 f., 247
Warmzeit 8 ff., 15, 29, 33, 40, 66 f., 74, 82, 86, 102–109, 111–114, 119 f., 128, 139, 142, 146, 150, 181, 247 f., 258, 262, 267, 287, 300
Warschau 219
Warven 22, 98
Wasserdampf 29, 34, 69, 243
Wasserkraft 24, 230 f.
Wasserkreislauf 34, 67
Wasserstoff 205, 252
Watt, James 229, 231 f.
Waxman, Henry 11
Weber, Max 200
Wein 24, 88, 92, 94, 97, 107, 127, 130 f., 146, 174 f., 178, 210, 214
Weinbau 24, 88, 107, 120, 131, 266
Weinsberg, Hermann 131, 184 ff.
Weltall 240, 271
Weltbild 203
Weltgeschichte 64, 284
Weltkrieg 147, 235, 239
Weltraumfahrt, siehe: Raumfahrt
Weltregierung 287
Westfalen 232
Wetherald, R. T. 252
Wetter 7, 24, 53, 124, 159, 173, 200, 210, 249, 250
Wettergott 62, 76, 80
Wetterkarte 25
Wetternachhersage 25
Wettertagebuch 120

Wettervorhersage 25, 200
Wetterzauber 192
Weyer, Johann 162, 177
Wharram Percy 139 f.
Wharram-le-Street 140
Wick, Johann Jacob 132, 165, 177
Wiedeburg, Johann Ernst Basilius 213
Wiederbewaldung 265
Wien 141, 166, 208, 227, 232
Wikinger 112–115, 135 f., 266, 285
Willendorf 55
Willer, Georg 167, 199
Wind 31, 38, 101 f., 109, 128, 177, 184, 188, 243
Windsheim, Bad 143
Winter 38, 54, 58, 86, 90, 92, 94, 96 f., 102–105, 112, 123 f., 126 ff., 132, 142 f., 146, 150, 156 f., 184, 188, 194, 207, 209 ff., 214, 216, 286
Winter-Blues 157
Winter, nuklearer 38
Winter, vulkanischer 32, 50
Winterlandschaft 188 f., 194, 209
Wirbeltiere 36
Wissenschaft 8, 11, 15, 23, 197 f., 201–205, 209, 213, 226, 229, 269, 275 f.
Wissenschaftsrevolution 191
Wittenberg 176
Wladiwostok 251
Wohlgemut, Michael 193
Wolff, Christian 210
Wolken 50, 95 f., 156 f., 187 f., 249, 261
Worcester 139
Württemberg 55, 177, 218
Würzburg 146, 178
Wüste 44, 51, 79, 86, 123, 249, 271, 287
Wüstungen 136, 139 f., 268

York 108
Yosemite Valley 119
Yoshimbu 221
Young, Arthur 215
Yünan 155

Zar 51, 112
Zauberei 192
Zeichen Gottes 165, 191
Zeigerjahre 21
Zeiller, Martin 124
Zenz House, Kurt 270
Zirkulation 38
Zivilisation 5, 23, 59, 61, 63, 65–69, 71 ff., 75 ff., 79, 81, 83, 85, 88, 98, 110, 157, 241, 267, 276, 284 f., 287
Zorn Gottes 7, 100, 158, 168 ff., 180, 185, 191, 207
Zufall 96, 151, 161, 175, 203
Zufrieren 126, 128, 132
Zukunft 14 f., 42, 205, 214, 245, 249, 259, 263, 266, 268, 276, 285, 287
Zukunftsforschung 180, 202, 240, 243, 263, 280
Zürich 120, 165, 176, 180
Zürichsee 127
Zweistromland, siehe: Mesopotamien
Zwingli, Ulrich 176
Zwischeneiszeit 51, 58, 248, 278, 283